高烈度区水库地震研究例析

程万正　阮　祥　张致伟　邵玉平◎编著

地 震 出 版 社

图书在版编目（CIP）数据

高烈度区水库地震研究例析 / 程万正等编著.—北京：地震出版社，2021.11
ISBN 978-7-5028-5316-7

Ⅰ.①高…　Ⅱ.①程…　Ⅲ.①水库地震—研究　Ⅳ.①P315.72

中国版本图书馆CIP数据核字（2021）第087175号

地震版　XM4745/P（6131）

高烈度区水库地震研究例析
程万正　阮　祥　张致伟　邵玉平◎编著
责任编辑：刘素剑　郭贵娟
责任校对：凌　樱

出版发行：地震出版社
北京市海淀区民族大学南路9号　　邮编：100081
发行部：68423031　68467991　　传真：68467991
总编室：68462709　68423029
专业部：68467982
http：//seismologicalpress.com
E-mail：dz_press@163.com
经销：全国各地新华书店
印刷：河北文盛印刷有限公司

版（印）次：2021年11月第一版　2021年11月第一次印刷
开本：787×1092　1/16
字数：487千字
印张：19.5
书号：ISBN 978-7-5028-5316-7
定价：128.00元

高烈度区水库地震研究例析

编 辑 人 员

编　　著	程万正　阮　祥　张致伟　邵玉平
参编人员	於三大　戴仕贵　苏　立　权录年　雷红富
	宋　澄　康　宏　孟　军　杜泽东　冯志仁
	王余伟　佘忠伟　李　悦　李江文
参编单位	中国长江三峡建设管理有限公司
	四川省地震局水库地震研究所
	中国地震局工程力学研究所

内容提要

本书是一本研究水库地震的专著，主要介绍和例析高烈度区水库地震研究思路、方法、成果及应用。全书共14章，内容涉及水库地震监测数字资料的处理、波形分析和震相识别、精定位、水库诱发地震活动的时空变化、震源力学机制和波谱参数、水库蓄水与库区地震过程、地震剪切波分裂分析裂隙系图像、地震波层析成像揭示蓄水的影响空间、水库诱发地震特点及机理；水库构造地震与诱发地震的判识、水库泄洪激发的振动特征、水库诱发地震与区域强震探讨等科学技术问题及应用。

本书可供从事地震学及地球物理学、地质学、工程地震学、水电工程场地勘察、水库地震监测与安全、震灾防御与对策的相关科技人员、高校师生参考使用。

Synopsis

This book is a monograph on reservoir earthquake research. It mainly introduces and analyzes the ideas, methods, achievements and applications of reservoir earthquake research in high intensity areas. This monograph divided into 14 chapters, including the processing of reservoir earthquake monitoring digital data, waveform analysis and phase identification, precise positioning, spatiotemporal variation of reservoir induced seismicity, focal mechanism and spectral parameters, reservoir impoundment and reservoir earthquake process, shear wave splitting of reservoir earthquakes reveal the distribution of fractures, seismic wave tomography reveals the influence space of reservoir impoundment, reservoir induced earthquake characteristic and its mechanism, identification of reservoir tectonic earthquake and induced earthquake, vibration characteristics of reservoir flood discharge excitation, reservoir induced earthquakes and regional strong earthquakes exploration, and other scientific issues and applications.

This book can be used by the scientific and technical workers, college teachers and students, who do researches such as seismology, geophysics, geology, engineering seismology, hydropower engineering site investigation, reservoir earthquake monitoring and safety, earthquake disaster prevention and countermeasures.

序

“诱发地震”是人和自然关系中十分重要的研究课题，它指的是人类大型工程诱发的地震活动，而这种地震活动超过了当地多年地震活动的平均水平。大型工程引起的诱发地震活动有很多种，如修建水库、开采矿山、页岩气开采和大型爆破（包括地下核爆炸）等。近些年来，人类活动的规模越来越大，已成为改造自然的重要营造力，因此，诱发地震的研究显得更加重要。

在基础方面，要研究诱发地震的机理、诱发条件和诱发地震的强度控制。在应用方面，要在大型建设之前，研究潜在诱发地震的危险性，开展必不可少的预研工作，进行科学评估或评价。在工程期间，需要持续开展监测工作、跟踪分析，保障工程安全，尽可能减少对生态环境的影响。

本书有两个突出的特点。第一，突出了水库地震的研究。在世界已有的100多座水库的地震活动报道中，大多数水库地震研究震例位于低烈度区，高烈度区高坝大库的中强地震活动的案例少，研究相对薄弱。本书提供了中国川滇地区高烈度区水库地震研究的一些范例。基于中国西部源于青藏高原丰富的水力资源，已建及规划建设的重大水电工程已逐渐遍布各大江河水系。尤其是处于高烈度区域的大型高坝梯级水库的地震活动，已成为监测工作的重点和对策研究的焦点，因为高烈度区的水库及周围地区本身存在发生天然中强地震的潜在危险性。

近20年来笔者主要从事中国川滇地区大型水库地震监测分析及研究工作，参与金沙江、岷江、大渡河、雅砻江、嘉陵江、黄河水系系列水库地震台网的建设运维和监测分析工作，积累了丰富的经验、体会和研究成果，所完成工作受到水电部门及同行的重视和赞誉。

第二，突出了对诱发地震机理的研究，研究结果不仅可用在水库地震，也可用于其他种类的诱发地震。利用地震的波形及波谱分析、地震精定位、层析成像、S波分裂、震源机制等，得到诱发地震产生的环境条件和演化过程。美国的页岩气革命是轰动全世界的能源结构转变的重大事件，美国从最大的石油进口国变成了最大的能源输出国。但是全世界 200 多个国家中参与页岩气革命的国家寥寥无几，欧盟法律禁止开采，原因是开采页岩气的水力压裂带来的诱发地震和生态环境破坏。诱发地震成为页岩气革命的一大障碍。诱发地震机理研究的进展，将会给全球能源需求带来希望。

我希望此书的出版，有助于推动高烈度区水库地震研究的深入，有利于认识大规模工程建设的诱发地震问题。

中国科学院院士　陈颙

2021 年 6 月

Preface

As an important research topic in human-nature relationship, "induced earthquakes" refer to seismic activities induced by large-scale human engineering projects, and these activities exceed the local average of seismic activities for many years. Seismic activities induced by large-scale human engineering projects include many types including construction of a reservoir, mining, shale gas extraction and large-scale explosion (including underground nuclear explosion). In recent years, human activities have been increasing in scale, and become an important building force transforming the nature. Therefore, studies on induced earthquakes are even more important.

Fundamentally, we should study the mechanism, trigger and intensity control of induced earthquake. In terms of application, before large-scale constructions, we should study risk of potential induced earthquake, and carry out necessary pre-research work including scientific assessment or evaluation. During the project, we should continue monitoring, tracing, and analysis to guarantee project security and minimize influence on the ecosystem.

This book has two prominent features. Firstly, it highlights studies on reservoir induced earthquakes. Among reports on seismic activities of more than 100 existing reservoirs, most cases are in the low-intensity area, while cases of medium and strong earthquakes of high-dam huge reservoirs in the high-intensity area are few and studies are rare. This book provides some examples of studies on reservoir induced earthquakes in the high-intensity area in Sichuan-Yunnan region of China. Based on abundant waterpower resources derived from the Tibetan Plateau in western China, major hydropower projects built and planned have spread over various major rivers and water systems. Seismic activities of large-scale high-dam cascade reservoirs in the high-intensity area, in particular, have become the emphasis of monitoring work and focus of countermeasure studies, since there are inherent potential risks of medium and strong earthquakes in reservoirs in the high-intensity area and the surrounding regions.

In recent 20 years, the author has been working on seismic monitoring, analysis and study of large-scale reservoirs in Sichuan-Yunnan region of China, and participated into construction, operation, maintenance, monitoring and analysis of the network of reservoir-induced earthquakes in river systems including the Jinsha River, Min River, Dadu River, Yalong River, Jialing River and Yellow River. Having accumulated abundant experience, comprehension and research achievements, the author's efforts are valued and praised by the hydropower department and peers.

Secondly, it emphasizes studies on the mechanism of induced earthquakes, the results of which can be used on not only reservoir-induced earthquakes, but also other types. Based on analysis of seismic waveform and spectrum, precise relocation, tomography, shear wave splitting, and focal mechanism, the author concludes environmental conditions and the evolving process of induced earthquakes. Shale Gas Revolution of the US was a sensational major event in the transformation of energy structure, causing it to turn from the largest oil importer into the largest energy exporter. However, in more than 200 countries worldwide, few have participated in the Shale Gas Revolution. The European Union laws forbid exploitation, because of induced earthquakes and ecosystem damage resulted from the hydrofracture by extracting shale gas. Induced earthquakes have become a major obstacle for the Shale Gas Revolution. Progresses in studies on the mechanism of induced earthquakes, therefore, will bring hope to global energy demand.

I hope that the publication of this book helps to promote deepened studies on reservoir-induced earthquakes in the high-intensity area, and understand the problem of induced earthquakes related to construction of large-scale projects.

Academician of Chinese Academy of Sciences: Chen Yong

June 2021

前 言

高烈度区水库多位于地质构造复杂的多震地区，地震地质灾害的发生往往造成巨大破坏、人员伤亡和重大经济损失。高烈度区大型高坝梯级水库的地震安全事关库区及下游人民的安危、工程建设和发展问题。

水库地震活动与区域构造地震活动均极具关注度。对于区域构造地震活动的地区，若存在高坝大库，则突显水库诱发或触发地震机理及判识的重要性，就已有地震知识似难解。相比弱震区遇到的地震构造问题、地球物理问题、重大工程地质环境问题以及社会舆情和对策问题，高烈度区水库地震的分析研究要复杂得多。因此，需要多视角去探索和研究水库地震问题。如何研究高烈度区水库地震问题，随地震学、地球物理学研究的进展，研究思路和方法在不断发展和创新。

虽然水库地震研究文献很多，国内外有 100 多例水库地震报道，但是对高烈度区高坝大库的水库地震研究案例并不多。

水库诱发或触发地震，其形成机理、判识方法、预测与震灾防御仍属前沿研究课题。

近十多年，笔者一直从事一些高烈度区或地震高发区的水库地震监测台网，包括测震、强震台、地下水监测台网的设计、建设、运维、资料分析处理，地震编目和日报，地震现场考察，震情跟踪分析研究工作，尤其是金沙江下游向家坝、溪洛渡、白鹤滩、乌东德水库测震和强震台网监测工作。工作中一直试图对高烈度区水库地震活动及诱发地震的基本特点、分析方法进行研究，并在实际应用中探索和发展。因此，在日常分析研究工作的同时积累了一些工作经验和研究心得，现将成果结集出版。

本书中的高烈度区水库地震研究例析，主要根据中国地震台网、四川地震台网、昆明地震台网、金沙江下游水库地震台网监测资料，以金沙江下游向家坝、溪洛渡水库地震研究为重点，结合其他高烈度区水库地震监测资料，重点研究水库地震精定位、蓄水前后水库地震活动的时空变化、水库诱发地震波形分析和震相识别、水库蓄水过程与诱发地震、水库地震的震源力学机制和波谱参数、水库地震剪切波分裂揭示裂隙系分布、地震波层析成像揭示水库蓄水的影响空间、水库诱发地震的地质构造及岩性，以及水库构造地震与诱发地震的判识、水库泄洪激发的振动特征，水库诱发地震与区域强震探索等科学问题，以期提供高烈度区水库地震研究思路和分析方法、高烈度区高坝大型梯级水库地震活动的某些特点和实际分析案例，力求应用和服务于水电工程、库区的震灾防御。

本书前言、第 1 ～ 3 章、第 5 章和第 6 章、第 11 ～ 14 章，由程万正执笔；第 4 章、第 8 章由阮祥执笔，第 7 章、第 9 章由张致伟执笔，第 10 章由邵玉平和程万正执笔；书中涉及的英译由余洋洋博士完成；全书由程万正统稿。参考文献列于书末。

对审稿专家给出的肯定和宝贵的修改意见，刁桂苓研究员、张洪智副研究员、龙锋高级工程师和地震出版社刘素剑、郭贵娟编辑的帮助，中国科学院院士陈颙欣然写序，在此致谢！

程万正

2021 年 6 月

Foreword

Reservoirs in high-intensity areas are mostly located in earthquake areas with complex geological structures. The occurrence of earthquakes and geological disasters often cause huge damage, casualties and major economic losses. The earthquake safety of large-scale high dam cascade reservoirs in high-intensity areas is related to people's safety, project construction and social development.

Reservoir seismicity and regional tectonic seismicity are highly concerned. In the area of regional tectonic seismicity, when there are high dams and large reservoirs, the mechanisms and judgment criterion of reservoir induced or triggered earthquakes are particularly important, and the existing knowledge of seismology may difficult to solve this problem. Compared with the weak earthquake areas, the problems of seismic structure, geophysics, major engineering geological environment, social public opinion and countermeasures in the reservoir seismic research in high intensity areas are much more complicated. Therefore, it is necessary to explore and study reservoir earthquake from multiple perspectives. With the development of seismology and Geophysics, the research ideas and methods are developing and innovating.

Although there are a lot of literatures discussed on reservoir earthquake, domestic and overseas more than 100 cases of reservoir earthquakes have been reported, there are few cases of reservoir earthquake research on high dam and large reservoir in high intensity area.

The formation mechanism, identification method, prediction and disaster defense of reservoir induced or triggered earthquakes are still frontier research topics.

In the past more than 10 years, author has been engaged in the research of reservoir earthquake monitoring network in some high intensity areas or earthquake prone areas, including the design, construction, operation and maintenance, data analysis and processing of seismographs, strong seismic stations and ground water monitoring stations, earthquake cataloging and daily, earthquake site investigation, and earthquake tracing analysis. In particular, the monitoring work of seismological and strong earthquake network of Xiangjiaba, Xiluodu, Baihe beach and Wudongde reservoir in the lower reaches of Jinsha River is carried out. It has been trying to study the basic characteristics and analysis methods of reservoir seismicity and induced earthquake in high intensity area, and explored and developed in practical application. Therefore, in the daily analysis and research work at the same time, accumulated some work experience and research experience, now the results are sorted into this monograph.

This monograph takes the reservoir earthquake research in high intensity areas as examples, based on the monitoring data of China seismic network, Sichuan seismic network, Kunming Seismic Network and reservoir seismic network of the lower reaches of Jinsha River, focusing on the Xiangjiaba and Xiluodu reservoir earthquakes, and combining with the monitoring data with other high-intensity areas. Based on these data, the precise location of reservoir earthquakes, the temporal and spatial changes of reservoir seismicity before and after impoundment, waveforms analysis and phases identification of reservoir induced earthquakes, reservoir impoundment process and induced earthquakes, focal mechanisms and spectral parameters of reservoir earthquakes, shear wave splitting of reservoir earthquakes reveal the distribution of fractures, seismic wave tomography reveals the influence space of reservoir impoundment, and geological structure and lithology of the reservoir induced earthquakes are studied and analyzed. In addition, the identification of reservoir tectonic earthquakes and induced earthquakes, the vibration characteristics of reservoir flood discharge, reservoir induced earthquakes and regional strong earthquakes exploration, and other scientific issues. The research results provide ideas and analysis methods for reservoir earthquake in high intensity areas. Some characteristics and practical analysis cases of earthquake activity of large-scale cascade reservoirs in high-intensity area are applied and served for earthquake disaster prevention of hydropower engineering and reservoir areas.

The foreword, Chapter 1, Chapter 2, Chapter 3, Chapter 5, Chapter 6, Chapter 11, Chapter 12, Chapter 13 and Chapter 14 are written by Cheng Wanzheng; The Chapter 4 and Chapter 8 are written by Ruan Xiang, the Chapter 7 and Chapter 9 are written by Zhang Zhiwei, and the Chapter 10 is written by Shao Yuping and Cheng Wanzheng; The English translation of this monograph was completed by Yu Yangyang; The final editor of this monograph is Cheng Wanzheng. At the end of the book, references are arranged in alphabetical order according to the first author's surname.

We wish to thank peer reviewers for their affirmations and valuable comments, as well as researcher Diao Guiling, associate researcher Zhang Hongzhi, senior engineer Long Feng and editor Liu Sujian, Guo Guijuan for their help. We are grateful to Chen Yong academician for writing the preface.

Cheng Wanzheng
June 2021

目录

Contents

第 1 章　高烈度区高坝大库的水库地震问题

水库地震问题文献最早见于 20 世纪 40 年代，对美国米德湖（Lake Mead）的蓄水与地震活动的分析（Carder，1945；Carder & Small，1948），直到 60 年代，1962 年在中国新丰江水库、1963 年津巴布韦卡里巴水库、1966 年希腊克里玛斯塔水库、1967 年印度柯依那水库影响区域分别发生 M_S6.1～6.4 破坏性水库诱发地震后才作为一个科学问题进行系统监测研究。Gupta 等（1972a、b）研究了与地震序列有关的水库地震某些特征。之后又推出水库地震研究系列成果，刊在国际研讨会议论文集《大坝与地震》（Gupta & Restogi，1976）。至 20 世纪 70 年代中后期，数字地震观测技术的使用提高了地震观测的质量，一些国家在库区设置流动或固定观测台网进行研究。先后在美国蒙蒂塞洛（Monticello）、乔卡西（Jocassee）、凯奥威（Keowee）等，以及加拿大马尼克第三（Manic 3）、苏联努列克（Nurek）、埃及阿斯旺（Aswan）等进行的水库地震观测研究表明，水库诱发地震局限于水库及其周围，震源也浅（Leblanc & Anglin，1978；Simpson & Negmatullaev，1981；Simpson et al.，1990）。

国内水库地震开展的监测和研究工作于 1960 年始于广东新丰江水库（丁原章，1989），之后相继给出一些大型水库的监测研究成果，包括乌江渡水库（姜朝松等，1990）、二滩水库（赵珠等，1999）、龙羊峡水库（张敏等，2000）、小浪底水库（贺为民等，2001）、丹江口水库（王清云等，2003）、三峡水库（胡毓良等，1998；李坪等，2005；王儒述，2006；陈敏等，2007；陈德基等，2008；戴苗等，2010）、漫湾水库（王绍晋等，2005）、澜沧江流域水库（秦嘉政，2006）、水口水库（林松建等，2007）、龙滩水库（陈翰林等，2009）、紫坪铺水库（程万正等，2010；卢显等，2010）等多个水库地震发生的地质构造、岩性认识，水库诱发地震与危险性评估等，并基于上述研究对水库地震活动特征及机理做了探讨。

尽管如此，大多数水库地震研究震例位于低烈度区，对高烈度区水库地震研究由于案例少，研究相对薄弱，目前离库区、水电工程和地震防御还有很大差距。

1.1　高烈度区水库涉及的地震问题

1.1.1　水库构造地震

高烈度地区或附近地区水库存在发生构造强地震的可能。图 1.1 给出川滇地区三级以上水系与历史强震 6.0 级以上地震的分布。图中水系分布资料是采用 1∶20 万地图资料库给出的数据。历史强地震资料根据中国地震台网中心给出的数据。可见，中国川滇地区水系自青藏地区，经川滇西部向南流，澜沧江、怒江经滇西流向滇西南；金沙江、雅砻江、大渡河、岷江、涪江均向南汇入金沙江下游至长江。可见 6.0 级以上历史地震密集分布于川滇西部地区，除个别河段外，强地震或强构造地震的发生与水系或水库无关。在华南地区、东北地区罕遇的地震问题，在中西部地区可能是常遇事件，对工程未来 100 年时间尺度的概率估计也是如此。

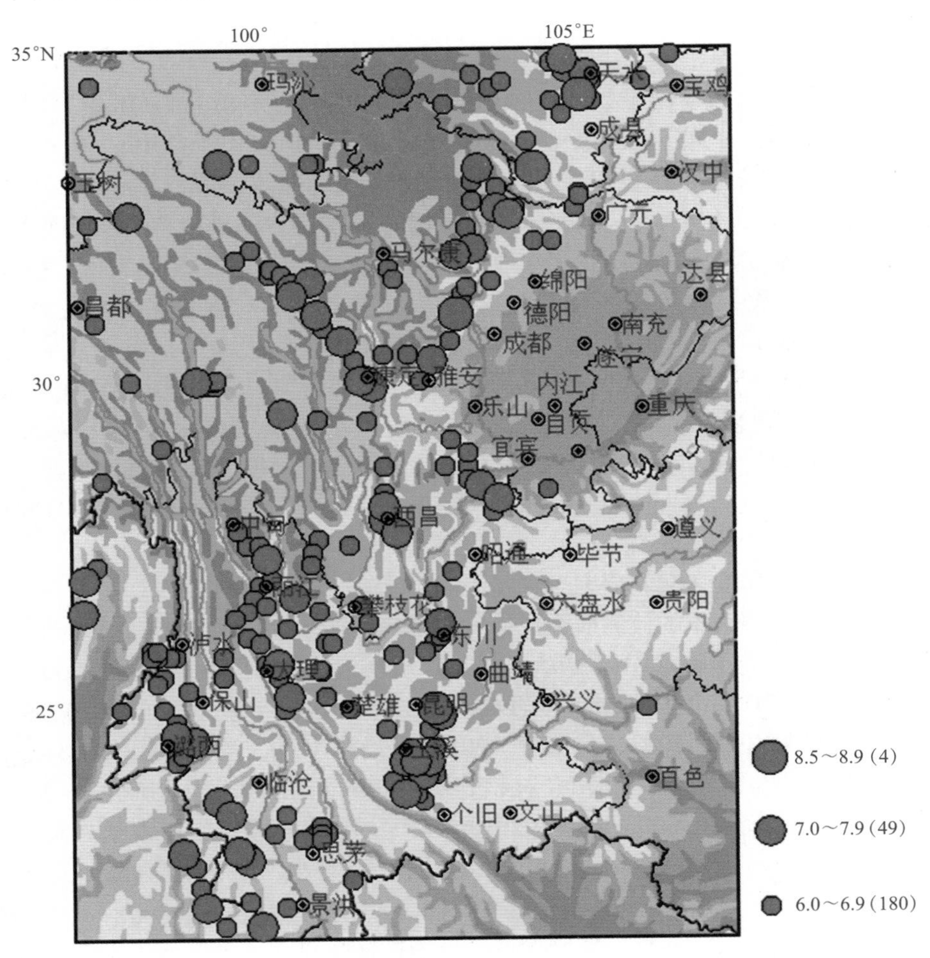

图 1.1　中国川滇地区水系与历史强震分布图

（说明：水系、水库采用 1 : 20 万资料库数据；地震取有资料记载以来 6.0 级以上历史地震）

Figure 1.1　Distribution of river systems, reservoirs and historical strong earthquakes in Sichuan-Yunnan region of China

(Note: the river systems and reservoirs adopt the data of 1 : 200000 database, and the earthquakes have more than *M*6.0 earthquakes since records)

中国川滇地区地质构造背景复杂，几大流域流经多条大型活动断裂带，或活动断裂穿越水系区，历史中强地震分布密集，即强震活动与地质断裂带展布有关。

中国川滇藏地区位于印度板块与亚欧板块碰撞挤压的前缘地带，地下应力水平高，累计应变能积累速率大，相对其他稳定区强震复发间隔短。而川滇藏地区的多数流域型大型梯级水库位于高山峡谷地带、地质构造不稳定地区和强震带附近，穿过库区的断裂带及裂隙系是库水扩散的渠道，因此具备触发中强以上水库地震的地质背景和条件。水库地震的强度取决于库区及周围一定范围内(即水库影响区)的构造条件、地下构造应力应变状态。

川滇地区全新世和晚更新世活动断裂发育，大型活动断裂多沿地块边界带展布，走向主要呈 NW 向、NE 向、SN 向，多由平行或相交的次级断裂系构成，结构复杂。川滇地区建设于地震活动带上的流域型大型梯级水库，多数位于活动断裂带上或及其附近区域，或穿越断裂带与历史中强地震带，因此属于高烈度区的水库。

图 1.2 所示为我国西南及邻区综合历史地震等震线与水库大坝位置分布示意图，据赵翠萍(PPT 图)改绘。图中，80 个已建、在建、拟建的梯级水库位于我国川滇地区的主要一级、二级、三级水系，位于地震区划图中的Ⅶ及以上区域。其中 46 座，即 57.5% 的水库大坝位于地震烈度Ⅷ度区。

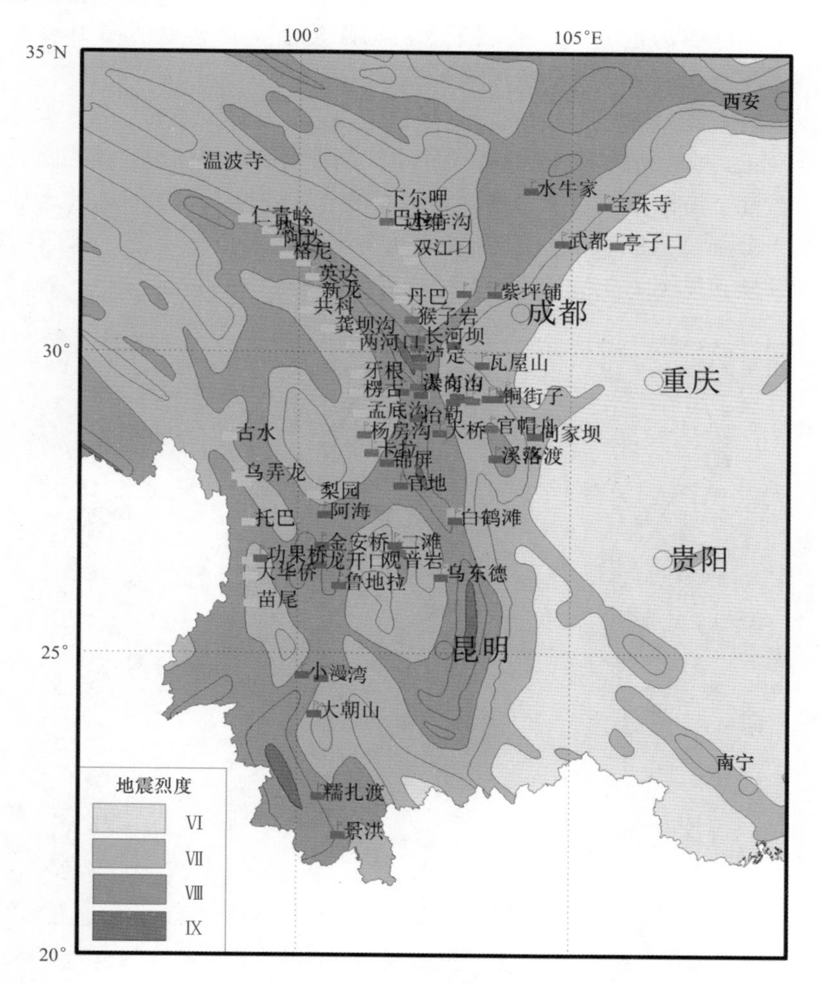

图 1.2　中国川滇及邻区综合历史地震等震线与水库大坝位置分布示意

(■：已建水库；■：在建水库；■：拟建水库)

Figure 1.2　Distribution of historical isoseismal lines and reservoir dam locations in Southwest China and adjacent areas

(Red：built reservoir；Green：under construction reservoir；Yellow：proposed reservoir)

地震造成地表宏观破坏现象严重程度的量度称为地震烈度，它是描述地震影响强度的标度。地震烈度除了与地震的强度和深浅因素有关外，还与浅层构造地质条件有关。将历次强震的地震烈度值数据叠加，取各点最大烈度值绘出等值线，称为综合等烈度线。综合等烈度线值根据该区域有等烈度线的数据叠加绘出，给出了综合地震烈度（Ⅵ、Ⅶ、Ⅷ、Ⅸ）的分布。川滇高地震烈度区主要集中分布在地块边界带及两侧地区。一些地块边界主要断裂带的某些地段的地震烈度值高，是受了近断层地震动受地震破裂过程的影响。沿破裂传播方向，地震动振幅增加；垂直破裂传播方向，地震动振幅减小。

譬如，大渡河流域木格措水库位于鲜水河断裂带南东段内，雅拉河断裂、色拉哈—康定断裂和折多塘断裂是鲜水河断裂带南东段的三条分支断裂，近代的强烈活动形成有醒目的断错地貌，历史上曾发生过1725年8月1日康定7.0级地震和1955年4月14日康定折多塘7.5级地震。瀑布沟水电站工程位于大渡河干流上，是典型的高山峡谷型高坝大水库。岷江流域紫坪铺水库位于龙门山断裂带。

金沙江流域向家坝、溪洛渡水库部分区域位于马边—盐津地震带，猰子坝断裂穿过库区金沙江段。金沙江流域在建的白鹤滩水库位于小江断裂、则木河断裂、莲峰断裂交会区域。

例如，金沙江下游向家坝—溪洛渡梯级水库部分区域位于马边—盐津地震带南部，该地区地壳变动十分强烈，断块的垂直差异运动突出，断裂构造复杂、第四纪以来活动显著，地震活动频繁，见图1.3。

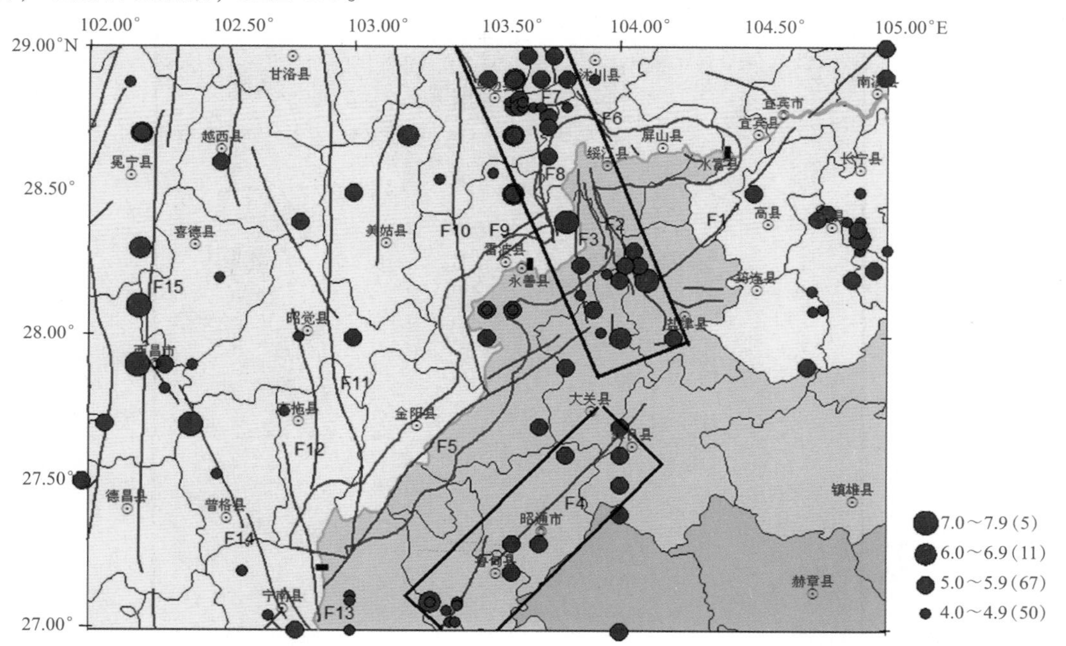

图1.3 金沙江下游向家坝—溪洛渡梯级水库周围的活动断裂与历史中强震分布

（说明：F1—华蓥山断裂；F2—中村关村断裂；F3—猰子坝断裂；F4—鲁甸—昭通断裂；F5—莲峰断裂；F6 中都断裂；F7—靛兰坝断裂；F8—玛瑙断裂；F9—雷波断裂；F10—三河口—烟峰—金阳断裂；F11—甘洛—竹核断裂；F12—昭觉—布拖断裂；F13—小江断裂；F14—则木河断裂；F15—安宁河断裂）

Figure 1.3 Active faults around Xiangjiaba-Xiluodu reservoirs in the lower reaches of JinshaRiver and distribution of strong earthquakes in history

（Note：F1—Huayingshan fault；F2—Zhongcun-Guancun fault；F3—Sheziba fault；F4—Ludian-Zhaotong fault；F5—Lianfeng fault；F6—Zhongdu fault；F7—Dianlanba fault；F8—Manao fault；F9—Leibo fault；F10—Sanhekou-Yanfeng-Jinyang fault；F11—Ganluo-Zhuhe fault；F12—Zhaojue-Butuo fault；F13—Xiaojiangfault；F14—Zemuhe fault；F15—Anninghefault）

图 1.3 是金沙江下游梯级水电站周围有记载以来的中强地震震中分布图。历史破坏性地震活动的空间分布是不均匀的，主要群集在马边—盐津地震带，该带曾发生 2 次 M_S7.0 地震，即 1216 年 3 月 24 日四川雷波马湖 7.0 级地震、1974 年 5 月 11 日云南大关 7.1 级地震。再是昭通—鲁甸—彝良地震带，于 2014 年 8 月 3 日云南昭通市鲁甸发生 6.5 级地震。另外，区外安宁河—则木河断裂带发生的强地震离金沙江较远。对于其他区域。中强地震活动不集中，零星分布，强度也不高。可见，金沙江下游梯级水库区未来预计主要潜在地震危险及影响来自马边—盐津地震带的活动。20 世纪以来，这一带强震和中等强度的地震活动频繁，原地重复率高。马边地区主要有 NW 向的利店断裂、玛瑙断裂和近 EW 向的靛兰坝断裂，1935—1936 年、1971 年的 2 个马边震群均发生在这两组断裂的交会部位及附近。大关一带，有 EW 向的木杆河断裂、NE 向的新田断裂，还有近 NS 向的猰子坝断裂，7.1 级的大关地震就发生在这 3 组断裂的交会部位。而活动断裂的分段性和历史强震的分布是划分潜在震源区的重要基础资料。潜在震源区是指未来具有发生破坏性地震潜在可能的地区。而马边—盐津地震带潜在震源区震级上限确定，北段是 7.0 级，南段是 7.5 级。

根据马边—盐津地震带累计地震应变量推算，该带已存在发生 $6\frac{3}{4}$级地震的危险性。该带 1936 年马边 $6\frac{3}{4}$级震群发生后，至 1974 年大关 7.1 级地震发生，其间隔时间为 38 年；1974 年大关 7.1 级地震至今也已 38 年，见图 1.4。考虑强震发生的不确定性，在未来工程设计期内显然存在发生 $6\frac{3}{4}$级地震的危险性。因此，若该带发生预期中的强地震，由于该地震带穿过金沙江下游梯级水库区，势必造成严重的影响。

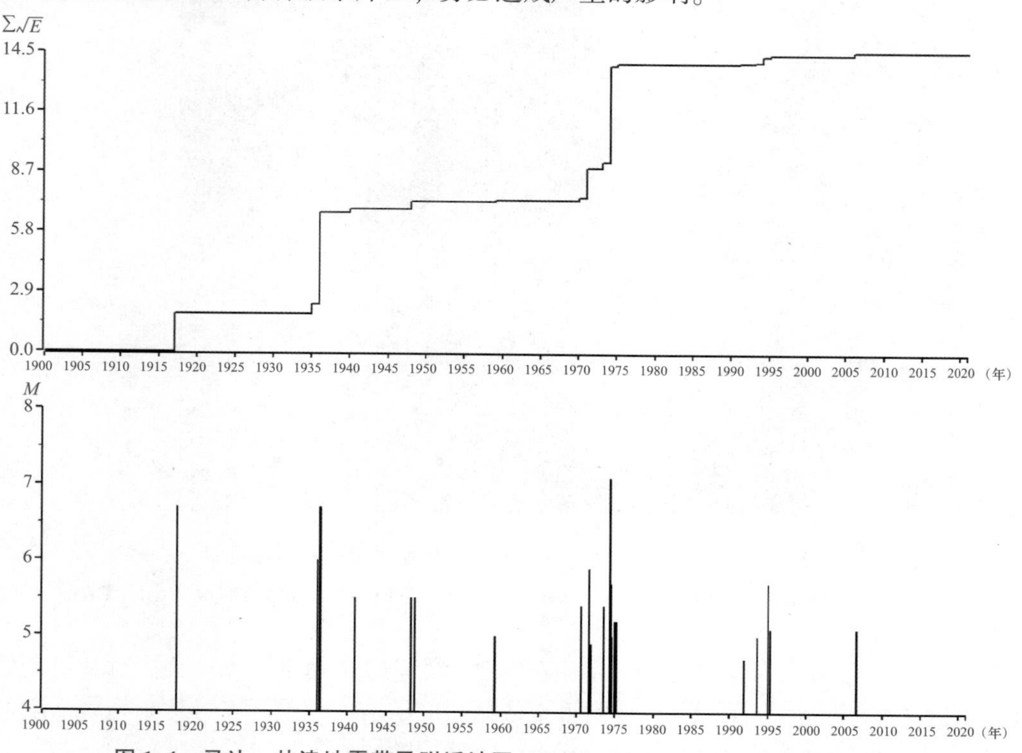

图 1.4　马边—盐津地震带及附近地区(27.0°～29.5°N；103.0°～106.0°E)地震 *M-t* 图和累计地震应变释放曲线

Figure 1.4　Seismic *M-t* diagram and cumulative earthquake strain release curve of Mabian-Yanjin earthquake zone and its adjacent areas(27.0°～29.5°N；103.0°～106.0°E)

在中国中西部地区选择坝址位置，往往寻找地震构造环境中的稳定地块或地段，或称“安全岛”。主要根据是少震区或少震地段，也是历史强震活动的空白区。若这类少震段或空区是处于密集地震活动带内，断裂构造复杂，则可能是下次强震发生的地点，即带内强震相邻复发的震源位置。如紫坪铺水库区位于龙门山中段，历史强震少发的地段。

例如，图 1.5 给出金沙江下游梯级水电站水库水域及周围地震活动分布，即 1970 年 7 月—2020 年 12 月 M_L2.0 以上地震分布图。可见沿金沙江流域属于现今低地震活动区域。马边—盐津地震带实际是由两段组成，北段是马边震群区，地震活动密集。南段是永善、大关地震活动密集区。中段，除历史记载的 1216 年的雷波马湖地震外，现今地震活动相对稀疏，成为该地震带中明显的现今地震活动空段。而此空段正是金沙江下游梯级水库水域覆盖区。若按 7 级地震复发时间计算，1216 年距 2020 年已有 804 年，已到复发间隔时间。若认为此空段是稳定地段，该空段内展布的活动断裂不足以支持此种看法。因此，强震构造环境中的地震稀疏区不一定是“安全岛”，即使是“安全岛”也有一定时限，在一定时期安全，超过安全期，也就可能存在风险，因此需要综合各种资料分析判定。

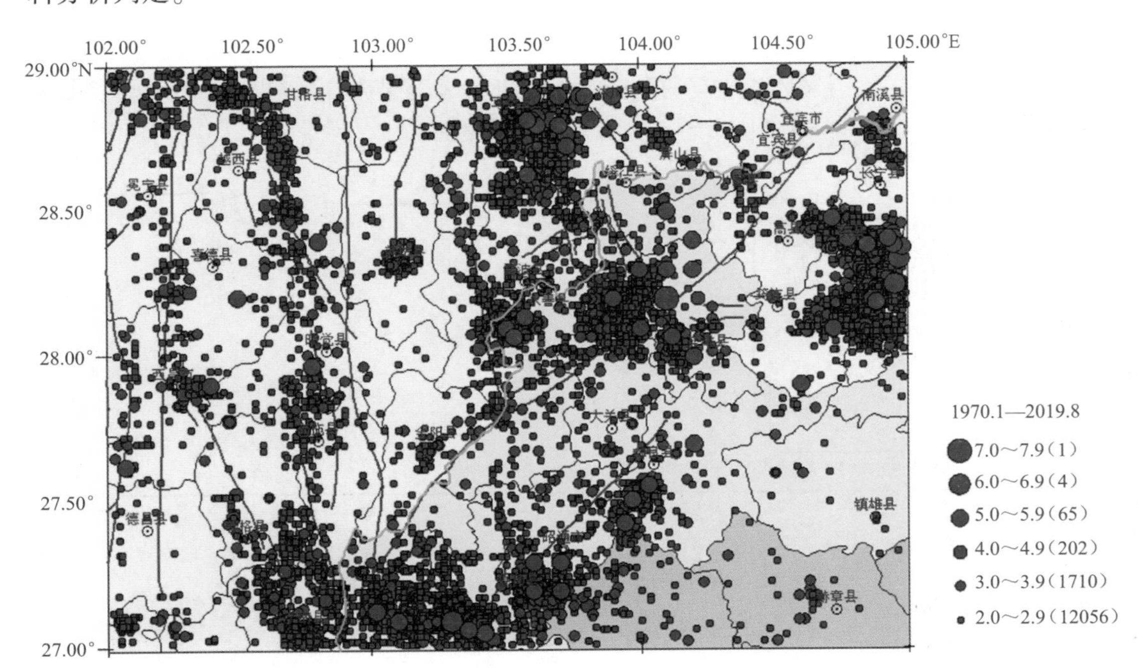

图 1.5　金沙江下游梯级水库区域及周围现今地震活动分布

Figure 1.5　Distribution of current seismicity around the lower reaches of Jinsha River

综上分析，编者认为高烈度区水库地震问题的特殊性，体现在库区或附近地区的强震构造环境的特殊性，需要重视库区或附近地区断裂的活动性，鉴于本身背景地震活动的水平较高，分析区域构造地震应变积累的状态，不能将断裂分布较复杂的地段简单判定为地震活动带中的“稳定区”或“安全岛”。

鉴于我国西部地区部分库区特殊的强震构造环境，本身就处于地震活跃地带，或出于高烈度Ⅶ度以上区域。对于这些地区水库地震问题，首先应该研究的是构造地震的潜在危险性，而不是避开此重要问题去分析诱发小震活动的问题。

正如陈厚群院士指出(2009)，研究的重点要突出对重大工程防止引发次生灾害的严重地震灾变。高坝大库一旦溃决，次生灾害不堪设想。为了防止次生灾害的发生，对于重大工程，不能仅满足目前抗震设计中最大设计地震单一水准的要求，还需要校核在场地地震地质条件下可能发生的极端地震，即所谓“最大可信地震”作用下，不发生“溃坝”的灾变后果。防止严重地震灾变，加强“最大可信地震”研究。特别指出，由库水触发穿过或邻近库区的、已处于临界状态的发震断层的构造型水库地震。

构造型水库地震，重要前提条件是库区透水性结构面及孕震构造的存在，且存在较高应力应变能积累或已处于破坏的临界状态。水库蓄水或水位变化后使原来处于破坏临界状态的结构面失稳而发生构造型地震，指库区及延伸构造附近区域发生的地震。

行业标准《水工建筑物抗震设计规范》(DL 5073—2001)要求：水工建筑物工程场地地震烈度应采用烈度区划图中确定的基本烈度(50 年超越概率为 10%)；而基本烈度为 7 度或 7 度以上地区、坝高超过 150m 的大 I 型工程，其设防依据应根据地震危险性分析提供的 100 年超越概率为 2% 基岩峰值加速度值确定。

高烈度区，背景地震活动的水平也高。在工程场地的地震安全评价工作中，背景地震是指潜在震源区外随机发生的零散地震。而在中国中西部相当区域，高烈度区的背景地震活动的震级估计都在 6.0 级。而金沙江下游梯级水库区及附近地区背景地震活动的震级估计也达到 5.5 级。因此，该区域的任何时候都可能随机发生 5.0 级左右的中等强度地震。

库坝区水体的加载和对附近断层的渗透、润滑和软化作用导致水库影响区地下介质强度的降低，这有可能使孕育中的中强以上构造地震提前发生。

1.1.2　水库诱发地震

水库诱发地震，即因水库蓄水导致的地震事件。

库区的断裂构造具有双重作用，既作是诱发地震的震源错动本身，又是库水下渗扩散的通道。因而，断裂构造的存在是水库诱发地震的最基本条件之一，并且库区地壳破裂网络越密集，库水的各种力学、物理和化学的作用越能发挥，产生水库地震的概率越大。一是断裂活动，发生构造地震，断裂本身成为孕震构造。二是沿先存断层、节理和裂隙发生的新的地震活动，或称水库诱发地震，既与断裂构造展布有关，也与库区岩体结构和岩性有关。

水库地震成因。编者认为荷载效应，孔隙水压力效应，渗流，对断层的软化、溶蚀及应力腐蚀效应，以及水沿裂隙至断层可能下渗的速度、深度等显示很强的局域性和差异性，这些因素可能促使浅部岩体中结构面的破坏或错动，诱发地震活动。

高烈度区水库地震问题的研究首先是一个科学的问题，再是一个应用研究问题。

自 20 世纪 30 年代以来，国内外围绕水库诱发地震问题，已经开展了大量的监测研究工作。但研究工作一直处于资料积累、探索方法、探讨成因阶段，主要进行水库诱发地震的地质和地震学分析、水库震例资料的收集、地震活动特点的总结，主要用于拟建水利工程的水库诱发地震危险性评估。

水库地震问题涉及大量的科学问题，需要研究和讨论。

水库地震研究中可以利用的资料是十分有限的。首先是高烈度区水库震例的缺乏。据已报道的水库地震文献，多数几乎没有诱发地震，或诱发地震的强度很低。但是，统计的这些震例中，有多少库区是在地震区划Ⅶ度以上区域修建的，至少应将高烈度区的水库地震单独给出。首先，国内的震例，以前在高烈度区建成的高坝水库诱发中强地震的案例是不多的。其次，蓄水前有监测资料，蓄水后也有较长监测资料的水库地震震例更少。

水库地震研究中一些试图将坝高、库容、库深或者坝前水深、水库面积等数字进行统计，进而预测水库地震强度的作法，至少存在几点不合理思考和应用。例如，它假定所有水库的地震构造环境是一样的，即包括构造条件、岩性条件、应力条件都是一样的，地震活动水平也是一样的，可能吗？建立在震例分析基础上的，是通过研究已发生水库地震的水库所处的地质构造、地震活动背景、地层岩性等，总结归纳水库地震的地震地质条件、诱发机制和判别标志，然后用于拟建或在建水库的诱震可能性评价。但这些工作，多数是个案而非一般规律性特征。

水库地震危险性评估多数是在水库建设前开始的。许多水库地震安全性评价工作因受当时地震资料的限制、科技水平等因素的制约，对库区深部构造环境、应力状态、岩体结构渗透性等介质的物理性质的研究深度不够。下述几点，编者认为是重要的。

环境条件：库区是稳定地块，还是多断裂切割区？若是断裂展布复杂的，则需要重视和深入开展工作。

构造条件：库区断层是剪切、逆，还是正断层？若断裂是走滑断层、正断层，则需要重视；深入研究断裂的现今活动性。

岩性条件：库区岩性(沉积、变质、火成岩)与裂隙结构，重视对渗透性，包括岩溶等分析。

应力条件：库区承受构造应力是挤压、拉张，或压扭、张扭，结合震源力学机制分析应力状态。

孕震状态：库区断层与小震活动密集带关系、应变积累势态等，分析是否存在蕴震条件和孕震构造。

即使这些工作在蓄水前已经开展，蓄水后鉴于地下构造的复杂性，持续跟踪监测水库地震动态更是必要的。

根据有限的资料，给出国内外发生4级以上的水库及地震的时间，见表1.1。

水库地震无论是响应型(即蓄水开始就发生大量诱发地震)，还是滞后型(即蓄水后间隔较长时间才发生诱发地震)，发生最大水库地震的时间在蓄水后0.5~17年。表1.1并没有统计预测的意义，只是给出实际水库最大地震的发生时间。因此，根据表1.1，说明适时跟踪监测的重要性，需要持续分析库区震情，边监测、边研究，进行动态分析和预测，为库区突发震情及对策提供技术依据和参考意见。这项工作将有利于库区的防震减灾、地质灾害或山地灾害及其他次生灾害的防御和应对。

表 1.1　主要 4.0 级以上水库地震列表

Table 1.1　List of main reservoir earthquakes above *M*4.0

震级区间	大坝或水库名	国家或地区	坝高/m	蓄水时间	最大地震时间	震级 M_S	间隔时间
6 级	柯依那	印度	103	1962 年	1967 年	6.4	5
	克里玛斯塔	希腊	160	1965 年	1966 年	6.3	1
	卡里巴	赞比亚、津巴布韦	128	1958 年	1963 年	6.2	5
	新丰江	中国广东	105	1959 年 10 月	1962 年 3 月	6.1	3
	龙羊峡	中国青海	178	1981 年 7 月	1981 年 10 月	6.0、4.5	<1
5 级	奥罗维尔	美国	236	1967 年	1975 年	5.7	8
	马拉松	希腊	67	1929 年	1938 年	5.7	9
	铜街子	中国四川	86	1992 年 4 月 5 日	1992 年 4 月 6 日	5.7	<1
	阿斯旺	埃及	111	1964 年	1981 年	5.5	17
	溪洛渡	中国云南	285.5	2012 年 11 月	2014 年 4 月	5.3、5.0	1.4
	本莫尔	新西兰	110	1964 年	1966 年	5.0	2
	尤坎本	澳大利亚	116	1957 年	1959 年	5.0	2
	胡佛	美国	221	1935 年	1939 年	5.0	4
4 级	巴依纳巴什塔	南斯拉夫	90	1966 年	1967 年	4.0~5.0	1
	参窝	中国辽宁	50	1972 年 11 月	1974 年 12 月	4.8	2
	丹江口	中国湖北	97	1967 年 11 月	1973 年 11 月	4.7	6
	冕宁	中国四川	92	1999 年 5 月	2003 年 6 月	4.6	4.1
	珊溪	中国浙江	157	2000 年 5 月	2002 年 7 月	4.6	2.2
	大化	中国广西	75	1982 年 5 月	1993 年 2 月	4.5	9
	三峡	中国湖北	175	2003 年 6 月	2003 年 11 月	4.0	<1
	佛子岭	中国安徽	74	1954 年 6 月	1954 年 12 月	4.5	<1
	新店	中国四川	29	1974 年 4 月	1974 年 7 月	4.5	<1
	克孜尔	中国新疆	42	1989 年 9 月	1989 年 10 月 16 日	4.1	<1
	水口	中国福建	101	1993 年 3 月 31 日	1993 年 5 月 23 日	4.1	<1
	锦屏	中国四川	305	2012 年	2017 年 9 月 12 日	4.9	5.8

注：表中的间隔时间是指水库开始蓄水时间与记录的最大地震发生时间的间隔时间。

1.2 水库诱发地震的评估问题

前节阐述的水库地震问题，既包括库区及附近地区的水库构造地震，也包括水库诱发地震问题。构造型水库地震的重要前提条件是较高应力应变能积累，以及透水性结构面和孕震构造的存在。不存在水库构造地震孕育发生的情况下，水库荷载效应、孔隙水压力效应，尤其是渗流，对断层的软化、溶蚀及应力腐蚀效应，以及水沿裂隙至断层可能下渗的速度、深度等显示很强的局域性。

就库区岩性条件分析，当库盆岩体是由渗透性较好的岩体，如页岩、灰岩等碳酸盐岩组成时，较易发生水库地震。例如，金沙江下游向家坝库区附近构造新活动特征明显，展布近 NS 向猰子坝基底断裂，与其相邻还有玛瑙断裂。根据国家电力公司中南勘测设计研究院给出的勘察结果，库区西段岩性为碳酸盐、中厚层砂岩、岩溶发育区。该地段灰岩出露，岩溶发育，可能诱发地震活动。并且，沿金沙江岸两侧地带是地质灾害(如崩塌、滑坡、泥石流)发生区。因此库区西段存在水库诱发地震的可能，而且容易诱发次生地质灾害。

脆性材料的断裂韧性低，延性材料的断裂韧性高，花岗岩、玄武岩和片麻岩类等坚硬性脆的结晶岩类易诱发水库微震活动，而碎屑岩、砂页岩、泥岩等软岩构成库盆地的水库不易诱发水库地震。例如：金沙江下游向家坝水库东段，则主要是碎屑岩分布区段，层间剪切破碎带和小型断裂发育，局部区域也为库水渗漏提供了一些有利条件。估计发生水库诱发地震的强度低于西段。尽管如此，库区两岸部分高山峡谷地段也存在诱发地质灾害(崩塌、滑坡、泥石流等)的可能，需要重点防御。

对水库区域各库段可能发生水库诱发地震的最大震级的确定仍然是问题。一是基于国内外已有的水库地震事件和水库坝高、库容等参数的类比。二是影响因素分析，譬如库区岩溶发育，且有断层、裂隙切割的库盆地质条件的勘察结果较粗，地表定性描述多，深入地下结果少，细致程度和精度不够。三是诱发地震的概率计算，虽然运用多种方法，其结果的参考意义并不大。四是综合评判。因此，水库诱发地震的强度预测问题，包括水库各区段的水库诱发地震强度预测问题，存在和需要探讨的问题是显见的，同时又有很强的个案特征，非一般水库的统计特征所能解决。

1.3 水库地震研究思路和方法问题

汶川大地震使得我国水坝、水电站建设的科学性和安全性得到了一次很好的检验。这次所有处在强震区内的水坝、水电站都不负众望地经受住了特大地震的严峻考验。面对高烈度区的水库地震问题，我国已经有了成功建坝的事实和经验，无须赘述。需要认真研究的是水库地震评价中的基础科学与应用研究问题。

高烈度区的水库地震问题，首要研究的是水库构造地震(或称天然地震)再是蓄水后的诱发地震问题。本书提出高烈度区水库地震的特殊性和研究的重要性。用川滇地区，特别是金沙江下游梯级水库地震研究事例试图说明这一问题。分析我国中西部地区部分库区的强震构造环境，处于地震活跃地带或烈度Ⅶ度及以上区域的水库地震问题，首要抓住在工程设计寿命期间构造地震的潜在危险性这一关键问题，而不是避开去分析岩溶或岩性诱发小震活动的问题。

高烈度区水库地震问题的特殊性体现在库区构造环境的特殊性，断裂活动特殊性，随机性背景地震活动水平高的特点。库区场地的地震安全性评价中不能过分依赖近100年库区附近历史中强地震对水库区的影响烈度的估计；不能过分依赖局部小区域地震活动的统计结果，如小区域最大地震强度的记录；不能过分相信地表断裂距库区或大坝直线距离超过了多少米的安全性评判等。

水库地震研究的范围根据国家水库地震监测技术要求，水库影响区为水库区及其外延10km的范围。若存在穿过水库区的地震活动断层，监测区域可沿地震活动断层适当外延20km。

水库地震监测区的确定：水库影响区以及水库区周围50km范围内历史上发生过5级以上地震的区域。

水库地震研究中一些常见的统计预测并不靠谱或不合理。高烈度区的水库地震问题套用低烈度区的一些资料、案例，尤其是一些技术思路和方法，是不合适的。这包括水库地震研究中不区分活动地块，稳定地块区水库的一些坝高、库容、库深、面积等统计结果的不合理应用。需要分析水库地震或诱发地震活动需要考虑的地震构造环境条件、库区岩性条件、地下应力条件、应变积累势态等。

水库地震研究思路和方法问题：

(1)微震或震群活动精定位和微构造位置。

(2)蓄水后地震层析成像揭示对库区地壳介质的影响空间。

(3)蓄水后S波分裂揭示库区微裂隙展布。

(4)蓄水前后的地震活动时空变化及特点。

(5)水库地震震源力学机制及库区动态应力场。

(6)库水位升、降与成丛密集微震活动的增强与平静。

(7)水库触发地震与水库诱发地震的判识。

(8)高烈度区高坝大库水库地震的特点。

(9)水库诱发地震与库区构造环境和地质岩性。

(10)水库泄洪激发的振动特征。

(11)水库诱发地震与区域强震认识。

这些都是研究高烈度区水电工程及库区地震地质灾害和预测防御的重大前沿课题。

高坝大库蓄水后持续跟踪监测日常小震动态是必要，其分析结果可直接用于库区水库地震的震情监测分析和灾害防御。

1.4　水库地震研究的应用问题

水库地震研究的应用直接服务于水电工程建设和运行维护，提供咨询服务和措施建议，服务于社会和政府管理、防灾减灾，造福于人民。

水域区位于历史地震影响烈度或地震区划在Ⅶ度或以上区域，尤其梯级大型水库地震问题至今仍然是没有解决的科学难题，但是水库地震工程必须面对的问题，是社会和政府关注的安全问题，是探索性的更是极富挑战性的研究问题。近年大型水库或巨型梯级水库逐渐在我国中西部地区新建，水库地震研究问题自然推到工程勘测、设计、地震、地质及地球物理、工程防御、库区防震减灾相关学科研究的前沿。但目前这方面的研究滞后，进展缓慢，与社会需求是极不适应的。为此，本书对高烈度区重大梯级水库地震问题做一定探讨，旨在推动水库地震科学研究工作的深入发展。

第 2 章　水库地震波形及震相识别

水库地震分析研究的地震波形以近震为主，日常分析多数处理地壳传播的地震波记录。尽管如此，数字地震记录波形分析和震相识别仍是较复杂的。本章结合水库地震记录分析的一些实践，重点探讨水库诱发地震的波形分析和识别，以及相关的库区爆破、塌陷激发震波的分析和震相识别问题。

2.1　地壳内地震波的传播

地震是由于地球介质承受应力的能力骤然降低而自发地发生于地球介质内的一种快速破裂现象。地震矩张量描述了各种类型的震源，剪切位错源(双力偶源)只是其中一种。

Aki & Richards(1980)给出了震源及震动的数学表示。在笛卡儿坐标系(x_1，x_2，x_3)，位移$\boldsymbol{u}(x,\ t)$表示一质点在时间 t 相对于参考时间 t_0 的矢量距离。x 不随时间改变，则质点速度为$\partial \boldsymbol{u}/\partial t$、质点的加速度为$\partial^2 \boldsymbol{u}/\partial t^2$。体力$\boldsymbol{f}(x,\ t)$表示作用在某个参考时间处在初始位置 x 的单位体积质点的体力和等效力的总和。考虑在 $x=\xi$ 和 $t=\tau$ 作用于质点的脉冲力，则三维的 Dirac 函数$\boldsymbol{\delta}(x-\xi)$示脉冲的位置，一维的 Dirac 函数$\boldsymbol{\delta}(t-\tau)$示脉冲的时间。若这个力在 x_n 轴方向，则体力分布$\boldsymbol{f}_i(x,\ t)=\boldsymbol{A}\delta(x-\xi)\boldsymbol{\delta}(t-\tau)\delta_{in}$。单位体积的力$\boldsymbol{f}_i$，则由脉冲强度$\boldsymbol{A}$ 和 Dirac 体积函数$\boldsymbol{\delta}(x-\xi)$、Dirac 时间函数$\boldsymbol{\delta}(t-\tau)$、Kronecker 函数$\delta_{in}$表示。$\delta_{in}$表示方向性，当 $i\neq n$ 时，$\boldsymbol{f}_i=0$。δ_{in}是无量纲的，而$\boldsymbol{f}_i$、$\boldsymbol{\delta}(x-\xi)$、$\boldsymbol{\delta}(t-\tau)$、$\boldsymbol{A}$ 的量纲分别为单位体积的力，1/单位体积，1/单位时间，力×时间。

作用在表面 S 的整个连续体 ΔV 的加速度、体力和牵引力由 Lagrange 动量方程给出。

$$\frac{\partial}{\partial t}\iiint\limits_V \rho\frac{\partial \boldsymbol{u}}{\partial t}\mathrm{d}V = \iiint\limits_V \boldsymbol{f}\mathrm{d}V + \iint\limits_S \boldsymbol{T}(n)\mathrm{d}S \tag{2.1}$$

由体积元上受力的总和即体积分和包围体积封闭表面上应力的面积分给出动量变化率$\iiint\limits_V \rho\left(\frac{\partial^2 \boldsymbol{u}}{\partial t^2}\right)\mathrm{d}V$。此连续体内任意质点用一小体积元 ΔV 包围这个质点。考虑随 ΔV 收至点 P，则定义任意质点的应力张量$\boldsymbol{T}(n)$，n 是法线方向。由该面(单位面积)一边的质点作用于另一边质点产生，结果$\boldsymbol{T}(-n)=-\boldsymbol{T}(n)$。

震源在数学上用一定的空间和时间上的单一方向的脉冲表示，采用的是弹性动力学的格林函数$\boldsymbol{G}_{in}(x,\ t;\ \xi,\ \tau)$，表示在点$(x,\ t)$的位移的第 i 个分量。对于初始条件，$t\leqslant\tau$ 和 $x\neq\xi$ 时，$\boldsymbol{G}(x,\ t;\ \xi,\ \tau)$和$\frac{\partial}{\partial t}\boldsymbol{G}(x,\ t;\ \xi,\ \tau)$为零。边界条件不依赖于时间，称面上 S 是刚性的，并满足齐次边界条件，在面 S 上的每一点处，位移或应力为零，及净力和净力矩为零的内源条件。由 V 内的体力$\boldsymbol{f}$和面 S 上的边界条件共同引起的位移$\boldsymbol{u}$ 表达，即定量地震学中表示定理如下。

$$\begin{aligned} \boldsymbol{u}_n(x,t) = \int_{-\infty}^{+\infty} \mathrm{d}\tau \Big(& \iiint_V \boldsymbol{f}_i(\xi,\tau)\boldsymbol{G}_{in}(\xi,t-\tau;x,0)\mathrm{d}V(\xi) \\ & + \iint_S \big(\boldsymbol{G}_{in}(\xi,t-\tau;x,0)\boldsymbol{T}_i(\boldsymbol{u}(\xi,\tau),n) \\ & - \boldsymbol{u}_i(\xi,\tau)\boldsymbol{c}_{ijkl}(\xi)n_j\boldsymbol{G}_{kn,l}(\xi,t-\tau;x,0)\big)\mathrm{d}S(\xi) \Big) \end{aligned} \tag{2.2}$$

式中，$\boldsymbol{u}_n(x,\ t)$表示在t时刻某点x处的位移，右边第一项表示体力$\boldsymbol{f}_i$在整个V内的贡献，第二、三项表示边界面S上的位移和应力的贡献。$\boldsymbol{G}_{in}(\xi,\ t-\tau;\ x,\ 0)$为格林函数，表示在0时刻空间$x$处沿$n$方向的脉冲力，至$t$时刻、$\xi$处产生的沿$i$方向的位移。$t$也可以理解为震动持续时间。表示定理的意义在于从任意力所产生的震动位移可以通过对点源的解进行求和和积分来计算。地震地面运动可以表示成震源效应和地震波传播效应的时空褶积。

地震发生，从震源向外辐射地震波，地震波是一种弹性波，在弹性介质中传播符合波动方程。通过震波记录，可以推测出地震波传播情况和震源情况。对于水库地震均为区域地震，经常分析的是纵波，即P波，与横波(即S波)，根据适用于位移的弹性波动方程的矢量形式，有

$$\mu\nabla^2\boldsymbol{S}+(\lambda+\mu)\mathrm{grad}(\mathrm{div}\boldsymbol{S})=\rho\frac{\partial^2\boldsymbol{S}}{\partial t^2} \tag{2.3}$$

式中，$\boldsymbol{S}$为位移矢量$\boldsymbol{u}$，$\boldsymbol{v}$，$\boldsymbol{w}$；$\mathrm{div}\boldsymbol{S}=\boldsymbol{\theta}$是体应变；而

$$\nabla^2\boldsymbol{S}=(\nabla^2\boldsymbol{u})i+(\nabla^2\boldsymbol{v})j+(\nabla^2\boldsymbol{w})k \tag{2.4}$$

若位移矢量场$\boldsymbol{S}(\boldsymbol{r},\ t)$是无旋的，那么所考虑的介质中到处都有$\mathrm{curl}\boldsymbol{S}(\boldsymbol{r},\ \boldsymbol{t})=0$，即介质中各个小部分只有体积的胀缩而没有转动，就是说，介质中只有弹性纵波(即P波)而没有横波(即S波)。将式(2.3)两端取散度，利用$\boldsymbol{\theta}=\mathrm{div}\boldsymbol{S}$，算符$\nabla$、$\nabla^2$和$\frac{\partial^2}{\partial t^2}$的对易性，得到

$$\mu\nabla\cdot(\nabla^2\boldsymbol{S})+(\lambda+\mu)\nabla\cdot(\mathrm{grad}\boldsymbol{\theta})=\rho\frac{\partial^2\boldsymbol{\theta}}{\partial t^2} \tag{2.5}$$

从而，可得到体应变$\boldsymbol{\theta}$所满足的波动方程，为

$$\nabla^2\boldsymbol{\theta}-\frac{1}{\upsilon_{\mathrm{P}}^2}\frac{\partial^2\boldsymbol{\theta}}{\partial t^2}=0 \tag{2.6}$$

式中，υ_{P}为弹性纵波(P波)的传播速度，有

$$\upsilon_{\mathrm{P}}=\sqrt{\frac{\lambda+2\mu}{\rho}} \tag{2.7}$$

若位移矢量场$\boldsymbol{S}(\boldsymbol{r},\ t)$是无源的，所考虑的介质中到处都有$\mathrm{div}\boldsymbol{S}=0$，即$\theta=0$，该部分介质中只有横波，而无纵波，那么体元的角位移矢量，满足

$$\boldsymbol{\psi}=\frac{1}{2}\mathrm{curl}\boldsymbol{S}=\frac{1}{2}\nabla\times\boldsymbol{S} \tag{2.8}$$

将式(2.3)两端取旋度，给出$\boldsymbol{\psi}$满足的波动方程，有

$$\mu\nabla\times(\nabla^2\boldsymbol{S})+(\lambda+\mu)\nabla\times(\nabla\boldsymbol{\theta})=\rho\frac{\partial^2}{\partial t^2}(\nabla\times\boldsymbol{S}) \tag{2.9}$$

利用，$\nabla\times(\nabla\boldsymbol{\theta})=\mathrm{curl}(\mathrm{grad}\boldsymbol{\theta})=0$ 和式(2.8)，得到

$$\nabla^2\boldsymbol{\psi}-\frac{1}{v_S^2}\frac{\partial^2\boldsymbol{\psi}}{\partial t^2}=0 \tag{2.10}$$

式中，v_S 为弹性横波(S 波)的传播速度，有

$$v_S=\sqrt{\frac{\mu}{\rho}} \tag{2.11}$$

在地球内传播的波称为体波，沿着地表或界面传播的波称为面波。因为地球本身不是完全均匀介质，故地震波在地壳介质中的传播会遇到地球自由表面、内部层面。地震波在分层均匀介质中遇到不连续面或界面时，不仅会发生反射、折射，还会发生波形转换。

物理上，地震震源产生体积形变和剪切形变，前者产生纵波，后者产生横波。

一般水库地震波记录中，总是表现为纵波(P 波)、横波(S 波)、面波(L 或 R 波)三大部分。由于纵波速度大于横波速度，面波速度小，故到达观测台站的时间顺序也是纵波、横波、面波。同理，纵波周期小于横波周期，面波周期更长，故震中距越大，测震台记录到的波的周期越长，反之越短。纵波振幅小于横波振幅，面波振幅最大(深震例外)。数字地震波记录示意图如图 2.1 所示。

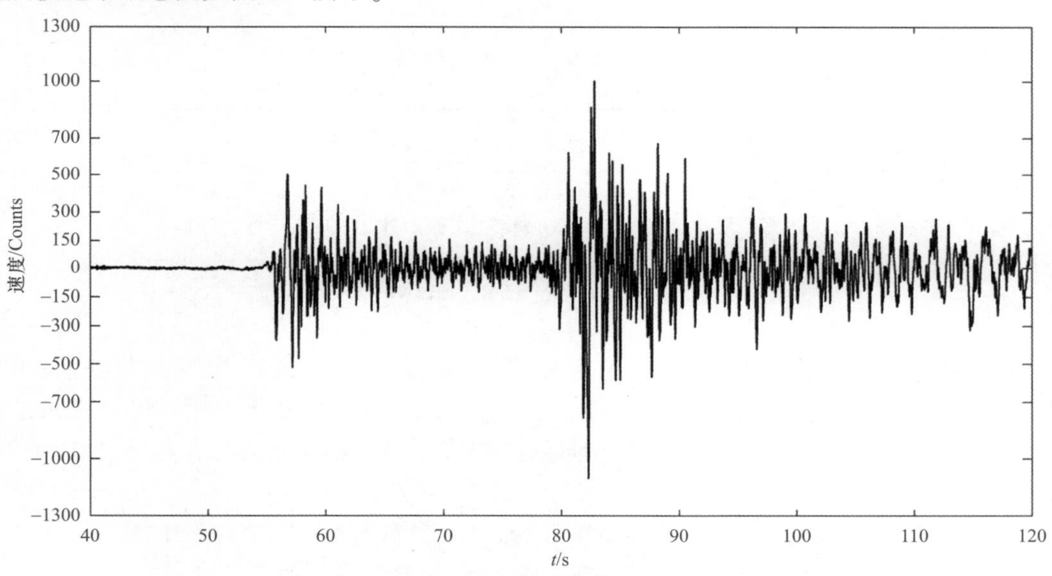

图 2.1　数字地震波记录示意图

(2003－03－14，荣县 *M*4.0 地震，四川老寨子 LZZ 台记录 UD 向，震中距为 203km)

Figure 2.1　Digital seismic wave recording

(2003－03－14，Rongxian *M*4.0 earthquake，the UD direction with Laozhaizi LZZ station，Sichuan Province，with epicenter distance of 203km)

区域地震的波形记录特征是，对于震中距 100km 以内地震波记录，直达纵波 Pg 波的周期为 0.05～0.2s，直达横波 Sg 波的周期为 0.1～0.5s。当震中距约为 100km 以上时，在纵波段记录到莫霍面上的反射波或反射转换波。震中距大于直达波与首波的干扰距离，震中距约 200km 以上一般按顺序出现莫霍面与康拉德界面绕射纵波 Pn、P^*，以及相应的横波 Sn、S^*。绕射波 Pn、Sn 的振幅比直达波 Pg、Sg 小很多，反射波 P_M、S_M 最强。震中距

大于 300km 时，在 Pn 与 Pg 之间会出现 sPn 波，它的周期和振幅比绕射波 Pn 的强。测量震波记录的初动，即震相的第一个振动的单振幅。规定，初动向北、向东、向上用“+”标示；反之，则用“-”标示。

地震波从震源辐射，经过地球介质传到地震台途径，经过仪器记录下来，因此地震波记录包含震源、介质、仪器等特性的信息。

近震地震波是指震源在地壳内且波的传播路径也在地壳内的地震波，见图 2.2，双层均匀介质地震波传播路径示意图。近震地震波的复杂程度取决于地壳的局部构造。震源在上层，康拉德界面是上层(即花岗岩层)和下层(玄武岩层)之间的界面。莫霍洛维奇不连续面是地壳底部与地幔的界面。

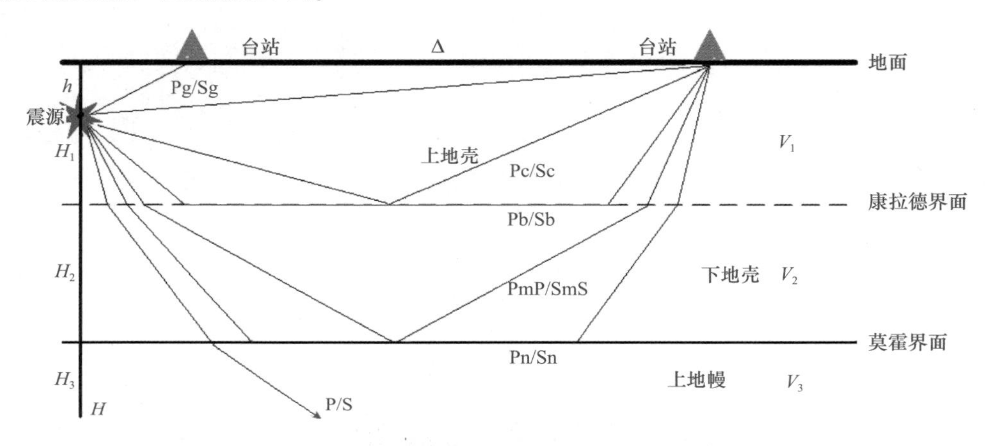

图 2.2 近震两层地壳模型与地震波传播路径示意图(刘瑞丰等，2014)

Figure 2.2 Two layer crust model of near earthquake and seismic wave propagation path (Liu Ruifeng et al., 2014)

体波在地球内部任何方向传播，包括纵波、横波以及各类反射、折射波。纵波(压缩波)在传播过程中，质点振动方向与波的传播方向一致，在地震分析中用字母 P 表示。横波(剪切波)在传播过程中，质点振动方向与波的传播方向相互垂直，在地震分析中用 S 表示。

另外，通过花岗岩层的为纵波 Pg、横波 Sg。通过康拉德界面的为绕射纵波为 Pb、横波 Sb；达康拉德界面的反射波为 Pc、Sc 或 P_{11}、S_{11}。通过莫霍界面的绕射纵波 Pn、横波 Sn；达莫霍界面的为反射纵波 PmP、横波 SmS。

面波或导波在自由表面存在的地方(如地球表面或层状结构体的层面)传播，其主要包括瑞利波(Rg)和勒夫波(Lg)。导波即是随深度增加，在层面形成的水平剪切面波。地壳导波(Lg)：S 波在地表与莫霍界面多次反射叠加，SV 和 P 波互相转换，地震波散射及地壳不连续面因素形成剪切面波，也可能被横向结果变化阻断。

地震波 Pg 和 Sg 分别为直达纵波和直达横波，其走时为

$$\overline{T}_g = \frac{\Delta}{v}\sqrt{1 + \left(\frac{h}{\Delta}\right)^2} \tag{2.12}$$

式中，波速(v_P，v_S)仅与介质的密度 ρ、弹性模量 K 和刚性模量 μ 有关。波速大致数值区间：Pg 波速为 5.7 ~ 6.1km/s；Sg 波速为 3.4 ~ 3.6km/s。

2.2　震相特征与震相分析

地震波经过不同介质发生转换，如反射、折射、绕射、衍射等，显示在记录上的信号表示为不同的震相。从震源辐射的弹性波到记录是多震相的聚合。地震波的震相就是具有不同振动性质和不同传播路径的地震波在地震记录上的特定标志。震相分析，实际是对地震记录的分析解释。地震仪同时在垂直、北南、东西三个方向记录地震波，构成震相有三个要素，即相位、振幅、周期。在地震记录中，凡具有其中某两个要素的改变，都可视为一个震相。体现地震波记录的震相特征的标志包括到时、初动方向、振幅、周期、持续时间等。

一般把震相的时距关系特征称为运动学特征，而把震相的振幅、周期、相位特征称为动力学特征。震相分析就是根据各种震相特征，在地震波形记录图上辨认它们，并测量其到时、周期、振幅、初动方向。

测震记录震相：

(1)速度。地震纵波的传播速度大于横波的传播速度，横波的传播速度大于面波的传播速度。

(2)振幅。地震纵波的振幅小于横波的振幅，一般横波的振幅小于面波的振幅。

(3)周期。地震纵波的周期小于横波的周期，一般横波的周期小于面波的周期。

(4)能量。地震震级越大，能量越强，振动的持续时间就越长；震中距越大，各波列的振动持续时间越长；横波在水平分量能量比纵波的能量强。

地方震和近震的地震波主要穿过地壳和上地幔，包括直达波、反射波、绕射波，有时还能见到短周期面波。在地震记录图上常常会出现地震波的实际到时与理论到时不一致，这是正常现象，是地壳和上地幔在横向不均匀性所致，因此在分析地震时要以震相的实际到时为准。

由震相之间的到时差确定记录地震是地方震、近震，还是远震。根据记录地震波形的形态，持续时间、振幅、周期、能量，识别地震记录的标志性震相。

地方震：振动持续时间短，一般仅为 1 ~ 2min；波形频率成分一般较高，为 0.2 ~ 100Hz；波列间隔小，直达波与横波到时差 $Sg - Pg < 13s$；振动周期很短，大多为 0.5s 以下；面波不显著，只有当震源很浅时，短周期仪能记录到；震相简单，主要震相为 Pg、PmP、Sg、SmS。地方震震相：Pg、Sg、PmP、SmS。

近震：振动持续时间一般在 3 ~ 5min，随震中距的增大，振动持续时间增长；$Sg - Pg > 13s$，$Sn - Pn < 1min43s$；振动周期比较短，一般在 0.1 ~ 2s；通常是 Pg、Sg 的振幅在地震图上表现较强；由于地壳速度分层界面的存在，使得不同震中距地震记录的特征不同；在康拉德界面清晰的地区(地壳为双层结构)，如震源在康拉德界面上方(地壳上层，即花岗岩层)，还可以出现 Pb、Sb。

近震震相：Pn、Sn、Pb、Sb、Pg、Sg、Lg。如果震源在地壳下层(玄武岩层)，主要震相是Pb、PmP、Sb、SmS。Pb先于Pg的最小震中距为100km左右(Pn不出现的最小震中距)，而Pn先于Pb及Pg的最小震中距为150~200km。因此，在100~150km范围内，地震图上的第一个震相可能是Pb。

水库地震多为近震，震相相对简单。P波的特征：P波速度快最先到，不受任何震相干扰；P波的周期一般在1~5s，且随震中距一般变化不大；震源越深，P波的记录形态越尖锐；P波在垂直分向清楚。S波的特征：S波在P波之后，且振幅、周期和形态与P波截然不同，是整个地震的第二组大波列；S波的周期大于P波的周期，且振幅也比P波的振幅大；S波在水平向清楚。

库区地震波记录的一般特征：记录大量微震均为近震，地震波动的持续时间短(M_L在2.0上下时，为1~2min)。主要震相：Pg、Sg及P11、S11。震中距在$70km < \Delta < 120km$时，P11和S11达到全反射，因而极强。随着Δ的加大，由于几何扩散及它们与Pg、Sg的走时差的减小，P11和S11逐渐变得不很明显。Pg、Sg的走时差小于13s($Sg - Pg < 13s$)。震相周期：Pg的周期小于0.3s，Sg周期小于0.6s，分不出面波。地震定位针对监测台网内与网外地震分别采用不同计算程序测定。

远震：$Sn - Pn > 1min43s$，振动持续时间一般大于3~5min，小于1h30min。

2.3 水库诱发地震波形记录特征

2.3.1 地震类别

地震类别：

(1)按地震成因分类可将地震分成构造地震、火山地震和陷落地震，以及人工地震。

(2)按地震强度分类可将地震分为弱震，<3级；有感地震，$3 \leq M < 4.5$级；中强震，$4.5 \leq M < 6.0$级；强震，$6.0 \leq M < 8.0$级；巨大地震大于8.0级。

(3)按震源深度分类可将地震分为浅源地震(深度小于60km)；中源地震(深度在60~300km)；深源地震(深度大于300km)。

中国水利水电科学研究院夏其发等(2012)认为，水库地震成因定性分为三类。

(1)内成成因的水库地震。蓄水导致地壳上层(地下数百米到5km，少数可达10km)的区域地应力场发生变化，从而改变了某些地块构造运动原先的进程，引起水库及邻区地震活动性的明显变化(加剧或减弱)称为内成成因的水库地震。将这一成因类型的水库地震称为触发型水库地震。构造断裂型、增强亚型，如广东的新丰江水库等；构造断裂型、减弱亚型，如台湾的曾文水库等。

(2)外成成因的水库地震。蓄水改变了外力地质作用的条件，导致地表(0至地下数百米)局部范围内不良自然地质作用加剧，岩体或岩块相对位移或遭受破坏，所伴生的地震现象称为外成成因的水库地震。将这一类型的水库地震，称为诱发型水库地震，其可分为以下五类：碳酸盐岩类岩溶塌陷型水库地震；易溶岩溶解塌陷型水库地震；滑坡崩塌型水库地震；冻裂型水库地震；地壳表层卸荷型水库地震。

(3)混合型水库地震。在蓄水过程中，在同一库段或水库的不同地段，同时或先后出现几种成因类型不同的水库地震，它们之间可能相互影响，也可能互不联系。按照水库地震的多成因理论，不同成因类型的水库地震，其诱震条件必定有所不同，必然存在多种判据，不是单一的。

人工诱发地震活动类型大致有以下三种：

(1)人工注或采液诱发地震活动。例如，一些油田开采注水或工业生产将废液注入地层深处而诱发的小震活动，或某些特定构造部位城区大量抽取地下水，或采卤、采油、采气引起的小震活动。

(2)人工爆破或矿震。大型爆破引起的地震，或采矿引起的地应力调整而诱发浅层小震活动。

(3)水库诱发地震。水库修建后蓄水和放水诱发的地震活动，一般指水库影响区内发生的诱发地震。

2.3.2　水库诱发地震波形记录特征

数字测震记录的水库诱发地震的波形，记录持续时间短。

(1)水库诱发地震的震源浅一般在地下 5km 以内，少部分甚至在 1km 以内。

(2)由于处在水渗透侵蚀中，断层活动往往有蠕动、滑动，诱发地震初动不十分清楚，呈现振幅较小、周期较大的初始地震波。记录清楚的初动也呈向限分布。

(3)震源浅受不整合面影响发生散射和非弹性衰减，不整合面下 P 波、S 波相干涉和 S 波产生偏振变化不是特别清晰。

(4)震源浅，受横向不均匀影响生成不规则的短周期面波，部分诱发地震面波发育。

(5)记录持续时间短，水库诱发地震波形记录特征与注水、采矿诱发地震波特征大致相同。

水库诱发地震与库区断裂构造、库区岩性、蓄水渗流状态和分布相关。

水库诱发地震活动在时间上，与蓄水和泄洪过程直接相关，还与蓄、放水过程的速率变化相关。

水库诱发地震在空间分布上，多发生在库区库岸岸边及水系相通区域，或与微断层及裂隙相通区域。

水库诱发地震震源深度浅，地震地面效应明显。小地震即可有感，并伴有地声，地震具有较大的烈度。

向家坝水库蓄水后 10km 天然诱发地震分布见图 2.3，空心圆圈为 2012 年 10 月—2013 年 4 月监测的天然微震活动；实心圈为蓄水后，2013 年 5 月 1 日—2013 年 4 月出现的诱发地震活动。库区中段沿金沙江南侧形成近南北向微震活动带。尤其在库区 C 段中部发生的地震活动集中密集，部分呈现水库诱发地震波形记录的特征。

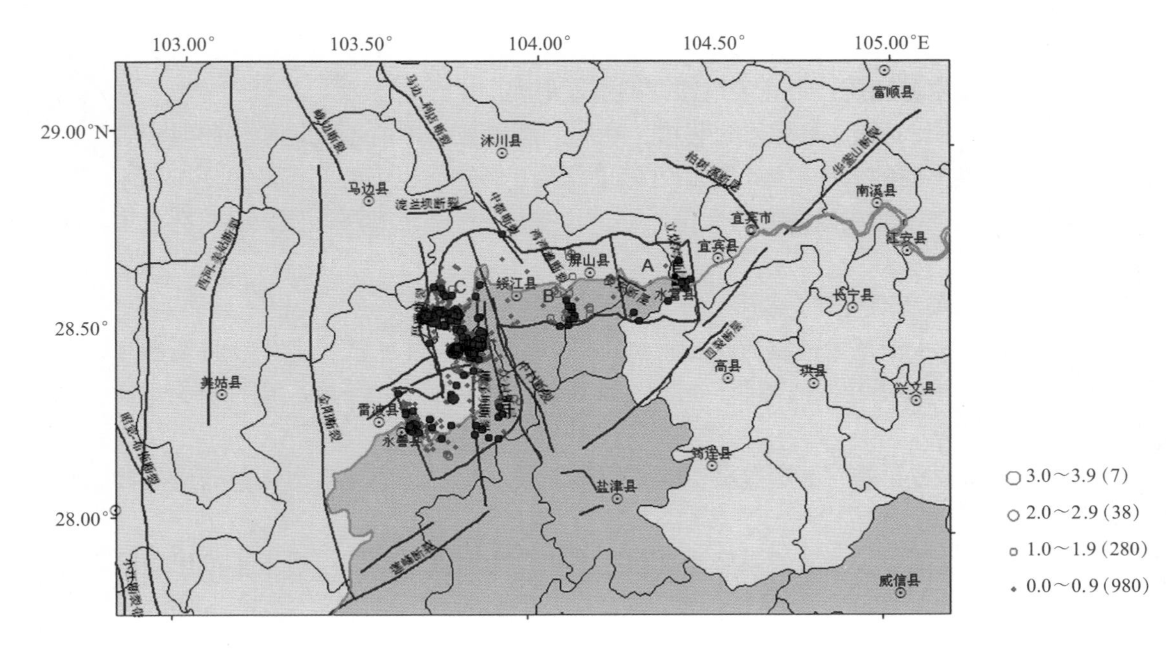

图 2.3　向家坝水库蓄水后 10km 诱发地震分布图(2012.10—2013.11)

Figure 2.3　Distribution of induced earthquakes within 10km of Xiangjiaba reservoir after impoundment(2012.10—2013.11)

水库诱发地震波形记录实例 1 见图 2.4。2013 年 6 月 29 日 09 时 58 分；EPC：北纬 28°10′13.8″；东经 103°33′5.4″；M_L：3.0；H：2.3km；有感范围：溪洛渡库首区。

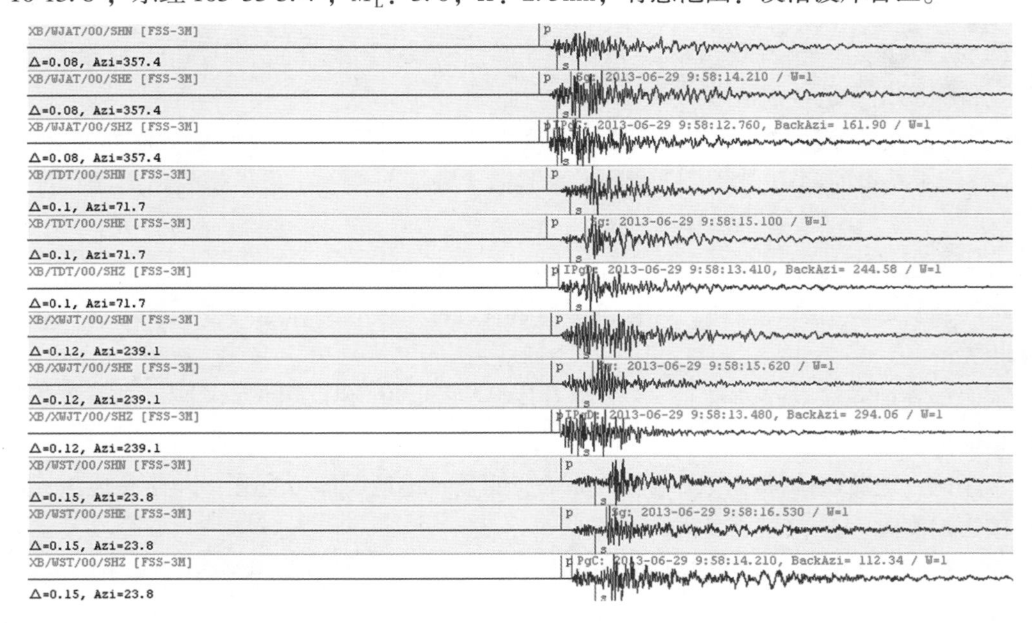

图 2.4　2013 年 6 月 29 日 09 时 58 分永善县水库诱发地震(M_L3.0)的部分近台记录波形

Figure 2.4　Some near stations recorded waveforms of the reservoir induced earthquake(M_L3.0) in Yongshan County at 09：58 on June 29，2013

水库诱发地震波形记录实例 2 见图 2. 5。2013 年 11 月 1 日 09 点 53 分 54. 7 秒；EPC：北纬 28°27′00″；东经 103°47′04″；M_L：3. 7；H：3. 1km；有感范围：库区；灾害：个别墙面裂缝。

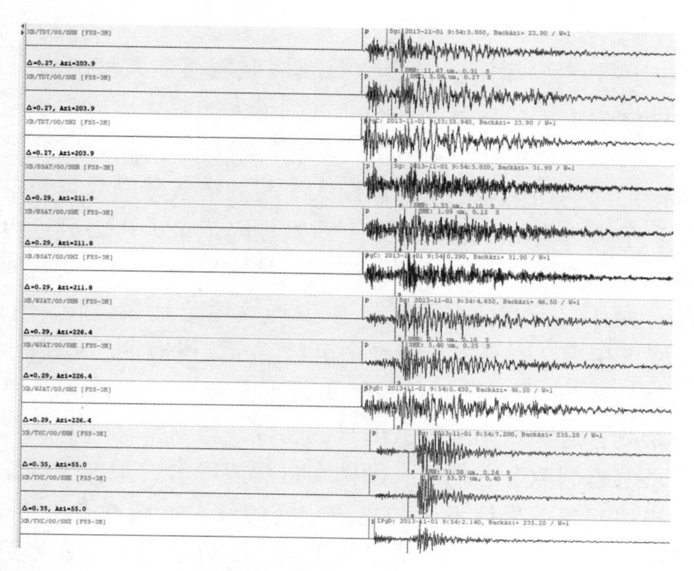

图 2. 5　2013 年 11 月 1 日 09 点 53 分雷波县水库诱发地震（M_L3. 7）的部分近台记录波形

Figure 2. 5　Some near stations recorded waveforms of the reservoir induced earthquake（M_L3. 7） in Leibo County at 09：53 on November 1，2013

水库诱发地震波形记录实例 3 见图 2. 6。2014 年 2 月 3 日 02 点 53 分 50. 2 秒；EPC：北纬 28°20′10″，东经 103°47′32″；M_L：2. 4；H：2. 8km；溪洛渡库首区有震感，个别房屋出现墙面微裂现象。

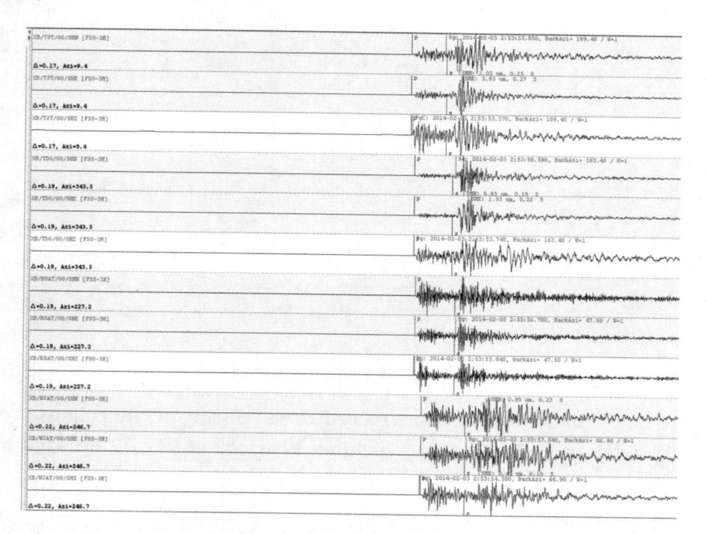

图 2. 6　2014 年 02 月 03 日雷波县水库诱发地震（M_L2. 4）的部分近台记录波形

Figure 2. 6　Some near stations recorded waveforms of the reservoir induced earthquake（M_L2. 4） in Leibo County on February 3，2014

2.4 塌陷地震记录的波形特征

大型山体崩塌、地下岩洞塌陷、岩溶坠落或溶洞陷落、大型滑坡，以及矿井顶部塌陷，其撞击所产生的振动记录。其S波列和P波列最大振幅之比通常小于天然地震。

由于震源浅，地震波传播过程中通过的介质比较松散，其高频成分被松散的介质所吸收，因而崩塌、塌陷的周期比天然地震的周期大。其频率成分以低频为主，衰减较快。

滑动—塌陷过程呈现为走滑、倾滑型。一次性塌陷记录，压力区近台初动多向上；张力区向下，局部影响范围有限，一般不是一次完成整体塌陷，所以通常初动不清楚。初动可能是较小的塌陷，而后又有更大的塌陷，由于连续塌陷地震波记录生成多个P波和S波，并且P波、S波震相耦合紧密，在记录中P波、S波没有明显差别，或P波振幅大于S波振幅，Sg波的初至时间模糊，高频波和低频波混杂在一起，面波较发育，持续时间短，整个记录显得杂乱，这是塌陷地震波明显的特征。

岩溶塌陷是指可溶岩洞隙上方的岩、土体在自然或库水或采气等因素作用下产生变形破坏，沿着岩溶通道引起覆盖岩体发生的塌陷。震源浅，一般在0～5km，常以局部地区或地段的大量微震或多个事件发生，形成P波系列，或强度较大，在岩溶盆地或库区会产生反射波和短周期面波。

塌陷型地震波形记录实例1见图2.7，2013年3月23日04时37分四川省雷波县发生塌陷型地震(M_L1.0)。记录初动不清、周期大、面波发育，为地下岩洞或矿井顶部塌陷造成振动的记录。

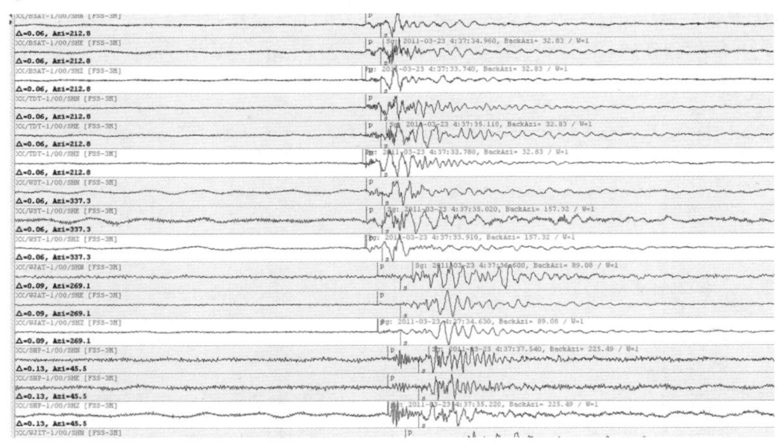

图2.7 2013年3月23日04时37分四川省雷波县塌陷型地震(M_L1.0)部分近台记录波形

Figure 2.7 Some near stations recorded waveforms of the collapse type earthquake(M_L1.0) in Leibo County, Sichuan Province at 04:37 on March 23, 2013

塌陷型地震波形记录实例2见图2.8，2013年5月20日10时05分四川省屏山县发生塌陷型地震(M_L1.0)。波形记录初动不清、周期大、面波发育、有几组P波和S波列，是地下岩洞或矿井(洞)连续塌陷振动记录。

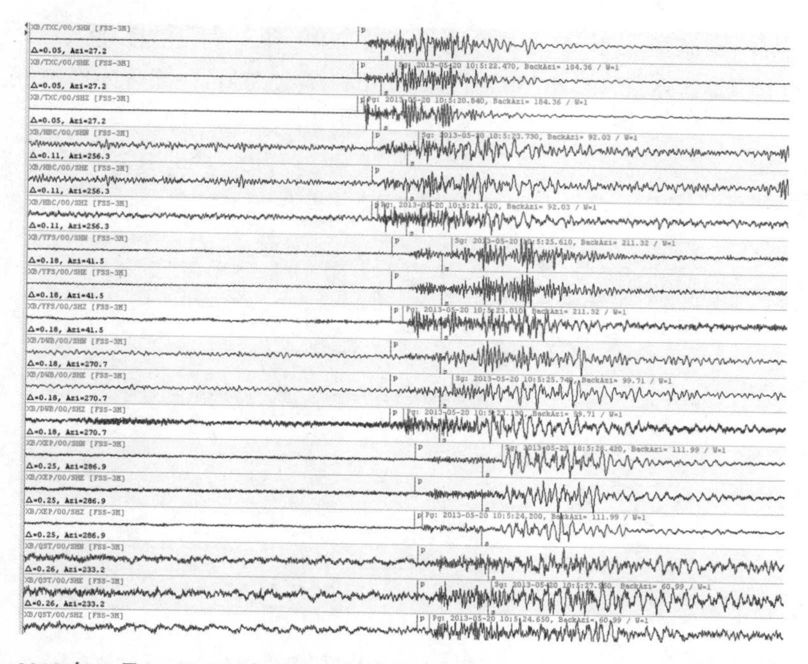

图2.8　2013年5月20日10时05分四川省屏山县塌陷型地震(M_L1.0)部分近台记录波形

Figure 2.8　Some near stations recorded waveforms of the collapse type earthquake(M_L1.0) in Pingshan County, Sichuan Province at 10: 05 on May 20, 2013

水库塌陷型地震波形记录实例3见图2.9。2014年2月6日07点01分46.2秒；EPC：北纬28°27′42″，东经103°57′84″；M_L：1.9；H：3.1km；部分库区有感。

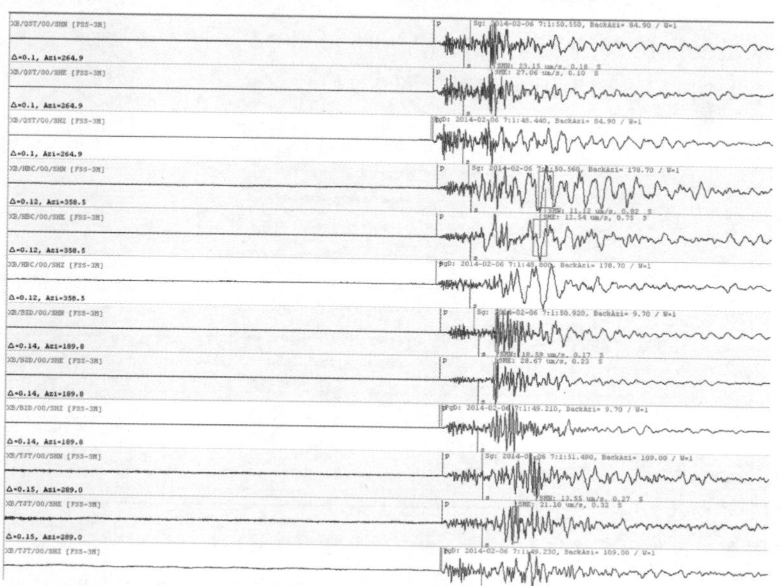

图2.9　2014年2月6日绥江县水库诱发塌陷型地震(M_L1.9)部分近台记录波形

Figure 2.9　Some near stations recorded waveforms of the reservoir induced collapse earthquake(M_L1.9) in Suijiang County on February 6, 2014

水库塌陷型地震波形记录实例 4 见图 2. 10。2014 年 2 月 18 日 02 点 27 分 59. 3 秒；EPC：北纬 28°15′12″，东经 103°37′02″；M_L：2. 3；H：3. 1km；部分库区有感。

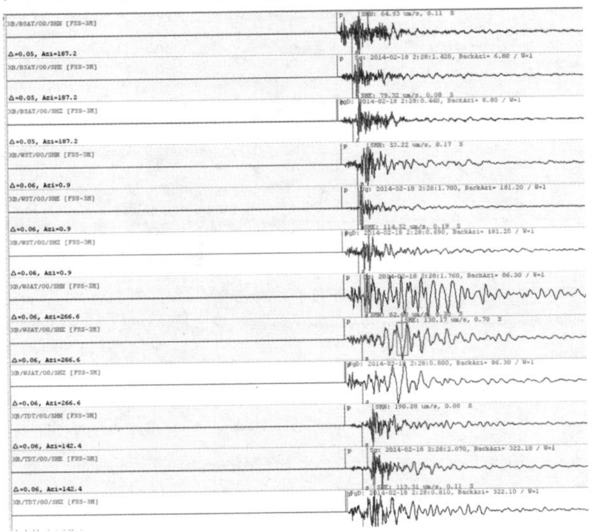

图 2. 10　2014 年 2 月 18 日永善县水库诱发塌陷型地震(M_L2. 3)部分近台记录波形

Figure 2. 10　Some near stations recorded waveforms of the reservoir induced collapse earthquake(M_L2. 3) in Yongshan County on February 18, 2014

根据永善县交通运输局通告，2020 年 4 月 7 日 12 时，永善县溪洛渡镇农场社区溪洛三组、四组白沙湾(溪洛渡水电站永久大桥右岸桥头处)明子山发生山体崩塌，崩塌点高约 430m，临空崩塌方量约 180m³，导致 3. 5 亩①荒地被掩埋。经金沙江下游水库台网测定，溪洛渡镇山体崩塌发生在 2020 年 4 月 7 日 12 时 29 分 24. 9 秒；位置为：北纬 28. 23°，东经 103. 68°，震级 M_L1. 3。崩塌记录波形见图 2. 11。

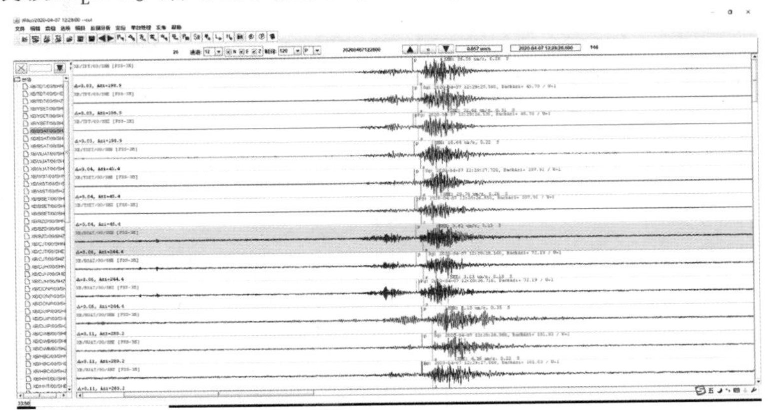

图 2. 11　2020 年 4 月 7 日 12：29：24. 9 崩塌地震(M_L1. 3)近台记录波形

Figure 2. 11　Some near stations recorded waveforms of the collapse type earthquake(M_L1. 3) at 12：29：24. 9 on April 7, 2020

① 1 亩≈666. 667m²。

泸定县得妥镇紫雅场村的小水岗坍岸，发生在 2017 年 9 月 22 日 14 时 48 分，位于大岗山水库左岸，雨洒河隧洞出口上游，距离坝址 7. 3km，坍塌体积约 25 万 m^3，对岸涌浪爬坡高度约 41m，坝前涌浪高度 1. 73m(水库水位 1126. 42m→1128. 15m →1125. 14m)。该塌岸主要影响林地。坍塌照片见图 2. 12；库区水库地震台站完整记录坍塌形成的地震波，地震波记录见图 2. 13。

(a)　　　(b)

图 2. 12　泸定县得妥镇紫雅场村的小水岗坍岸照片(来源：国电大渡河流域水电开发有限公司)
(a)向下游拍摄；(b)向上游拍摄

Figure 2. 12　Bank caving photos of Xiaoshuigang in Ziyachang Village, Detuo Town, Luding County(From: GuodianDadu River Co. , Ltd.)
(a)Take photos from downstream; (b)Take photos from upstream

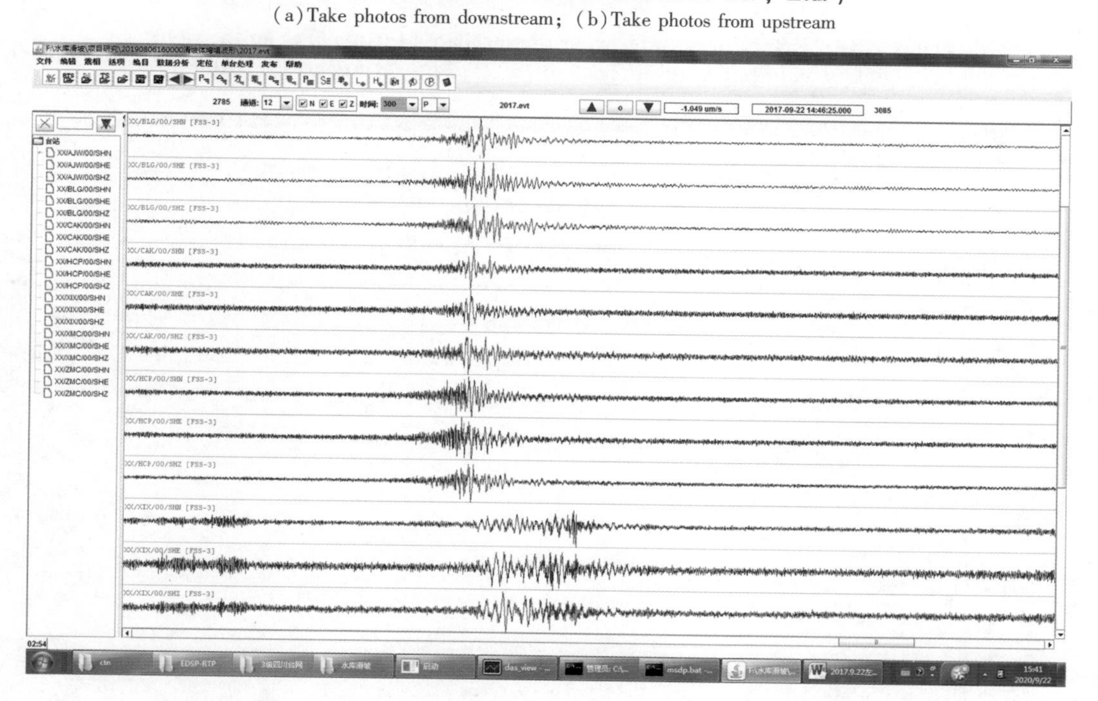

图 2. 13　2017 年 9 月 22 日 14：48：14. 3 大岗山库区小水岗坍岸的记录波形

Figure 2. 13　Recording waveform of Xiaoshuigang bank caving in Dagangshan reservoir area at 14:48:14. 3 on September 22, 2017

2019 年 8 月 6 日 16:21:34.7，瀑布沟水库库首右岸瀑布沟拉裂体发生 $40m^3$ 的垮塌，该次事件地震波形被安装于拉裂体上的 4 个地震监测台站完整记录，垮塌事件地震波形记录从图 2.14 可以看出，垮塌分 3 次完成。其中，主事件波形记录图见图 2.15。

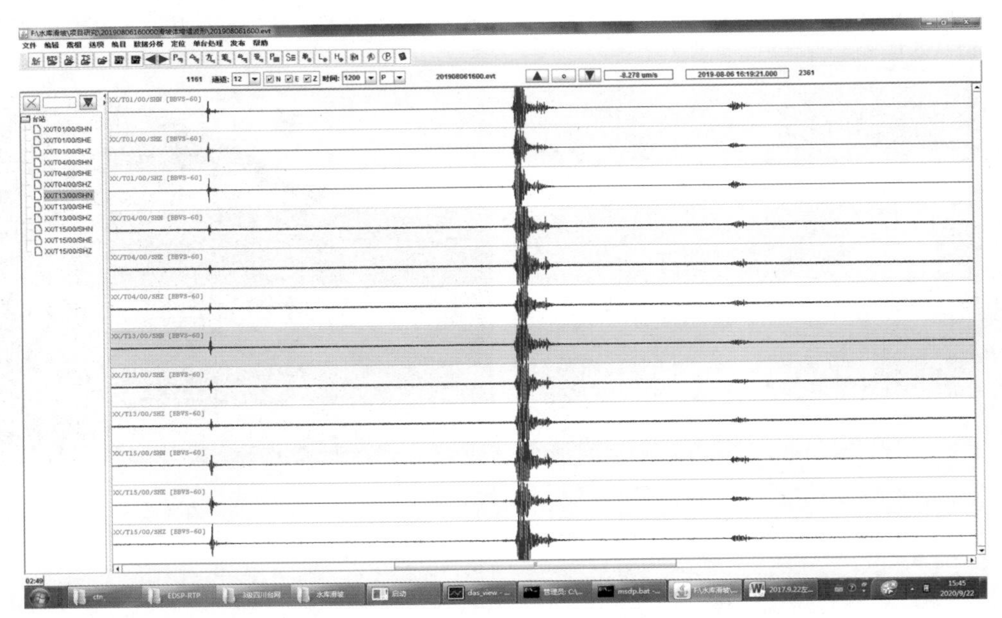

图 2.14　2019 年 8 月 6 日 16:21:34.7 瀑布沟水库库首右岸的 3 次垮塌地震的记录波形

Figure 2.14　Recording waveforms of three collapse earthquakes on the right bank of Pubugou reservoir head at 16:21:34.7 on August 6, 2019

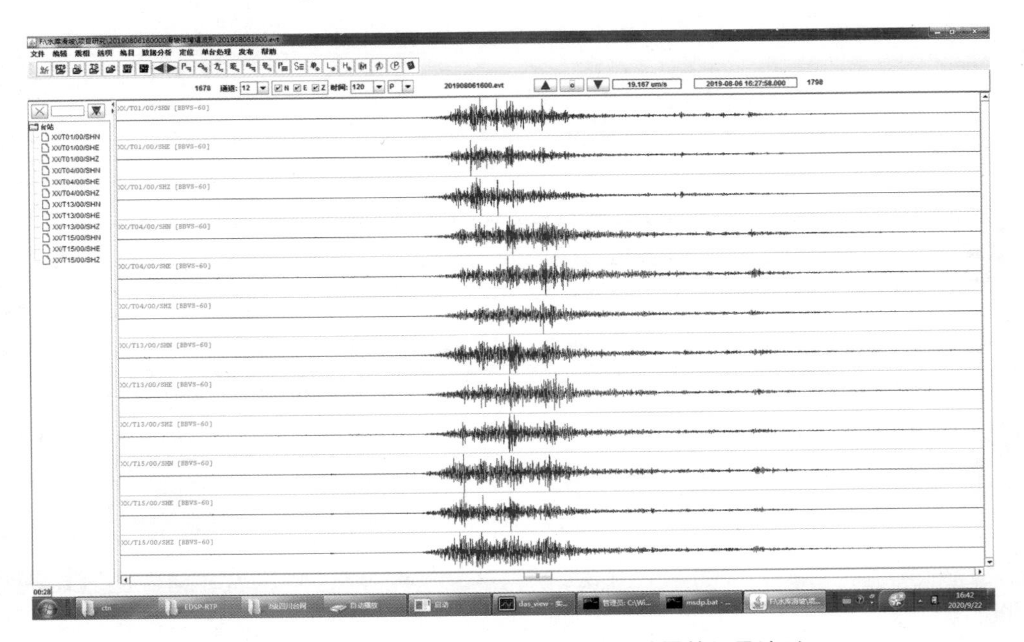

图 2.15　瀑布沟水库库首右岸的主垮塌地震的记录波形

Figure 2.15　Recording waveform of mainly collapse earthquake on the right bank of Pubugou reservoir head

上述数字测震记录的水库塌陷或岩溶塌陷型地震和滑坡地震波形记录的特点：

(1)记录的持续时间短，体波周期杂乱。

(2)塌陷振动不强，塌陷地震初动多较平缓。

(3)没有确定的P波和S波震相的界定点。

(4)岩溶塌陷地震波有明显的散射现象或子波序列，部分呈谐波形态，低频成分发育。

(5)塌陷地震波持续时间短，由于发生浅表，短周期面波较发育，周期较大。

(6)塌陷型水库诱发地震震源浅、震中在库水影响区，多为正倾型。

(7)滑坡地震产生多个脉冲现象和不规则振动。

(8)滑坡地震初动微弱，岩体崩塌跌落类初动较强。

(9)滑坡地震记录中的强脉冲，没有确定的P波、S波段；面波主要是Rg波。

(10)滑坡地震波衰减，由滑动尺度及距离决定。

2.5 爆破记录的波形特征

库区爆破均为炸药爆破，在瞬间或极短时间内实现势能转化为弹性波能在介质(岩石)中传播。

当冲击波传至爆源$10R \sim 15R$(R为爆炸物半径)时，其传播速度接近声速，波头压力降低，冲击波转变为介质中的应力波，随着传播距离的增加，在离开爆炸源更远的地方，波的传播速度等于声速，幅值很低，随着作用时间增加，此时应力波转变成介质中的地震波。炸药爆炸在岩土介质中产生的地震波是一种复杂的瞬态波，且介质质点振动不是稳定的正弦振动。爆炸对周围介质的作用是由冲击波完成的。冲击波以压脉冲，向各方向直线传播。其一般特征为：

(1)记录纵横波振幅比与激发震源、爆药空腔、潜水面上或下有关，通常大于1。

(2)P波在近台垂直分向的初动往往向上；而构造地震初动呈四象限分布。

(3)垂直分向呈振幅较大的脉冲型，周期较小，振动衰减很快，振幅很快就从最大突减到最小。

(4)爆破的面波较发育，有明显的次生瑞利面波记录。

(5)爆炸地震波的P/S谱比值往往大于天然地震的P/S谱比值。

四川地区不同震中距Δ，大爆炸记录的S波与P波振幅比(A_P/A_S)值，在近源约20km内振幅比A_P/A_S接近1.0，至50外A_P/A_S约0.70。

近源小吨位爆破的波形记录。地震仪记录是：N-S、E-W、U-D三个分量记录，垂直向(U-D)记录的初动向上，强而尖锐，呈脉冲型，周期较小，振动衰减很快，振幅很快就从最大突减到最小。P波组强度与波数都明显大于S波组，前者初至与波形衰减明显，而S波显示次之。

震中距在数十千米的小吨位爆破。纵波在垂直分向的初动向上，垂直分向呈振幅较大的脉冲型，有明显的低频成分Lg、Rg型面波。P波、S波垂直分向最大振幅比近似等于1。

爆破P波、S波记录的周期特征。$\Delta < 5$km时，爆破T_P略小于天然地震波T_P，T_S近似

相等约为 0.2s；5km < $\Delta \leq$ 10km 爆破与天然地震的 T_P 与 T_S 接近，$T_P \approx 0.3$s，$T_P \approx 0.4$s；当 10km < Δ < 200km 时，天然地震 T_P < 1.0s，而爆破 T_P = 1.0 ~ 1.5s(视介质而定)，而且爆破的 R(Rg)波清楚。

爆破与天然地震记录的频谱对比。震中距较小时人工爆破频谱比天然地震单调；天然地震 S 波规则衰减，人工爆破衰减不规则，或衰减快。

爆破地震波易与天然地震波混淆，特别是数十千米或数百千米距离上的爆破，容易被误认为地震。爆破药室(是否空腔，是否水下)的形状不同、爆破波沿地表浅层传播路径上的岩性不同，以及台基岩性的差异，使爆破波记录具有各种形态，需要进行波形特点的对比分析。

一般来讲，人工爆破记录呈现如下一般波形特征：垂直向的初动是向上；垂直分向呈振幅较大的脉冲型。在相同距离上，爆破 P 波记录的振幅比天然地震的振幅强；S 波与 P 波记录的振幅比小；爆破记录振幅比天然地震的记录振幅衰减快；爆破记录的周期比天然地震的周期小；爆破记录的面波比天然地震的发育。

爆破往往有时间规律，如下班时间后，而天然地震的发生是随机的。

2007 年 12 月 19 日 18 时 00 分四川省雷波县爆破(M_L1.3)部分台波形记录见图 2.16。一般爆破记录的波形识别，垂直向的初动都是向上、周期大、面波发育、有时间规律。

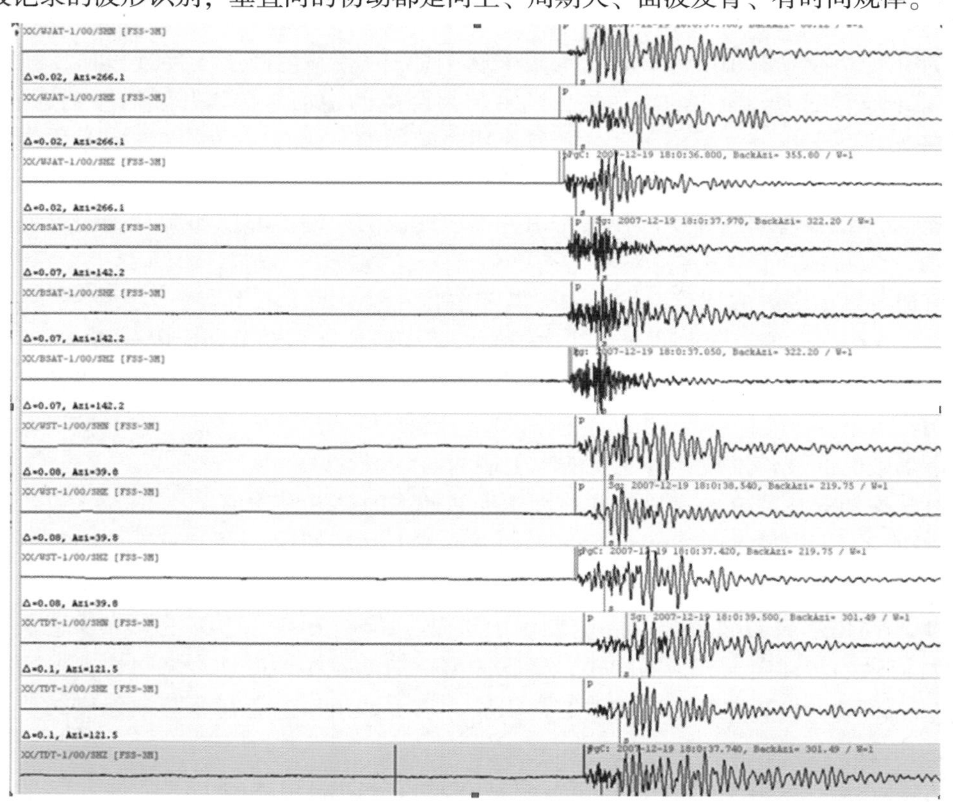

图 2.16　2007 年 12 月 19 日 18 时 00 分四川省雷波县爆破(M_L1.3)部分近台记录波形

Figure 2.16　Some near stations recorded waveforms of the blasting earthquake (M_L1.3) in Leibo County, Sichuan Province at 18：00 on December 19, 2007

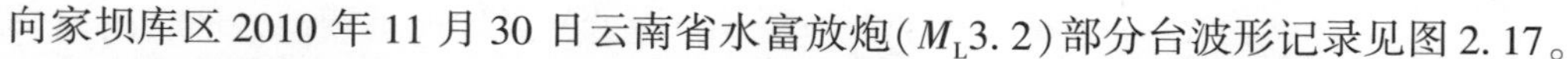

向家坝库区2010年11月30日云南省水富放炮(M_L3.2)部分台波形记录见图2.17。

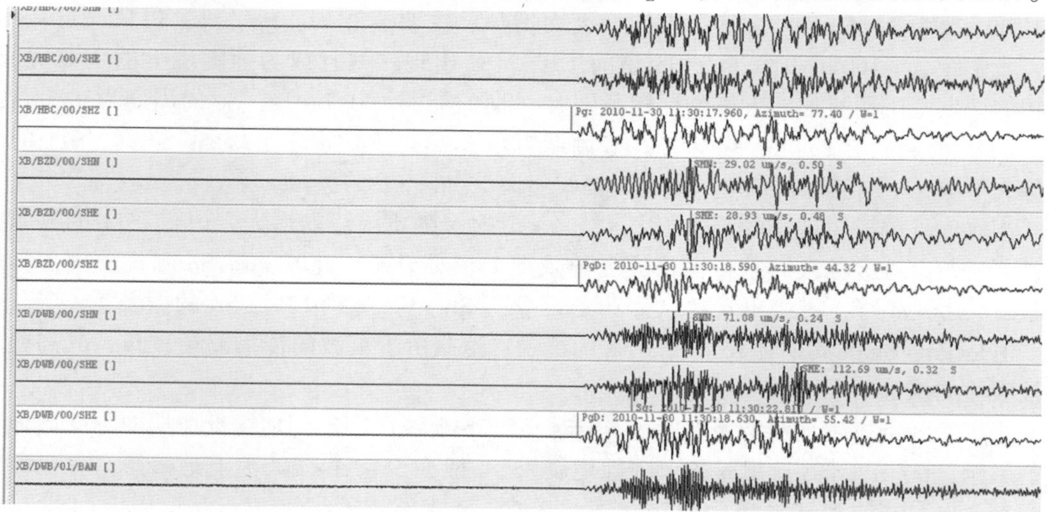

图2.17　向家坝库区2010年11月30日云南省水富放炮(M_L3.2)部分近台记录波形

Figure 2.17　Some near stations recorded waveforms of the shooting(M_L3.2) at Xiangjiaba reservoir area in Shuifu County, Yunnan Province on November 30, 2010

2013年7月4日13时32分云南省永善县M_L1.9人工爆破记录，见图2.18。

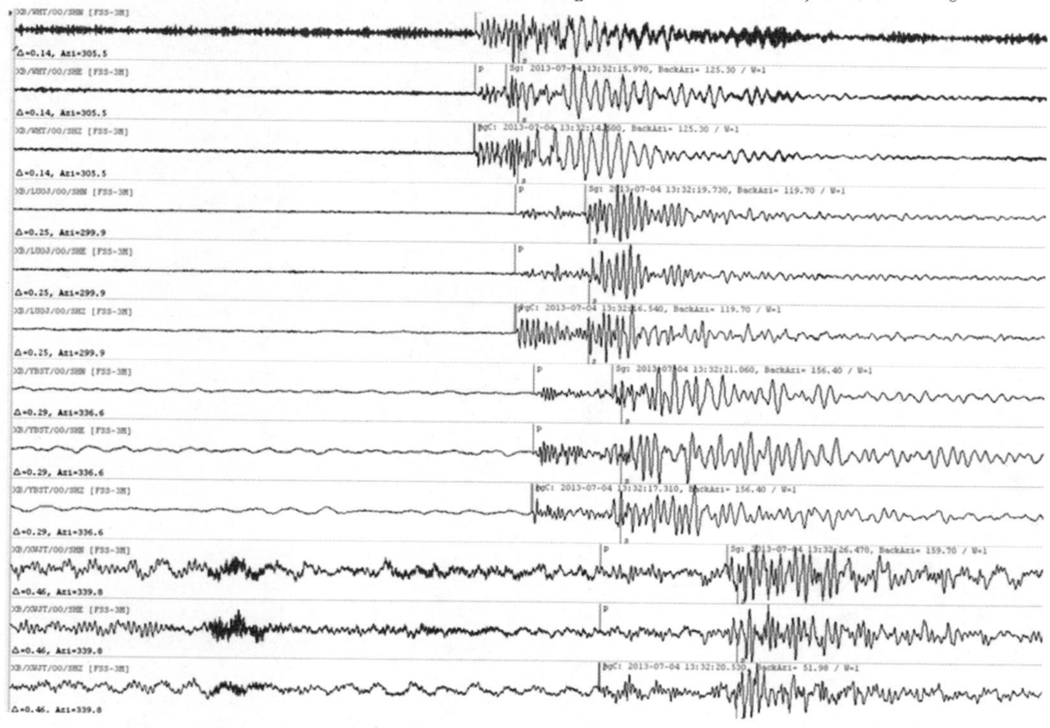

图2.18　2013年7月4日13时32分云南省永善县爆破(M_L1.9)部分近台记录波形

Figure 2.18　Some near stations recorded waveforms of the blasting earthquake(M_L1.9) in Yongshan County, Yunnan Province at 13：32 on July 4, 2013

另外，对于水库外较远距离发生的地震活动，也就是天然地震活动，地震波记录的持续时间一般为3～5min，且随震级的增大而增加。主要震相为：Pg、Sg；P11、S11；Pn、Sn。震中距$\Delta>160$km时，Pn、Sn超前于Pg、Sg出现，并且成为地震图上的主要震相。震相的周期范围明显比地方震的周期范围大，Pg的周期为0.1～1s，Sg的周期为0.5～2s，Pn、Sn的周期大于Pg、Sg的周期。Pn周期为0.5～3s，Sn周期为2～5s。P11、S11的周期略大于Pg、Sg的周期，Pg、Sg的振幅明显大于Pn、Sn的振幅。

当水库外围发生地震的震中距$1.5°<\Delta<5°$时，随震中距的增大，P11、S11的振幅减小，并且与直达波的到时差也减小，在记录图上很难分辨，此时Pn、Sn明显出现。当震中距$\Delta>160$km时，震相出现的次序为Pn、Pg、Sn、Sg。震相Pn、Sn的振幅远小于Pg、Sg，但是Pn、Sn的周期远大于Pg、Sg的记录，这是由于首波的传播路径较长，其高频成分被吸收的缘故。

当水库外围发生地震的震中距$\Delta>5°$时，P、S射线已穿透到地幔低速层中，受此低速层的影响，P、S很弱(这里是指大陆性地震)，一般称$5°<\Delta<20°$为上地幔影区，也称震中距在5°～20°的大陆地震为影区地震。P波、S波震相不很清楚，而短周期面波Lg1、Lg2已明显出现，成为明显识别的震相。

本章从地震波理论出发，震相分析入手，经验性定性分析说明水库诱发地震、爆破、塌陷地震波记录的波形特征，是初步的，需要在测震分析应用实践中继续积累经验和提高。

第3章　水库诱发地震记录的谱结构

地震学是一门以观测技术为基础的科学，所观测的数字地震波记录包含丰富的地学信息，是分析解释的基础资料。本章试图探讨水库地震记录包含的频谱成分，采用傅里叶频谱分析和 Hilbert-Huang 变换的分频分析的方法，探讨记录的地震波的频谱结构。

3.1　水库地震记录的傅里叶谱分析

分析测震仪器所记录到的震动信号。水库地震监测，多采用 FSS－3M 短周期地震计，为力反馈式速度三分向一体地震计，其振动速度－频率响应曲线见图 3.1。测量频带 0～40Hz，测量灵敏度大于 2000V·s/m，动态范围优于 120dB，最大输出信号 ±10V，失真度小于－80dB，功耗 <0.6 W。使用的数据采集器为 EDAS－24IP 数采，采集通道数 3 道，输入信号满度值：±5V，±10V，±20V，24 位 A/D 转换，动态范围 >135dB，GPS 接收机，授时/守时精度 <1ms。

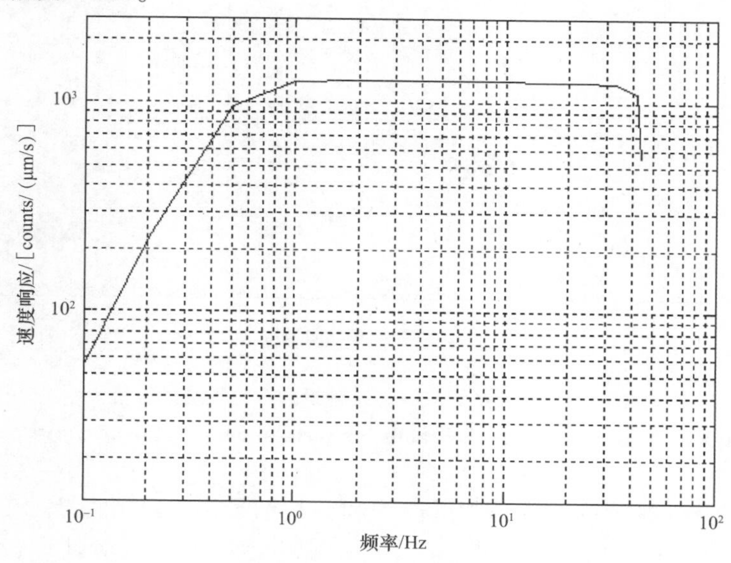

图 3.1　测震台短周期地震计系统幅频特性灵敏度曲线

Figure 3.1　Amplitude frequency characteristic sensitivity curves of short period seismometer system

3.1.1　库区天然地震记录的傅里叶谱结构

傅里叶谱分析是发展成熟的信号分析理论，任何质点的周期运动都可用谐振动合成，合成后的信号周期和振幅保持其原特性，据此建立了信号从时域到频域的交换桥梁，至今在信号分析领域发挥着重要的作用。

对地震信号分析可在时域与频域进行。时域分析对地震时间记录分析；频域分析则将时域波形信号变换到频域进行分析。将地震记录转换到频域分析，采用功率(能量)谱进行分析，主要观察振幅谱，即功率谱的分布情况，如高、低频率段幅度或振动贡献，优势频带宽度所对应的频率间隔。优势频带宽度内的脉冲序列组数。地震波由不同周期的波叠加而成，形成影响最大或共振幅度最大值的特征周期。

选出金沙江下游水富—巧家段水库有代表性的一些3级左右的地震，见图3.2。

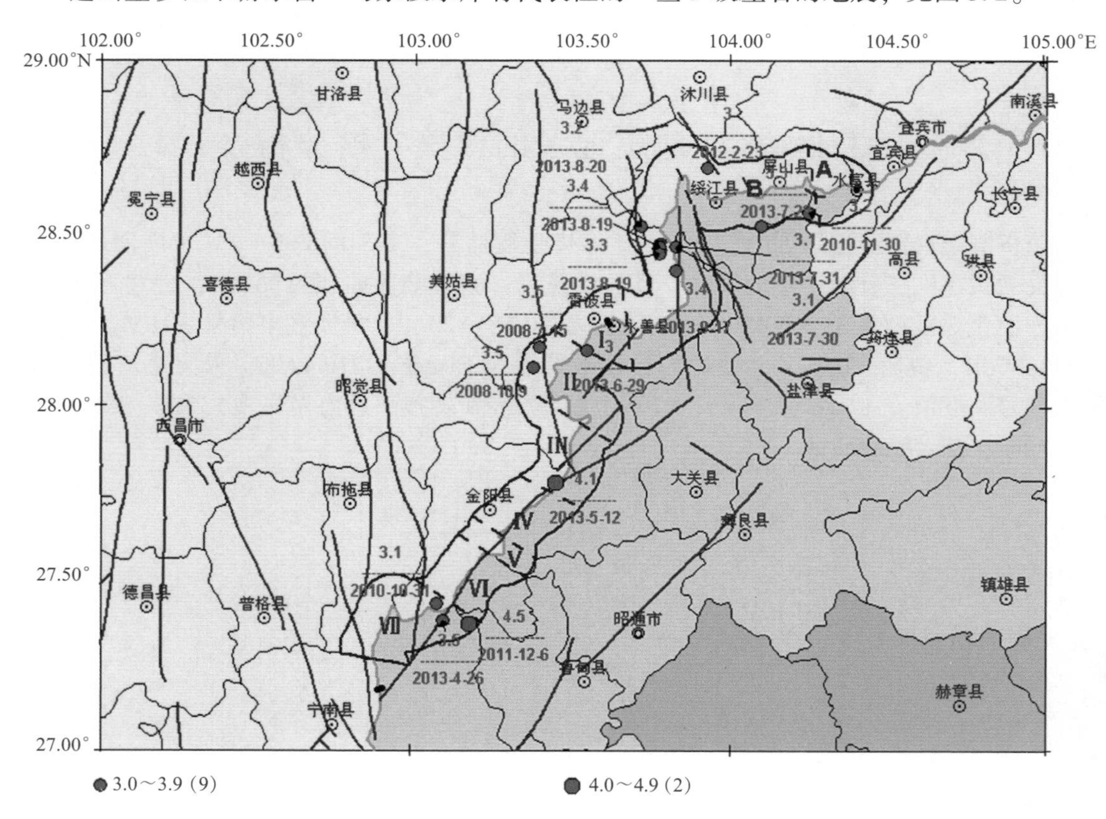

图3.2 对波形记录计算谱分析的部分地震的位置

Figure 3.2 Some earthquake locations for spectral analysis of waveform records

下面给出部分地震记录计算的频谱曲线和分析结果。2013年5月12日10时52分30.2秒四川省金阳发生 M_L4.1地震，此库区地震发生时蓄水未到此库段，震源深度为9km，所选台站(WHT)距离震中4.4km。选取垂直向P波、S波段记录，见图3.3(a)、图3.3(c)；分别计算得到记录的功率谱，见图3.3(b)、图3.3(d)。

其P波、S波段记录分析得到的谱分布在0～35Hz。优势频带宽度，P波段记录在10～32Hz；S波段记录在3～13Hz，低频段更突出。优势频带宽度内的脉冲序列6组。峰值频率，P波段记录位于27Hz；S波段记录位于9Hz左右；相对应的特征周期分布为0.037s、0.004s。

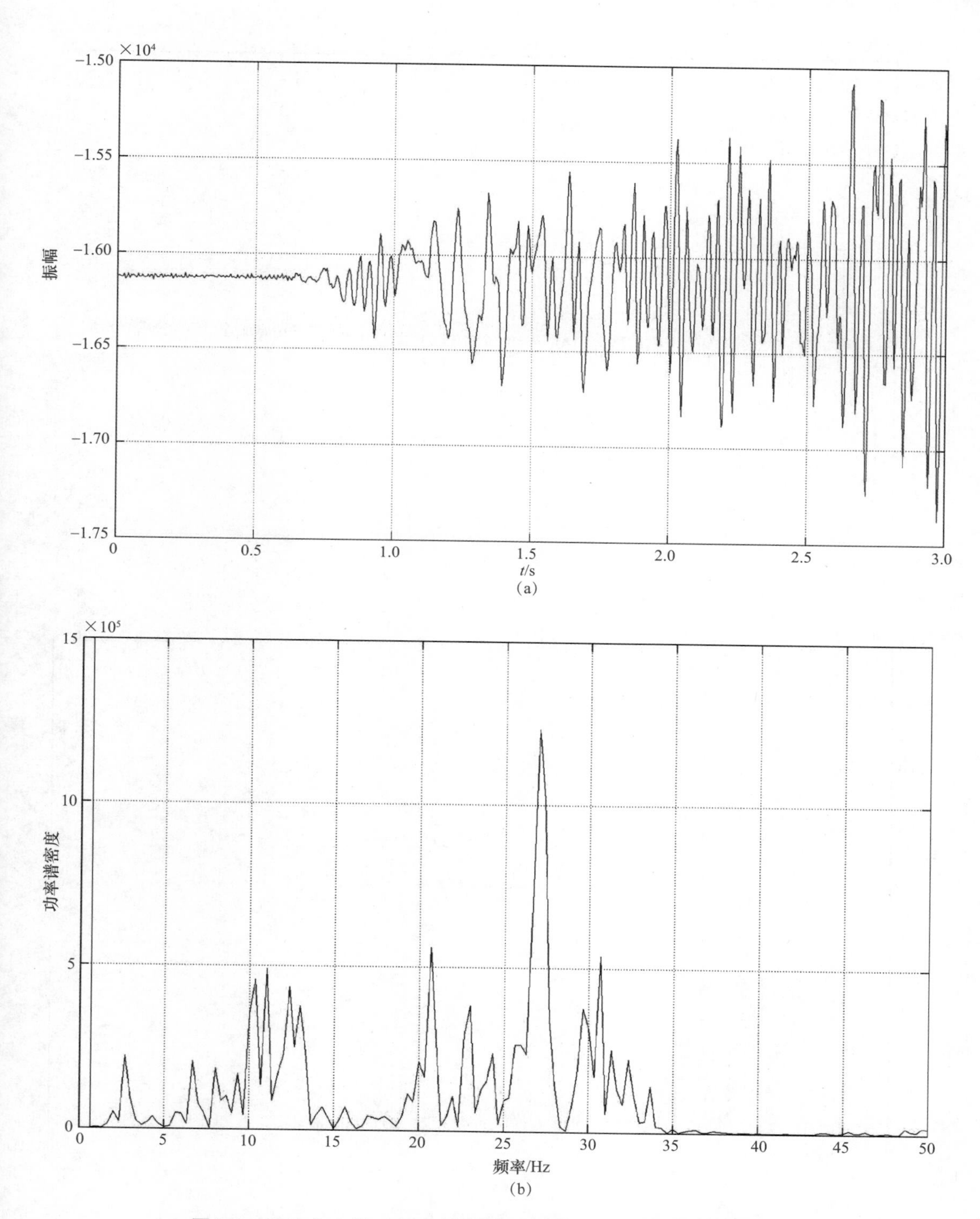

图 3.3　2013 年 5 月 12 日四川省金阳县发生 M_L4.1 地震记录的频谱

(a) P 波段记录；(b) P 波段计算的频谱

Figure 3.3　Frequency spectrum of the M_L4.1 earthquake in Jinyang County, Sichuan Province on May 12, 2013

(a) P-wave recording; (b) Spectrum of P-wave

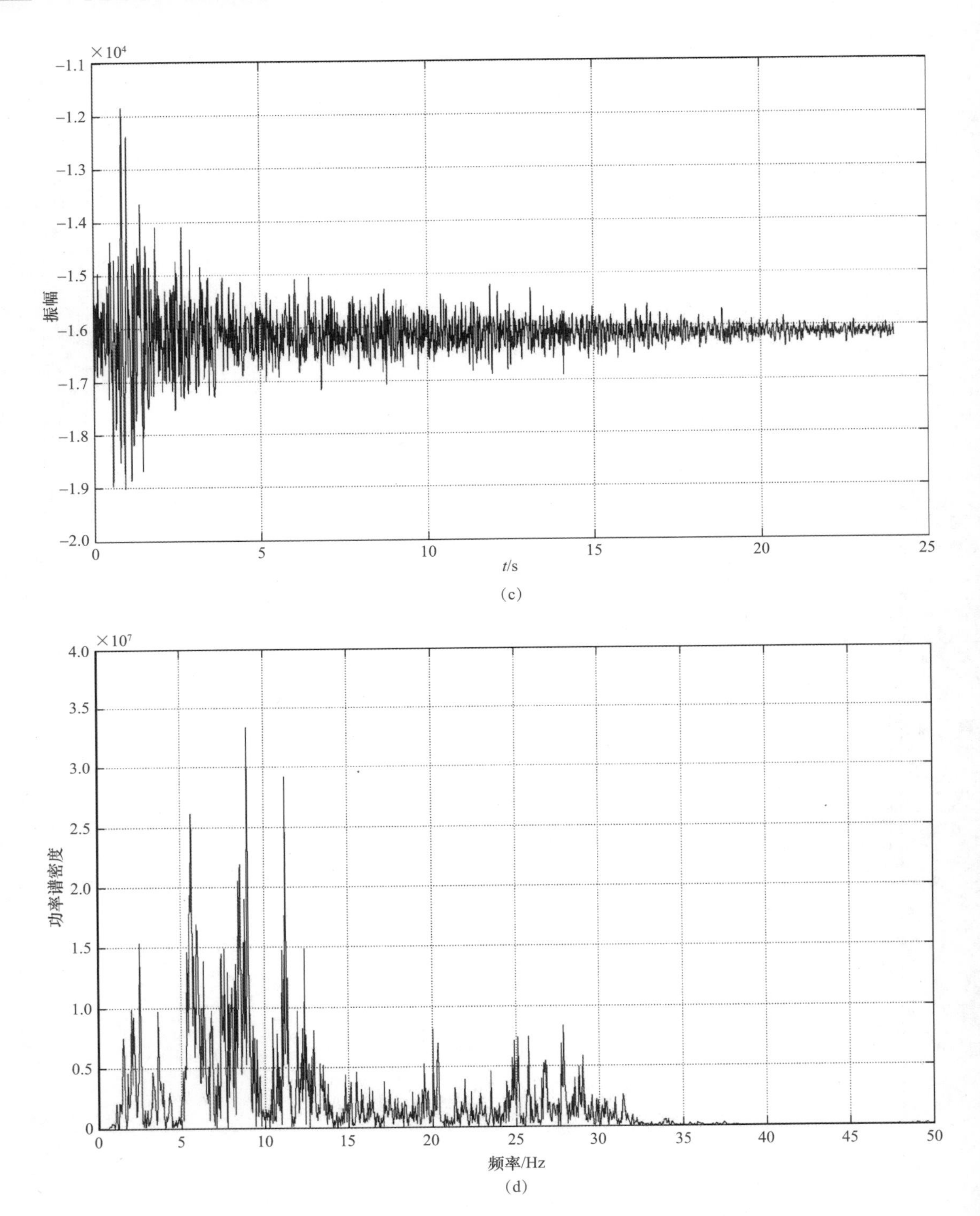

图 3.3 2013 年 5 月 12 日四川省金阳县发生 M_L4.1 地震记录的频谱(续)

(c) S 波段记录；(d) S 波段计算的频谱

Figure 3.3 Frequency spectrum of the M_L4.1 earthquake in Jinyang County, Sichuan Province on May 12, 2013

(c) S-wave recording; (d) Spectrum of S-wave

同理，求得库区天然地震，即 2013 年 4 月 26 日 2 时 21 分 5.2 秒云南省巧家 $M_L3.5$ 地震，此库区地震发生时蓄水未到此库段，震源深度为 6km，所选近台（DUIP）距离震中 7.4km。其 S 波段的记录见图 3.4(a)，功率谱曲线见图 3.4(b)。

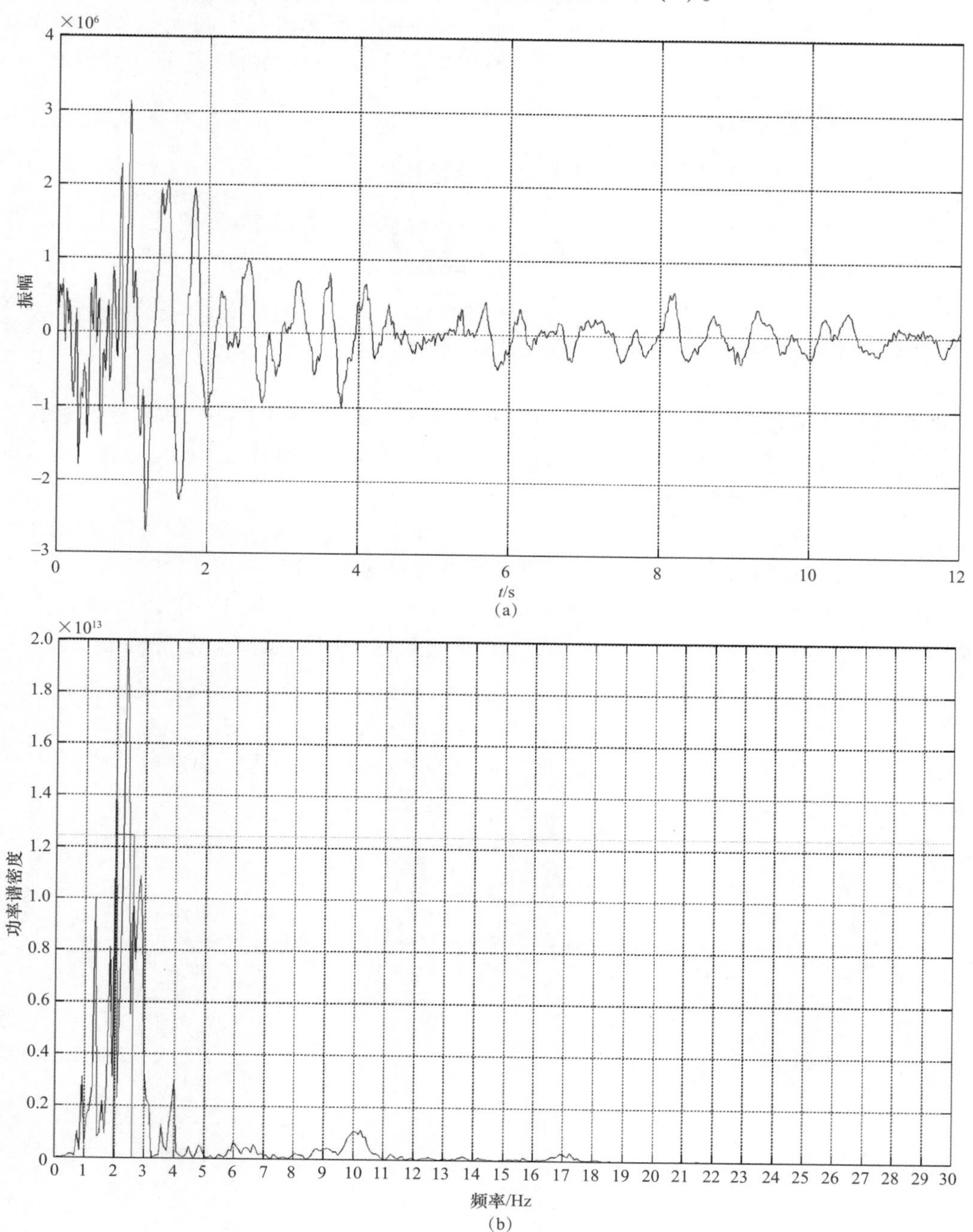

图 3.4　2013 年 4 月 26 日云南省巧家县 $M_L3.5$ 地震的频谱

(a) S 波段记录；(b) S 波段计算的频谱

Figure 3.4　Frequency spectrum of the $M_L3.5$ earthquake in Qiaojia County, Sichuan Province on April 26, 2013

(a) S-wave recording; (b) Spectrum of S-wave

其S波段记录优势频带宽度在1～3Hz，集中在低频段；峰值频率位于2.7Hz左右。优势频带宽度内的脉冲序列3组。相对应的特征周期分布为0.37s。

可见，从上述2次天然地震记录分析可见，对于不同区域的地震，不同台站记录的地震波场地不同、震中距不同、方位不同、震源深度不同、震源机制不同，记录的地震频谱特性是有差异的。共性特征是，P波段记录的高频成分多一些，S波段记录的低频成分相对多一些。优势频段和峰值频率不一定相同。

3.1.2 水库诱发地震记录的傅里叶谱结构

经验性挑出一些水库诱发地震的记录。认识水库诱发地震(即事件记录)的选取原则：

(1)水库蓄水后库水位抬升—波动期间发生的地震。

(2)发生在水库水域两侧10km范围内的地震。

(3)震源深度0～5km的地震。

(4)地震记录波形的经验性分析识别。

水库诱发地震记录实例1见图3.5，即2013年6月29日9时58分10.5秒云南省永善县M_L3.0地震的频谱，震源深度为2.3km，所选近台(BSET)距离震中2.4km。其S波段的记录见图3.5(a)，功率谱曲线见图3.5(b)。

其S波段记录优势频带宽度在2.9～6.1Hz，集中在低频段；峰值频率位于4.9Hz左右，相对应的特征周期0.20s。优势频带宽度内的脉冲序列4组。

水库诱发地震记录实例2见图3.6，即2013年8月19日16时17分16.5秒云南省雷波县M_L3.4地震的频谱，震源深度为3.6km，所选近台(MHT)距离震中3.6km。

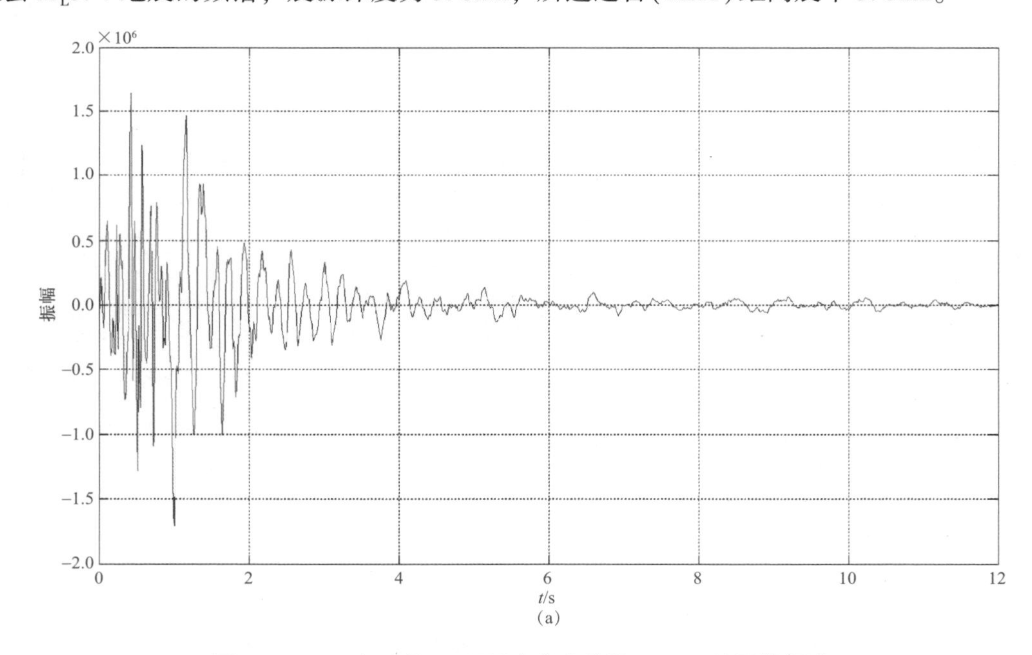

图3.5 2013年6月29日云南省永善县M_L3.0地震的频谱

(a) S波段记录

Figure 3.5 Frequency spectrum of the M_L3.0 earthquake in Yongshan County, Yunnan Province on June 29, 2013

(a) S-wave recording

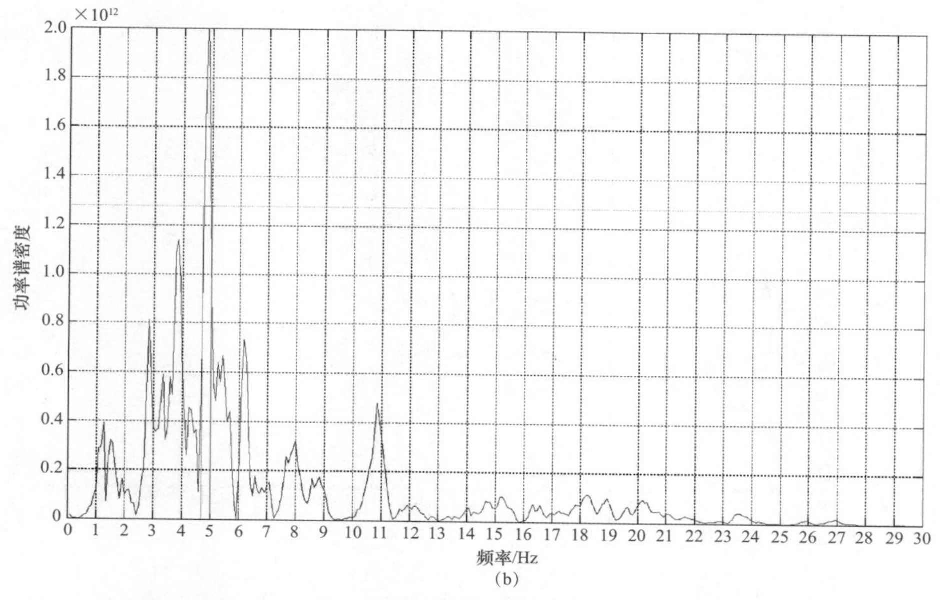

(b)

图 3.5 2013 年 6 月 29 日云南省永善县 M_L3.0 地震的频谱(续)

(b) S 波段计算的频谱

Figure 3.5 Frequency spectrum of the M_L3.0 earthquake in Yongshan County, Yunnan Province on June 29, 2013

(b) Spectrum of S-wave

其 S 波段的记录见图 3.6(a)，功率谱曲线见图 3.6(b)。其 S 波段记录优势频带宽度为 1.5 ~4Hz，集中在低频段；峰值频率位于 2.5Hz 左右，相对应的特征周期为 0.40s。优势频带宽度内的脉冲序列 4 组。

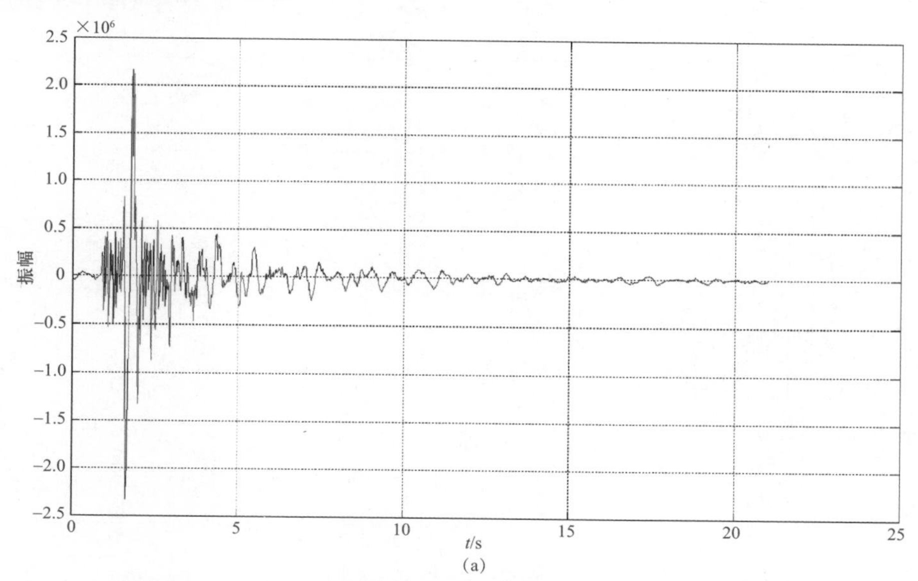

(a)

图 3.6 2013 年 8 月 19 日 16 时云南省雷波县 M_L3.4 地震的频谱

(a) S 波段记录

Figure 3.6 Frequency spectrum of the M_L3.4 earthquake in Leibo County, Yunnan Province at 16:00 on August 19, 2013

(a) S-wave recording

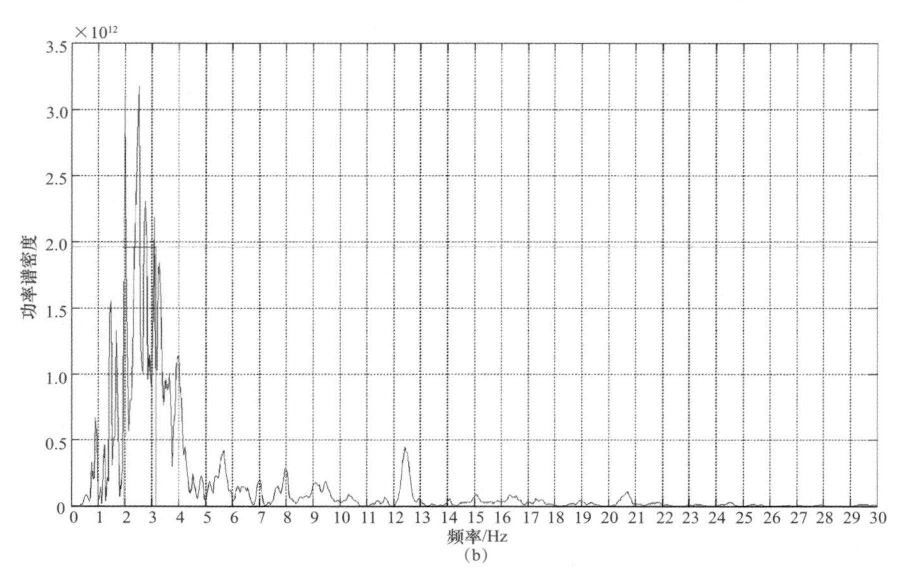

(b)

图 3.6 2013 年 8 月 19 日 16 时云南省雷波县 M_L3.4 地震的频谱(续)

(b)S 波段计算频谱

Figure 3.6 Frequency spectrum of the M_L3.4 earthquake in Leibo County, Yunnan Province at 16:00 on August 19, 2013

(b) Spectrum of S-wave

水库诱发地震记录实例 3 见图 3.7，即 2013 年 8 月 20 日 20 时 36 分 58.9 秒四川省屏山县 M_L3.2 地震的频谱，震源深度为 6km，所选近台(TDO)距离震中 2.3km。其 S 波段的记录见图 3.7(a)，功率谱曲线见图 3.7(b)。其 S 波段记录优势频带宽度为 1.5～3.1Hz，集中在低频段；峰值频率位于 2.2Hz 左右．相对应的特征周期为 0.45s。优势频带宽度内的脉冲序列 2 组。

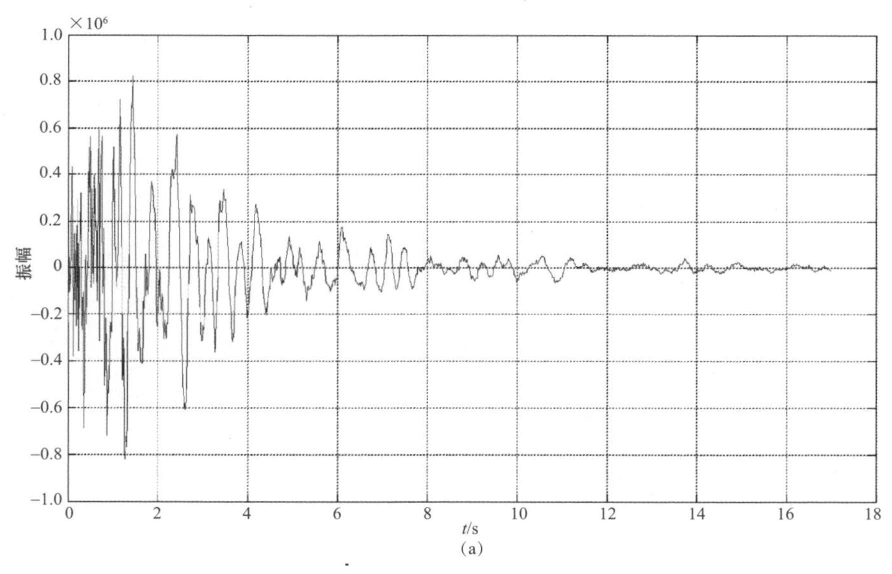

(a)

图 3.7 2013 年 8 月 20 日 20 时 36 分 58.7 秒四川省屏山县 M_L3.2 地震的频谱

(a)S 波段记录

Figure 3.7 Frequency spectrum of the M_L3.2 earthquake in Pingshan County, Sichuan Province at 20:36:58.7 on August 20, 2013

(a) S-wave recording

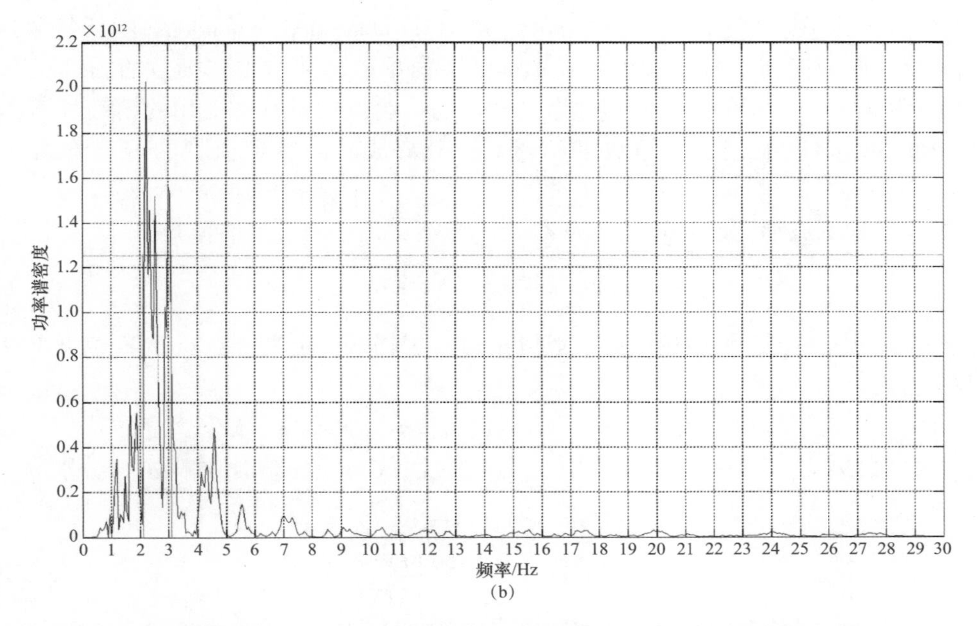

图3.7　2013年8月20日20时36分58.7秒四川省屏山 M_L3.2 地震的频谱(续)
(b)S波段计算的频谱

Figure 3.7　Frequency spectrum of the M_L3.2 earthquake in Pingshan County, Sichuan Province at 20:36:58.7 on August 20, 2013
(b) Spectrum of S-wave

3.2　水库地震记录的HHT分频分析

3.2.1　HHT分频方法

由于水库地震观测记录是典型的非平稳信号，研究提取频率随时间变化的子波序列的特征更为直观和有用。希尔伯特－黄变换(Hilbert-Huang Transform，简称HHT)是由美国的Norden E. Huang(1998)教授提出的一种新的处理非平稳信号的方法，随后Huang(1999)又对该方法进行了修改，创造性地提出了固有模态函数(IMF)的新概念以及将任何记录信号分解为固有模态函数的方法—经验模态分解，它特别适合于非平稳信号的处理。

在描述地震动特性方面，Huang(2001)应用HHT分析了1999年我国台湾集集地震TCU台站的加速度记录，其研究结果表明，HHT处理地震加速度记录所得到的希尔伯特谱能够精确地刻画地震动能量在时频平面的分布，这种特点在对结构具有潜在破坏性的低频范围内尤为突出。在地震学方面，Zhang(2002)通过分析1994年美国的Northridge地震，研究了地震动IMF分量与地震震源破裂过程的联系，结果表明，地震动记录的主要IMF分量与震源的不均匀性和破裂的方向性有着较好的相关性。武安绪(2005)利用HHT对实际地震波形信号进行了时频处理与剖析，结果表明，该方法能准确描述地震波形信号的非线性时变特征。吴琛(2006)将HHT应用于地震信号动力特征的提取，有效获得了信号能量的时频分布，量化提取了中心频率、瞬时相位、瞬时能量、Hilbert能量等特征。

HHT 方法创造性地提出了固有模态函数 IMF(Intrinsic Mode Functions)的新概念，以及将任何复杂的时间序列信号分解为相互不同的、简单的、并非正弦函数的固有模态函数 IMF，赋予瞬时频率合理的定义、物理意义和求法，给出信号频率变化的精确表达。基于此，可从复杂的地震波记录时间数字序列直接分离成从高频到低频的若干阶固有模态函数。

待处理的地震波形记录时间序列为 $X(t)$，则能得到它的希尔伯特变换

$$Y(t) = \frac{1}{\pi} p \int_{-\infty}^{\infty} \frac{X(\tau)}{t - \tau} d\tau \tag{3.1}$$

式中，p 是柯西主值，我们在使用中一般取 $p = 1$。根据这个定义，$X(t)$ 和 $Y(t)$ 可组成一个解析信号，为

$$Z(t) = X(t) + jY(t) = a(t) e^{j\theta(t)} \tag{3.2}$$

式中，j 为虚数单位。其中，幅值函数 $a(t)$、相位函数 $\theta(t)$、瞬时频率 $\omega(t)$ 分别为

$$a(t) = \sqrt{X^2(t) + Y^2(t)} \tag{3.3}$$

$$\theta(t) = \arctan \frac{Y(t)}{X(t)} \tag{3.4}$$

$$\omega(t) = \frac{d\theta(t)}{dt} \tag{3.5}$$

步骤一是对地震记录信号进行经验模态分解：(1) 找出 $X(t)$ 的所有极大值点和极小值点，将其用三次样条函数分别拟合为原观测数据序列的上、下包络线。循序连接上、下包络线的均值可得一条均值线 m_{10}，将原序列减去 m_{10}，便可得到一个去掉低频的新序列 $\mathrm{Im}f_{10}(t)$，即

$$\mathrm{Im}f_{10}(t) = X(t) - m_{10} \tag{3.6}$$

如果 $\mathrm{Im}f_{10}(t)$ 满足固有模态函数所需的条件，即为初选函数；一般它并不满足条件，为此需要对它重复上述过程。如果 $\mathrm{Im}f_{10}(t)$ 的平均包络线为 m_{11}，则去除该包络线所代表的低频成分后的序列为

$$\mathrm{Im}f_{11}(t) = \mathrm{Im}f_{10}(t) - m_{11} \tag{3.7}$$

重复上述过程，经 k 次循环后，使得到的平均包络 m_{1k} 趋向于零，此时的 $\mathrm{Im}f_{1k}(t)$ 为第一阶模态函数序列，定义为分量 $\mathrm{Im}f_1(t)$，它表示在信号数据序列 $X(t)$ 中最高频的成分。

$$\mathrm{Im}f_{1k}(t) = \mathrm{Im}f_{1(k-1)}(t) - m_{1k} \tag{3.8}$$

$$\mathrm{Im}f_1(t) = \mathrm{Im}f_{1k}(t) \tag{3.9}$$

(2) 用 $X(t)$ 减去得到的第一阶模态函数分量 $\mathrm{Im}f_1(t)$，即得到一个去掉高频成分的新序列 $r_1(t)$。再对 $r_1(t)$ 进行步骤(1)中的分解，便得到第二阶模态函数分量 $\mathrm{Im}f_2(t)$。如此重复，直到最后一个序列 $r_n(t)$ 不可再被分解时为止。这时的 $r_n(t)$ 代表序列 $X(t)$ 的残余项，即通常为 $X(t)$ 的趋势项或均值。亦得第 n 阶模态函数分量 $\mathrm{Im}f_n(t)$。

上述过程可以表述为

$$\begin{aligned} & r_1(t) = X(t) - \mathrm{Im}f_1(t),\ r_2(t) = r_1(t) - \mathrm{Im}f_2(t),\ \cdots \\ & r_j(t) = r_{j-1}(t) - \mathrm{Im}f_j(t),\ r_n(t) = r_{n-1}(t) - \mathrm{Im}f_n(t),\ \cdots \end{aligned} \tag{3.10}$$

式中，j、n 为脚标。上述分解过程可由以下条件停止：①$r_n(t)$ 和 $\mathrm{Im}f_n(t)$ 小于预定的误差；②残差 $r_n(t)$ 成为一单调函数，此时不可能在从中提取固有模态函数。最后，时程曲线

$X(t)$可以按式(3.11)表示成 n 阶固有模态函数和第 n 阶残差 $r_n(t)$之和。

式(3.1)表明原始数据序列 $X(t)$可表示为固有模态函数 $\mathrm{Im}f_j(t)$分量和一个残余项之和，即

$$X(t) = \sum_{j-1}^{n} \mathrm{Im}f_j(t) + r_n(t) \tag{3.11}$$

从上述方法可看出，越是早分解出来的模态函数，其频率越高，第一个分解出来的模态函数代表原信号的最高频率成分。所分解出的模态函数序列是多通滤波器的结果，每个模态函数序列都是稳态的。

步骤二是对分解后的固有模态函数进行希尔伯特变换，求时频谱图。

对上述获得的地震记录信号 $X(t)$的固有模态函数，进行希尔伯特变换，然后根据式(3.11)计算瞬时频率。由式(3.2)的希尔伯特变换可以得到

$$X(t) = \mathrm{Re}\sum_{i=1}^{n} a_i(t)\mathrm{e}^{\mathrm{j}\theta(t)} = \mathrm{Re}\sum_{i=1}^{n} a_i(t)\mathrm{e}^{\mathrm{j}\int\omega_i(t)\mathrm{d}t} \tag{3.12}$$

将信号幅度在三维度(原始信号 $X(t)$，模态函数 $\mathrm{Im}f_j(t)$，残差 $r_n(t)$)分析中表达成时间与瞬时频率的函数，即希尔伯特时频谱 $H(\omega, t)$。式中，Re 表示取实部。

信号的希尔伯特时频谱表示为

$$H(\omega,t) = \mathrm{Re}\sum_{i=1}^{n} b_i a_i(t)\mathrm{e}^{\mathrm{j}\int\omega_i(t)\mathrm{d}t} \tag{3.13}$$

式中，当 $\omega_i(t) = \omega$ 时，$b_i = 1$；否则 $b_i = 0$，则有

$$\mathrm{Im}f_j(\omega) = \int_0^T H(\omega,t)\,\mathrm{d}t \tag{3.14}$$

式中，T 是模态信号的整个持续时间的积分。模态函数幅值谱 $\mathrm{Im}f_j(\omega)$，表达了每个频率在全局上的幅度(或能量)贡献，它代表统计意义上的累加值，反映了概率意义上幅值在整个时间跨度上的积累。

若把希尔伯特时频谱的幅值平方对频率进行积分，便得到瞬时能量密度，为

$$IE(t)\int_\omega H^2(\omega,t)\mathrm{d}\omega \tag{3.15}$$

式(3.15)表示能量随时间波动的情况。将振幅的平方对时间积分可定义希尔伯特能量，它表达了每个频率在整个时间长度内所积累的能量，即

$$ES(\omega) = \int_0^T H^2(\omega,t)\mathrm{d}t \tag{3.16}$$

以上基于模态函数的希尔伯特谱信号分析方法称为希尔伯特 - 黄变换。需要说明的是，在傅里叶谱分析中，在某一频率 ω 处能量的存在。这里，希尔伯特 - 黄时频谱，在某一频率 ω 处能量的存在，仅代表在数据的整个时间长度上，很可能有这样一个频率的振动波在局部出现过。于是，在边际谱中某一频率仅代表有这样频率的振动存在过。对同样的数据做傅里叶展开，有

$$X(t) = \mathrm{Re}\sum_{i=1}^{+\infty} a_i(t)\mathrm{e}^{\mathrm{j}\omega_i(t)} \tag{3.17}$$

式中，a_i 和 ω_i 都是常数。对比式(3.12)和式(3.17)，可以清楚地发现希尔伯特 - 黄变换用可变的幅度和瞬时频率对信号进行分解，赋予了振动模态分量的瞬时频率的物理意义。

应用该方法和程序计算，可以给出水库诱发地震波记录的分频分解结果，给出模态函

数 $\mathrm{Im}f_j(t)$序列，模态函数幅值谱 $\mathrm{Im}f_j(\omega)$的结果。

3.2.2 库区天然地震记录的 HHT 分频

根据2013年4月26日2时21分5.2秒云南巧家地震(M_L3.5)S波记录。计算的模态函数幅值谱 $\mathrm{Im}f_j(\omega)$见图3.8。

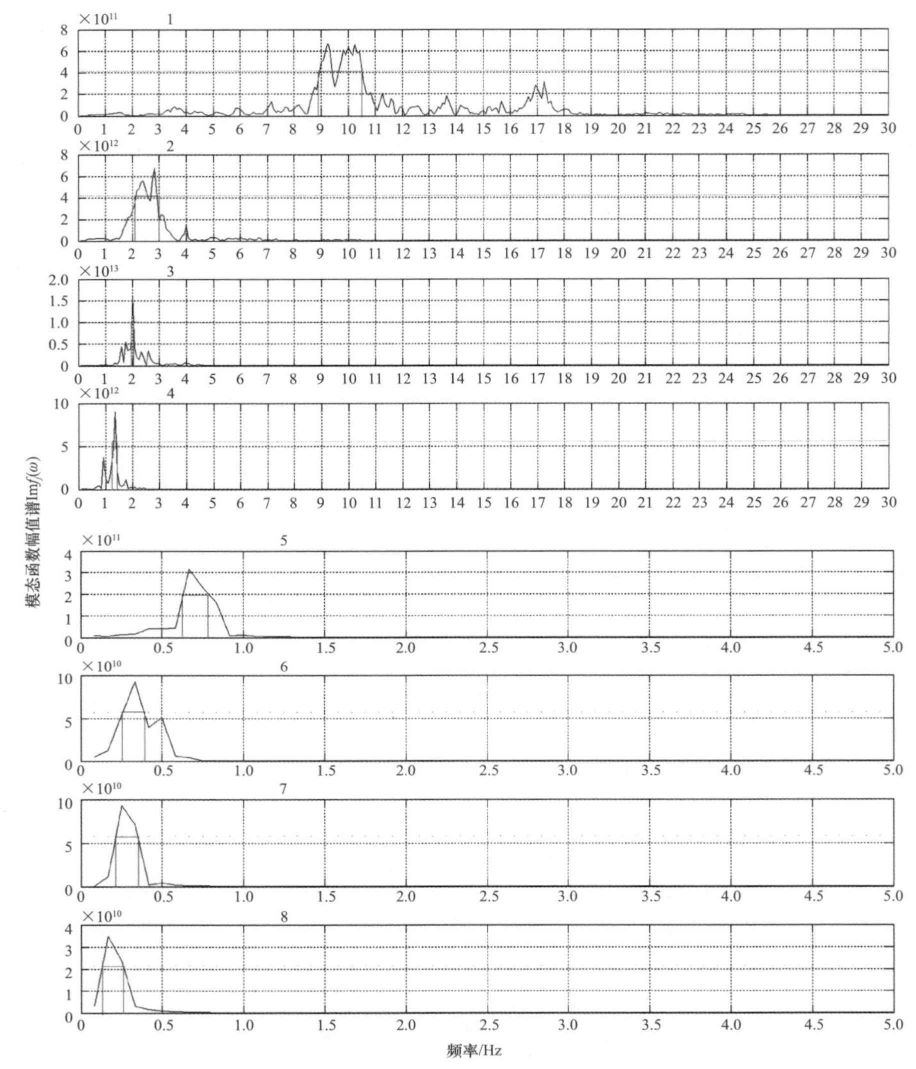

图3.8 2013年4月26日2时21分5.2秒云南巧家地震(M_L3.5)S波速度记录计算的模态函数序列的幅值谱($\mathrm{Im}f_1(\omega)$ ~ $\mathrm{Im}f_8(\omega)$)曲线

(台站：DUIP；震源深度6km；台站震中距7.4km)

Figure 3.8 Amplitude spectrum curves of mode function sequence $\mathrm{Im}f_1(\omega)$ ~ $\mathrm{Im}f_8(\omega)$ calculated by S-wave records of the M_L3.5 earthquake in Qiaojia County, Yunnan Province at 2:21:5.2 on April 26, 2013

(Station: DUIP; Focal depth 6km; Epicenter distance 7.4km)

据模态函数幅值谱 $\mathrm{Im}f_j(\omega)$，分解出从高频到低频的1~8条曲线。优势频带宽度，1~8条曲线分布分别为9~10.5Hz、2.7~3.2Hz、1.5~2.6Hz、0.8~1.4Hz、0.6~

0.7Hz、0.25 ~ 0.5Hz、0.2 ~ 0.3Hz、0.1 ~ 0.2Hz，或视周期为 0.10 ~ 5.0s。其中，曲线 2、3、4 频率段的模态函数的幅值谱 $\mathrm{Im}f_j(\omega)$ 的能量在 10^{12} 以上，幅值谱高于其他分量一个数量级，信号相对更强。因此，地震动信号主要由 $\mathrm{Im}f_2$ ~ $\mathrm{Im}f_4$ 分量叠加构成。

同时给出与模态函数幅值谱 $\mathrm{Im}f_1(\omega)$ ~ $\mathrm{Im}f_8(\omega)$ 对应的 8 条模态函数 $\mathrm{Im}f_1(t)$ ~ $\mathrm{Im}f_8(t)$ 时间序列，见图 3.9。这里需要说明的是，经过验算，分解出的 1 ~ 8 条曲线模态函数时间序列进行叠加，可以完美复原地震记录序列。

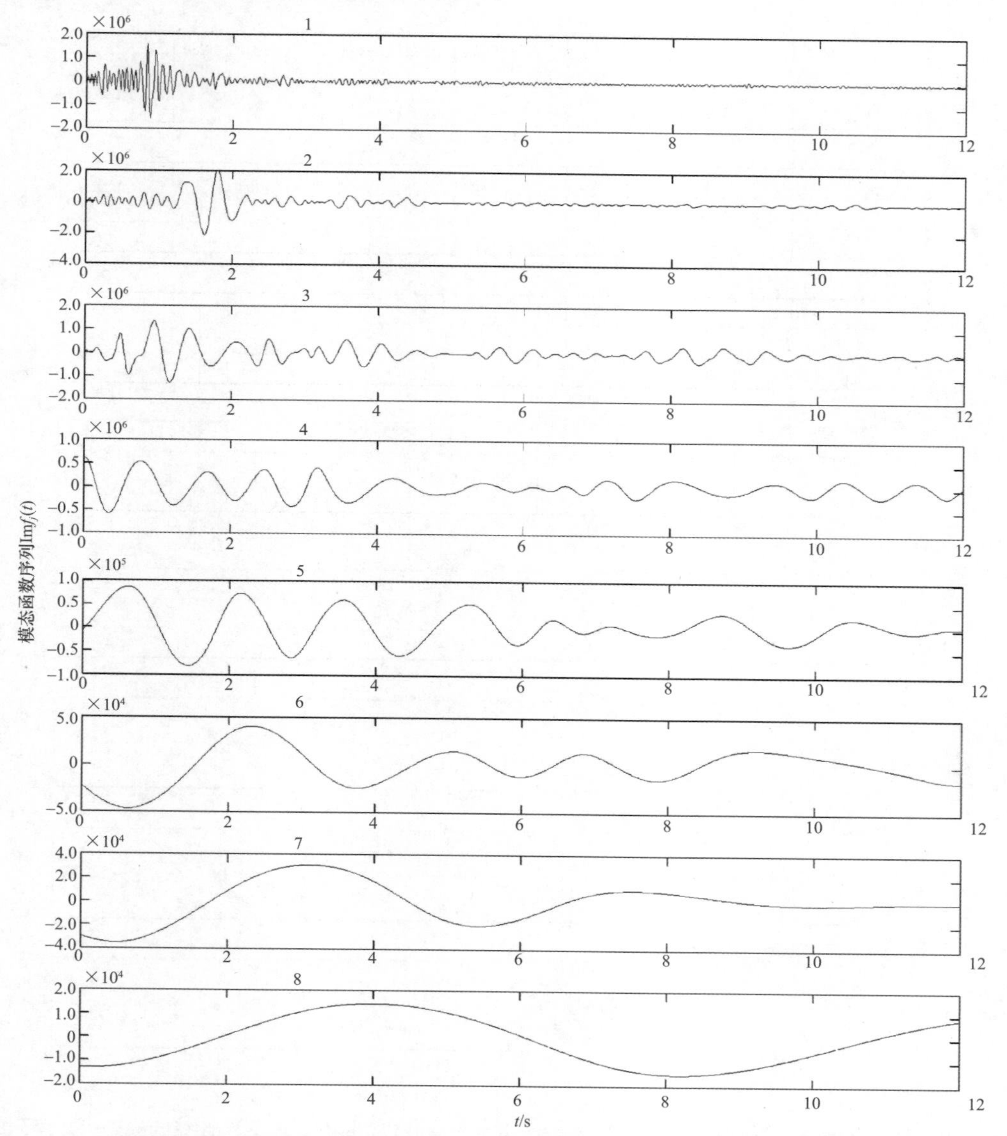

图 3.9　2013 年 4 月 26 日 2 时 21 分 5.2 秒云南巧家地震（M_L3.5）S 波速度记录计算的模态函数 $\mathrm{Im}f_1(t)$ ~ $\mathrm{Im}f_8(t)$ 时间序列

（台站：DUIP；震源深度 6km；台站震中距 7.4km）

Figure 3.9　Time series of mode function sequence $\mathrm{Im}f_1(t)$ ~ $\mathrm{Im}f_8(t)$ calculated by S-wave records of the M_L3.5 earthquake in Qiaojia County，Yunnan Province at 2:21:5.2 on April 26，2013.

（Station：DUIP；Focal depth 6km；Epicenter distance 7.4km）

据模态函数时间 $\mathrm{Im}f_j(t)$ 序列，分解出从高频到低频的 1 ~ 8 条分量的子波时序曲线，$\mathrm{Im}f_2$ ~ $\mathrm{Im}f_4$ 分量振动持续时间段分别集中在前0 ~ 1. 5s、约2. 5s、约4. 5s、约5. 0s；$\mathrm{Im}f_5$ ~ $\mathrm{Im}f_8$ 分量振动持续时间则更长，显示更为低频的振动信号。研究结果显示，地震动记录中分解的 $\mathrm{Im}f_2$ ~ $\mathrm{Im}f_4$ 分量能量相对占比大，在图 3. 9 中给出了这些子波的振动时序形态。

根据 2013 年 5 月 12 日 10 时 52 分 30. 2 秒四川金阳地震(M_L4. 1)S 波记录。计算的模态函数幅值谱 $\mathrm{Im}f_j(\omega)$ 见图 3. 10。

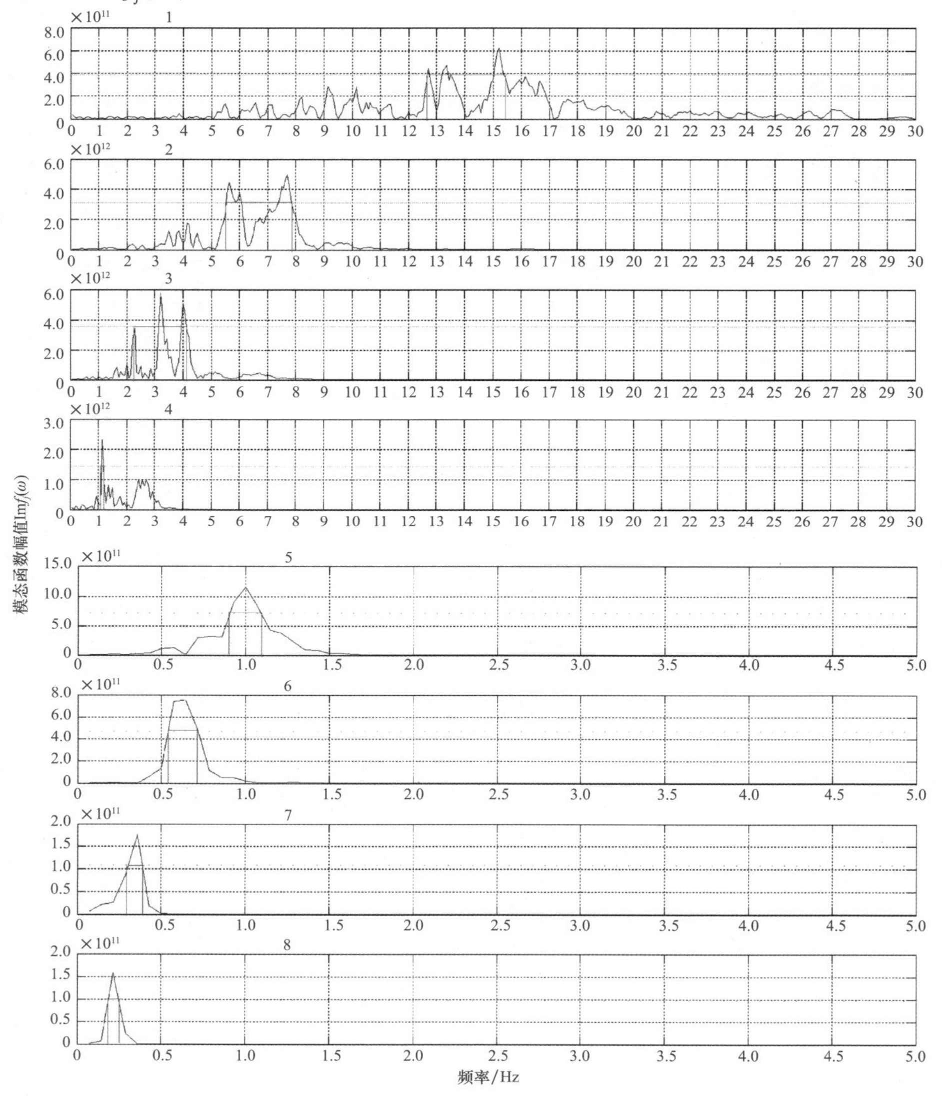

图 3. 10 2013 年 5 月 12 日 10 时 52 分 30. 2 秒四川金阳地震(M_L4. 1)S 波记录计算的模态函数序列的幅值谱($\mathrm{Im}f_1(\omega)$ ~ $\mathrm{Im}f_8(\omega)$)曲线

(台站：WHT；震源深度 9km；台站震中距 4. 4km)

Figure 3. 10 Amplitude spectrum curves of mode function sequence $\mathrm{Im}f_1(\omega)$ ~ $\mathrm{Im}f_8(\omega)$ calculated by S-wave records of the M_L4. 1 earthquake in Jinyang County, Sichuan Province at 10:52:30. 2 on May 12, 2013

(Station: WHT; Focal depth 9km; Epicenter distance 4. 4km)

据模态函数幅值谱 $\mathrm{Im}f_j(\omega)$，分解出从高频到低频的1～8条曲线。优势频带宽度，1～8条曲线分布分别为9～17Hz、5.5～8.0Hz、2.0～4.1Hz、1.0～3.0Hz、0.8～1.2Hz、0.5～0.75Hz、0.25～0.4Hz、0.2～0.3Hz，或视周期为0.06～5.0s。其中，曲线2、3、4频率段的模态函数的幅值谱 $\mathrm{Im}f_j(\omega)$ 的能量在 10^{12} 以上，幅值谱高于其他分量一个数量级，信号相对更强。因此，地震动信号主要由 $\mathrm{Im}f_2$～$\mathrm{Im}f_4$ 分量叠加构成。

据模态函数时间 $\mathrm{Im}f_j(t)$ 序列，分解出从高频到低频的1～8条分量的子波时序曲线，$\mathrm{Im}f_1$～$\mathrm{Im}f_2$ 分量振动持续时间段分别集中在前0～2.5s；$\mathrm{Im}f_3$～$\mathrm{Im}f_5$ 分量振动持续时间段分别集中在前3.0s；$\mathrm{Im}f_6$～$\mathrm{Im}f_8$ 分量振动持续时间则更长，显示更为低频的振动信号。通过时频计算，在图3.11中给出这些子波的振动时序形态。

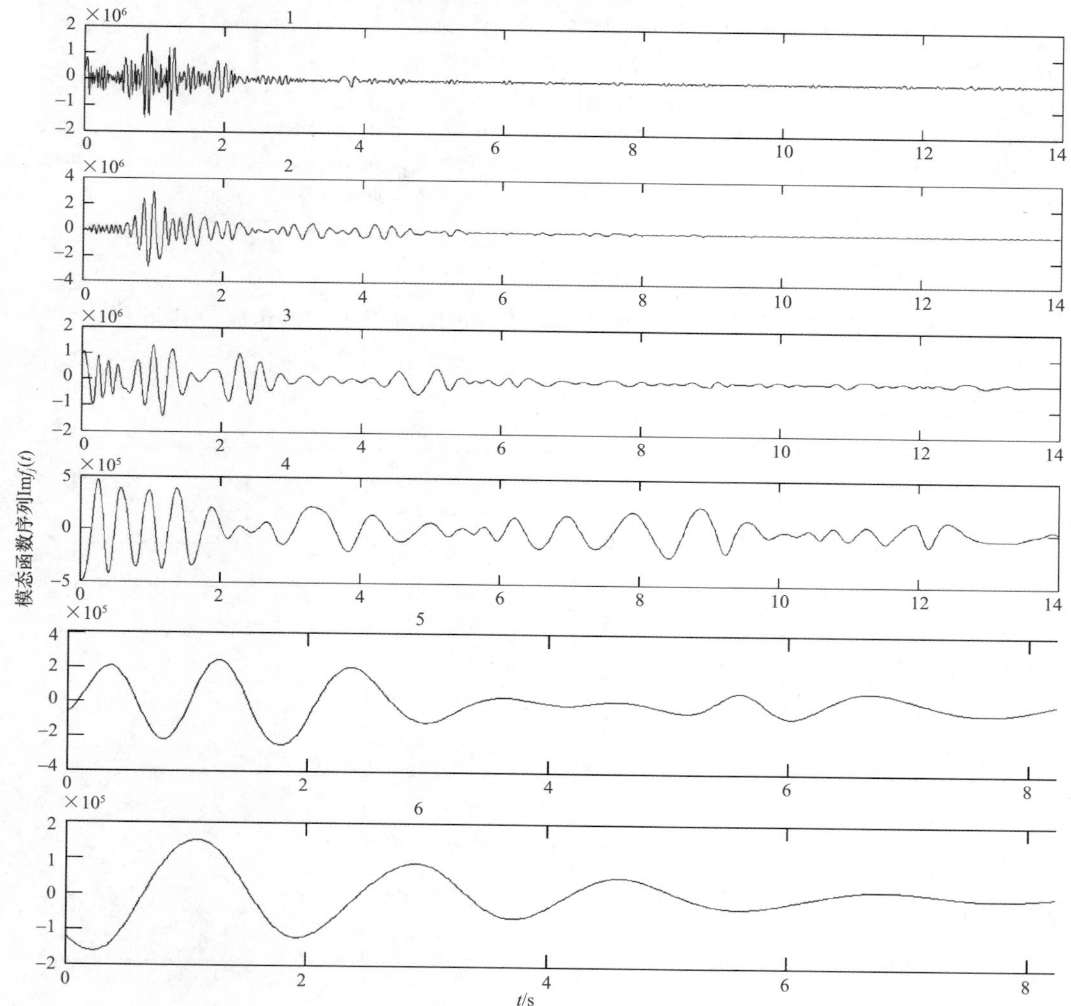

图3.11　2013年5月12日10时52分30.2秒四川金阳地震(M_L4.1)S波记录计算的模态函数($\mathrm{Im}f_1(t)$～$\mathrm{Im}f_8(t)$)时间序列

(台站：WHT；震源深度9km；台站震中距4.4km)

Figure 3.11　Time series of mode function sequence $\mathrm{Im}f_1(t)$～$\mathrm{Im}f_8(t)$ calculated by S-wave records of the M_L4.1 earthquake in Jinyang County, Sichuan Province at 10:52:30.2 on May 12, 2013

(Station: WHT; Focal depth 9km; Epicenter distance 4.4km)

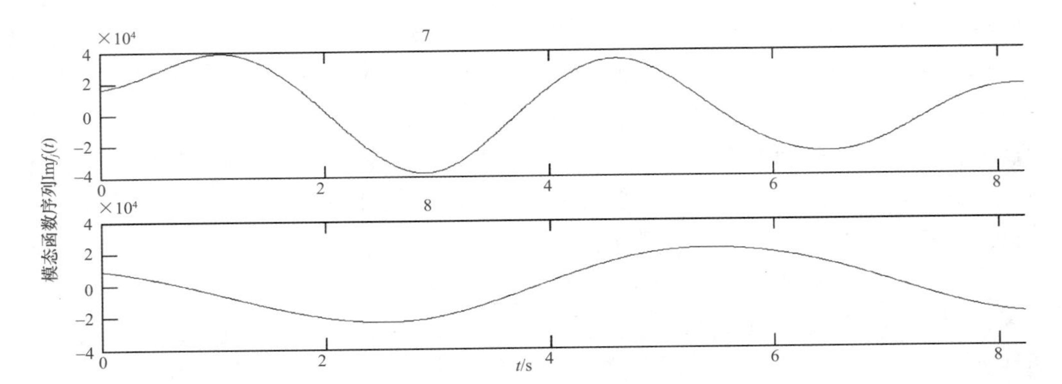

图 3.11　2013 年 5 月 12 日 10 时 52 分 30.2 秒四川金阳地震(M_L4.1)S 波记录计算的模态函数($Imf_1(t)$ ~ $Imf_8(t)$)时间序列(续)

(台站：WHT；震源深度 9km；台站震中距 4.4km)

Figure 3.11　Time series of mode function sequence $Imf_1(t)$ ~ $Imf_8(t)$ calculated by S-wave records of the M_L4.1 earthquake in Jinyang County, Sichuan Province at 10:52:30.2 on May 12, 2013

(Station: WHT; Focal depth 9km; Epicenter distance 4.4km)

3.2.3　水库诱发地震记录的 HHT 分频

根据水库诱发地震经验性选取原则，挑出一些水库诱发地震的记录。用同样方法，计算 2013 年 6 月 29 日 09 时 58 分 10.5 秒云南永善地震(M_L3.0)S 波记录。计算的模态函数幅值谱 $Imf_j(\omega)$ 见图 3.12。

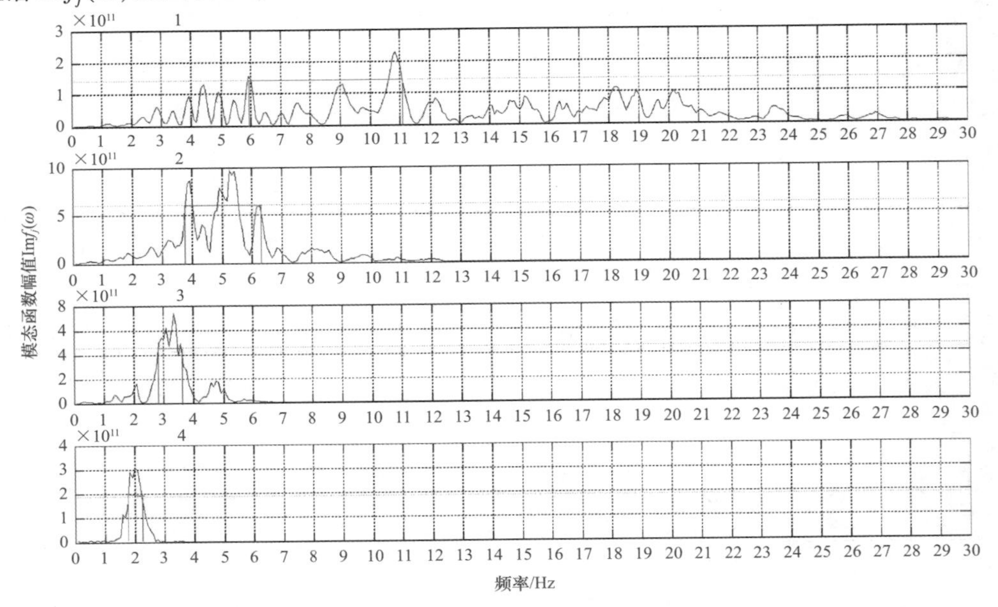

图 3.12　2013 年 6 月 29 日 09 时 58 分 10.5 秒云南永善地震(M_L3.0)S 波记录计算的模态函数序列的幅值谱($Imf_1(\omega)$ ~ $Imf_8(\omega)$)曲线

(台站：BSET；震源深度 2.3km；台站震中距 2.4km)

Figure 3.12　Amplitude spectrum curves of mode function sequence $Imf_1(\omega)$ ~ $Imf_8(\omega)$ calculated by S-wave records of the M_L3.0 earthquake in Yongshan County, Yunnan Province at 9:58:10.5 on June 29, 2013

(Station: BSET; Focal depth 2.3km; Epicenter distance 2.4km)

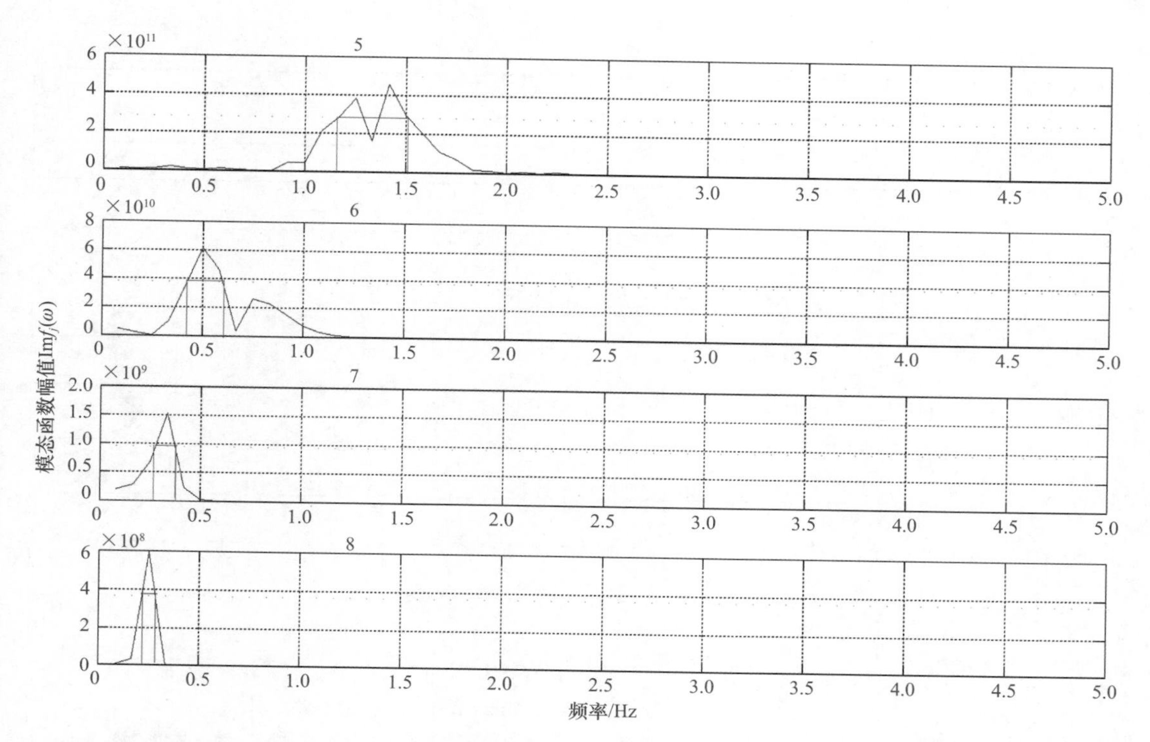

图3.12 2013年6月29日09时58分10.5秒云南永善地震(M_L3.0)S波记录计算的模态函数序列的幅值谱($Imf_1(\omega)$ ~ $Imf_8(\omega)$)曲线(续)

(台站：BSET；震源深度2.3km；台站震中距2.4km)

Figure 3.12 Amplitude spectrum curves of mode function sequence $Imf_1(\omega)$ ~ $Imf_8(\omega)$ calculated by S-wave records of the M_L3.0 earthquake in Yongshan County, Yunnan Province at 9:58:10.5 on June 29, 2013

(Station: BSET; Focal depth 2.3km; Epicenter distance 2.4km)

据模态函数幅值谱$Imf_j(\omega)$，分解出从高频到低频的1~8条曲线。优势频带宽度，1~8条曲线分布分别为6~11Hz、3.8~6.3Hz、2.8~3.7Hz、1.5~2.5Hz、1.2~1.6Hz、0.4~0.6Hz、0.3~0.4Hz、0.2~0.3Hz、或视周期为0.09~5.0s。其中曲线1~5，这些频率段的模态函数的幅值谱$Imf_j(\omega)$的能量10^{11}以上，幅值谱高于其他分量一个数量级，信号相对更强。因此，地震动信号主要由Imf_1 ~ Imf_5分量叠加构成。

据模态函数时间$Imf_j(t)$序列，分解出从高频到低频的1~8条分量的子波时序曲线，Imf_1 ~ Imf_5分量振动持续时间段分别集中在前0~2.5s；Imf_6 ~ Imf_8分量振动持续时间则更长，显示更为低频的振动信号。研究结果显示，地震动记录中分解的Imf_1 ~ Imf_5分量能量相对占比大，通过时频计算，在图3.13中给出这些子波的振动时序形态。

用同样方法，计算2013年8月19日16时17分16.5秒四川雷波地震(M_L3.4)S波记录。地震位置：北纬28°27′36.0″，东经103°46′4.0″，计算的模态函数幅值谱$Imf_j(\omega)$见图3.14。

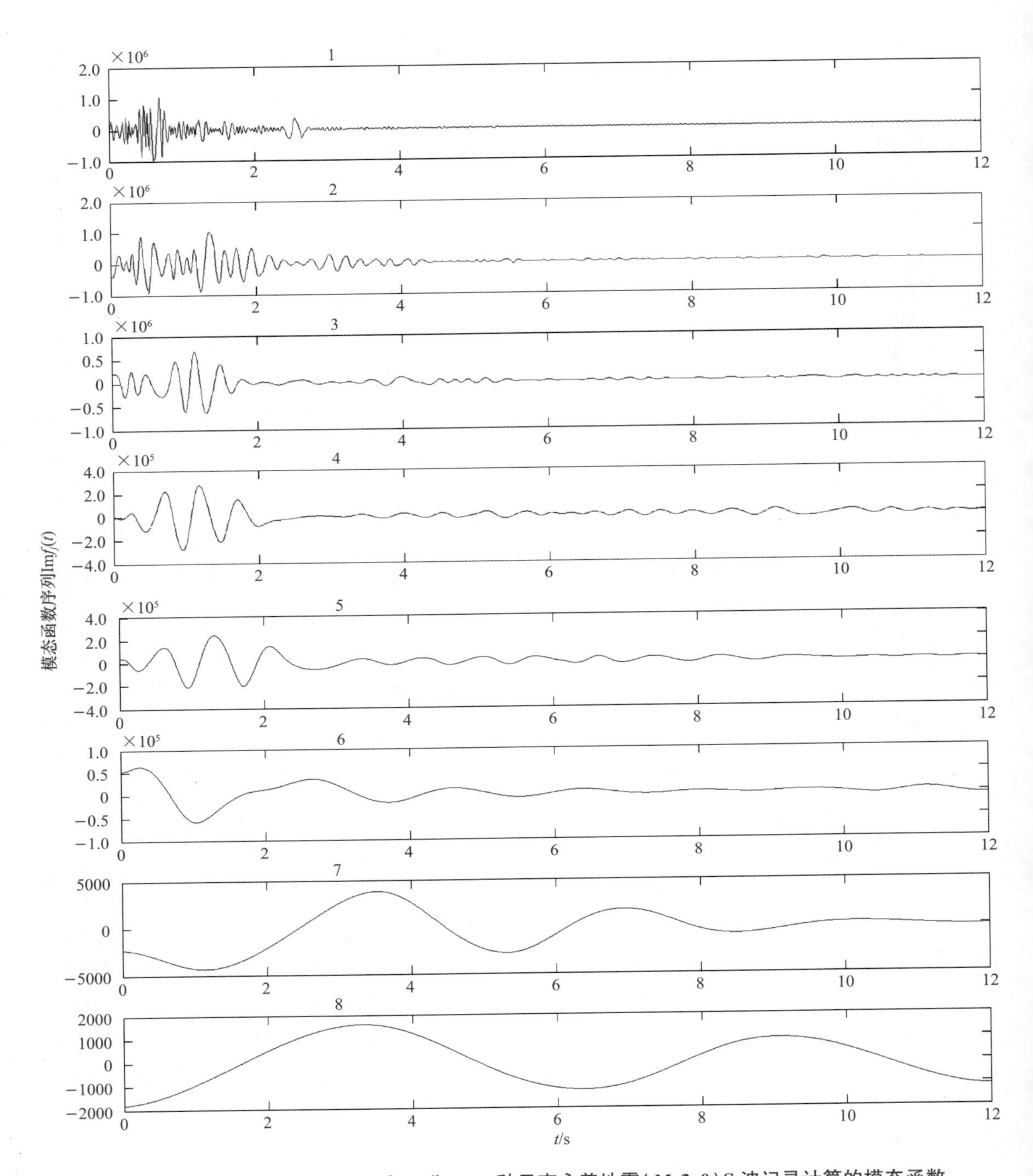

图 3.13 2013 年 6 月 29 日 09 时 58 分 10.5 秒云南永善地震(M_L3.0)S 波记录计算的模态函数(Im$f_1(t)$ ~ Im$f_8(t)$)时间序列

(台站：BSET；震源深度 2.3km；台站震中距 2.4km)

Figure 3.13 Time series of mode function sequence Im$f_1(t)$ ~ Im$f_8(t)$ calculated by S-wave records of the M_L3.0 earthquake in Yongshan County, Yunnan Province at 9:58:10.5 on June 29, 2013

(Station: BSET; Focal depth 2.3km; Epicenter distance 2.4km)

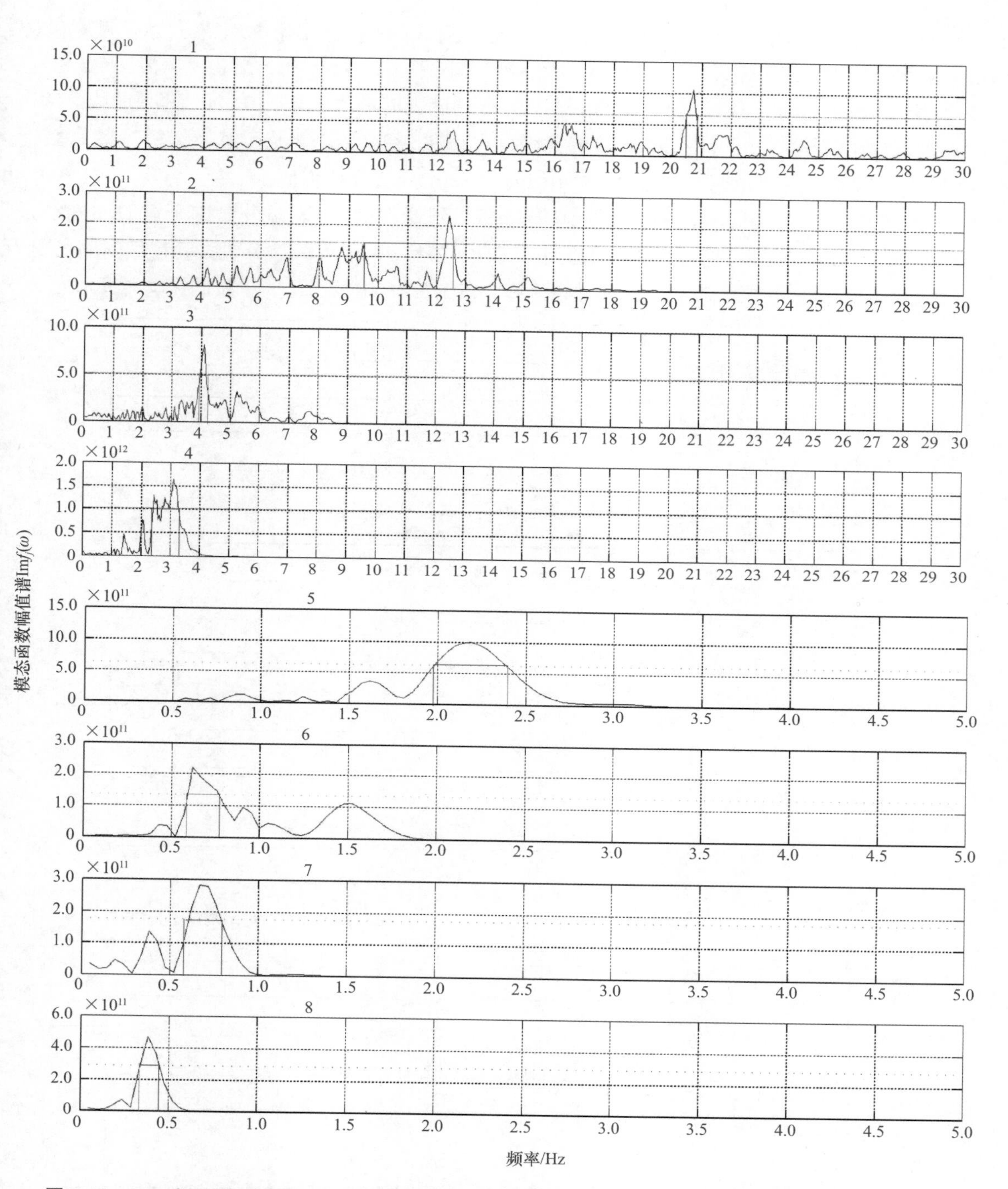

图3.14　2013年8月19日16时17分16.5秒四川雷波地震(M_L3.4)S波记录计算的模态函数序列的幅值谱(Im$f_1(\omega)$ ~ Im$f_8(\omega)$)曲线

（台站：MHT；震源深度3.6km；台站震中距3.6km）

Figure 3.14　Amplitude spectrum curves of mode function sequence Im$f_1(\omega)$ ~ Im$f_8(\omega)$ calculated by S-wave records of the M_L3.4 earthquakein Leibo County, Sichuan Province at 16:17:16.5 on August 19, 2013

(Station: MHT; Focal depth 3.6km; Epicenter distance 3.6km)

据模态函数幅值谱 $Imf_j(\omega)$，分解出从高频到低频的 1 ~ 8 条曲线。优势频带宽度，1 ~ 8 条曲线分布分别为 12 ~ 22Hz、4.0 ~ 12.6Hz、3.0 ~ 5.5Hz、2.0 ~ 3.5Hz、1.8 ~ 2.5Hz、0.6 ~ 1.6Hz、0.6 ~ 0.7Hz、0.3 ~ 0.5Hz，或视周期为 0.05 ~ 3.3s。其中曲线 2 ~ 5 频率段的模态函数的幅值谱 $Imf_j(\omega)$ 的能量 10^{11} 以上，幅值谱高于其他分量一个数量级，信号相对更强。因此，地震动信号主要由 Imf_2 ~ Imf_5 分量叠加构成。

据模态函数时间 $Imf_j(t)$ 序列，分解出从高频到低频的 1 ~ 8 条分量的子波时序曲线，Imf_1 ~ Imf_5 分量振动持续时间段仍分别集中在前 0 ~ 2.5s；Imf_6 ~ Imf_8 分量振动持续时间则更长，显示更为低频的振动信号。通过时频计算，在图 3.15 中给出这些子波的振动时序形态。

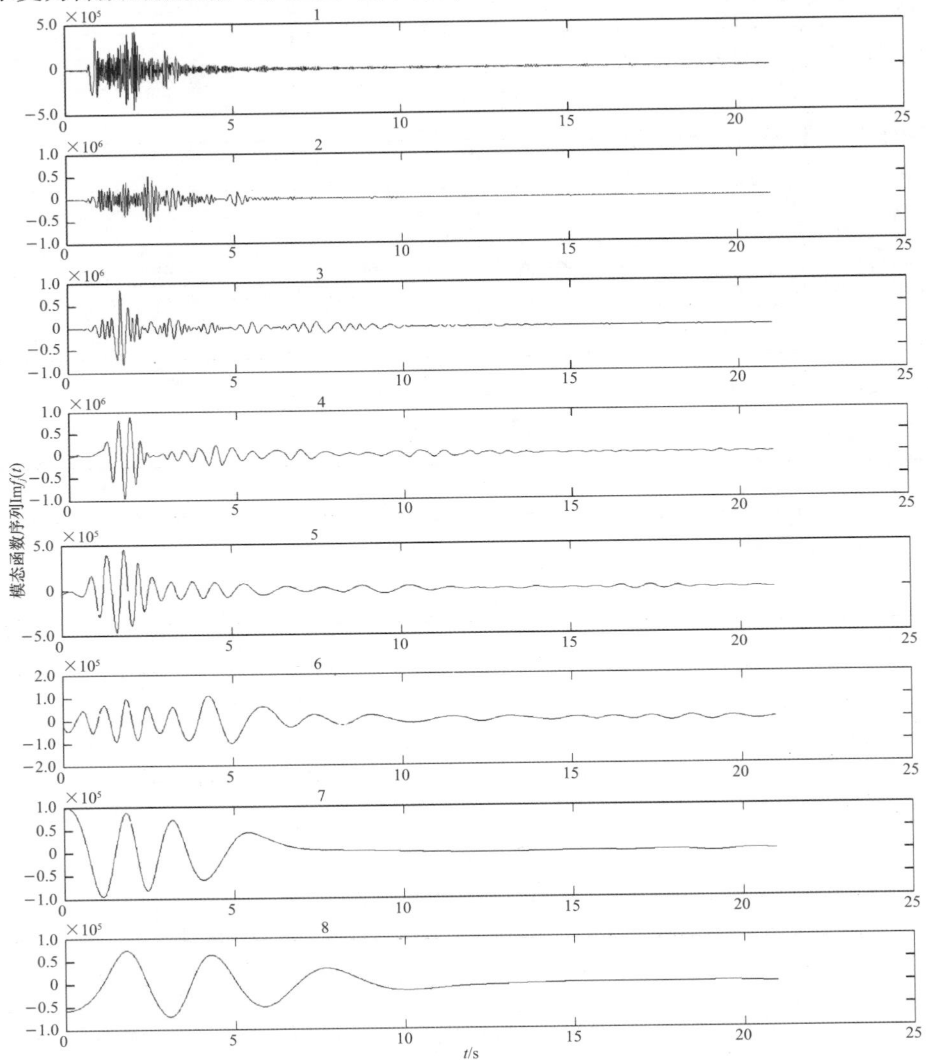

图 3.15　2013 年 8 月 19 日 16 时 17 分 16.5 秒四川雷波地震（M_L3.4）S 波记录计算的模态函数（$Imf_1(t)$ ~ $Imf_8(t)$）时间序列

（台站：MHT；震源深度 3.6km；台站震中距 3.6km）

Figure 3.15　Time series of mode function sequence $Imf_1(t)$ ~ $Imf_8(t)$ calculated by S-wave records of the M_L3.4 earthquakein Leibo County, Sichuan Province at 16:17:16.5 on August 19, 2013

(Station: MHT; Focal depth 3.6km; Epicenter distance 3.6km)

用同样方法，计算 2013 年 11 月 1 日 09 时 53 分 55.0 秒四川雷波地震($M_L3.7$)S 波记录。地震位置：北纬 28°27′3.6″，东经 103°46′51.6″；计算的模态函数幅值谱 $\mathrm{Im}f_j(\omega)$ 见图 3.16。

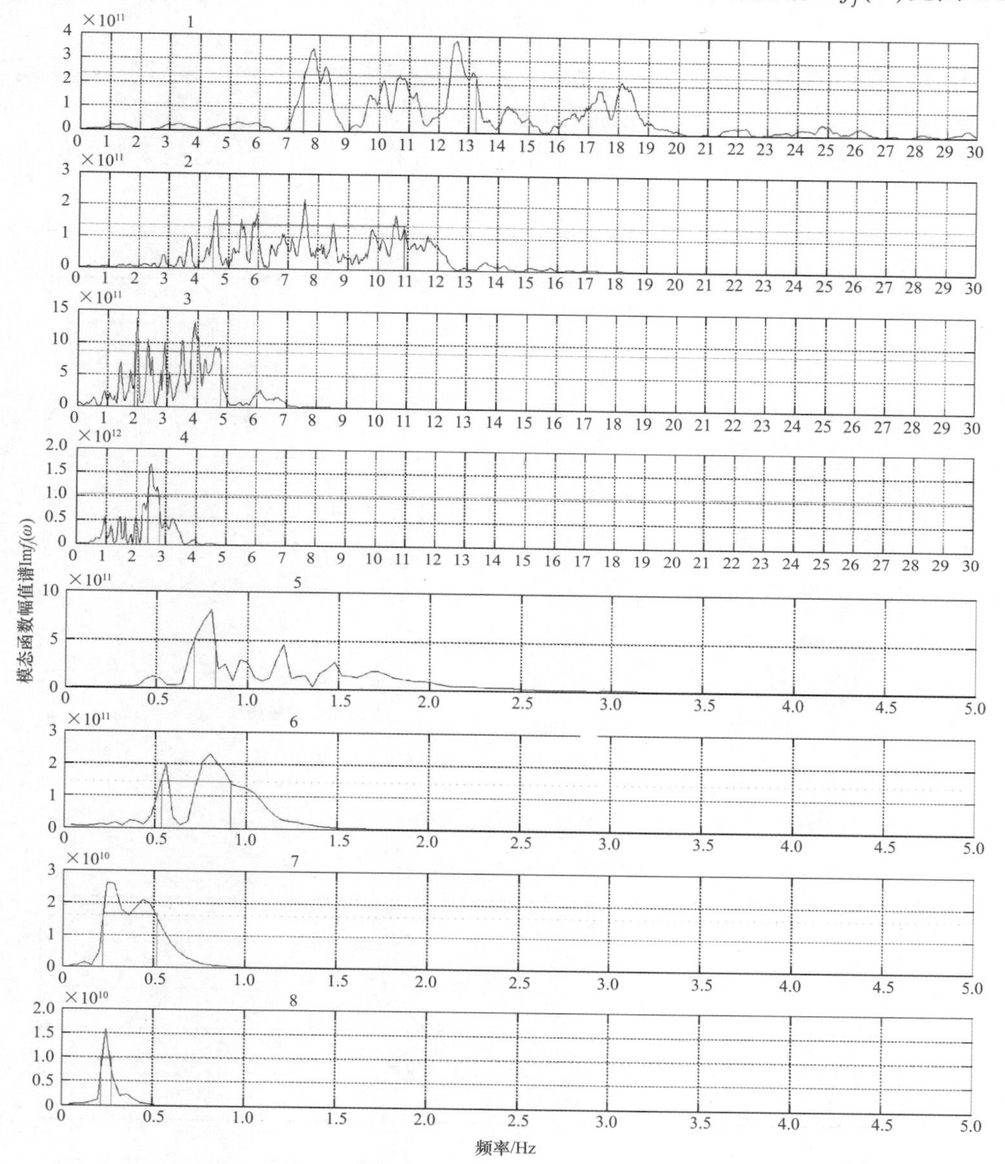

图 3.16　2013 年 11 月 1 日 09 时 53 分 55.0 秒四川雷波地震($M_L3.7$)S 波记录计算的模态函数序列的幅值谱($\mathrm{Im}f_1(\omega)$ ~ $\mathrm{Im}f_8(\omega)$)曲线

(台站：MHT；震源深度 3.1km；台站震中距 2.9km)

Figure 3.16　Amplitude spectrum curves of mode function sequence $\mathrm{Im}f_1(\omega)$ ~ $\mathrm{Im}f_8(\omega)$ calculated by S-wave records of the $M_L3.7$ earthquakein Leibo County, Sichuan Province at 9:53:55 on November 1, 2013

(Station: MHT; Focal depth 3.1km; Epicenter distance 2.9km)

据模态函数幅值谱 $\mathrm{Im}f_j(\omega)$，分解出从高频到低频的 1 ~ 8 条曲线。优势频带宽度，1 ~ 8条曲线分布分别为 7 ~ 18.5Hz、4.5 ~ 11Hz、2.0 ~ 4.8Hz、2.2 ~ 2.9Hz、0.6 ~ 1.5Hz、

0.5 ~1.2Hz、0.2 ~0.6Hz、0.2 ~0.3Hz，或视周期为0.05 ~5.0s。其中曲线1 ~5 频率段的模态函数的幅值谱 $\mathrm{Im}f_j(\omega)$ 的能量 10^{11} 以上，幅值谱高于其他分量一个数量级，信号相对更强。因此，地震动信号主要由 $\mathrm{Im}f_1$ ~ $\mathrm{Im}f_6$ 分量叠加构成。

据模态函数时间 $\mathrm{Im}f_j(t)$ 序列，分解出从高频到低频的1 ~8 条分量的子波时序曲线，$\mathrm{Im}f_1$ ~ $\mathrm{Im}f_4$ 分量振动持续时间段仍分别集中在前0 ~2.5s；$\mathrm{Im}f_5$ ~ $\mathrm{Im}f_8$ 分量振动持续时间则更长，显示更为低频的振动信号。通过时频计算，在图3.17 中给出这些子波的振动时序形态。

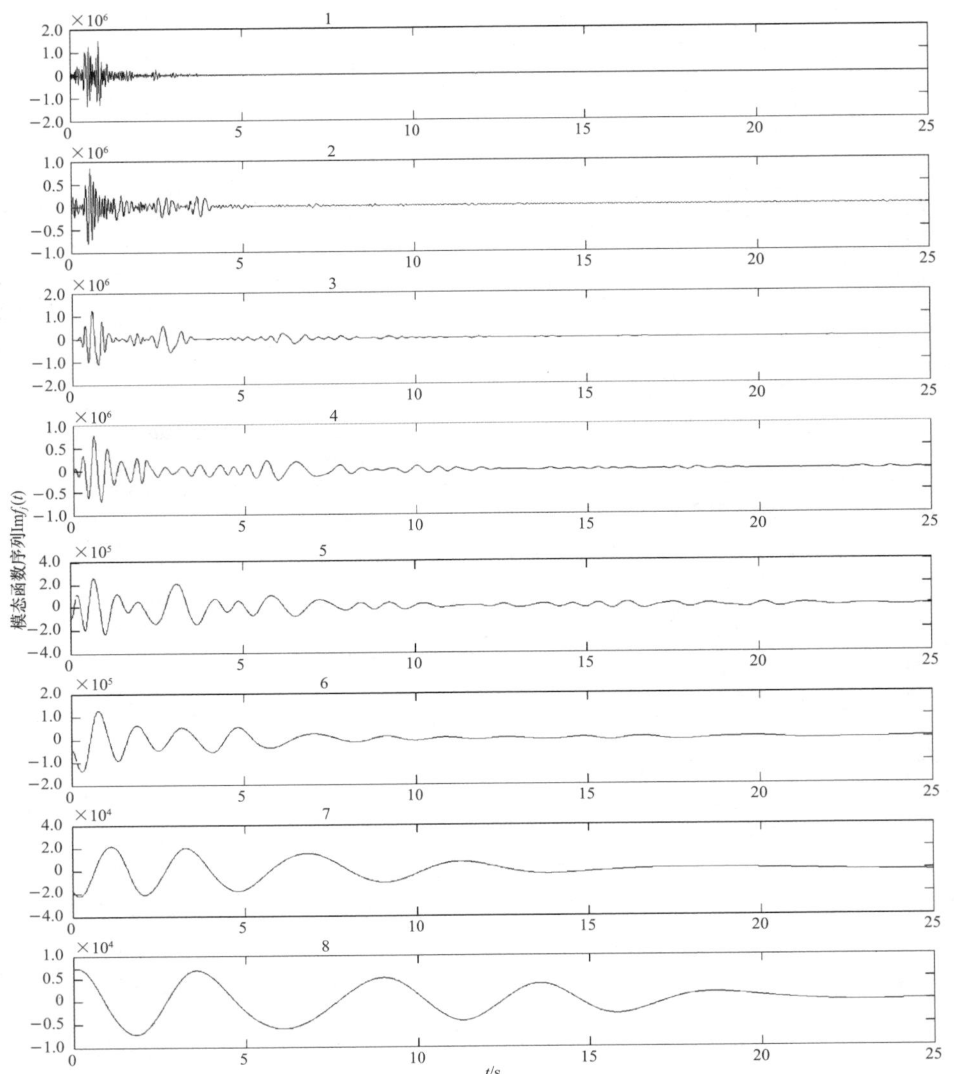

图3.17 2013年11月1日09时53分55.0秒四川雷波地震(M_L3.7)S波记录计算的模态函数($\mathrm{Im}f_1(t)$ ~ $\mathrm{Im}f_8(t)$)时间序列

(台站：MHT；震源深度3.1km；台站震中距2.9km)

Figure 3.17 Time series of mode function sequence $\mathrm{Im}f_1(t)$ ~ $\mathrm{Im}f_8(t)$ calculated by S-wave records of the M_L3.7 earthquakein Leibo County, Sichuan Province at 9:53:55 on November 1, 2013.

(Station: MHT; Focal depth3.1 km; Epicenter distance 2.9 km)

同样方法，计算2013年7月1日21时48分57.3秒云南永善地震(M_L2.7)。震源深度1.9km，选取BSET台S波记录，震中距0.3km，计算的模态函数幅值谱$Imf_j(\omega)$分解出从高频到低频的1~8条曲线。优势频带宽度，1~8条曲线分布分别为10~25Hz、4.5~9Hz、5~6Hz、1.5~3.5Hz、0.9~1.5Hz、0.5~0.8Hz、0.3~0.4Hz、0.2~0.3Hz，或视周期为0.04~5.0s。其中2~4曲线，这些频率段的模态函数的幅值谱$Imf_j(\omega)$的能量10^{11}以上，幅值谱高于其他分量一个数量级，信号相对更强。因此，地震动信号主要由Imf_2~Imf_4分量叠加构成(图略)。

据模态函数时间$Imf_j(t)$序列，分解出从高频到低频的1~8条分量的子波时序曲线，Imf_1~Imf_5分量振动持续时间段仍分别集中在前0~2.0s；Imf_5~Imf_8分量振动持续时间则更长，显示更为低频的振动信号(图略)。

计算2013年11月1日10时43分18.5秒云南永善地震(M_L1.3)。震源深度3.5km，选取MHT台S波记录，震中距3.8km，计算的模态函数幅值谱$Imf_j(\omega)$分解出从高频到低频的1~8条曲线。优势频带宽度，1~8条曲线分布分别为16.5~30Hz、7.5~18Hz、3.5~10Hz、3.0~5.2Hz、1.9~3.6Hz、1.2~1.9Hz、0.4~1.0Hz、0.4~0.6Hz。其中曲线1~5、曲线8频率段的模态函数的幅值谱$Imf_j(\omega)$的能量在10^7以上，幅值谱高于其他分量一个数量级，信号相对更强。因此，地震动信号主要由Imf_1~Imf_5分量叠加构成(图略)。据模态函数时间$Imf_j(t)$序列，分解出从高频到低频的1~8条分量的子波时序曲线，Imf_1~Imf_5分量振动持续时间段仍分别集中在前0~2.0s；Imf_5~Imf_8分量(图略)。

计算2013年11月2日09时26分7.2秒云南永善地震(M_L2.0)。震源深度4.4km，选取MHT台S波记录，震中距3.8km，计算的模态函数幅值谱$Imf_j(\omega)$分解出从高频到低频的1~8条曲线。优势频带宽度，1~8条曲线分布分别为11.5~18Hz、6.5~9.2Hz、3.2~4.9Hz、2.0~3.0Hz、0.5~1.6Hz、0.4~0.9Hz、0.2~0.4Hz、0.2~0.3Hz，或视周期为0.06~5.0s。其中曲线1~4频率段的模态函数的幅值谱$Imf_j(\omega)$的能量在10^8以上，幅值谱高于其他分量一个数量级，信号相对更强。因此，地震动信号主要由Imf_1~Imf_4分量叠加构成(图略)。据模态函数时间$Imf_j(t)$序列，分解出从高频到低频的1~8条分量的子波时序曲线，Imf_1~Imf_4分量振动持续时间段仍分别集中在前0~3.0s；Imf_5~Imf_8分量(图略)。

3.2.4　水库诱发地震波形的分析认识

对于各类振动信号的频谱，参阅浅层地震与人工地震波的频谱，见图3.18，给出了地震波记录的频谱区间，地震直达波频率在10~60Hz，视波长在4~20m。面波频谱范围宽，在1~60Hz，视波长在4~50m。反射波频率在12~120Hz；浅层折射波在20~60Hz；工业干扰信号记录在50Hz附近；各类声波干扰信号记录在60~200Hz；大风影响信号记录在100~250Hz。

基于水库蓄水后库水位抬升-波动期间，发生在水库周缘10km范围内，震源深度0~5km的地震记录波形的经验性分析，水库诱发地震的波形记录持续时间短，初动呈向限分布，S波不够清晰，周期较大，短周期面波发育。

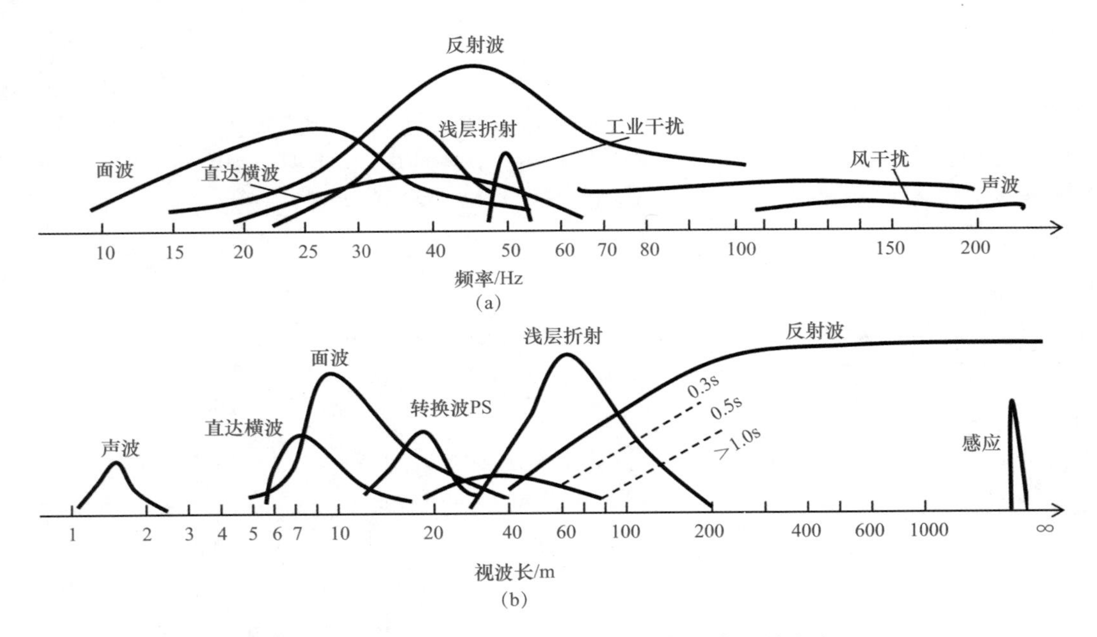

图 3.18　地表或浅表人工地震波的频谱区间(聂勋碧 & 钱宗良，1990)

Figure 3.18　Spectral range of surface or shallow artificial seismic waves (Nie Xunbi and Qian Zhongliang，1990)

水库塌陷型地震的波形记录的特点：记录的持续时间短，体波杂乱；初动不清晰；近台垂直向的初动多是向下；短周期面波发育，周期较大。

库区爆破记录。以压脉冲向各方向直线传播，纵波在垂直分向的初动往往向上，垂直分向呈振幅较大的脉冲型；周期较小，振动衰减很快；有明显的次生瑞利面波记录；S 波与 P 波振幅比值小于天然地震。

地震记录的谱结构分析。提取地震 S 波段记录的分频分解结果：取振动信号强的子波幅值谱，即从 $\mathrm{Im}f_1(\omega)$ 依序到 $\mathrm{Im}f_5(\omega)$，将计算的 6 次水库诱发地震子波幅值谱取均值分别显示 5 个子波信号的优势频段：8.8 ~ 17.3Hz；4.5 ~ 8.4Hz；2.8 ~ 4.2Hz；1.5 ~ 2.7Hz；1.0 ~ 1.5Hz；S 波段较强信号的子波序列，振动持续时间为 0 ~ 2.5s。较强振动信号中高、中频成分均显著，视周期为 0.06 ~ 1.0s，即短周期段。

根据云南巧家、四川金阳 2 次天然地震 S 波段的分频分解分别显示 3 个子波信号的优势频段($\mathrm{Im}f_2(\omega)$ ~ $\mathrm{Im}f_4(\omega)$)：4.1 ~ 5.6Hz；2.2 ~ 3.4Hz；0.9 ~ 2.2Hz，视周期为 0.18 ~ 1.0s。较强振动信号集中频段比上述水库诱发地震上移，即略高。也就是说，水库诱发地震比天然地震的 S 波段记录信号的频带更宽一些。

另据闫俊岗等(2011)对小浪底水库数字地震台网的记录波形分析，地震台网记录中的干扰非常多。干扰在同期记录中达 60%，主要干扰有 3 种以上。根据台网记录事件波形的频谱分析结果：地方震的优势频率不是很明显，近震的优势频率主要集中在 2 ~ 12Hz，或视周期为 0.08 ~ 0.5s。塌陷的优势频率较低，主要集中在 0 ~ 4Hz，或视周期为 0.25 ~ 1.0s。爆破的优势频率较高，主要集中在 1 ~ 6Hz，或视周期为 0.17 ~ 1.0s。

据林怀存、王保平等(1990)对鲁中南台网记录到的 4 次塌陷地震震相的分析：直达波

P、S周期大，周期一般为0.2～0.3s；波形简单、规则，含有高频成分很少；在地震波列中具有明显的短周期面波，面波周期一般为0.5～1.6s。

与地表或浅表人工地震或爆破记录信号的频谱区间比较，水库地震频谱多呈现较低频信号为主，大致在人工地震面波记录的低频段。

上述根据地震记录的分析，可供水库地震波形及震相分析研究工作中参考。显然地震记录的谱结构与震源谱有所不同，相关内容会本书第8章库区震源参数中给出。

第4章　水库地震精定位与微构造图像

对水库库区及附近区域大量中小地震的精确定位可更准确地确定地震麇集形成的微断层及裂隙系展布图像，为进一步研究水库地震发生构造环境和机理及判断水库诱发地震危险性提供基础。

4.1　精定位方法与观测资料

地震定位是地震学中最基本的问题之一，主要受监测台网布局、地震震相到时读取精度和地下速度结构模型等因素影响。在诸如水库诱发地震、火山地震、矿石地震等需要精细分析研究中，极可能因地震定位误差远远大于震源尺度而无法给出有意义的结果。为获得地震发生的精确位置，减小定位误差，在提高地震台网布局效率的同时，地震学家一直致力于发展和改进地震定位方法。Geiger 在 1912 年提出经典的绝对定位方法，其基本思想是通过对线性化的走时方程将观测、理论走时差与震源位置、发震时刻的改变量联系在一起，实现对未知的地震发生基本参数的求解。由于计算能力的欠缺，直至 20 世纪 70 年代计算机技术发展，Geiger 的经典地震定位思想才被广泛的应用，并迅速发展了一系列的算法和定位程序(Lee et al. , 1975；Klein et al. , 1978；Lienert et al. , 1986；Nelson et al. , 1990)。由于经典的绝对定位方法除了依赖台站分布和到时准确性，还对地下速度结构有较高的要求，而地球的不可入性和不同区域浅层地壳速度结构存在明显差异导致地震定位的精确度无法得到保障。为消除这种简单速度模型带来的定位精度影响，前人在绝对定位的基础上从两个方向发展了地震定位的技术和方法：其一是采用多地震与速度结构联合反演的思想，将地震发生区域速度结构精细化的同时给出更为精确的地震定位结果(Dewey, 1972；Crosson, 1976；刘福田，1984；周龙泉等，2006)；其二是获得有相似传播路径的地震相对位置来弱化对速度结构的依赖，相对定位的主要方法有主事件定位法(Spence, 1980；周仕勇等，1999)和双差定位法(Waldhauser et al. , 2000；Schaff et al. , 2002)。由于良好的定位效果，近年来，双差定位被广泛应用于区域地震精确定位(杨智娴等，2003；李志海等，2004)、震群精确定位(黄媛等，2006；傅莺，2015)、水库地震精确定位(Sarma et al. , 2007；陈翰林，2009；徐长朋，2010)等类型地震事件。

金沙江下游水库库区附近地震活动主要沿金沙江沿岸分布，本章将在 HYPOINVERSE (Klein et al. , 1978)绝对定位的基础上，利用双差定位对库区附近地震活动进行精确定位，分析其时空分布特征及其与区域构造环境、水库蓄水活动的关系。

金沙江下游梯级电站自下而上共包括向家坝、溪洛渡、白鹤滩、乌东德 4 个水电站，经过多年对 4 个水库地震监测系统的建设，截至 2015 年 7 月共包括了 53 个短周期固定数字地震台站。根据金沙江下游水库地震台网观测报告，2012 年 7 月 1 日—2015 年 7 月 30

日共记录到地震 36212 次(图 4.1)。由于水库地震台网建设的目的主要是监测库区附近中小地震活动，因此台站分布呈现为沿金沙江流域蜿蜒分布，仅依靠水库地震台网对库区附近地震开展定位时台站相对于大量地震形成了线状分布，没有能形成较好的包围，即台网定位时孔隙角太大，台网分布的不合理将直接影响地震定位的精度。

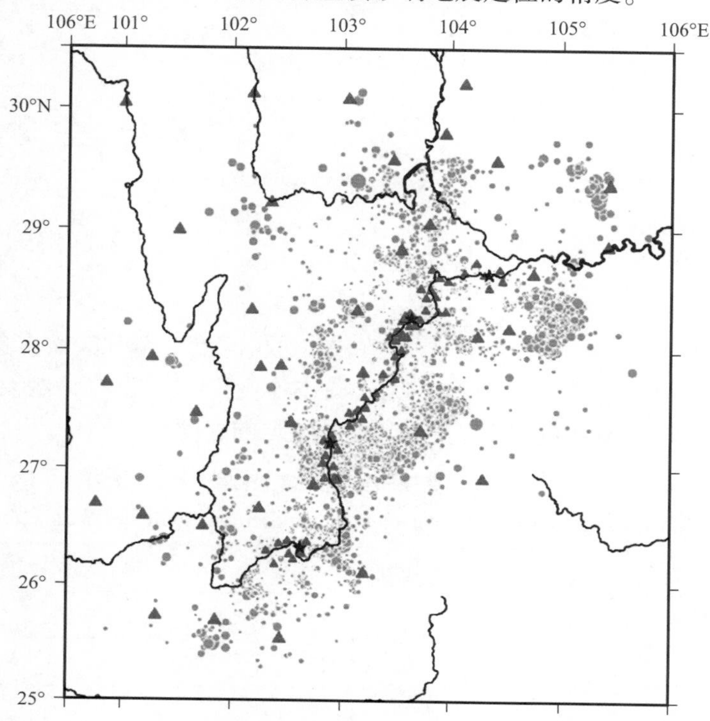

图 4.1　金沙江下游水库地震台网定位的水库附近地震震中分布

(〰：主要河流；★：水库大坝位置；●：地震震中；▲：水库地震台站；▲：区域地震台站(四川、云南、贵州、重庆))

Figure 4.1　Epicenter distribution of earthquakes near the reservoir located by reservoir seismic networks in the lower reaches of Jinsha River

(〰：main river；★：dam location；●：earthquake epicenter；▲：reservoir seismic station；▲：regional seismic station(Sichuan，Yunnan，Guizhou，Chongqing))

为避免这一现象的出现，我们将金沙江水库地震台网记录的到时数据与四川、云南、贵州、重庆的 38 个宽频带固定台站记录的到时数据进行了合并，即当金沙江水库地震台网记录到某一地震时，如果区域台网也有记录，则将其 Pg、Sg 到时数据合并在一起。经过合并，可有效改善地震定位孔隙角过大的问题，使台站分布更加合理。

通常在初始地震震相观测报告中存在定位深度为 0、定位台站少于 4 个等问题，而水库地震台网震相观测报告中由于台网分布的不合理，存在定位时孔隙角过大的问题，因此不适合将初始震相观测报告直接应用于 HypoDD(Waldhauser et al.，2000)等精确定位方法。为此，我们将采用 HYPOINVERSE－2000(Klein et al.，1978)方法利用水库地震台网与区域地震台网合并后的震相观测报告重新进行绝对定位，并在绝对定位过程中设定最小定位台站数量。

HYPOINVERSE－2000 方法源于 Geiger(1912)提出的经典方法，即设 n 个台站的观测到时为 t_1，t_2，…，t_n，求震源(x_0，y_0，z_0)及发震时刻 t_0，使目标函数

$$\phi(t_0,x_0,y_0,z_0) = \sum_{i=1}^{n} r_i^2 \tag{4.1}$$

最小。其中，r_i 为到时残差，有

$$r_i = (t_i - t_0) - T_i(x_0,\ y_0,\ z_0) \tag{4.2}$$

式中，T_i 为震源到第 i 个台站的计算走时。

使目标函数取极小值，即

$$\nabla_\theta \phi(\theta) = 0 \tag{4.3}$$

式中，$\theta = (t_0,\ x_0,\ y_0,\ z_0)^{\mathrm{T}}$；$\nabla_\theta = \left(\frac{\partial}{\partial t_0},\ \frac{\partial}{\partial x_0},\ \frac{\partial}{\partial y_0},\ \frac{\partial}{\partial z_0},\right)$。可通过求解式(4.3)获得最终的模型参数 $\hat{\theta}$。

对于定位模型的选择，虽然 HYPOINVERSE-2000 可以采用分区域多速度模型的方式工作，但金沙江下游流域所覆盖区域速度结构总体较为均一，没有突然大幅变化的特征，因此我们考虑采用赵珠等(1987)反演的四川西部高原的速度结构(表 4.1)。

表 4.1　四川西部高原一维速度模型(赵珠等，1987)

Table 4.1　One dimensional velocity model of Western Sichuan Plateau(Zhao Zhu et al.，1987)

深度/km	P 波速度/(km·s^{-1})	S 波速度/(km·s^{-1})
0.0	4.60	2.66
0.8	5.35	3.09
1.6	5.78	3.34
28.5	6.28	3.63
28.5	6.67	3.86
64.0	7.41	4.28
64.0	7.80	4.51
75.0	7.95	4.60
90.0	8.26	4.77
100.0	8.39	4.85

通过 HYPOINVERSE-2000 方法对整个金沙江下游水库库区及附近地震事件重新定位后，选择定位孔隙角小于 180°的地震事件作为下一阶段双差定位的基础。HYPOINVERSE-2000 的定位结果在空间平面上呈现出更加集中的丛集地震活动，且更加更明显沿金沙江分布，如图 4.2 所示。

定位误差显示，在水平方向上超过 90% 的地震误差水平在 1km 以内，在垂直方向上超过 60% 的地震误差水平的 2km 以内，而走时残差在 0.1s 以内的地震占比超过 70%，0.2s 以内的地震占比超过 90%。误差统计结果显示，初始定位在水平方向已经能够较好地约束地震位置，而垂直方向即地震深度上还需继续提高。

向家坝水库和溪洛渡水库在蓄水后出现了大量的丛集地震，为了更为精细地刻画这些丛集地震事件，在 HYPOINVERSE-2000 初始定位的基础上，我们分别挑选出向家坝库区附近 3006 次地震和溪洛渡库区的丛集震群活动进行双差定位，以求更加细致地对其进行分析和研究。

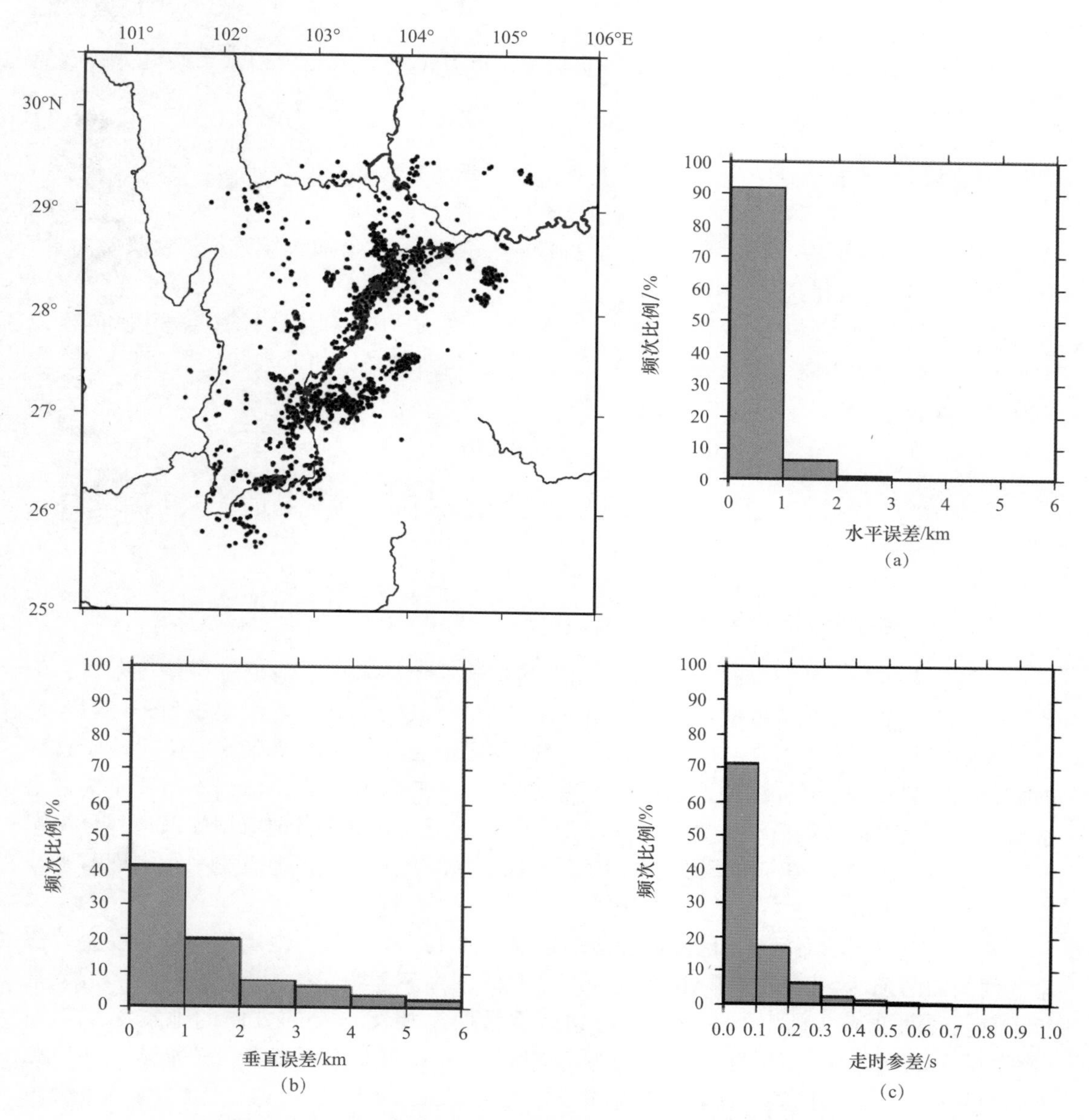

图 4.2 HYPOINVERSE-2000 重新定位地震分布及定位误差统计

(a)水平误差统计；(b)垂直误差统计；(c)走时残差统计

Figure 4.2 Relocation earthquake distribution and location error statistics of HYPOINVERSE-2000

(a) Horizontal error statistics; (b) Vertical error statistics; (c) Travel time residual RMS statistics

双差定位方法由 Waldhauser 和 Ellsworth 于 2000 年提出，其基本原理是：两个事件 i 和 j 在台站 k 上的双重残差可定义为

$$dr_k^{ij} = (t_k^i - t_k^j)_{obs} - (t_k^i - t_k^j)_{cal} \tag{4.4}$$

式中，t 为地震波走时；下标 obs 和 cal 分别表示观测走时和理论走时。假设两震源间的距离与震中距以及速度非均匀性的尺度相比足够小，则式(4.4)可表示为

$$dr_k^{ij} = \frac{\partial t_k^i}{\partial m}\Delta m^i - \frac{\partial t_k^j}{\partial m}\Delta m^j \tag{4.5}$$

$\Delta m(\Delta x, \Delta y, \Delta z, \Delta\tau)$为模型参数的扰动量，可展开为

$$dr_k^{ij} = \frac{\partial t_k^i}{\partial x}\Delta x^i + \frac{\partial t_k^i}{\partial y}\Delta y^i + \frac{\partial t_k^i}{\partial z}\Delta z^i + \Delta\tau^i - \frac{\partial t_k^j}{\partial x}\Delta x^j - \frac{\partial t_k^j}{\partial y}\Delta y^j - \frac{\partial t_k^j}{\partial z}\Delta z^j - \Delta\tau^j \tag{4.6}$$

将所有事件对在所有台站上的双差方差联立，得到线性方程组

$$WGm = Wd \tag{4.7}$$

式中，G 为偏导数矩阵；m 为模型参数的扰动量；W 为一对角加权矩阵；d 为双差向量。通过求解式(4.7)可得到最终的模型参数。

双差定位中我们将 P 波和 S 波到时权重分别设为 1 和 0.5。速度模型依然为 HYPOIVERSE-2000 中采用的赵珠等(1987)给出的四川西部高原的 P 波速度模型，P 波、S 波波速比设为 1.73。

4.2 向家坝库区地震精定位与微构造

4.2.1 蓄水前期微震活动

经过双差定位，我们获得了 2564 次地震的精确定位结果，平均定位误差在东西、南北、垂直方向上分别为 146m、147m、241m，定位后地震分布更加趋于集中(图 4.3)，地震深度则主要集中分布在 2～7km，这一深度范围内地震数占该区域双差定位后地震总数的 82.5%，其中 4～5km 深度地震最多，达 608 次，占 23.7%(图 4.4)。本研究主要讨论水库蓄水区域附近地震活动，为方便分析，如图 4.3 所示，我们将向家坝库区地震分为库中段地震活动区(XB_AB)和库尾地震活动区(XB_C)，两个区域内地震震中距水库蓄水区均小于或等于 10km。

图 4.3 中向家坝库区 AB 区段地震活动较弱，共 187 次地震，地震集中分布在金沙江南北两侧的两个丛集区域，将 AB 区段地震沿近似垂直于金沙江的剖面 A1 – A2 和近似平行于金沙江的剖面 A3 – A4 投影，可得到地震沿两个相互正交的方向的地震深度剖面(图 4.5)。从两个地震剖面看，两个地震丛集区域 S1 和 S2 地震深度有明显差异，A1 – A2 剖面中靠近 A1 端的小震群 S1 深度集中分布在 5～10km，而靠近 A2 端的震群 S2 深度分布相对较散，但依然可以看出其主要在 10～20km 范围内分布。对比两个地震深度剖面中震群 S1 的展布可以看出，在 A1 – A2 剖面为高度集中分布且高角度向南倾斜，在 A3 – A4 剖面中为近似垂直无明显倾斜角度。

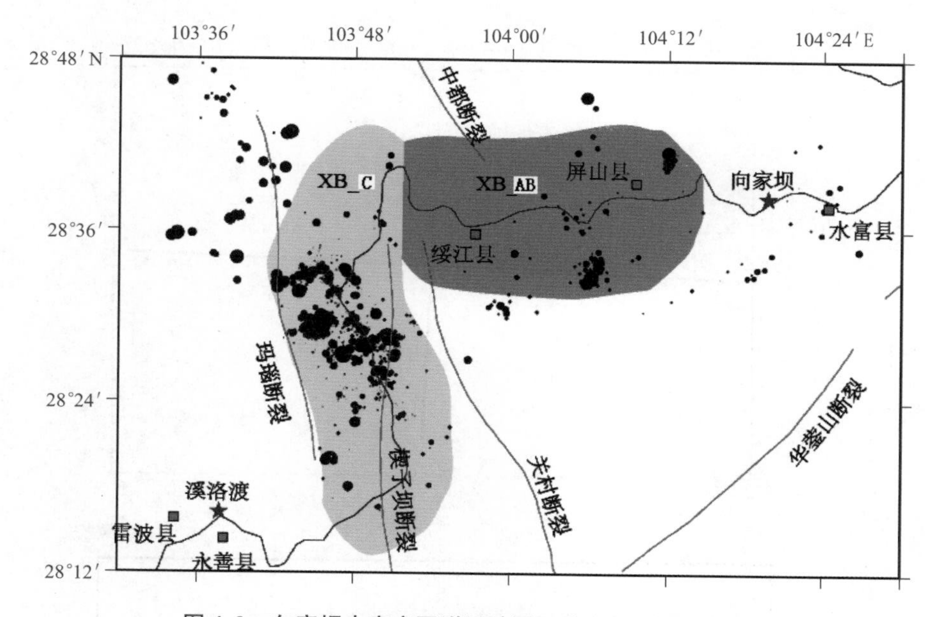

图 4.3 向家坝水库库区附近地震双差定位后震中分布

（●：地震震中；★：水库大坝；■：主要县名；——：主要断裂；～：金沙江；⬢：库中地震活动区；⬢：库尾地震活动区）

Figure 4.3 Epicentral distribution of double difference location near Xiangjiaba reservoir area

（●：earthquake epicenter；★：reservoir dam；■：main county name；——：main fault；～：Jinsha River；⬢：seismic activity area in the middle of reservoir；⬢：seismic activity area at the end of reservoir）

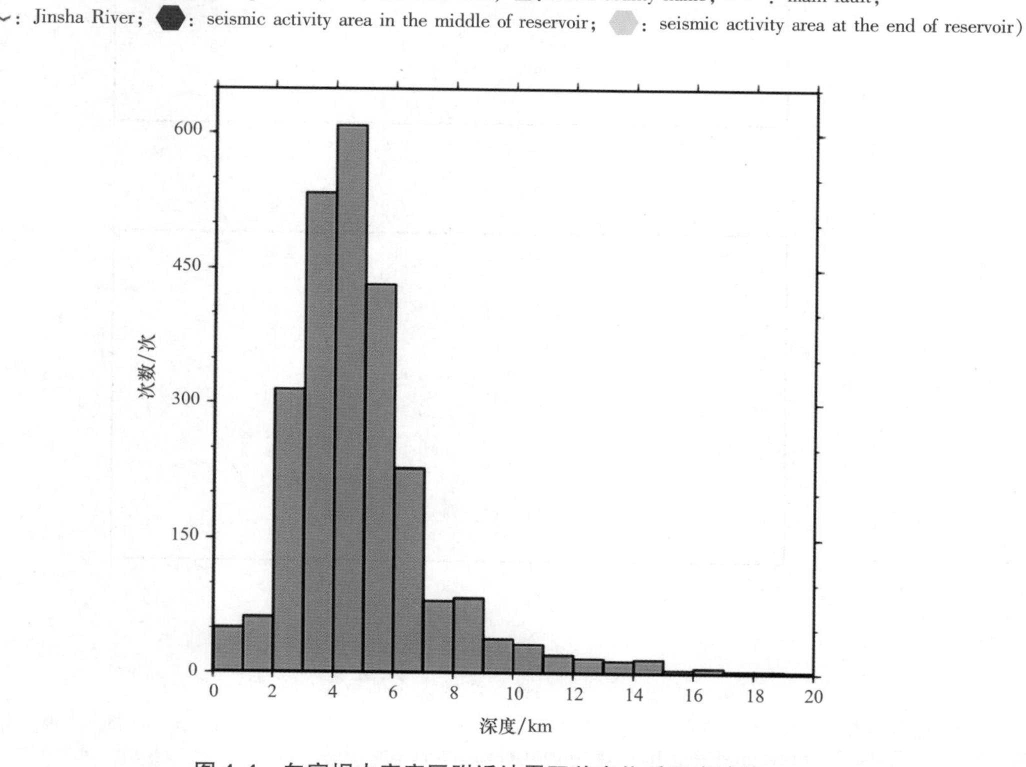

图 4.4 向家坝水库库区附近地震双差定位后深度统计

Figure 4.4 Source depth statistics of double difference location near Xiangjiaba reservoir area

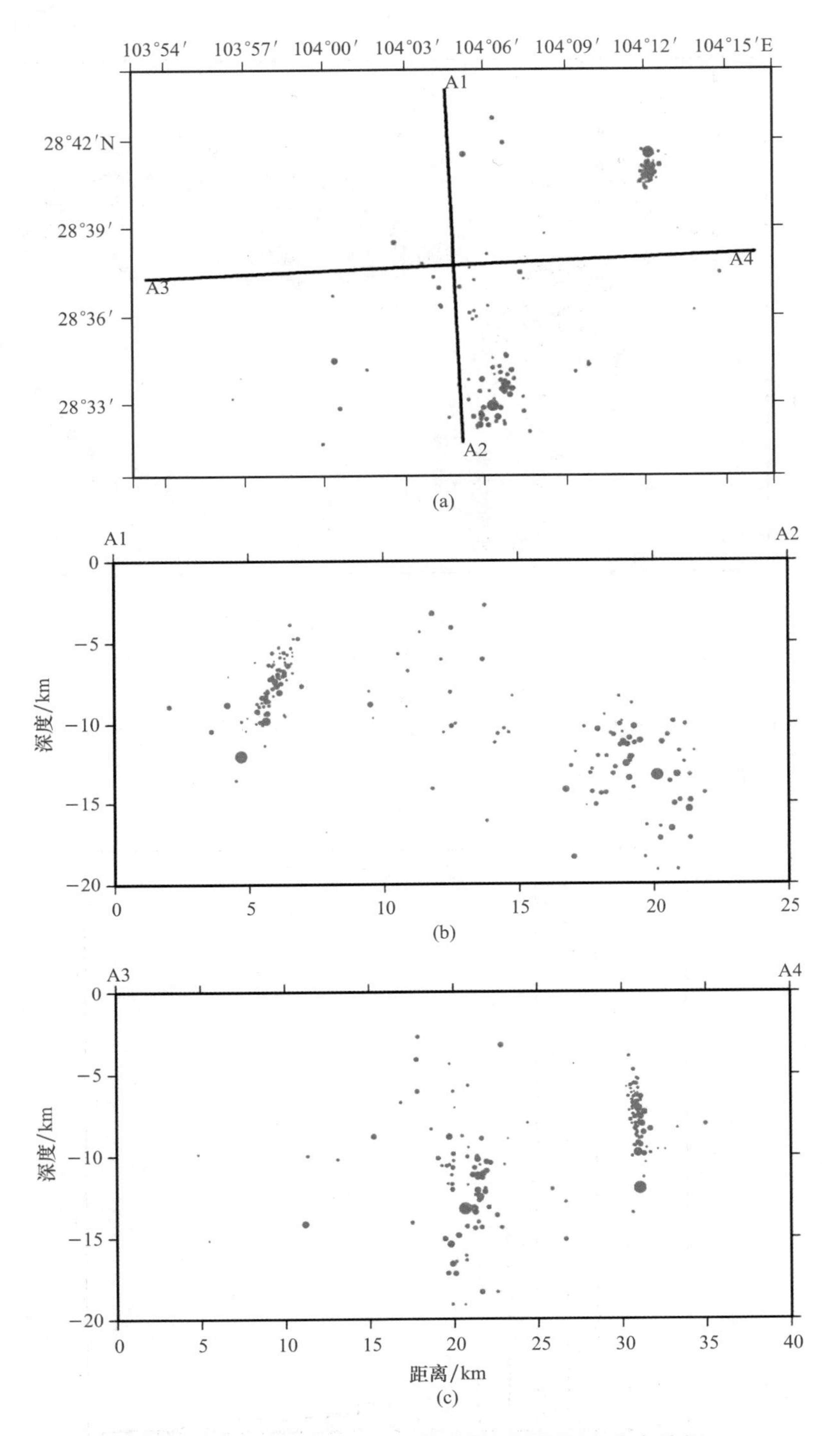

图 4.5 向家坝库区 AB 区段地震平面及深度分布特征

(a)地震平面分布及深度剖面位置；(b)地震沿 A1 – A2 剖面深度分布；(c)地震沿 A3 – A4 剖面深度分布

Figure 4.5 Seismic plane and depth distribution characteristics of AB section in Xiangjiaba reservoir area

(a)Distribution and depth profile of earthquakes; (b)Depth distribution of earthquakes along A1 – A2 profile; (c)Depth distribution of earthquakes along A3 – A4 profile

图 4.3 中向家坝库区 C 区段地震活动显著，整体看地震密集活动区域的长轴呈现 NW－SE 向展布，短轴呈 NE－SW 向展布，长、短轴方向展布长度分别约 20km 和 10km。从图 4.6 可看出，沿长轴方向，地震可大致分为三个平行的条带。在此库段，地质构造存在 NW－SE 向三条断裂，即猰子坝、中村、关村断裂。微震活动空间分布图像呈现沿 NW－SE 长轴方向的三个平行的地震深度剖面，三个剖面两侧的宽度各有不同。其中，将 B11－B12 剖面两侧 1km 内的地震投影到该剖面上，将 B21－B22 剖面两侧 1.5km 内的地震投影到该剖面上，将 B31－B32 剖面两侧 2km 内的地震投影到该剖面上。图 4.6 右侧的三个地震深度剖面分别对应左侧平面的 B11－B12、B21－B22、B31－B32 三个剖面，地震在三个剖面上深度分布基本都在小于 7km 范围内且垂直向下延伸，仅 B11－B12 剖面靠近 B12 端的震群垂直延伸至 10km 左右。

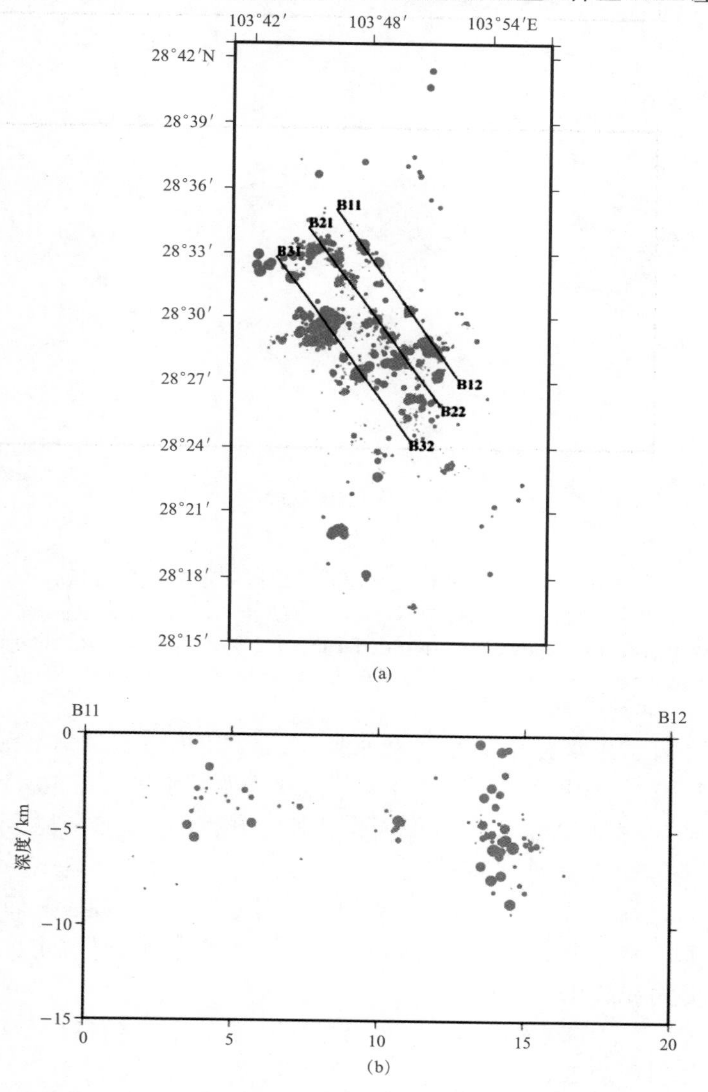

图 4.6　向家坝库区 C 区段地震平面及深度分布特征

(a) 地震平面分布及深度剖面位置；(b) 地震沿 B11－B12 剖面深度分布

Figure 4.6　Seismic plane and depth distribution characteristics of C section in Xiangjiaba reservoir area

(a) Distribution and depth profile of earthquakes; (b) Depth distribution of earthquakes along B11－B12 profile

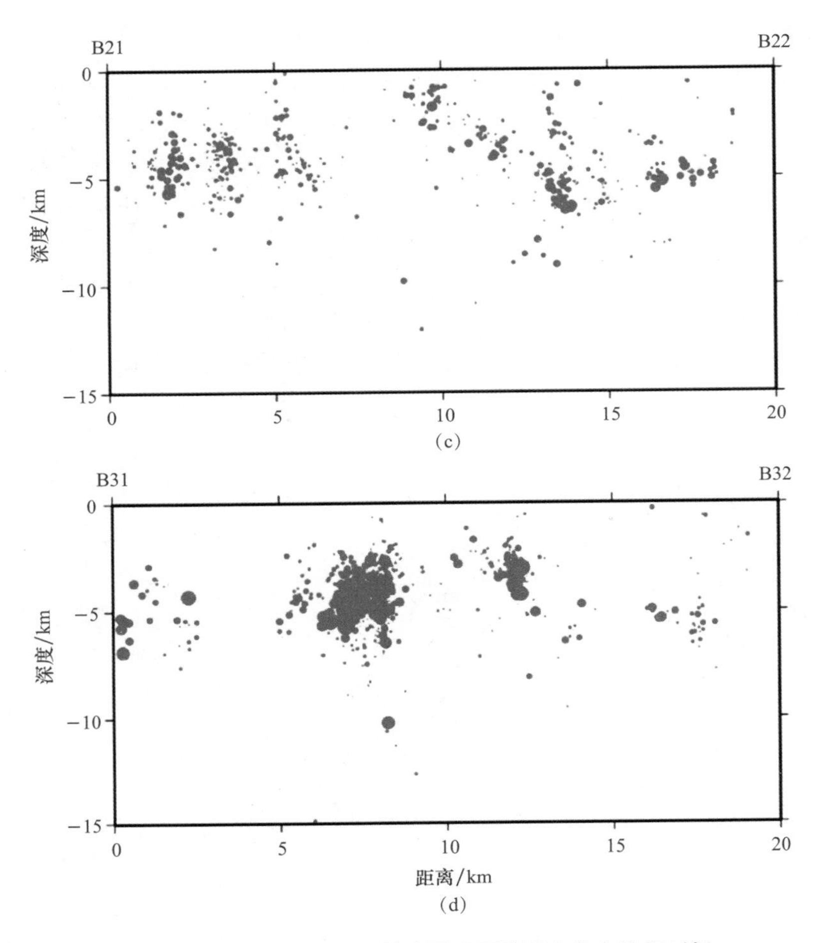

图 4.6 向家坝库区 C 区段地震平面及深度分布特征(续)

(c)地震沿 B21 - B22 剖面深度分布；(d)地震沿 A31 - A32 剖面深度分布

Figure 4.6 Seismic plane and depth distribution characteristics of C section in Xiangjiaba reservoir area

(c)Depth distribution of earthquakes along B21 - B22 profile; (d)Depth distribution of earthquakes along A31 - A32 profile

向家坝水库设计蓄水水位为 380m，死水位 370m。水库蓄水过程呈阶梯状，如图 4.7 所示，于 2012 年 10 月 10 日正式下闸蓄水，经过 6 天的蓄水水位于 10 月 16 日达到 353m 并保持，此后，水位在 2013 年 6 月 26 日再次快速上升，于 7 月 5 日达到死水位 370m，9 月 7 日—9 月 12 日水位上升到 380m。此后，于 2014 年 7 月 2 日下降 10m 至死水位，完成第一次完整蓄放水过程。根据蓄水进程，我们将其划分为 5 个时间段，如图 4.7 所示，t_1、t_2、t_3、t_4、t_5 分别表示 5 个事件段，相应地，在不同蓄水时期，精确定位后的地震分布也将按 5 个蓄水时段分别作出。

如图 4.8 所示，5 个空间平面地震分布分别对应了 5 个蓄水时段，地震活动分布呈现出明显的差异。t_1 时段为 2012 年 7 月 1 日—2012 年 10 月 10 日，共 102 天，水库未下闸蓄水，期间在向家坝库区附近仅有零星 6 次小于 2.5 级地震，平均日频次 0.058 次，地震活动明显较弱(图 4.8(a))。

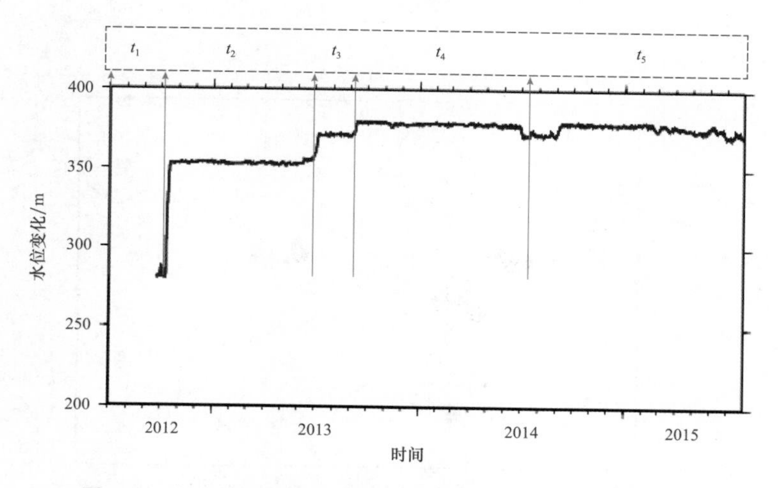

图 4.7 向家坝水库蓄水水位变化(2012.9.24—2015.7.31)

Figure 4.7 Variation of water level in Xiangjiaba reservoir(2012.9.24—2015.7.31)

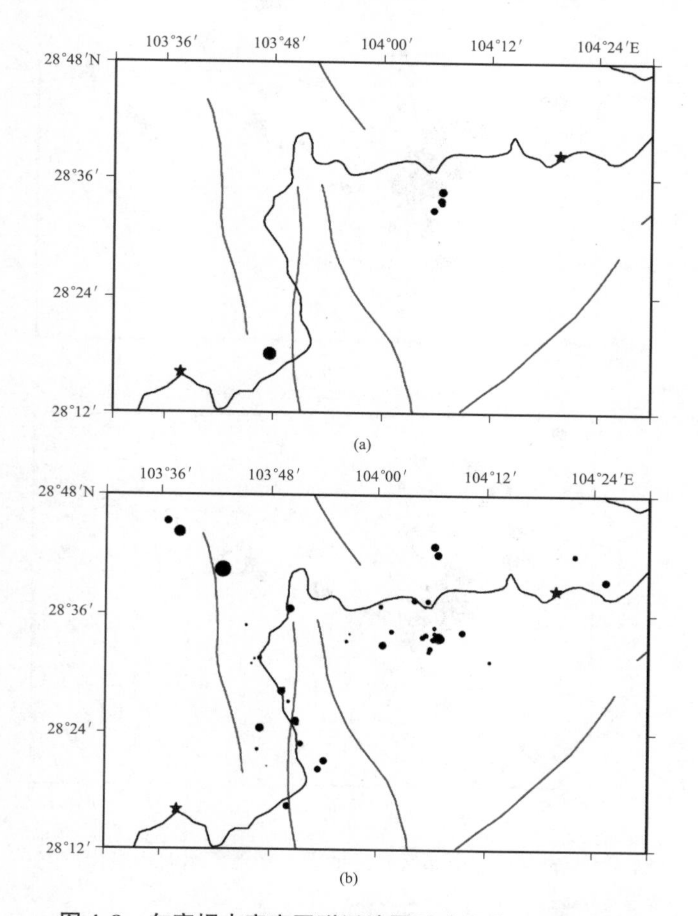

图 4.8 向家坝水库库区附近地震活动随蓄水时间演化

(a) t_1 时段地震分布；(b) t_2 时段地震分布

Figure 4.8 Evolution of seismicity along with the storage time near Xiangjiaba reservoir area

(a) Earthquake distribution in the t_1 period; (b) Earthquake distribution in the t_2 period

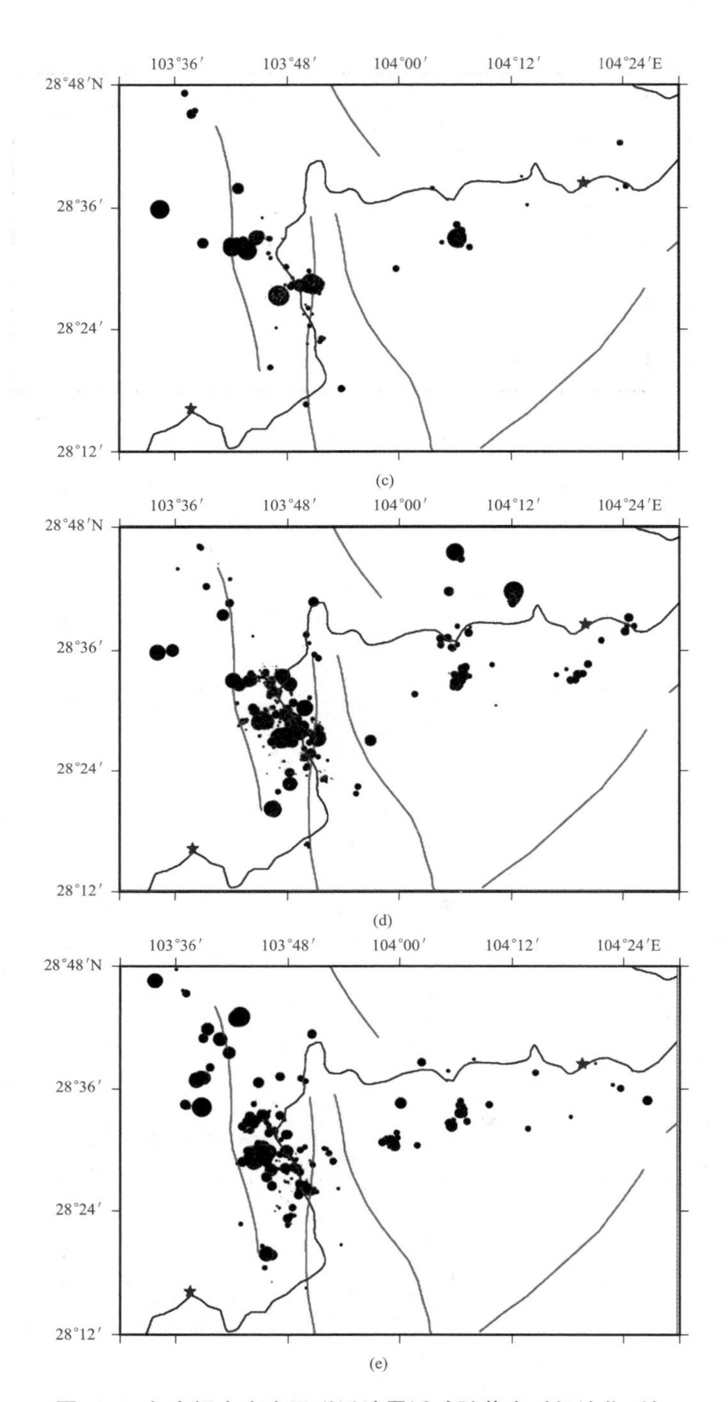

图 4.8 向家坝水库库区附近地震活动随蓄水时间演化(续)

(c)t_3 时段地震分布；(d)t_4 时段地震分布；(e)t_5 时段地震分布；图中断裂名见图 2.3

Figure 4.8 Evolution of seismicity along with the storage time near Xiangjiaba reservoir area

(c) Earthquake distribution in the t_3 period; (d) Earthquake distribution in the t_4 period; (e) Earthquake distribution in the t_5 period; Fault names are shown in Figure 2.3

t_2 时段从 2012 年 10 月 10 日—2013 年 6 月 26 日共 258 天，水库开始下闸蓄水并蓄至 353m，期间共发生地震 57 次，日均 0. 22 次，地震频度虽有所增加，但依然以 2 级以下地震为主，地震活动水平增加不明显。

t_3 时段从 2013 年 6 月 26 日—2013 年 9 月 7 日共 73 天，水库水位从 353m 蓄至 370m 死水位，期间共发生地震 277 次，日均 3. 79 次，地震频度较下闸蓄水后 t_2 时段明显增加，且有 7 次 3 级以上地震的发生表明地震强度也显著增加，根据精定位结果，本时段地震活动主要集中在图 4. 3 所示的 XB_C 区，且绝大多数地震距水库蓄水水域平面距离在 5km 以内。

t_4 时段从 2013 年 9 月 7 日—2014 年 7 月 2 日共 298 天，水库水位从 370m 死水位至 380m 正常蓄水位再回到 370m 死水位，完成了一次完整蓄放水过程，期间库区地震 1530 次，日均 5. 13 次，较 t_3 时段继续增加，但 3 级以上地震稍有减少，仅 2 次，地震活动主要集中区域与 t_3 时段相同。

t_5 时段从 2014 年 7 月 2 日—2015 年 7 月 31 日共 375 天，水库水位在死水位 370m 与正常蓄水位 380m 直接波动，期间库区地震 699 次，日均 1. 8 次，3 级以上地震 5 次，地震活动较 t_4 时段有所减弱，3 级以上中等地震活动水平依然持续，但多分布在水库蓄水区 10km 以外，即 XB_C 区外西北侧的区域，而库区蓄水区域附近的地震活动依然以 XB_C 区为主。

向家坝水库在不同的蓄水阶段呈现不同的地震活动特征。总体上，地震活动水平显著变化自 t_3 时段开始，而非下闸蓄水后的 t_2 时段，地震活动的峰值时期在 t_4 时段，之后逐渐趋于平稳。库水地震活动显著增加的区域则是图 4. 3 中定义的 XB_C 区域，即向家坝水库库尾区域，处于马边—盐津地震带中段复杂地质构造有关，也与水库蓄水至较高水位淹没该区域有关。

4. 2. 2　库尾段微震呈现微构造裂隙

向家坝库区地震集中在水库库尾区域为图 4. 3 中的 XB_C 区。根据邓起东等(2007)给出的活动断裂分布，通过该区域的断裂主要为 NW - SE 走向的玛瑙断裂、中都断裂、猰子坝断裂和关村断裂。地震的平面和深度剖面分布显示地震主要呈小尺度震群形式分布，震群长轴方向分布长度不超过 3km，可能为次级微断层错动所致，为细化这些小型次级微断层的断裂参数，我们采用万永革等(2008)提出的断层拟合方法对这些小尺度的震群活动进行震源断层拟合。

虽然 XB_C 区地震整体呈 NW - SE 向展布，但是其中的多数震群长轴方向都呈现为近东西向，图 4. 9 给出了有明显优势分布方向、适合进行震源断层拟合的震群。

对 fitswarm1 震源断层最小二乘拟合参数为：走向 186. 3°(标准差 4. 89°)，倾角 83. 2°(标准差 1. 31°)，断层面四个顶点位置在表 4. 2 中给出。

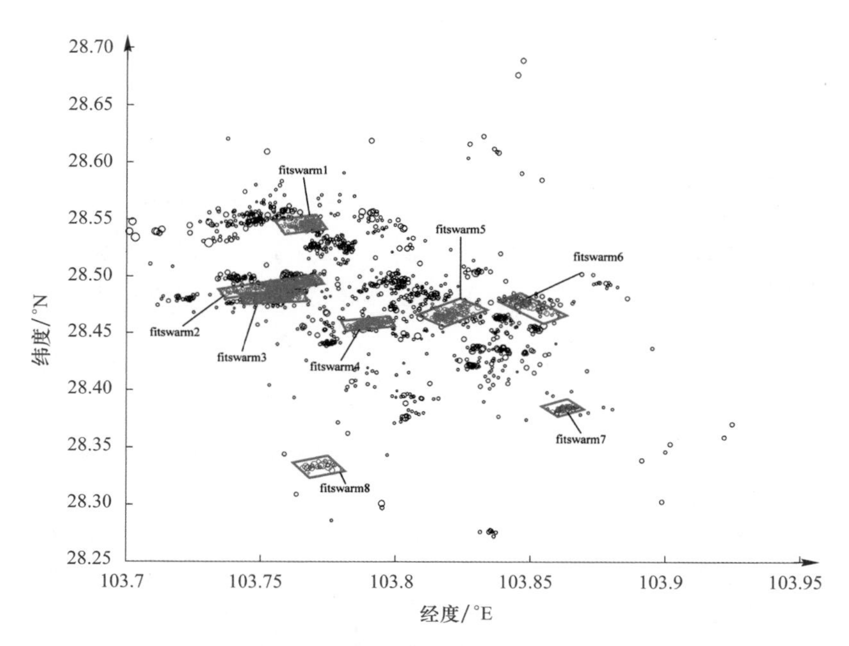

图 4.9 向家坝库尾区参与断层拟合的微震活动分布

(○：XB_C 区地震分布；▱：进行了断层拟合的 8 个地震丛集区；fitswarm1：用于断层参数拟合的震群 1，以此类推)

Figure 4.9 Distribution of microseismic activity for fault fitting in Xiangjiaba reservoir tail area

(○：the earthquakes distribution in the XB_C area；▱：the 8 earthquake cluster areas for fault fitting；fitswarm1：swarm 1 for fault parameter fitting，and so on)

表 4.2 震源微断层顶点坐标

Table 4.2 Coordinates of source micro-fault apex

fitswarm1 震源微断层 4 个顶点坐标			fitswarm2 震源微断层 4 个顶点坐标		
纬度/°N	经度/°E	深度/km	纬度/°N	经度/°E	深度/km
28.5514	103.7695	2.4480	28.4859	103.7404	2.4989
28.5519	103.7644	6.5931	28.4858	103.7405	6.6393
28.5409	103.7631	6.5931	28.4965	103.7698	6.6393
28.5404	103.7681	2.4480	28.4967	103.7698	2.4989

图 4.10 展示了震源分布与拟合断层在地表平面(a)、断层面(b)、断层横截面(c)上的关系，fitswarm1 震源断层拟合走向呈近南北向，与 NE－SW 向展布的震中分布并不一致，主要由于断层在呈一定倾角的情况下深度延伸长度较水平投影的断层尺度要大，其中 4.10(d)显示地震震源距拟合断层面的距离总体呈正态分布，地震基本都距断层面少于 0.5km，但 4.10(d)中还存在明显的 3 丛不连续高值分布，这可能表明这一震源断层还可以进一步划分成尺度更加细小，但尺度已超过定位精度，在此不再做更加细化的震源断层拟合。

采用最小二乘法对 fitswarm2 震源微断层进行拟合，拟合得到的参数为：走向 67.4°

（标准差 0.82°），倾角 89.7°（标准差 0.66°），断层面四个顶点位置在表 4.3 中给出。

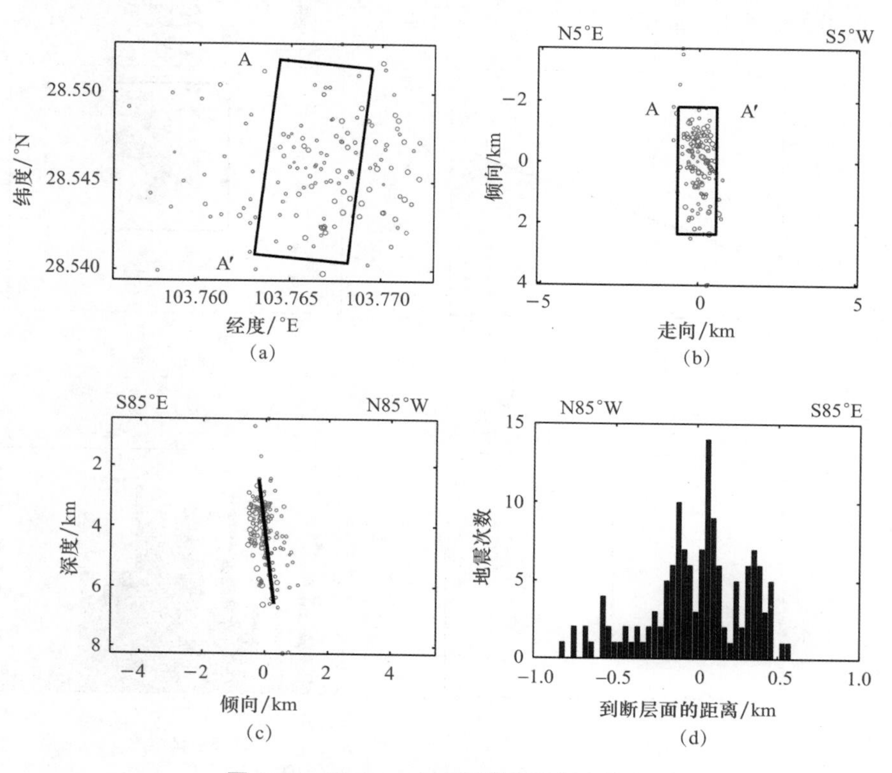

图 4.10　fitswarm1 震源微断层拟合结果

（说明：精确定位地震在水平面(a)、断层面(b)、垂直于断层面的横截面(c)上的投影分布；(d)小震距断层面的距离统计分布；(a)、(b)、(c)中的黑色粗线为拟合断层面的边界；AA′为拟合断层面上边界端点；图 4.11 ~ 图 4.17 与本图注释相同）

Figure 4.10　Fitting results of micro-fault with the fitswarm1

(Note: 1 The projection distribution of precisely located earthquakes on the horizontal plane(a), fault plane(b) and cross section perpendicular to the fault plane(c); (d) the statistical distribution of the distance between small earthquakes and fault planes. The black thick lines in(a), (b) and(c) are the boundary of the fitting fault plane. AA′ is the end point of the boundary of the fitting fault plane; Figure 4.11 ~ 4.17 are the same as the annotations of this drawing)

表 4.3　震源微断层顶点坐标

Table 4.3　Coordinates of source micro-fault apex

fitswarm3 震源微断层 4 个顶点坐标			fitswarm4 震源微断层 4 个顶点坐标		
纬度/°N	经度/°E	深度/km	纬度/°N	经度/°E	深度/km
28.4832	103.7639	2.0402	28.4570	103.7826	1.6845
28.4847	103.7634	8.3028	28.4543	103.7841	4.3765
28.4797	103.7444	8.3028	28.4601	103.7981	4.3765
28.4782	103.7450	2.0402	28.4628	103.7966	1.6845

图 4.11 展示了震源分布与拟合断层在地表平面(a)、断层面(b)、断层横截面(c)上

的关系，断层呈 NE - SW 走向由 3km 近垂直向下延伸至 7km 左右，4.11(d)中地震震源距拟合断层面的距离在 0.5km 内，其中绝大多数地震都与断层面十分接近，呈正态分布。

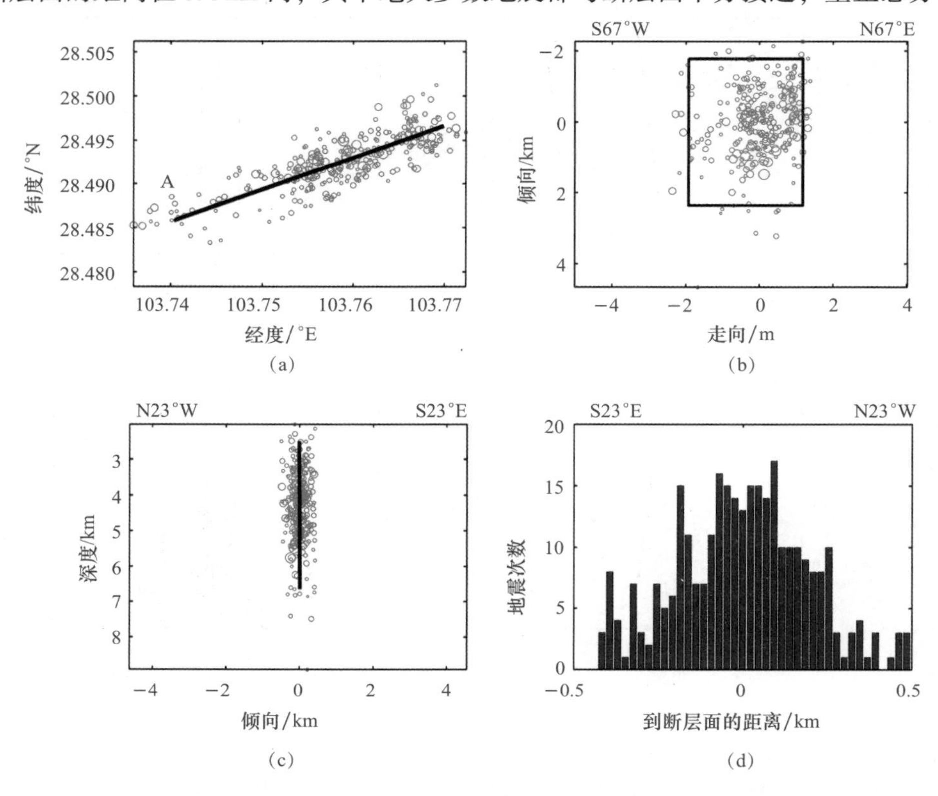

图 4.11 fitswarm2 震源断层拟合结果(注释同图 4.10)

Figure 4.11 Fault fitting results with the fitswarm2(annotations same as Figure 4.10)

采用最小二乘法对 fitswarm3 震源断层进行拟合，得到的参数为：走向 253.3°(标准差 1.6°)，倾角 88.4°(标准差 0.51°)，断层面四个顶点在表 4.3 中给出。图 4.12 展示了震源分布与拟合断层在地表平面(a)、断层面(b)、断层横截面(c)上的关系，断层呈 NE - SW 走向由 2km 近垂直向下延伸至 8km 左右，4.12(d)中地震震源距拟合断层面的距离在 0.5km 内，其中绝大多数地震都与断层面十分接近，呈正态分布。

采用最小二乘法对 fitswarm4 震源断层进行拟合，得到的参数为：走向 64.8°(标准差 1.9°)，倾角 82.9°(标准差 1.0°)，断层面四个顶点在表 4.4 中给出。图 4.13 展示了震源分布与拟合断层在地表平面(a)、断层面(b)、断层横截面(c)上的关系，断层呈 NE - SW 走向由 1.5km 高角度向下延伸至 4.5km 左右，4.13(d)中地震震源距拟合断层面的距离在 0.5km 内，其中绝大多数地震都与断层面十分接近，呈正态分布。

采用最小二乘法对 fitswarm5 震源断层进行拟合，得到的参数为：走向 212.8°(标准差 2.9°)、倾角 88.6°(标准差 1.1°)，断层面四个顶点位置在表 4.4 中给出。图 4.14 展示了震源分布与拟合断层在地表平面(a)、断层面(b)、断层横截面(c)上的关系，断层呈 NE - SW 向由 1.5km 近垂直向下延伸至 7.5km 左右，4.14(d)中地震震源距拟合断层面的距离在 0.5km 内，其中绝大多数地震都与断层面十分接近，呈正态分布。

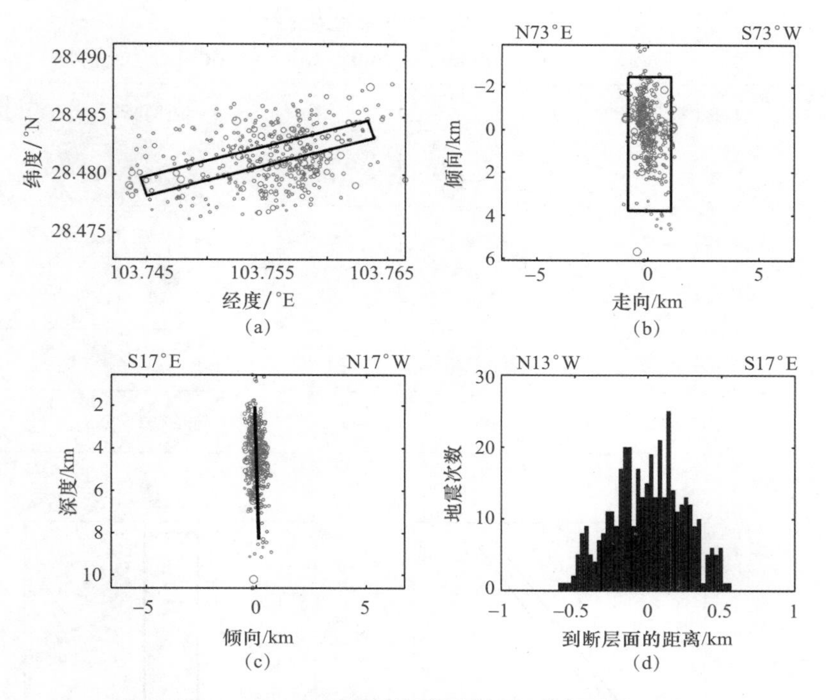

图 4.12　fitswarm3 震源断层拟合结果(注释同图 4.10)

Figure 4.12　Fault fitting results with the fitswarm3 (annotations same as Figure 4.10)

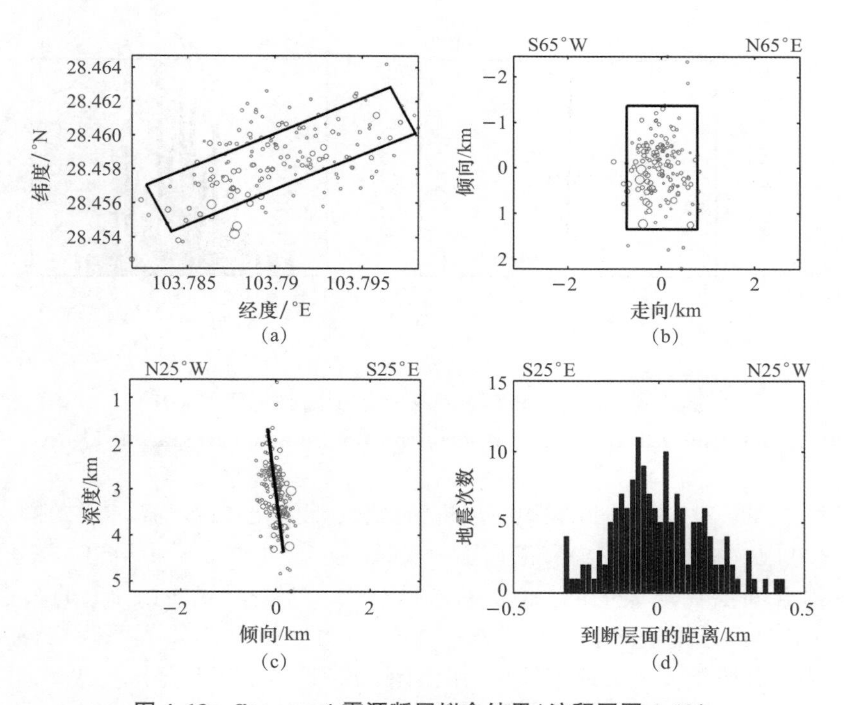

图 4.13　fitswarm4 震源断层拟合结果(注释同图 4.10)

Figure 4.13　Fault fitting results with the fitswarm4 (annotations same as Figure 4.10)

表 4. 4 震源微断层顶点坐标

Table 4. 4 Coordinates of source micro-fault apex

fitswarm5 震源微断层 4 个顶点坐标			fitswarm6 震源微断层 4 个顶点坐标		
纬度/°N	经度/°E	深度/km	纬度/°N	经度/°E	深度/km
28. 4753	103. 8275	1. 1069	28. 4814	103. 8420	0. 7212
28. 4760	103. 8262	7. 3874	28. 4812	103. 8417	7. 5345
28. 4614	103. 8155	7. 3874	28. 4667	103. 8585	7. 5345
28. 4607	103. 8168	1. 1069	28. 4670	103. 8588	0. 7212

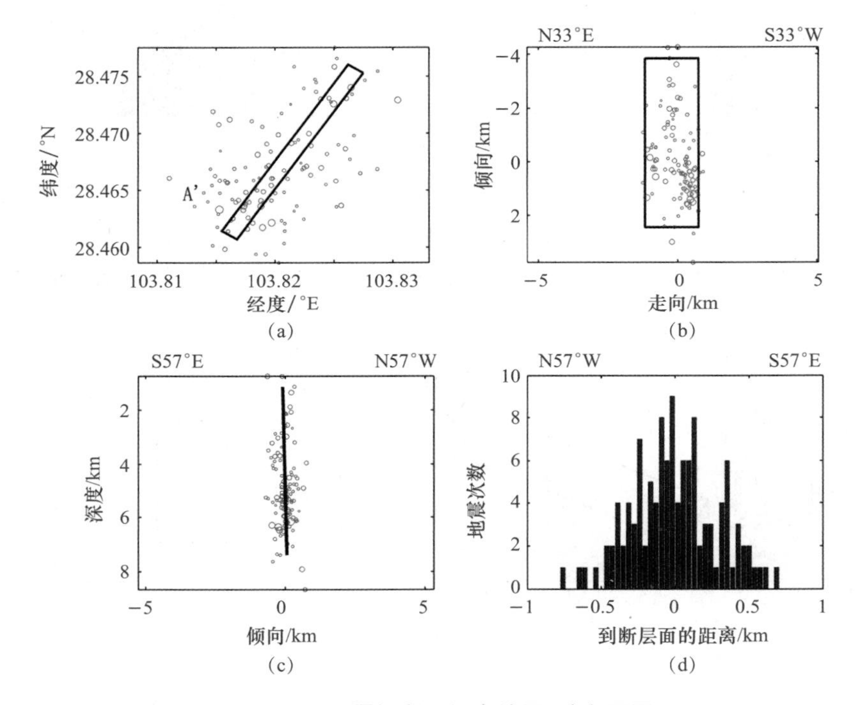

图 4. 14 fitswarm5 震源断层拟合结果(注释同图 4. 10)

Figure 4. 14 Fault fitting results with the fitswarm5 (annotations same as Figure 4. 10)

采用最小二乘法对 fitswarm6 震源断层进行拟合，得到的参数为：走向 134. 4°(标准差 2. 4°)、倾角 89. 6°(标准差 1. 1°)，断层面四个顶点位置在表 4. 4 中给出。图 4. 15 展示了震源分布与拟合断层在地表平面(a)、断层面(b)、断层横截面(c)上的关系，断层呈 NW－SE向由 1. 5km 近垂直向下延伸至 8km 左右，4. 15(d)中地震震源距拟合断层面的距离在 0. 5km 内，其中绝大多数地震都与断层面十分接近，呈正态分布。

采用最小二乘法对 fitswarm7 震源断层进行拟合，得到的参数为：走向 54. 9°(标准差 5. 6°)。倾角 88. 9°(标准差 1. 3°)，断层面四个顶点位置在表 4. 5 中给出。

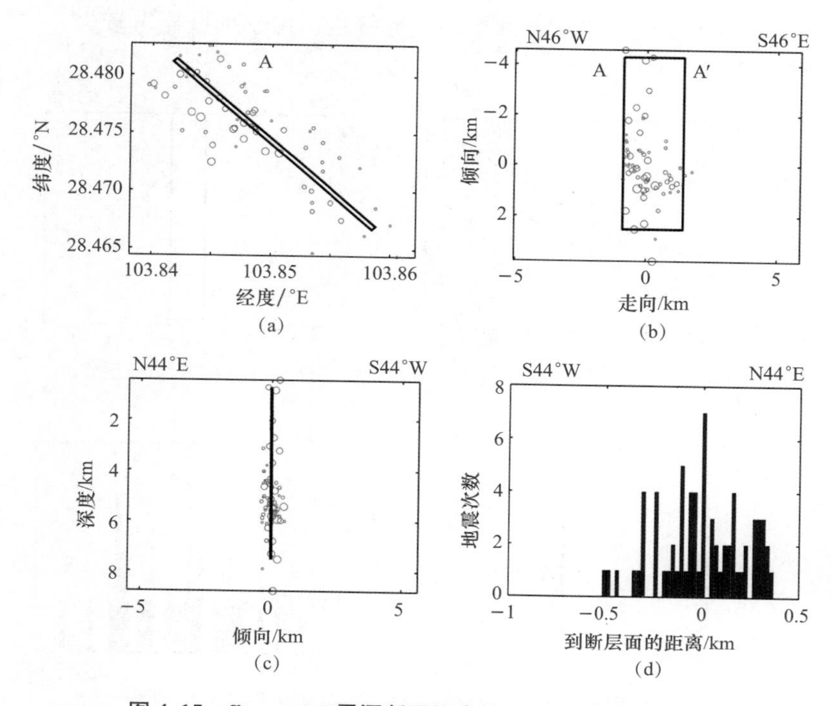

图 4.15　fitswarm6 震源断层拟合结果(注释同图 4.10)

Figure 4.15　Fault fitting results with the fitswarm6(annotations same as Figure 4.10)

表 4.5　震源微断层顶点坐标

Table 4.5　Coordinates of source micro-fault apex

fitswarm7 震源微断层 4 个顶点坐标			fitswarm8 震源微断层 4 个顶点坐标		
纬度/°N	经度/°E	深度/km	纬度/°N	经度/°E	深度/km
28.3819	103.8576	0.6471	28.3347	103.7776	1.3545
28.3811	103.8583	6.8906	28.3371	103.7761	3.6290
28.3864	103.8669	6.8906	28.3319	103.7655	3.6290
28.3872	103.8662	0.6471	28.3295	103.7671	1.3545

图 4.16 展示了震源分布与拟合断层在地表平面(a)、断层面(b)、断层横截面(c)上的关系，断层呈 NE－SW 走向由 1km 近垂直向下延伸至 7km 左右，图 4.16(d)中地震震源距拟合断层面的距离在 0.4km 内，其中绝大多数地震都与断层面十分接近，由于地震样本较少，并未表现出明显的正态分布特征。

采用最小乘法对 fitswarm8 震源断层进行乘拟合，得到的参数为：走向 240.7°(标准差 8.6°)、倾角 82.3°(标准差 5.2°)，断层面四个顶点位置在表 4.5 中给出。图 4.17 展示了震源分布与拟合断层在地表平面(a)、断层面(b)、断层横截面(c)上的关系，断层呈 NE－SW向由 1km 近垂直向下延伸至 4km 左右，4.17(d)中地震震源距拟合断层面的距离在0.5km内，其中绝大多数地震都与断层面十分接近，由于地震样本较少，故并未表现出明显的正态分布特征。

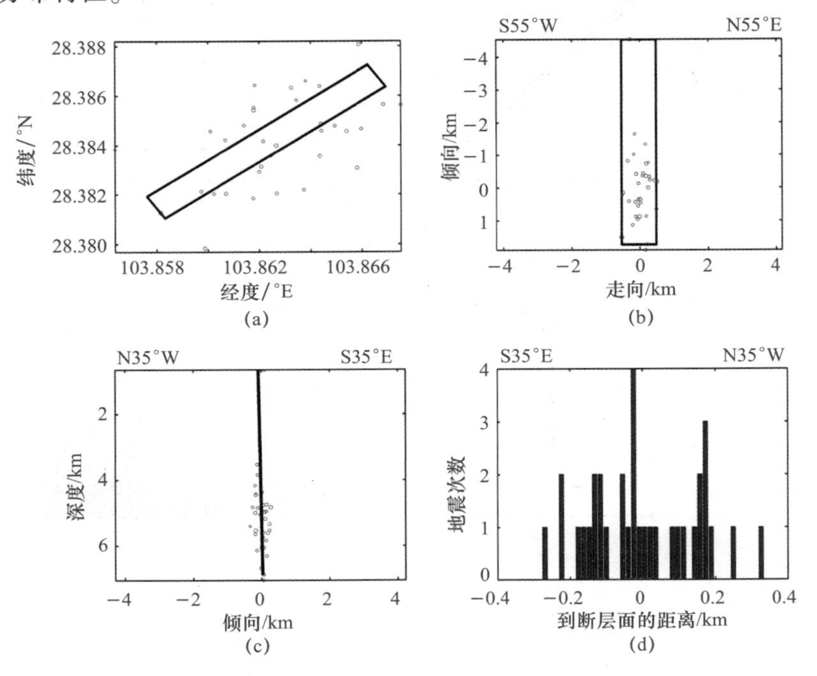

图4.16 fitswarm7震源断层拟合结果(注释同图4.10)

Figure 4.16 Fault fitting results with the fitswarm7 (annotations same as Figure 4.10)

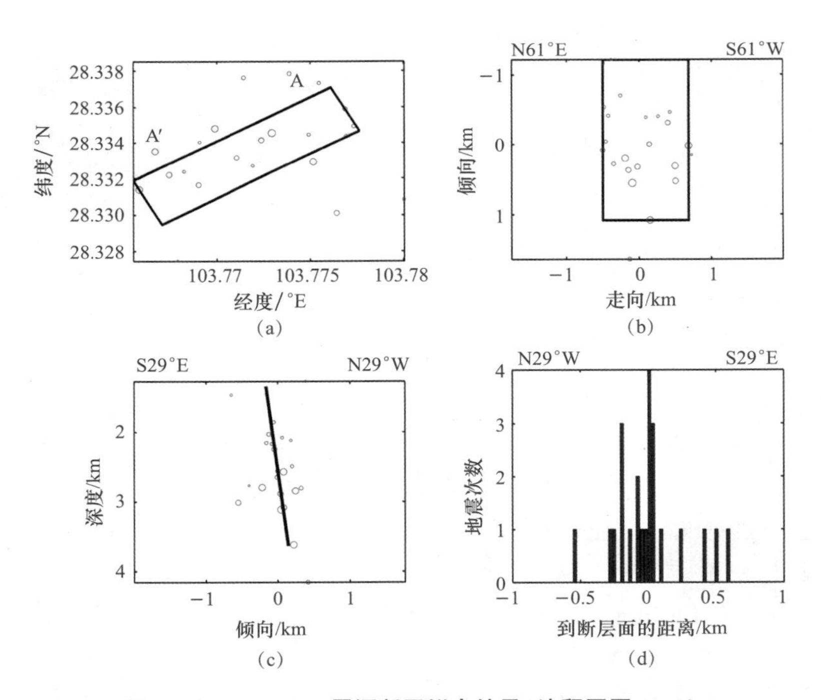

图4.17 fitswarm8震源断层拟合结果(注释同图4.10)

Figure 4.17 Fault fitting results with the fitswarm8 (annotations same as Figure 4.10)

4.3 溪洛渡库区地震精定位与微构造

4.3.1 蓄水前期中小地震活动

经过双差定位，我们获得了12405次地震的精确定位结果，平均定位误差在东西、南北、垂直方向上分别为21m、20m、27m，定位后地震分布更加趋于集中(图4.18(a))，而地震深度主要集中分布在2～9km，这一深度范围内地震数占该区域双差定位后地震总数的88%，其中3～5km深度地震最多，达5493次，占44.3%(图4.18(b))。溪洛渡水库库区延伸距离较长，从整个溪洛渡水库库区地震的分布可以看出，地震活动大体可分为3个区域，即库首的XD_A区，库中的XD_B区以及库尾的XD_C区(图4.18(a))，3个区域内地震震中距水库蓄水区均小于或等于10km。

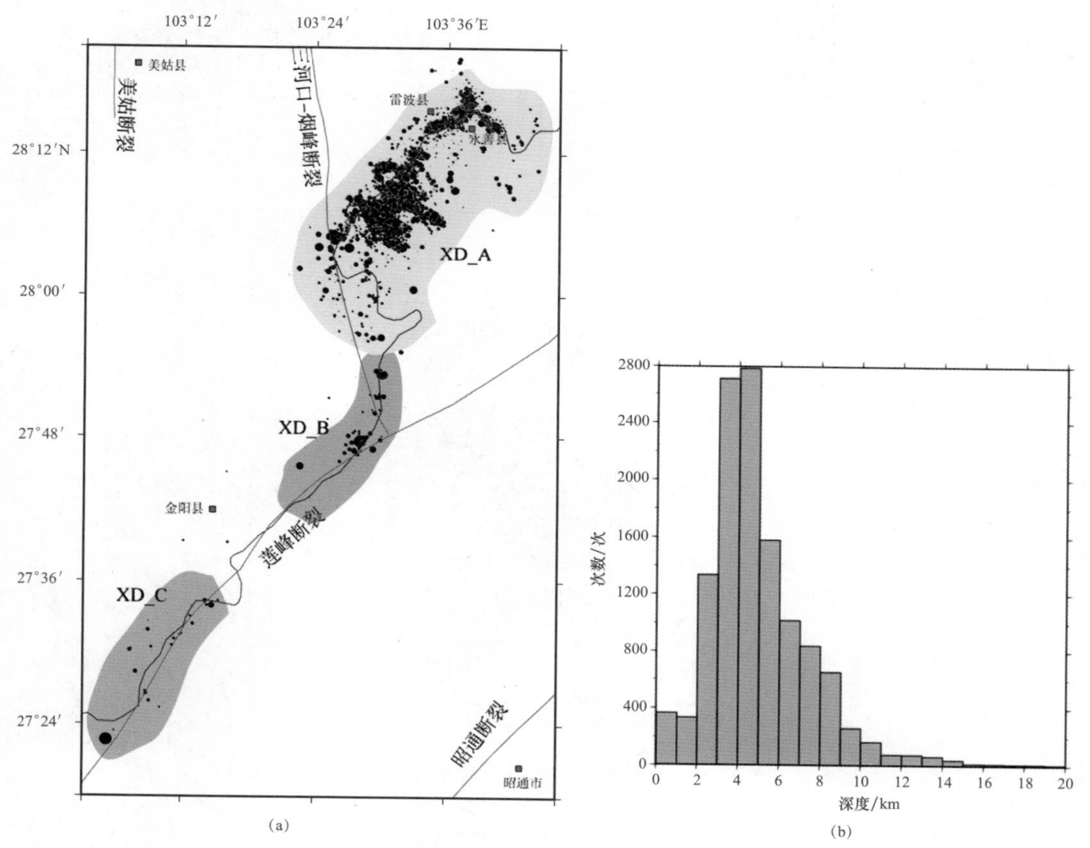

图4.18 精确定位后溪洛渡水库库区地震分布及深度统计

(●：地震震中；★：水库大坝；■：主要县名；—：主要断裂；〜：金沙江；⬢：库首地震活动区；⬢：库中地震活动区；⬢：库尾地震活动区)

Figure 4.18 Earthquake distribution and depth statistics of Xiluodu reservoir area after precise location

(●: earthquake epicenter; ★: reservoir dam; ■: main county name; —: main fault; 〜: Jinsha River; ⬢: seismic activity area in the middle of reservoir; ⬢: seismic activity area at the end of reservoir)

从图 4. 18(a)可明显看出，XD_B 区和 XD_C 区的地震远远少于 XD_A 区的地震，下面将重点讨论 XD_A 区的地震活动空间特征。图 4. 19 所示为 XD_A 区地震震中分布，为了更细致地观察丛集地震分布特征，我们将其分为两个部分做放大处理。XD_A 区内地震成丛分布特征十分明显，根据地震平面分布特征，我们将其又划分为 5 个震群，分别为 s1、s2、s3、s4、s5，如图 4. 19 中虚线所包围的区域。

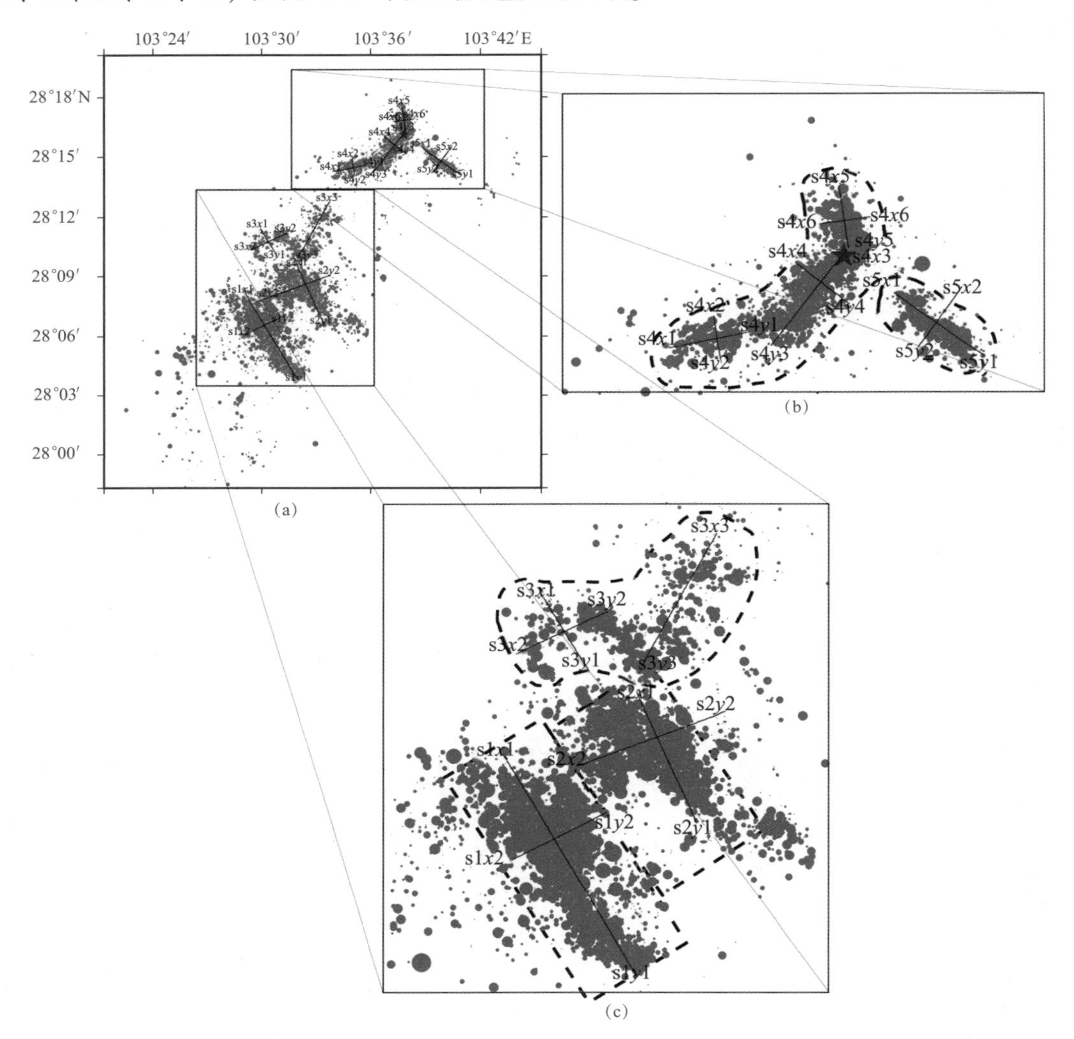

图 4. 19　XD_A 区地震震中分布及深度剖面在地面的投影位置

（说明：图(b)和图(a)分别为两个放大处理的地震分布；虚线区域分别为 s1、s2、s3、s4、s5 五个震群；地震震群上的实心黑线为地震剖面在平面上的投影位置，s1x1 表示震群 1 的第 1 个剖面的 x 端，以此类推；实心五角星为水库大坝位置）

Figure 4. 19　Epicenter distribution and projection position of depth profile on the ground in the XD_A area

(Nate: (a) and (b) are the enlarged image of the earthquakes distribution; the dotted areas are s1, s2, s3, s4, s5 five earthquake swarms; the solid black line on the swarm is the projection position of the earthquake profile, s1x1 represents the x-end of the first section of swarm 1, and so on; the solid five pointed star is the location of the reservoir dam)

对于每个震群，我们分别将其地震在不同的方向上作深度剖面投影，得到 5 个震群的地震的深度分布特征(图 4. 20 ~ 图 4. 24)。

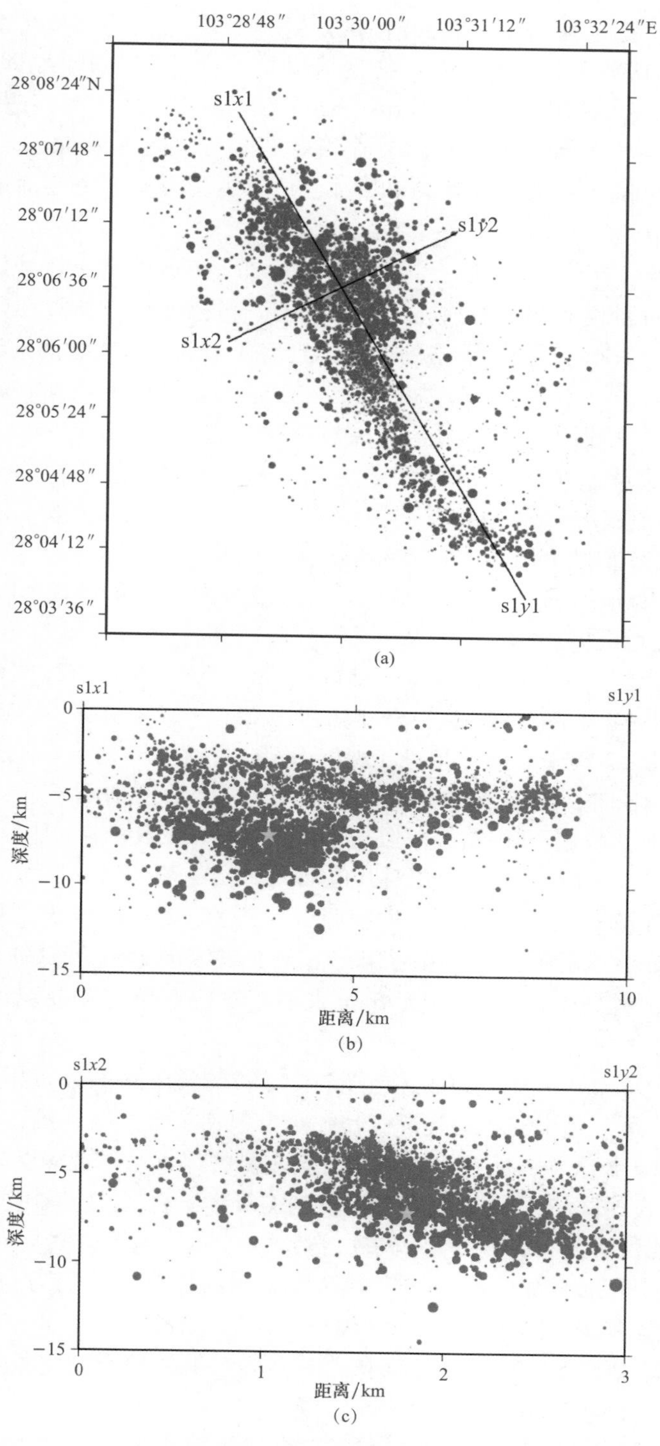

图 4.20 震群 s1 震中分布及深度剖面投影

（●：地震；★：5.0 级以上地震）

Figure 4.20 Epicenter distribution and depth profile projection of the s1 earthquake swarm

（●：earthquake；★：above *M*5.0 earthquake）

图4.20给出了震群s1震中分布和沿NE–SW、NW–SE两个相互正交的方向上深度剖面投影。s1震群从平面上看沿NW–SE为长轴的方向分布，NW端即图中s1x1端紧邻溪洛渡水库蓄水区域。该震群包含了2014年8月17日5.0级地震，地震活动水平较高。根据震群地震的平面分布特征，我们将其在投影至s1x1–s1y1和s1x2–s1y2两个分别沿长轴和短轴方向的剖面上。图4.20(b)和图4.20(c)为投影至两个剖面地震深度分布，地震深度总体在3~10km范围内。

图4.20(b)为地震沿s1x1–s1y1剖面的深度分布，在该方向上，地震呈现出明显的分层特征，在4~5km深度有明显的地震稀少分隔层。包括5.0级地震在内的震级较大的地震分布在6~10km范围内，即分隔层的下部，且表现出从两端向中间逐渐变深的楔形，楔形左右延伸约3km，5.0级地震深度为7km，位于这一楔形区的中部。而位于分隔层上部地震呈层状分布，平均层厚为2km。值得注意的是，这一层状地震有从s1x1端向s1y1端逐渐变深的趋势，即从NW向SE逐渐变深，而NW端紧邻溪洛渡水库的蓄水区。

图4.20(c)为地震沿s1x2–s1y2剖面的深度分布，该方向为震群分布的短轴方向，地震沿该剖面的深度分布显示出从s1x2端向s1y2端逐渐变深的特征，即SW向NE逐渐变深，结合图4.20(b)地震深度分布，震群s1在深度分布上整体呈现NW向SE缓慢变深、在SW向NE快速变深的特点。

图4.21所示为震群s2的震中分布和投影到SW–NE、NW–SE两个深度剖面的深度分布。其中，s2x1–s2y1剖面为NW–SE向剖面，s2x2–s2y2剖面为SW–NE向剖面。图4.21(a)所示为震群s2震中平面分布，与震群s1类似，震群s2的长轴方向为NW–SE向，短轴方向为SW–NE向。图4.21(b)和图.21(c)的两个深度剖面显示s2震群地震深度在0~6km范围内，总体较震群s1略浅。震群中最大地震为2014年4月5日5.3级地震，该地震深度在6km左右，在s2震群中相对其他地震深度较深。

图4.21(b)为s2x1–s2y1剖面，明显地，地震在s2x1端极浅，几乎接近地表，向s2y1延伸大约1km后地震深度逐渐变为3km左右，继续向s2y1端延伸，地震深度继续变深，但变深速度明显减缓，最终延伸至6km左右。这一现象与震群s1有相似，且变化更为明显。

图4.21(c)下为s2x2–s2y2剖面，与图4.21(a)的震中平面分布相对应，地震在短轴方向的投影表现为两个更小的丛集震群，其中一个包括了5.3级地震，且5.3级地震在该丛集震群的底部。5.3级地震所在小震群相对于左侧的邻近小震群深度略深。

图4.22所示为震群s3的震中分布和深度剖面投影，震群s3震中分布与s1、s2不同，没有沿某一方向的优势分布，而是呈现多次弯折的分布。为此，我们对s3震群中不同区段的地震分布特征分别做深度剖面投影，深度剖面共三个，分别为s3x1–s3y1、s3x2–s3y2、s3x3–s3y3。其中，s3x1–s3y1呈NW–SE向，s3x2–s3y2呈SW–NE向，主要将s3震群西侧的地震投影至上述两个剖面上；s3震群东侧的地震则将投影至s3x3–s3y3剖面上。

图4.22(c)、图4.22(d)和图4.22(b)三个地震深度剖面分别对应了图4.22(a)的s3x1–s3y1、s3x2–s3y2、s3x3–s3y3三个剖面。震群s3的地震深度总体上较浅，基本都分布在3~5km的薄层内，且无明显倾向。

图4.23所示为震群s4的震中分布及其在深度剖面上的投影。从震中分布可以看出，

震群 s4 可分为三段，即呈近南北向展布的东段，呈 SW－NE 向展布的中段、呈近东西向展布的西段。根据三段的展布特征，我们分别将三段地震投影于六个深度剖面上，每一段地震都分别投影到沿地震分布的长轴和短轴两个剖面上。其中，西段地震投影至 s4*x*1－s4*y*1 和 s4*x*2－s4*y*2 两个剖面上，中段地震投影至 s4*x*3－s4*y*3 和 s4*x*4－s4*y*4 两个剖面上，东段地震投影至 s4*x*5－s4*y*5 和 s4*x*6－s4*y*6 两个剖面上。

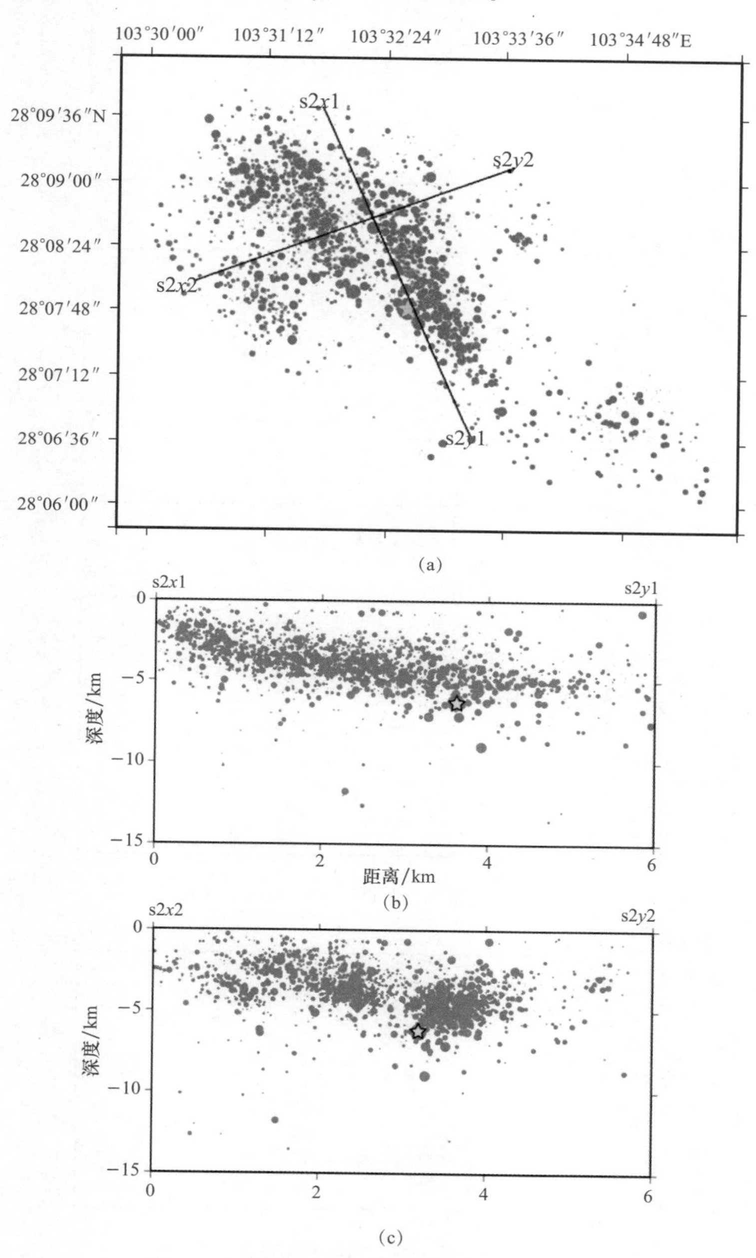

图 4.21　震群 s2 震中分布及深度剖面投影

Figure 4.21　Epicenter distribution and depth profile projection of the s2 earthquake swarm

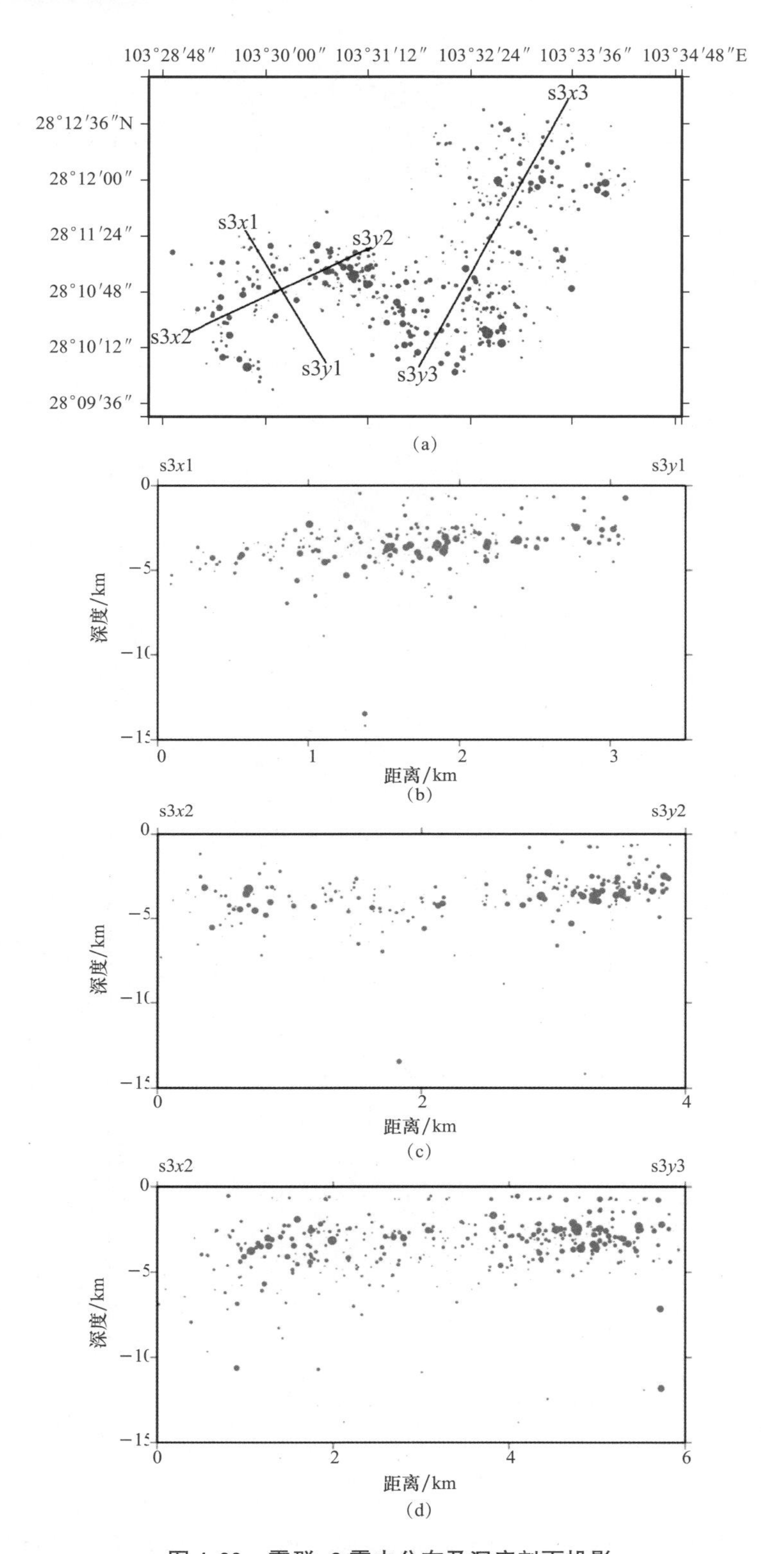

图 4.22 震群 s3 震中分布及深度剖面投影

Figure 4.22 Epicenter distribution and depth profile projection of the s3 earthquake swarm

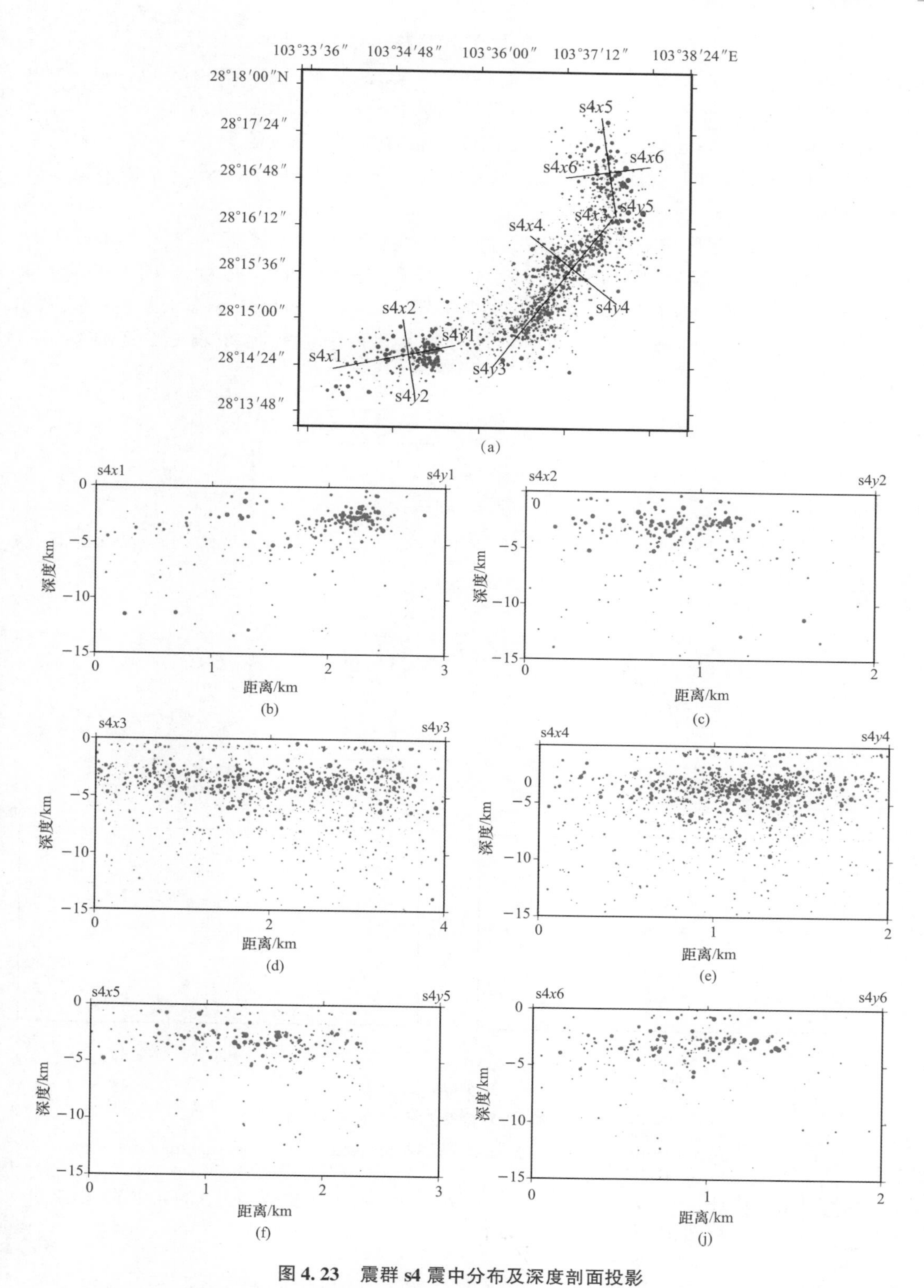

图 4.23　震群 s4 震中分布及深度剖面投影

Figure 4.23　Epicenter distribution and depth profile projection of the s4 earthquake swarm

总体上，六个深度剖面呈现地震基本都在小于5km 深度范围内。其中，西段的 s4*x*1 – s4*y*1 和 s4*x*2 – s4*y*2 剖面内地震深度较为集中在 2 ~ 3km；中段的 s4*x*3 – s4*y*3 和 s4*x*4 – s4*y*4 剖面内，地震相对分布较散，在 0 ~ 15km 范围内都有分布，但依然存在明显的 3 ~ 5km 深度的密集层状分布，且在层状分布中的地震震级相对较大；东段的 s4*x*5 – s4*y*5 和 s4*x*6 – s4*y*6 剖面内，地震分布与西段类似，较为集中于 3 ~ 4km 范围内。六个深度剖面内地震呈平行于地面的平层分布，没有明显倾向。

图 4. 24 所示为震群 s5 的震中分布及其在深度剖面上的投影，震群 s5 震中分布在平面上明显呈 NW – SE 向展布，即 NW – SE 向为震群分布的长轴方向、NE – SW 向为震群分布的短轴方向。根据震中分布特征，我们将地震投影至 s5*x*1 – s5*y*1 和 s5*x*2 – s5*y*2 两个深度剖面上。与震群 s3、s4 相同，震群 s5 在深度分布上呈平行地面的层状分布，地震深度基本在 3 ~ 5km 范围内，且没有明显倾向。

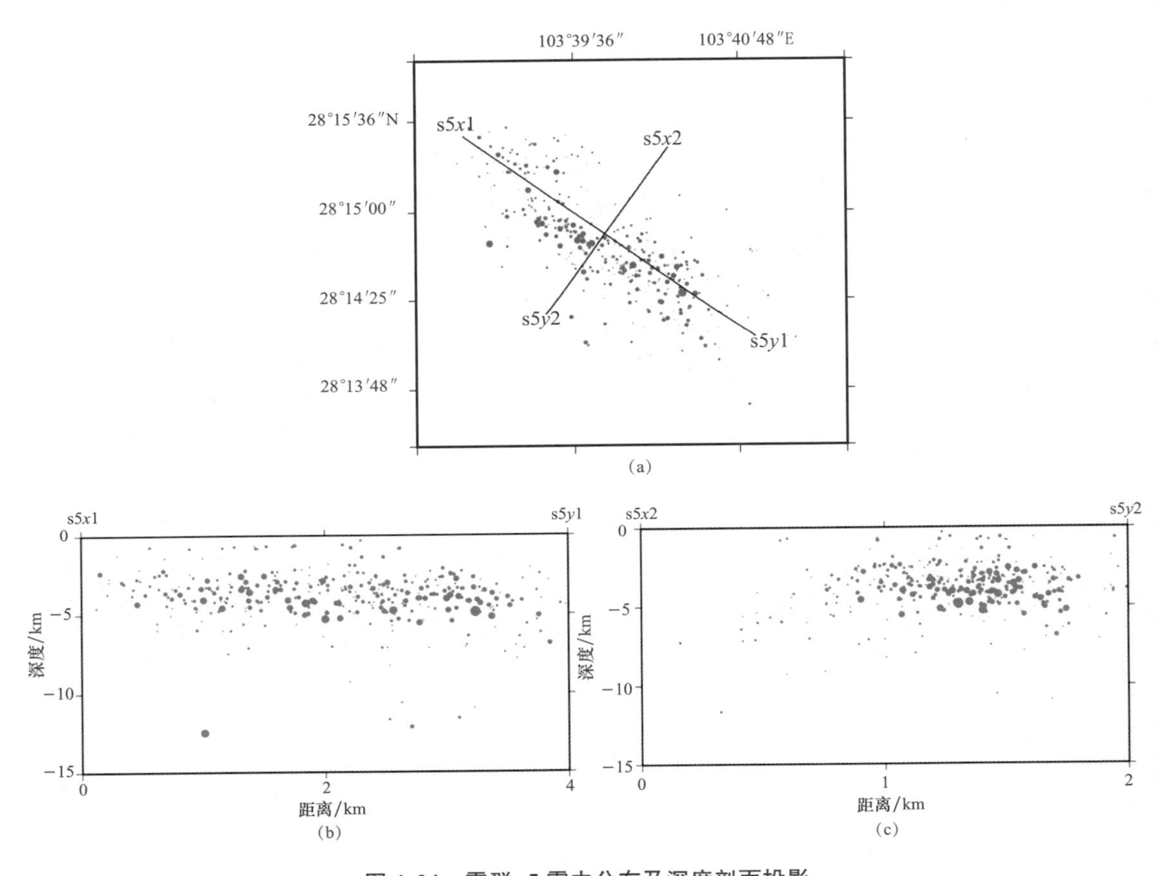

图 4. 24 震群 s5 震中分布及深度剖面投影

Figure 4. 24 Epicenter distribution and depth profile projection of the s5 earthquake swarm

溪洛渡水库设计正常蓄水位为 600m，死水位为 540m；2012 年 10 月—2015 年 7 月，水库上游水位变化如图 4. 25 所示。

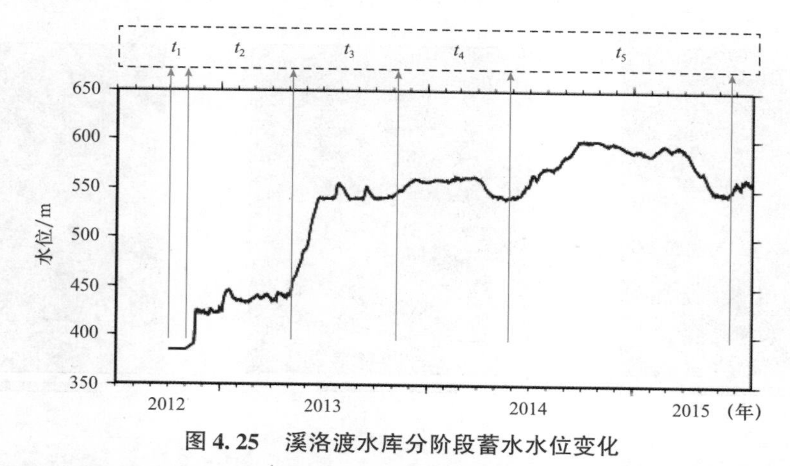

图 4.25 溪洛渡水库分阶段蓄水水位变化

Figure 4.25 Water level changes of Xiluodu reservoir at different storage stages

根据蓄水的不同阶段分析库区附近地震活动的特征。溪洛渡地震精确定位后，地震数据时间段为 2012 年 10 月—2015 年 7 月，在该时间段内水库蓄水大体上可划分为五个时段。2012 年 10 月 1 日—2012 年 11 月 1 日，为水库蓄水前金沙江正常水位，我们定义为 t_1 时段；2012 年 11 月 1 日至—2013 年 5 月 4 日(导流洞下闸蓄水)，水位上升至 440m，我们定义为 t_2 时段；2013 年 5 月 4 日—2013 年 11 月 1 日，这一阶段水位上升至死水位 540m，我们定义为 t_3 时段；2013 年 11 月 1 日—2014 年 5 月 19 日，水库蓄水完成至 560m 后回到 540m 死水位，我们定义为 t_4 时段；2014 年 5 月 19 日—2015 年 6 月 14 日，水库完成第一次完整的蓄放水过程，即从死水位 540m 蓄至正常水位 600m 后再放水回到死水位，我们定义为 t_5 时段。

鉴于溪洛渡库区地震活动几乎都集中于图 4.18 中的 XD_A 区，在进行地震活动随蓄水时间演化的分析中仅对 XD_A 开展。图 4.26 显示了 XD_A 区地震活动在五个蓄水阶段的震中分布。

t_1 时段(2012 年 10 月 1 日—2012 年 11 月 1 日)共计 31 天，水库尚未蓄水，精确定位结果显示地震次数为 7 次，日均 0.14 次，最大地震为 1.5 级，地震活动水平较弱。图 4.26(a)为 t_1 时段地震活动分布，从地震震中分布看，整个 XD_A 区域内仅有水库库坝上游附近有微震活动，地震深度基本都在 3km 以内。

t_2 时段(2012 年 11 月 1 日—2013 年 5 月 4 日)共计 184 天，水库导流洞下闸蓄水至 440m，精确定位结果显示地震次数为 44 次，日均 0.24 次，最大地震 1.6 级，地震活动水平较弱。图 4.26(b)为 t_2 时段地震活动分布，从地震震中分布看，延续了 t_1 时段的活动特征，即仅在水库库坝上游附近有微震活动，地震深度有所加深，在 5km 以内。

t_3 时段(2013 年 5 月 4 日—2013 年 11 月 1 日)共计 181 天，水库正式开始一阶段蓄水，水位上升至死水位 540m，精确定位结果显示地震次数为 2543 次，日均 14.05 次，最大地震 3.0 级，地震活动水平较前两个时段明显增强。图 4.26(c)为 t_3 时段地震活动分布，从地震震中分布看，金沙江两岸的地震活动显著增强，且地震深度均较浅；库坝附近的地震活动从平面分布范围，深度范围，地震密度，地震大小等方面都较 t_1、t_2 时段明显增加；此外在 t_3 时段，图 4.26 中定义的 s1 震群也开始出现活动迹象，并呈现分布范围较小的 NW – SE 向条带展布。

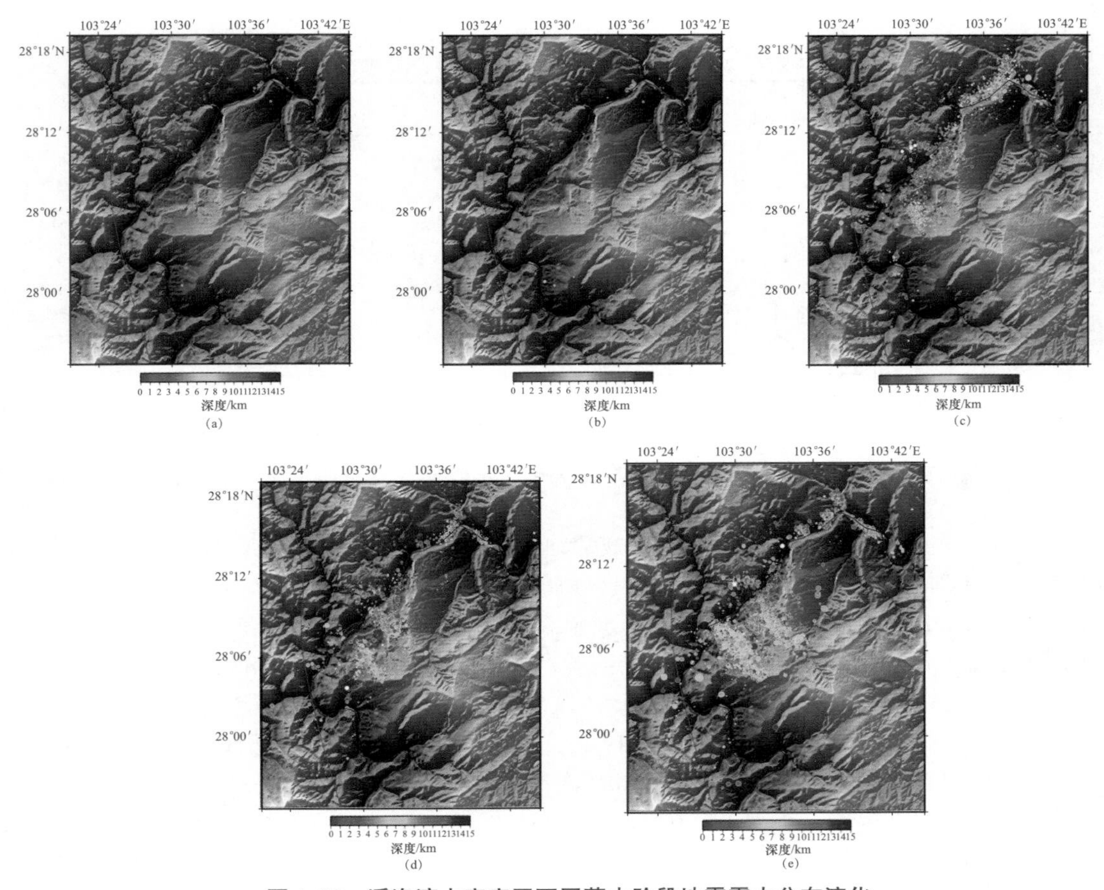

图 4.26　溪洛渡水库库区不同蓄水阶段地震震中分布演化

(a) t_1 时段内地震分布；(b) t_2 时段内地震分布；(c) t_3 时段内地震分布；
(d) t_4 时段内地震分布；(e) t_5 时段内地震分布
说明：不同颜色实心圆表示不同深度地震震中；★为大坝位置；～为金沙江；—为三河口—烟峰断裂）

Figure 4.26　Distribution and evolution of earthquake epicenter in different water storage stages in Xiluodu reservoir Area

(a) Earthquakes distribution in t_1 period; (b) Earthquakes distribution in t_2 period; (c) Earthquakes distribution in t_3 period;
(d) Earthquakes distribution in t_4 period; (e) Earthquake distribution in t_5 period;
(Note: Different color solid circles indicate epicenter of earthquakes at different depths;
★dam location; ～ Jinshajiang; — Sanhekou-Yanfeng fault)

t_4 时段(2013 年 11 月 1 日—2014 年 5 月 19 日)共计 199 天，水库正式开始二阶段蓄水，水位从死水位 540m 上升至 560m 再回到 540m，精确定位结果显示地震次数为 4166 次，日均 20.93 次，最大地震为 2014 年 4 月 5 日 5.3 级，地震活动频次和最大地震强度较前三个时段都明显增强。图 4.26(d)所示为 t_4 时段地震活动分布，从地震震中分布看，t_4 时段沿江两岸接近地表的微震事件明显减少，库坝附近丛集地震活动分布范围较 t_3 时段减小，但依然有明显地震活动；t_3 时段中出现的 s1 震群，在 t_4 时段内分布范围和地震震级继续扩大；此外，t_4 时段内出现了图 4.26 中定义的 s2 震群，且该震群 NW 端紧邻库水，SE 端则为震群内的最大的 5.3 级地震。

t_5 时段(2014 年 5 月 19 日—2015 年 6 月 14 日)共计 391 天，水库第一次完成完整的蓄放水过程，水位从死水位 540m 上升至正常蓄水位 600m 再回到死水位 540m，精确定位结果显示地震次数为 5326 次，日均 13.62 次，最大地震为 2014 年 8 月 17 日 5.0 级，地震活动频次较 t_3、t_4 时段略有减少，最大地震强度与 t_4 时段相当。图 4.26(e) 为 t_5 时段地震活动分布，从地震震中分布看，t_5 时段地震活动的主体是 t_3、t_4 时段出现的 s1、s2 震群，两个震群平面和深度覆盖区域明显扩大，地震平均震级强度也明显增大；库坝附近小震丛集区域继续有小震活动，其他区域地震活动变化不明显。

4.3.2　库首区Ⅰ～Ⅱ段中小震呈现微构造

溪洛渡水库库区附近的主要活动断裂包括莲峰断裂、三河口－烟峰断裂、玛瑙断裂、中都断裂、楔子坝断裂和关村断裂(邓起东等，2007)。水库库区附近多以中小地震为主，从地震震中分布与活动断裂的分布看，地震丛集的区域没有活动断裂的分布，即两者相关性不大，地震并未沿主要活动断裂发生。水库地震由于以中小地震活动为主，其发震构造通常不大，而比例尺较大的活动构造分布无法给出这些库区附近的微小活动断裂。在对库区地震进行精确定位后，可通过对地震位置的空间产状进行拟合，从而获取这些微小活动断裂的断裂参数，细化库区附近断裂构造资料。

图 4.27 所示为溪洛渡水库库首区(即图 4.18 中的 XD_A 区)精确定位后的震中分布，该区域是整个截至目前金沙江下游水库中地震最为活跃的区域，从中将 9 个地震分布成丛且形成明显条带展布的震群挑选出来，分别定义为 fitswarm1、fitswarm2、fitswarm3、fitswarm4、fitswarm5、fitswarm6、fitswarm7、fitswarm8、fitswarm9，进行震源断层拟合。

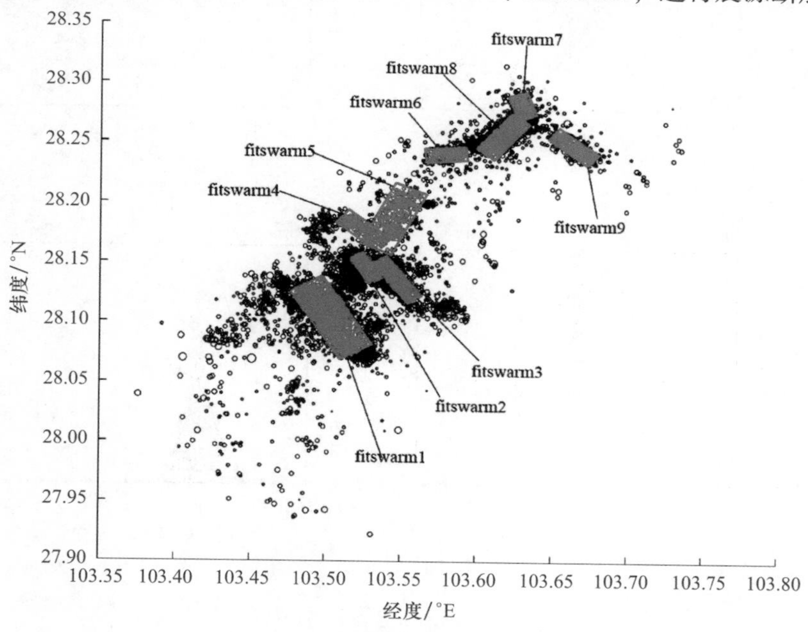

图 4.27　溪洛渡库首区参与断层拟合的地震分布

(○：XD_A 区地震分布，▇：进行了断层拟合的 9 个地震丛集区；fitswarm1 表示用于断层参数拟合的震群 1，以此类推)

Figure 4.27　Distribution of earthquakes for fault fitting in Xiluodu reservoir head area

(○：the earthquakes distribution in the XD_A area. ▇ 9 earthquake cluster areas for fault fitting；fitswarm1 represents swarm 1 for fault parameter fitting，and so on)

对于 fitswarm1，震源断层最小二乘拟合参数为：走向 330.2°(标准差 0.22°)，倾角 82.0°(标准差 0.16°)，断层面四个顶点位置在表 4.6 中给出。图 4.28 展示了震源分布与拟合断层在地表平面(a)、断层面(b)、断层横截面(c)上的关系，其中 4.28(d)显示地震震源距拟合断层面的距离呈正态分布，绝大多数地震都距断层面少于 1km，远小于断层面尺度。

表 4.6 震源微断层顶点坐标

Table 4.6 Coordinates of source micro-fault apex

fitswarm1 震源断层 4 个顶点			fitswarm2 震源断层 4 个顶点		
纬度/°N	经度/°E	深度/km	纬度/°N	经度/°E	深度/km
28.0785	103.5134	2.7984	28.2694	103.6276	0.6423
28.0827	103.5216	9.4184	28.2700	103.6266	12.7481
28.1283	103.4920	9.4184	28.2465	103.6079	12.7481
28.1242	103.4838	2.7984	28.2459	103.6088	0.6423

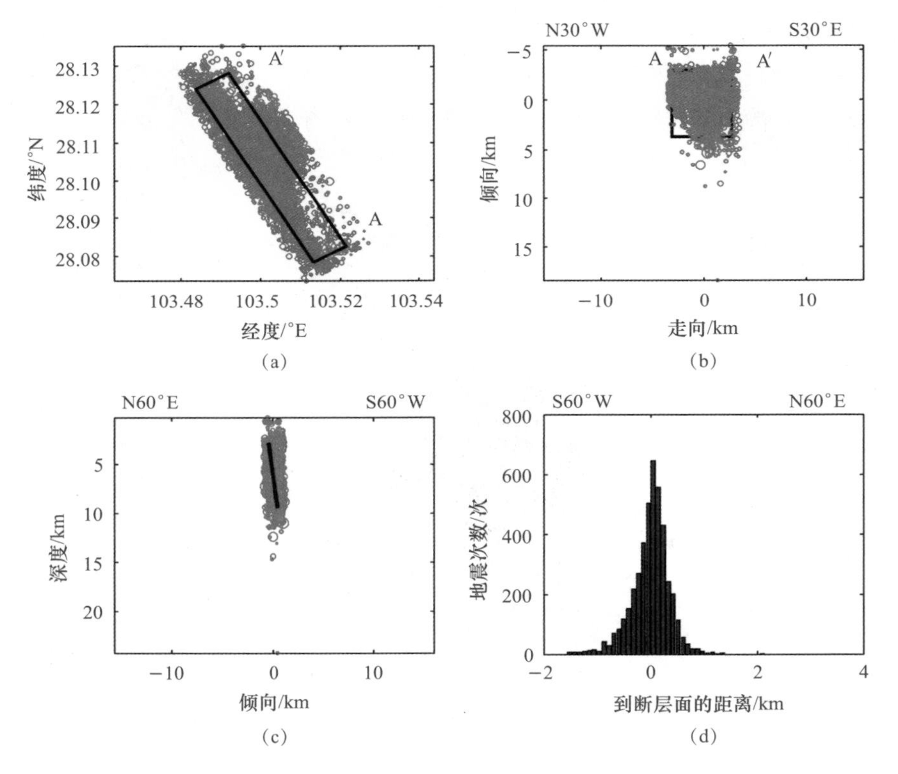

图 4.28 fitswarm1 震源断层拟合结果

(说明：(a)、(b)、(c)依次为精确定位地震在水平面(a)、断层面(b)、垂直于断层面的横截面(c)上的投影分布；(d)为小震距断层面的距离统计分布；(a)、(b)、(c)中的黑色粗线为拟合断层面的边界；AA′为拟合断层面上边界端点)

Figure 4.28 Fault fitting results with the fitswarm1

(Note: The projection distribution of precisely located earthquakes on the horizontal plane(a), fault plane(b) and cross section perpendicular to the fault plane(c); (d) the statistical distribution of the distance between small earthquakes and fault planes. The black thick lines in(a), (b) and(c) are the boundary of the fitting fault plane. AA′ is the end point of the boundary of the fitting fault plane)

对于 fitswarm2，震源断层最小二乘拟合参数为：走向 336.2°(标准差 0.61°)，倾角 88.7°(标准差 0.44°)；断层面四个顶点位置在表 4.6 中给出。图 4.29 展示了震源分布与拟合断层在地表平面(a)、断层面(b)、断层横截面(c)上的关系，其中 4.29(d)显示地震震源距拟合断层面的距离在 0.5km 内，其中绝大多数地震都与断层面十分接近。

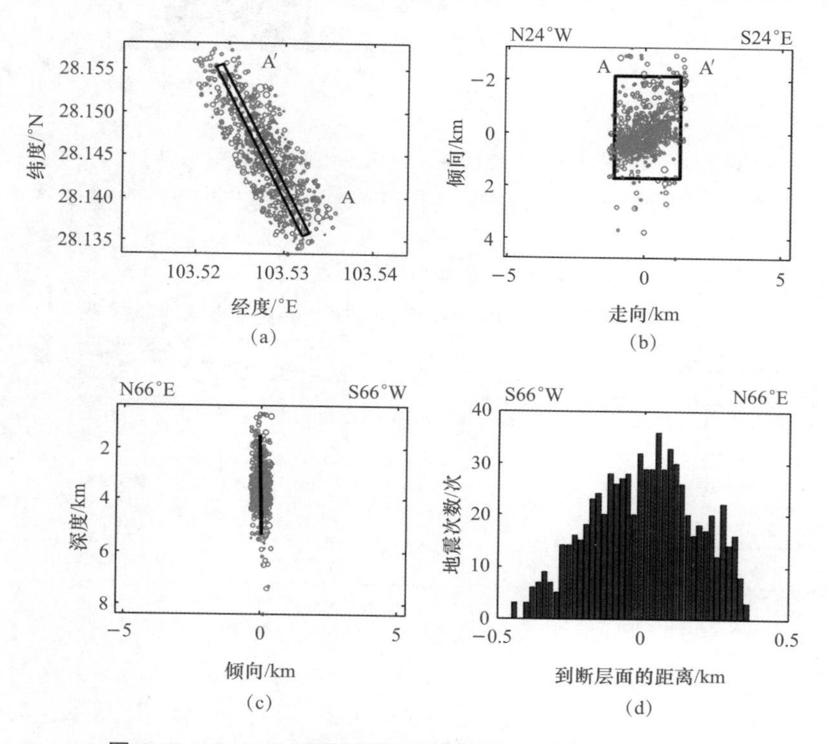

图 4.29 fitswarm2 震源断层拟合结果(注释参见图 4.28)

Figure 4.29 Fault fitting results with the fitswarm2(annotations same as Figure 4.28)

对于 fitswarm3，震源断层最小二乘拟合参数为：走向 150.9°(标准差 0.46°)，倾角 87.4°(标准差 0.44°)；断层面四个顶点在表 4.7 中给出。图 4.30 展示了震源分布与拟合断层在地表平面(a)、断层面(b)、断层横截面(c)上的关系，其中 4.30(d)显示地震震源距拟合断层面的距离在 0.5km 内，其中绝大多数地震都与断层面十分接近。

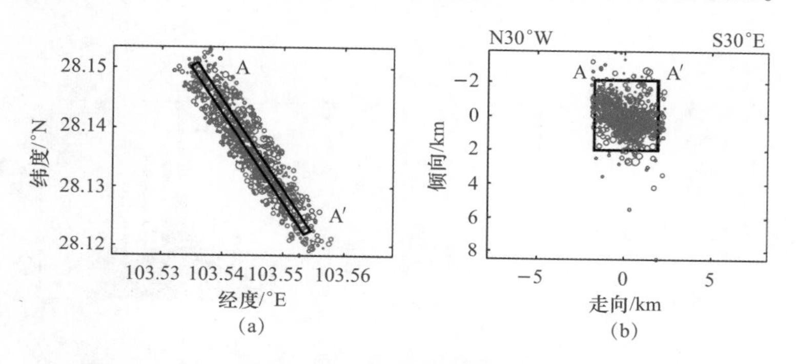

图 4.30 fitswarm 3 震源断层拟合结果(注释参见图 4.28)

Figure 4.30 Fault fitting results with the fitswarm3(annotations same as Figure 4.28)

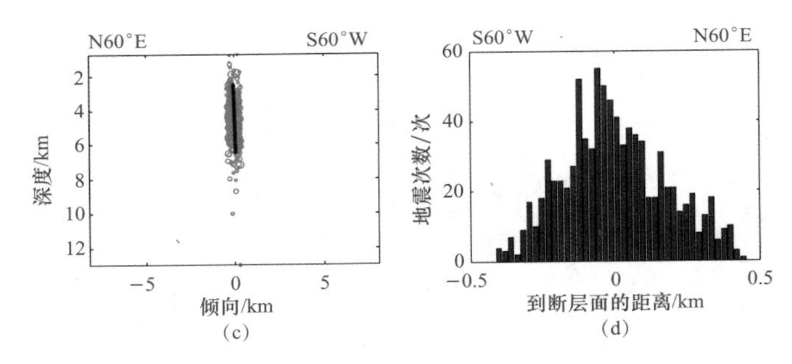

图 4.30 fitswarm 3 震源断层拟合结果(注释参见图 4.28)(续)

Figure 4.30 Fault fitting results with the fitswarm3(annotations same as Figure 4.28)

表 4.7 震源微断层顶点坐标

Table 4.7 Coordinates of source micro-fault apex

fitswarm3 震源断层 4 个顶点			fitswarm4 震源断层 4 个顶点		
纬度/°N	经度/°E	深度/km	纬度/°N	经度/°E	深度/km
28.1516	103.5365	2.3378	28.1872	103.5127	0.6673
28.1507	103.5347	6.6129	28.1864	103.5119	7.1605
28.1206	103.5537	6.6129	28.1690	103.5333	7.1605
28.1215	103.5554	2.3378	28.1698	103.5342	0.6673

对 fitswarm4 震源断层最小二乘拟合参数为：走向 132.7°(标准差 1.66°)，倾角 88.9°(标准差 0.78°)；断层面四个顶点在表 4.7 中给出。图 4.31 展示了震源分布与拟合断层在地表平面(a)、断层面(b)、断层横截面(c)上的关系，其中 4.31(d)显示绝大多数地震震源距拟合断层面的距离在 0.5km 内，但相对拟合断层面尺度来说，地震分布较散。

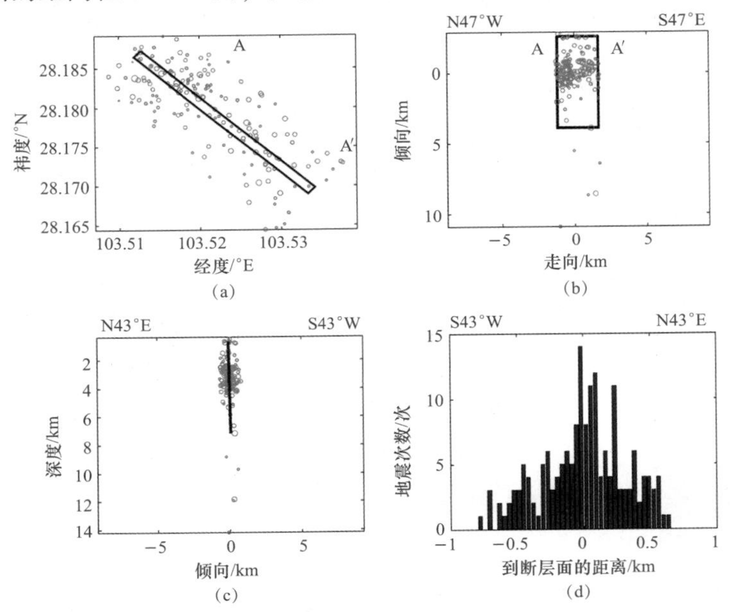

图 4.31 fitswarm 4 震源断层拟合结果(注释参见图 4.28)

Figure 4.31 Fault fitting results with the fitswarm4(annotations same as Figure 4.28)

对于 fitswarm5，震源断层最小二乘拟合参数为：走向 16.6°(标准差 1.1°)，倾角 89.8°(标准差 0.77°)；断层面四个顶点在表 4.8 中给出。图 4.32 展示了震源分布与拟合断层在地表平面(a)、断层面(b)、断层横截面(c)上的关系，其中 4.32(d)显示绝大多数地震震源距拟合断层面的距离在 1km 内，相对拟合断层面尺度来说，地震分布较散。

表 4.8　震源微断层顶点坐标

Table 4.8　Coordinates of source micro-fault apex

fitswarm5 震源断层 4 个顶点			fitswarm6 震源断层 4 个顶点		
纬度/°N	经度/°E	深度/km	纬度/°N	经度/°E	深度/km
28.1663	103.5380	0.6592	28.2404	103.5690	0.7649
28.1662	103.5383	7.9422	28.2402	103.5690	12.8378
28.2089	103.5527	7.9422	28.2424	103.5909	12.8378
28.2090	103.5525	0.6592	28.2426	103.5909	0.7649

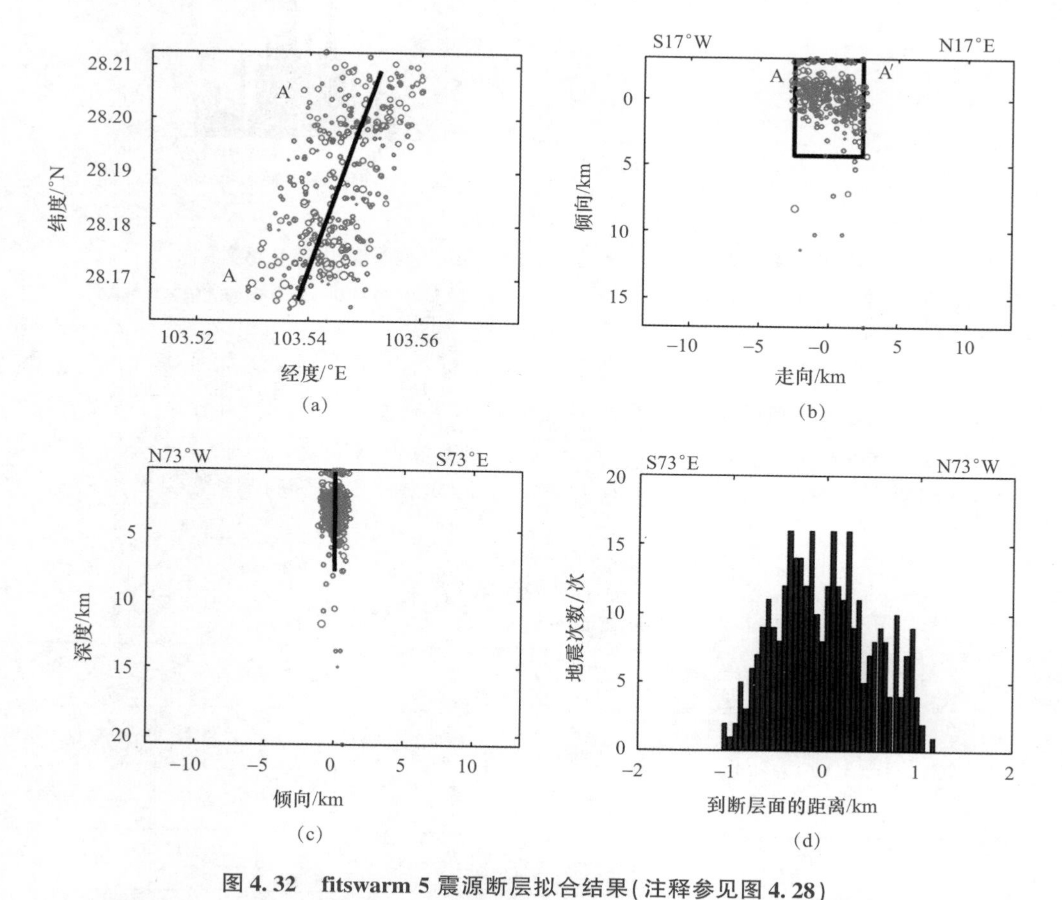

图 4.32　fitswarm 5 震源断层拟合结果(注释参见图 4.28)

Figure 4.32　Fault fitting results with the fitswarm5(annotations same as Figure 4.28)

对于 fitswarm6，震源断层最小二乘拟合参数为：走向 83.4°(标准差 1.8°)，倾角 89.9°(标准差 0.36°)；断层面四个顶点在表 4.8 中给出。图 4.33 展示了震源分布与拟合断层在地表平面(a)、断层面(b)、断层横截面(c)上的关系，其中4.33(d)显示绝大多数地震震源距拟合断层面的距离在0.5km内，相对拟合断层面尺度来说，地震分布较集中。

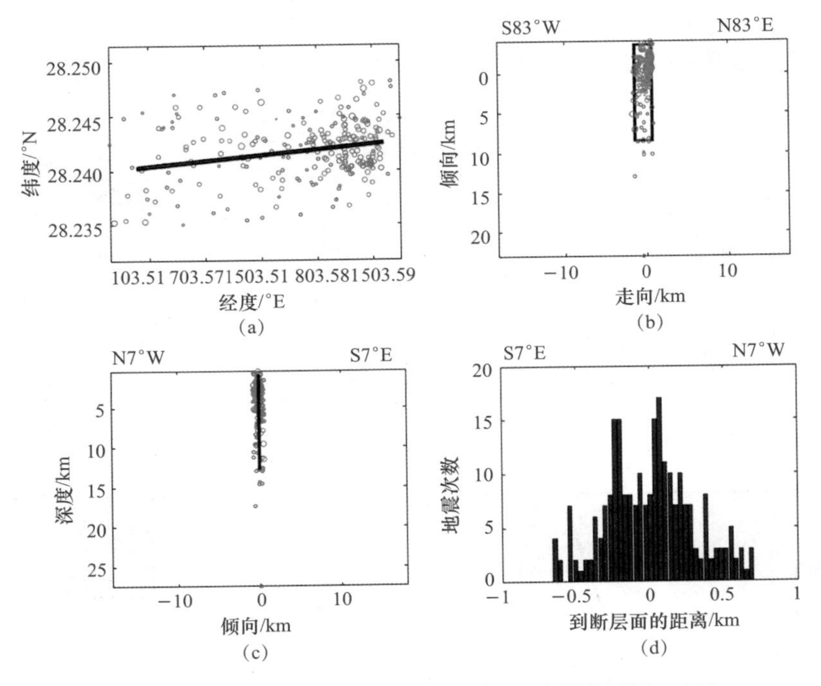

图4.33 fitswarm 6 震源断层拟合结果(注释参见图4.28)

Figure 4.33 Fault fitting results with the fitswarm6(annotations same as Figure 4.28)

对于fitswarm7，震源断层最小二乘拟合参数为：走向170.8°(标准差1.8°)，倾角88.7°(标准差0.41°)；断层面四个顶点位置在表4.9中给出。图4.34展示了震源分布与拟合断层在地表平面(a)、断层面(b)、断层横截面(c)上的关系，其中4.34(d)显示绝大多数地震震源距拟合断层面的距离在0.5km内，相对拟合断层面尺度来说，地震分布较集中。

表4.9 震源微断层顶点坐标

Table 4.9 Coordinates of source micro-fault apex

fitswarm7 震源断层4个顶点			fitswarm8 震源断层4个顶点		
纬度/°N	经度/°E	深度/km	纬度/°N	经度/°E	深度/km
28.2911	103.6279	0.6530	28.2694	103.6276	0.6423
28.2907	103.6255	11.2420	28.2700	103.6266	12.7481
28.2724	103.6288	11.2420	28.2465	103.6079	12.7481
28.2727	103.6312	0.6530	28.2459	103.6088	0.6423

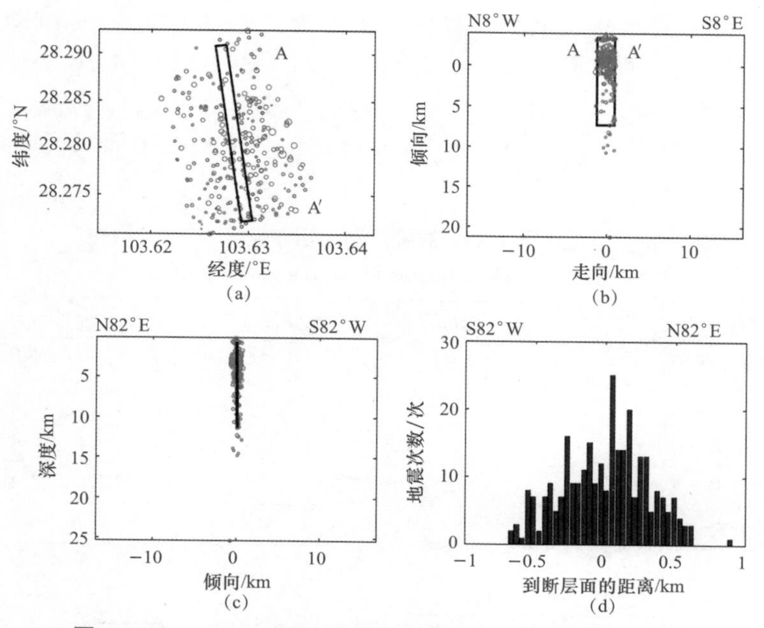

图 4.34 fitswarm 7 震源断层拟合结果(注释参见图 4.28)

Figure 4.34 Fault fitting results with the fitswarm7(annotations same as Figure 4.28)

对于 fitswarm8，震源断层最小二乘拟合参数为：走向 215.1°(标准差 0.6°)，倾角 89.5°(标准差 0.19°)；断层面四个顶点在表 4.9 中给出。图 4.35 展示了震源分布与拟合断层在地表平面(a)、断层面(b)、断层横截面(c)上的关系，其中 4.35(d)显示绝大多数地震震源距拟合断层面的距离在 0.5km 内，相对拟合断层面尺度来说，地震分布较集中。

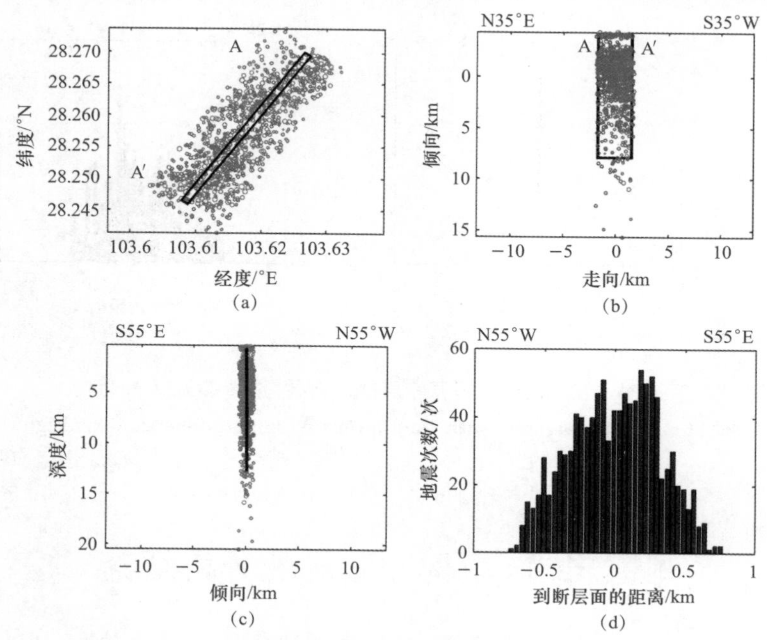

图 4.35 fitswarm 8 震源断层拟合结果(注释参见图 4.28)

Figure 4.35 Fault fitting results with the fitswarm8(annotations same as Figure 4.28)

对于 fitswarm9，震源断层最小二乘拟合参数为：走向 308.7°(标准差 0.9°)，倾角 89.1°(标准差 0.52°)；断层面四个顶点位置在表 4.10 中给出。图 4.36 展示了震源分布与拟合断层在地表平面(a)、断层面(b)、断层横截面(c)上的关系，其中 3.19(d)显示绝大多数地震震源距拟合断层面的距离在 0.5km 内，相对拟合断层面尺度来说，地震分布较散。

表 4.10 震源微断层顶点坐标

Table 4.10 Coordinates of source micro-fault apex

fitswarm9 震源断层 4 个顶点		
纬度/°N	经度/°E	深度/km
28.2380	103.6756	0.8116
28.2387	103.6762	7.4166
28.2562	103.6515	7.4166
28.2555	103.6509	0.8116

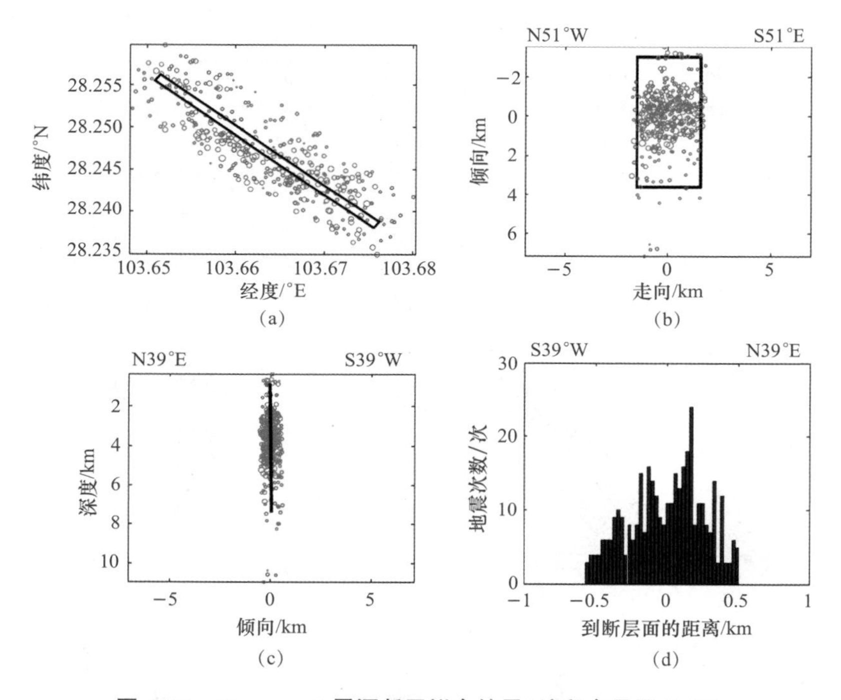

图 4.36 fitswarm 9 震源断层拟合结果(注释参见图 4.28)

Figure 4.36 Fault fitting results with the fitswarm9(annotations same as Figure 4.28)

4.4 库区微构造图像的分析结论

经过地震精定位，对向家坝库尾段与溪洛渡库首段中小地震活动进行细致分析，给出蓄水前期大量微震活动空间分布图像，所揭示的密集微构造裂隙系的展布特征。对库区附近丛集地震开展了震源微断层拟合分析工作。这对位于高烈度区存在活动断裂的库段具有重要意义。

蓄水以来向家坝水库附近地震的空间分布，该区域地震可划分为 XB_AB 区和 XB_C 区，即水库库首和水库库尾区，地震深度主要集中在 2～7km 范围内。库首区地震活动水平较低，仅有两个规模较小的震群活动，两个震群在深度部分上有明显差异，其中的 s2 震群深度超过 10km，且在水库蓄水前就已经有明显活动。库尾区地震活动水平较高，呈现出多个小尺度丛集震群活动，这些震群活动出现于水库从 353m 水位向 370m 死水位蓄水阶段，并在第一次完整蓄放水过程(死水位－正常蓄水位－死水位)阶段达到活动峰值，从时间相关性看这些小震群活动与水库蓄水对应较好。

蓄水以来溪洛渡水库附近地震活动可明显划分为 XD_A、XD_B 区和 XD_C 区，即库首区、库中区和库尾区。其中，库首区地震活动占了绝对多数，达到 99.1%。将库首区地震分布进行放大后，可明显看出五个明显的呈条带展布的丛集震群，五个震群深度分布都较浅，主体部分不超过 10km。其中，先后发生 2014 年 4 月 5 日 5.3 级地震和 2014 年 8 月 17 日 5.0 级地震的 s1、s2 震群都呈现出与金沙江正交的条带展布，震群的 NW 端紧邻库水，总体上震群呈现出由 NW 端向 SE 端变深、由 SW 侧向 NE 侧变深的分布特点。s1 震群中的 5.0 级地震及余震与其上侧的小震活动在深度上有明显的弱震层分隔，可能有不同的地震活动性质，但从时间分布看 s1 震群活动开始于图 4.25 中的 t_3 时段，即正式开始一阶段蓄水时段，且地震的深度随着蓄水活动的进展而逐渐变深，并在 t_5 时段发生了 5.0 级地震，因此不能排除地震的发生为库水下渗深度逐渐加深而触发的可能；s2 震群中地震在平面上呈现出了两个有明显分隔的条带分布，其中的 5.3 级地震发生在东侧的条带内深度上也较其他小地震更深，s2 震群出现时间较 s1 震群晚，于 t_4 时段出现，即第一次超越死水位 20m 的完整蓄放水过程，但其中最大地震 5.3 级地震的发生较 s1 震群中的 5.0 级地震早，表明其受对库水渗透的响应较快且显著。其他发生在库首区的 3 个震群从平面看都沿金沙江两岸分布，深度极浅，基本不超过 5km，地震主体集中部分在 3～5km，而其显著出现的时间都是 t_3 时段，即正式开始一阶段蓄水的时段，表明这些地震很可能是蓄水后发生在浅层的快速响应型小震事件。对库首区呈现条带分布的丛集地震进行震源断层拟合后，给出了各个震源断层的走向和倾角参数，倾角参数显示基本都呈现出高倾角断层的特征，地震震源距断层距离都呈现较好的正态分布，表明大多数地震都在断层面上或距断层面很近。

第5章　向家坝水库地震活动的时空变化及特点

向家坝水电站库区地跨川滇两省，左岸位于四川省宜宾县境内，右岸为云南省水富县。坝顶高程为384m，最大坝高为162m，装机容量为640万kW，年平均发电量为307.5亿kW·h。水库为河道型水库，岸线长度为156.6km，水库面积为94.6km^2。水库正常蓄水位高程为380m，总库容为51.63亿m^3。

本章依据向家坝水库及周围的地震监测(除历史地震资料外，中国地震台网、昆明地震台网、四川地震台网给出1965年以来小震监测资料，金沙江下游水库地震台网给出2008年以来监测资料)，对蓄水前后水库地震活动时空变化及特点进行研究。

5.1　库区地震构造环境与活动断裂

图5.1是库区及附近地区有记载以来的M_S5.0及以上地震震中分布图。根据历史地震记载，区域内发生M_S5.0～5.9地震49次，M_S6.0～6.9地震7次，M_S7地震2次。历史破坏性地震活动的空间分布是不均匀的，主要群集在马边—盐津地震带，特别是南段，包括库区C段。记载最早的是公元1216年的7.0级“马湖夷界地震”，震中距离工程场地65km。马边地区主要有北西向的利店断层，玛瑙断层和近东西向的靛兰坝断层，1935—1936年、1971年的2个震群均发生在这两组断裂带的交会部位及附近。大关一带地震构造复杂，有东西向、北东向断裂，还有近南北向的猓子坝断裂，M_S7.1的大关地震就发生在这三组方向断裂的交会部位。大关M_S7.1地震震中距坝址距离70km。另外，1610年四川高县庆符$M_S5\frac{1}{2}$地震距坝址19km；2019年6月17日长宁发生M_S6.0地震，距坝址60.4km；2019年6月22日珙县发生M_S5.4地震，距坝址42.8km；2019年7月4日珙县发生M_S5.6地震，距坝址41.5km。其他区域中强地震活动不集中，零星分布。

根据史料记载，马边—盐津地震带上的历史强震造成地震地质灾害严重。1216年四川雷波马湖地震：“东、西两川地大震，马湖夷界山崩八十里，江水不通”。1917年云南大关吉利铺$6\frac{3}{4}$级地震：“沿大关河谷，上自云台山下至豆沙关两岸山崩滑坡严重；回龙溪一地山崩阻河，江水逆流10余里”。1936年四川马边$6\frac{3}{4}$级地震：“玛瑙、复兴场、屏山夏溪一带，石碉楼全倒，石桥倒塌。庙宇、民房倾倒甚多，土石墙普遍坍塌，木架房倒塌50%，山岩严重崩垮”。1936年雷波西宁$6\frac{3}{4}$级地震：“玛瑙，山崩河水断流，马边城跺倒了很多，平地开裂随即又合拢”。1974年大关7.1级地震：海口—马颈子大滑坡(长300m、宽200m)逆冲到和对岸高出河床30m，堵河成湖；手扒岩大滑坡使木杆河断流成湖。统计马边—盐津地震带7次历史强震对水库区的场地影响烈度为Ⅴ～Ⅵ度。

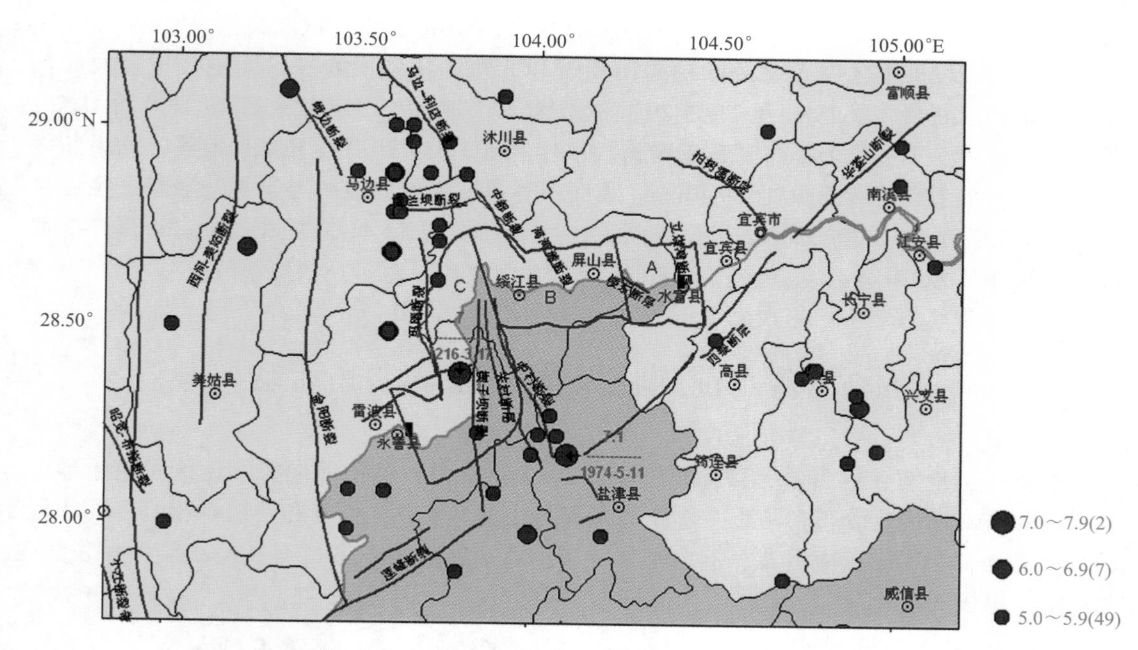

图5.1 向家坝水库及周围地区有记录以来 M_S5.0 及以上地震震中分布图

（说明：库区10km范围分为A、B、C段）

Figure 5.1 Distribution of earthquakes above M_S5.0 in Xiangjiaba reservoir area

（Note：the 10km range of the reservoir area is divided into A，B and C segments）

向家坝水库区位于川西滇北高原向四川盆地过渡的斜坡地带，属山区。金沙江为本区的主干河道，其支流主要有西宁河、中都河、大汶溪、横江。其中，西宁河和中都河在库区中部的新市镇汇入金沙江，而横江在坝址下游汇入金沙江。由于金沙江水系的强烈深切，造成本区地形陡峻、沟谷狭窄，悬崖绝壁多见。

库区及邻区发育的断层，按其展布方向可分为南北向、北东向和北西向3组。

在库区C段，展布马边—盐津地震构造带，由近南北向、北西向系列活动断裂构成，为强震发震构造系。近南北向的马边—盐津构造带，包括北北西向利店断裂、东西向淀兰坝断裂及近南北向玛瑙、猰子坝、关村、中村断裂。展布于水库影响区的是近南北向玛瑙、猰子坝、关村、中村断裂，其中猰子坝断裂经过金沙江。

玛瑙断裂北起玛瑙北道坪一带，南经老营盘、土地凹，过双河口逐渐消失，断于侏罗系，南端切入三叠系和二叠系中。老营盘附近发育数十米宽的挤压破碎带。

猰子坝断裂南起长坪以北，向北经糖房、猰子坝，至于莲花山南，呈正南北走向，长31km。猰子坝断裂南端切入长坪穹窿核部，向北切过黄毛坝短轴背斜、马湖向斜和芭蕉滩穹窿的东翼。据猰子坝村北露头剖面，显示挤压逆冲性质，西盘向东仰冲。1216年发生的7.0级地震，由于历史记录过少，不能确切地判断其震中位置。据史料，地震使金沙江堵江40km，分析震中在猰子坝断裂附近。1971年大关北7.1级地震时，在靠近断层的回龙一带，在Ⅶ度背景上出现Ⅷ度烈度异常区。

关村断层断入三叠系及二叠系中，北段为侏罗系。在老厂坡处，见二叠系下统灰岩逆冲于二叠系上统玄武岩之上，破碎带宽约15m。中村－铜厂沟断裂发育于铜厂沟背斜北东翼。1974 年大关北 7.1 级地震的两次 M_S 级≥5 级强余震即发生在该断裂南段。

在库区东段外围区展布北西向柏树溪断裂和北东向华蓥山断裂，属中强地震发震构造，如华蓥山断裂北段 1989 年 11 月 20 日渝北 M_S5.2 地震、1997 年 8 月 13 日荣昌 M_S5.2 地震、1999 年 8 月 17 日荣昌 M_S5.0 地震、2001 年 6 月 23 日荣昌 M_S4.9 地震，均沿断裂带发生，其主余震的震源深度 2～40km。几次中等强度主震的震源力学机制兼具一定压性逆冲性质。在华蓥山断裂带南段的南端附近，1974 年 5 月 11 日发生昭通大关北 M_S7.1 地震，震源深度为 14km。

5.2 蓄水前库区及周围地震本底活动

根据中国地震台网目录，1970 年 1 月—2012 年 9 月，蓄水前向家坝库区及附近地区记录的地震活动主要分布在马边—盐津地震带的北段与南段，强度和频次都很高，而中段较少；另外，在库区东南珙县一带也密集分布；其次在水富一带也有一些小震活动发生，强度低，见图 5.2。

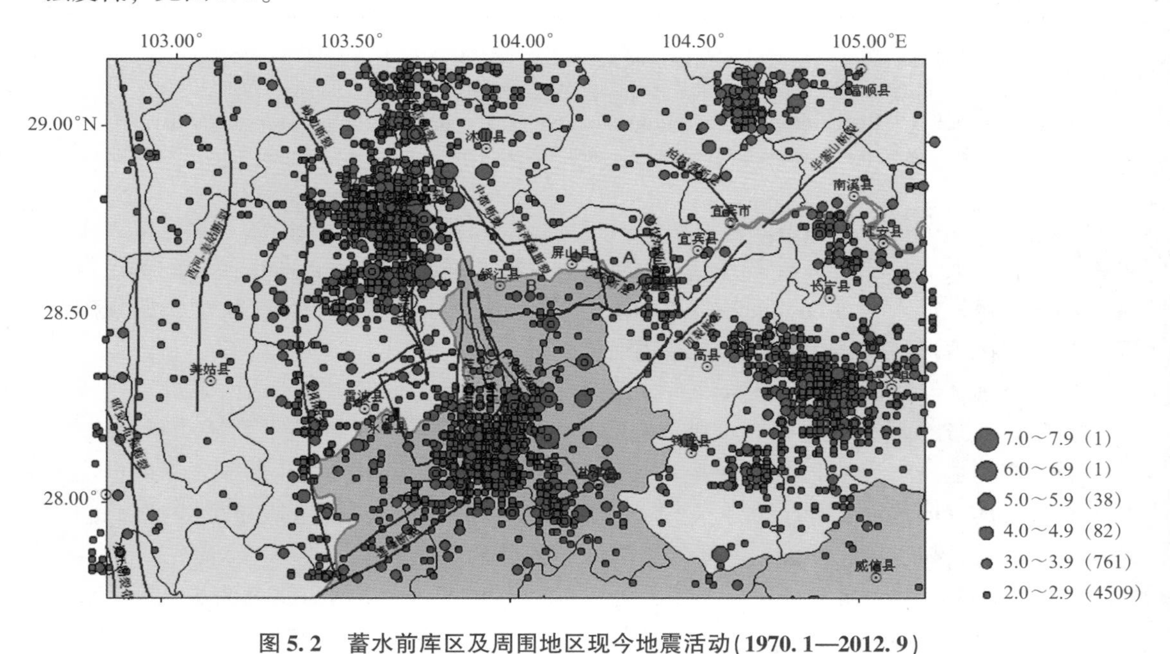

图 5.2 蓄水前库区及周围地区现今地震活动(1970.1—2012.9)

Figure 5.2 Seismicity in the reservoir area before impoundment(1970.1—2012.9)

金沙江下游水库地震台网监测资料分析，蓄水前(2008.1—2012.9)库区两侧 10km 范围内，库区 A 段最大地震为 2010 年 11 月 30 日云南水富 M_L3.2；库区 B 段最大地震 2012 年 2 月 23 日四川屏山 M_L3.0；库区 C 段最大地震 2008 年 5 月 18 日四川雷波 M_L2.7 地震。据此给出地震重复率曲线，见图 5.3，蓄水前(2008.1—2012.9)库区地震活动性参数 $b=0.99$；$a=4.4585$；曲线拟合相关系数 $R=0.989$。

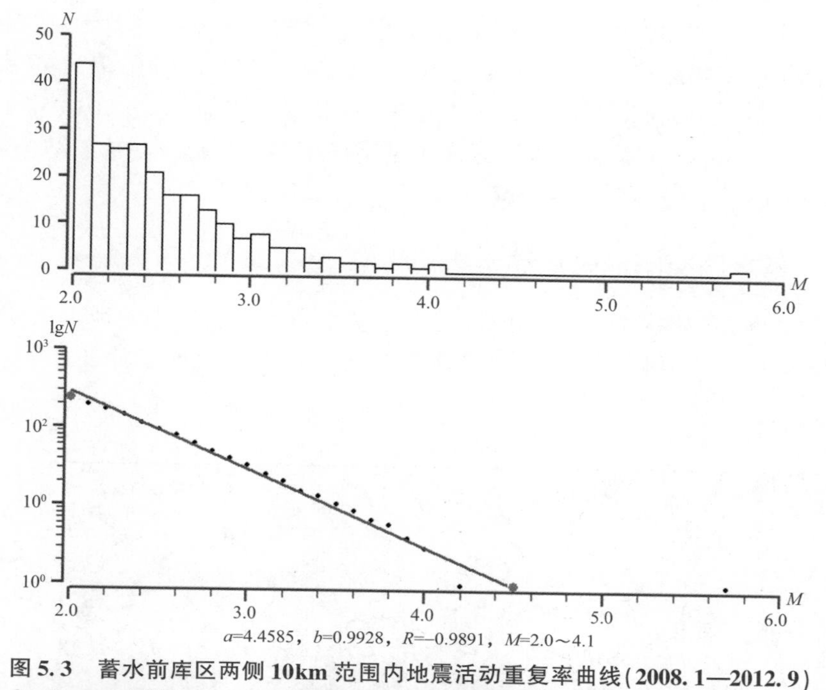

图5.3　蓄水前库区两侧10km范围内地震活动重复率曲线(2008.1—2012.9)

Figure 5.3　Repeatability curve of seismic activity within 10km range on both sides of reservoir area before water storage(2008.1—2012.9)

5.3　蓄水前后库区地震活动的变化

5.3.1　蓄水前期库区微震活动

库区蓄水前，库水位为正常年变形态，即夏高冬低。库区水位维持在海拔266～301m，见图5.4。

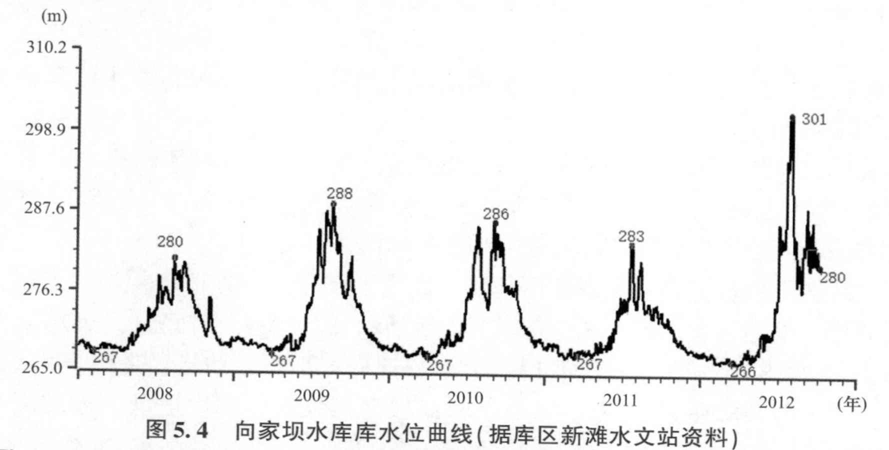

图5.4　向家坝水库库水位曲线(据库区新滩水文站资料)

Figure 5.4　Water level curve of Xiangjiaba reservoir(according to the data of Xintan hydrological station in the reservoir area)

水库蓄水从 2012 年 10 月 10 日(即枯水期)开始向家坝水库下闸蓄水，库水位持续增高，打破以往年周变化形态。2012 年 10 月 16 日，蓄水至 354m 高程，库水位涨幅为 74m。2013 年 6 月 26 日—2013 年 7 月 5 日，蓄水至 370m 高程，涨幅 16m。2013 年 9 月 3 日—9 月 12 日，蓄水至 380m，之后向家坝水库库水位维持在 370 ~ 380m 起伏波动，至 2015 年 4 月 30 日为 376m(据库区新滩水文站资料)。

5.3.2 蓄水后突出地震活动

与蓄水前图 5.2 的地震活动分布图像比较，蓄水后库区新发生的地震活动(黑线方框内地震)是在库区两侧 10km 范围内原背景上唯一出现的突出地震活动密集局部区，见图 5.5。

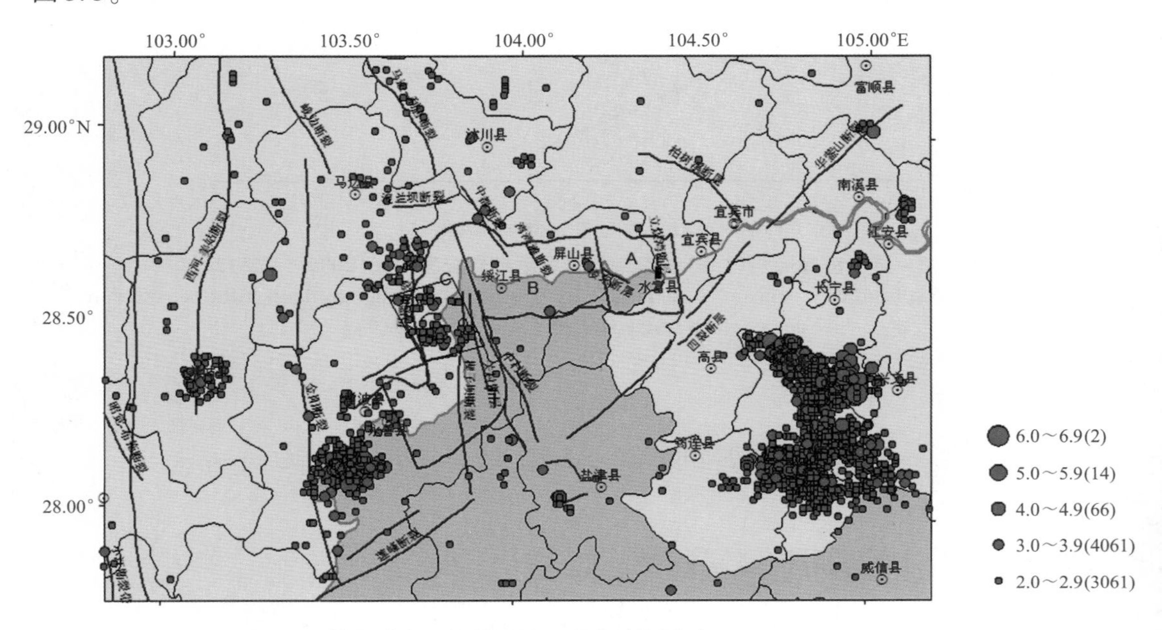

图 5.5 蓄水后库区及周围地区现今地震活动(2012. 10—2019. 12)
Figure 5.5 Seismicity in the reservoir area after impoundment(2012. 10—2019. 12)

如何分析水库诱发地震活动？考虑在原地震活动背景上，以分析蓄水后新增加的地震活动区域的地震为准。

蓄水后库区及周围地区现今地震活动见图 5.5，新发生的地震活动集中在库区 C 段的北段(黑线方框内地震)。蓄水后突出的水库地震活动空间分布范围，在库区 C 段，金沙江下游两侧 10km 范围库段，震源深度在地下 0 ~ 10km，大致均匀分布。

挑出这块突出地震活动密集局部区地震，给出地震震级、月地震频次、地震深度随时间变化的曲线，见图 5.6。可见 M_L2.0 以上地震活动分布在两个时间段，即 2013 年 6 月—2015 年 5 月和 2018 年 2 月—2020 年 12 月；前一时间段地震活动强度略高，最大地震强度在 M_L3.7，月地震频次在 25 次以下；后已时间段地震强度、频次更低。地震深度分布在地下 1 ~ 15km。

根据蓄水后库区新发生的地震活动(黑线方框内地震)，给出地震活动参数 b =0.97、

$a=3.9483$，曲线拟合相关系数 $R=0.978$，曲线图略。即根据中国地震台网目录，1970 年 1 月—2012 年 9 月，蓄水前向家坝库区 10km 范围 M_L2.0 以上地震与蓄水后 2012 年 10 月以后库区突出地震活动(黑框内地震)活动性参数相比较，差异小。

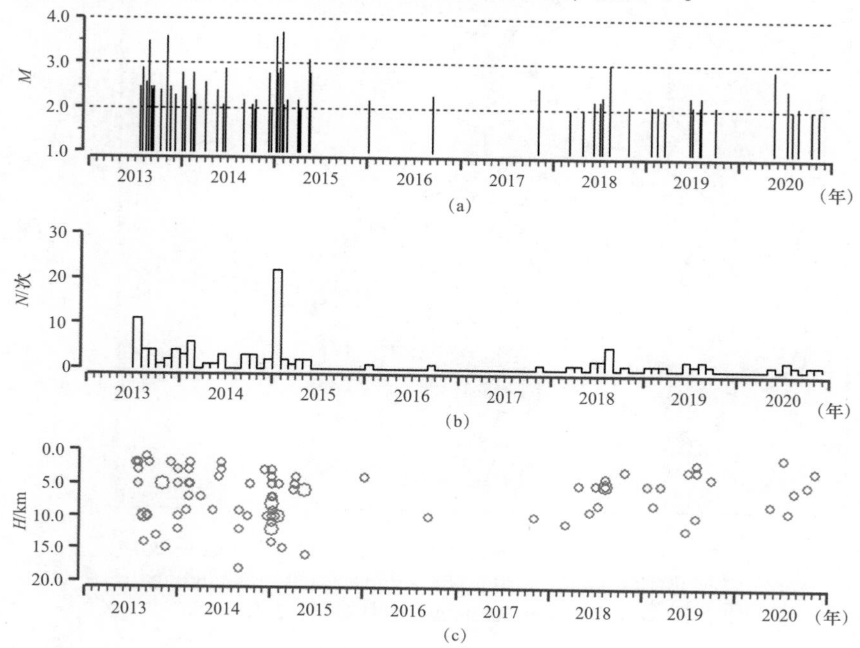

图 5.6　蓄水后库区 C 段新增地震活动的时间序列

Figure 5.6　Time series of new seismicity in section C of reservoir area after impoundment

蓄水以来(2013—2015 年)向家坝库区 10km 范围未发生中强地震，仅发生 14 次 M_L3.0～3.7 地震。其中，库区 A 段未发生地震，库区 B 段发生 1 次地震，其余 13 次地震均发生在库区 C 段(其中猰子坝断裂发生 1 次，其余发生在玛瑙断裂中南段)，见图 5.7。

2013 年 11 月 1 日 09 时 53 分黄琅乡田坝村发生 M_L3.7 地震，震源深度为 3km。这是蓄水前期向家坝库区发生的显著地震事件。

黄琅 M_L3.7 地震位于向家坝水库库尾段中部，距离溪洛渡水库大坝约 25.1km，距离向家坝水库大坝约 63.5km；与金沙江最短距离为 5.2km。库尾段主要指新市以南，为“U”形深切峡谷，谷坡多见悬崖峭壁，出露古生界—中生界地层。马边—大关地震构造带中的猰子坝断裂，玛瑙断裂构造位于此库尾段。以金沙江为主流的地表水系强烈深切，使得地形陡峻，河谷狭窄，地表径流条件良好，有利于地下水的循环交替，库水位抬升 60～70m 后为可能的诱发地震库段。且构造裂隙发育，岩溶化程度较高，岩溶水丰富，常见有大泉、暗河出露。

从地震记录波形的经验分析，细致区分蓄水前后同一地点发生的地震波形记录，如蓄水前 2008 年 10 月 9 日四川雷波 3.5 级地震与蓄水后 2013 年 11 月 1 日黄琅 3.7 级地震波形记录比较，蓄水前雷波 M_L3.5 地震幅频曲线，较高幅值分布在 4～23Hz；蓄水后黄琅 M_L3.7 地震地震幅频曲线，较高幅值分布在 2～5Hz。从这 2 次地震的 S 波段频谱分析结果可知，蓄水后水库地震低频成分为主频段。

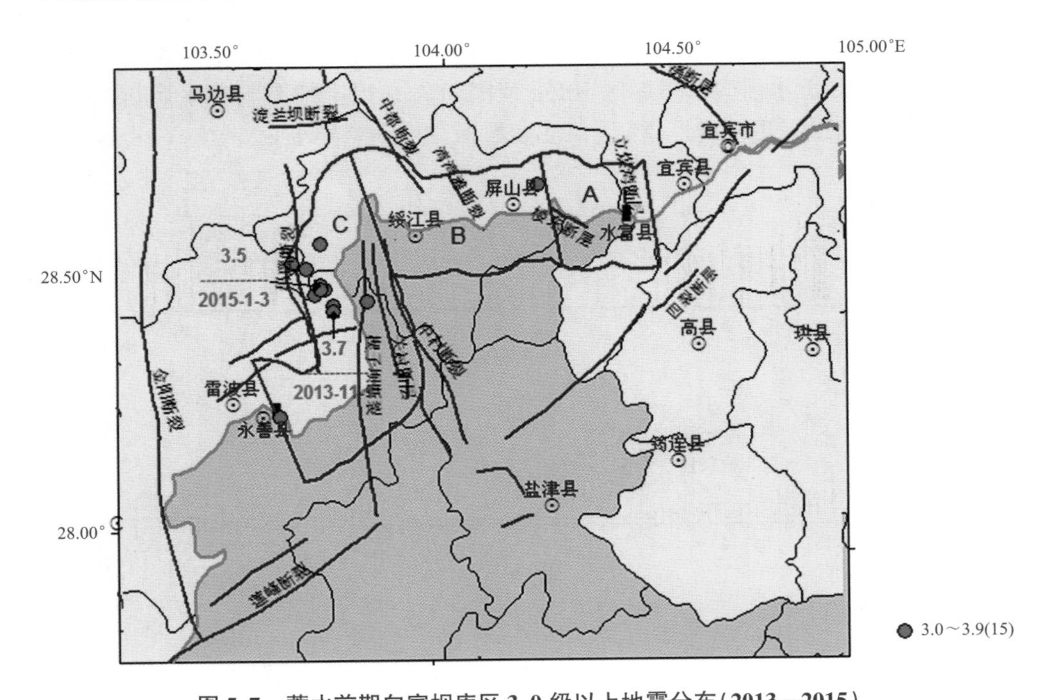

图 5.7　蓄水前期向家坝库区 3.0 级以上地震分布(2013—2015)

Figure 5.7　Distribution of earthquakes above $M3.0$ in Xiangjiaba reservoir during early impoundment(2013—2015)

综合分析地震构造环境和岩性、震源深度、记录波形，认为库区 C 段发生的 2013 年 11 月 1 日黄琅 $M_L3.7$ 地震呈现水库诱发地震特征，见图 5.8。由于震源浅 3km，记录呈现周期较大，短周期面波较发育。

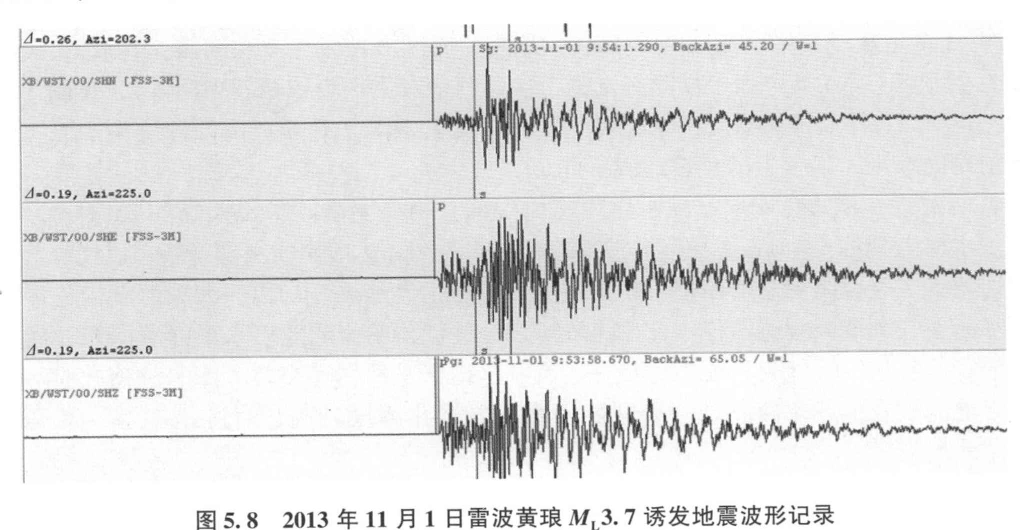

图 5.8　2013 年 11 月 1 日雷波黄琅 $M_L3.7$ 诱发地震波形记录

(WST 台记录；$\Delta=21.5$km)

Figure 5.8　Waveform records of the Huanglang $M_L3.7$ induced earthquake on November 1, 2013

(recorded by WST station; $\Delta=21.5$km)

分析处理黄琅强震观测台记录，其震中距1.5km，分析记录结果：UD向、NS向、EW向地面峰值加速度值分别为7.8Gal、27.1Gal、14.4Gal。另外，分析震中距6～17km的土地垇、青胜台、水井湾台强震测项台记录，其最大地面峰值加速度值在4.0～10.5Gal。

对于$M_L \leq 4.0$级地震，可利用区域地震台网地震波的直达P、S垂直分量振幅比资料结合初动方向的求解方法求解(梁尚鸿等，1984；刁桂苓等，2011)。测定了2013年11月1日黄琅M_L3.7地震的震源机制解及库区C段地震的震源机制解，见表5.1和图5.9。若考虑节面1，走向NNE向，则震源断面为左旋近走滑型；若考虑节面2，走向EW，则震源断面为右旋逆倾型。

表5.1　2013年11月1日黄琅M_L3.7地震的震源机制解

Table 5.1　Focal mechanism of the Huanglang M_L3.7 earthquake on November 1, 2013

节面1			节面2			P轴		T轴		B轴	
滑动角/(°)	倾角/(°)	方位角/(°)	滑动角/(°)	倾角/(°)	方位角/(°)	方位角/(°)	仰角/(°)	方位角/(°)	仰角/(°)	方位角/(°)	仰角/(°)
10	58	10	147	82	275	147	16	48	29	262	52

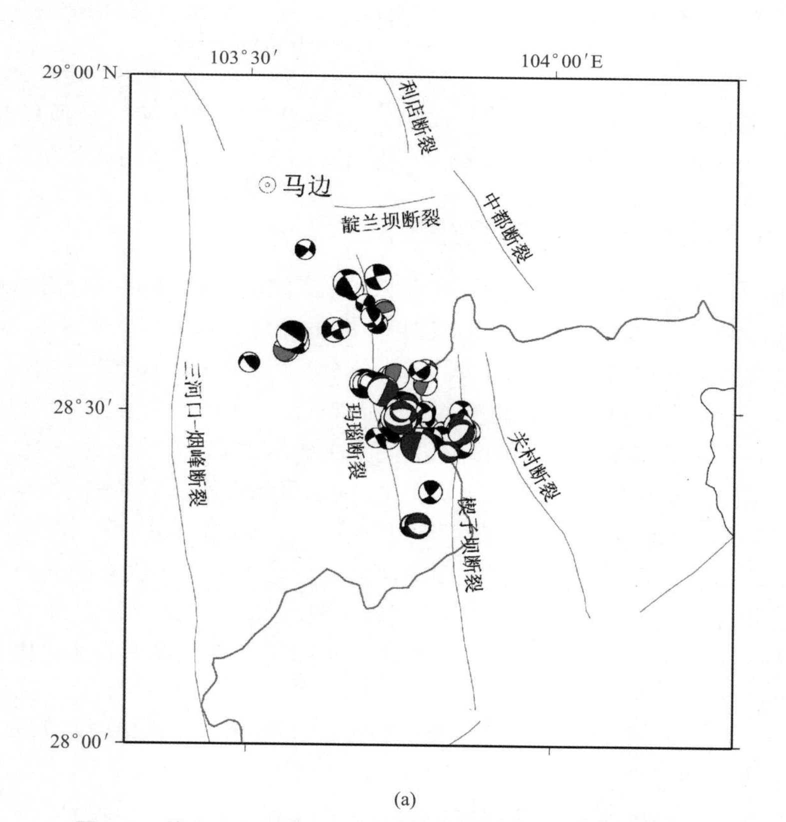

(a)

图5.9　蓄水后丛集区域$M_L \geq 2.0$级地震震源机制空间分布

Figure 5.9　Distribution of focal mechanisms of the earthquakes $M_L \geq 2.0$ in cluster area after impoundment

向家坝库区 C 段地震震源机制解结果显示，走滑型地震有 58 次，占全部解的 51%，是 4 种类型中比例最高的；2 类为逆冲断层，有 17 个解，占全部解的 15%；3 类为正断层，有 17 个解，占全部解的 17%；4 类为复合断层，即走向滑动兼有倾向滑动分量(或正、或逆)，有 19 个解，占全部解的 17%。

给出了蓄水后库区 C 段中小地震震源机制各个参数每 10°归一化频数分布，见图 5. 10。小震节面走向(Strike)分布大致呈现 NW、NE 两组优势方向。节面倾角(Dip)显示高倾角最多，即 70°~90°居多，节面直立占优，走向滑动可对应直立节面；根据滑动角(Slip)分析震源力学作用方式，以 0°和 ±180°占比最多，表明以走向滑动为主。

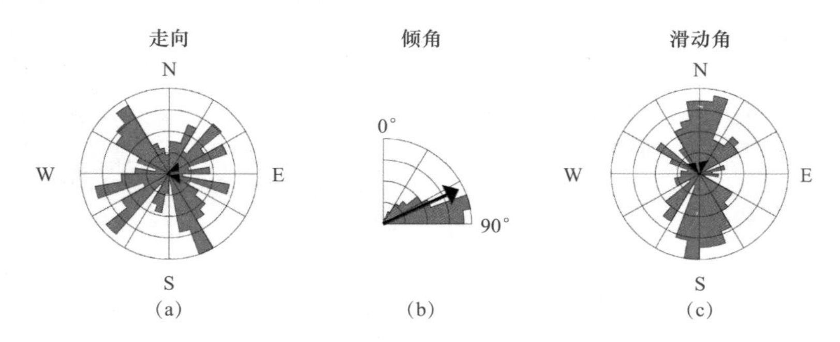

图 5. 10 蓄水后库区 C 段地震震源机制解的节面参数玫瑰图

Figure 5. 10 Rose diagrams of nodal parameters for focal mechanisms of the C section after reservoir impoundment

根据蓄水后向家坝库区小地震震源机制解，反演获得向家坝库区 C 段局部区域的应力场，最大主压应力轴方位为 NWW(346°) - SEE(166°)向，地块作用力矢量接近水平。

5. 3. 3 蓄水后微震活动的时空变化

2012 年 10 月 10 日，向家坝水库下闸蓄水，库水位从海拔 280m 高程持续增高；至 10 月 24 日，高程达 353m；这一时段，库水位抬升 73m，库区仅记录 7 次小地震。

2013 年 7 月 6 日库水位达 370m，9 月 12 日到设计水位 380m。这一时段，库水位抬升 10m，库水位上升速率 0. 21m/日，地震增加数 676 次，库区地震活动增加速率 14. 1 次/日。在蓄水前期，向家坝库水位高位上升波动时段库区微震活动有一定增加。

之后，库水位在 370 ~380m 高位波动变化(据库区新滩水文站资料)，年变幅度不大。

蓄水期间向家坝水库区地震活动强度变化不大。库水位增加的前期，库区微震活动明显增加，见图 5. 11。之后，蓄水中期地震活动强度变化不大，频次有明显减少。

蓄水前期是指，水库蓄水开始后 2 ~3 年库区地震监测记录时段，即 2012 年 10 月—2015 年 4 月的监测地震的分析，针对蓄水前两年水库蓄水峰、谷季节性变化，给出库区及外围监测地震活动的分析结果。

2012 年 10 月 1 日—2015 年 4 月 30 日，地震活动频次和地震强度随蓄水变化而变化，维持在 0 ~3 级地震强度活动水平。库区地震活动空间分布，库区 C 段和 B 段多余 A 段，见图 5. 12。在库区 C 段北部形成北西向小震活动密集区带。

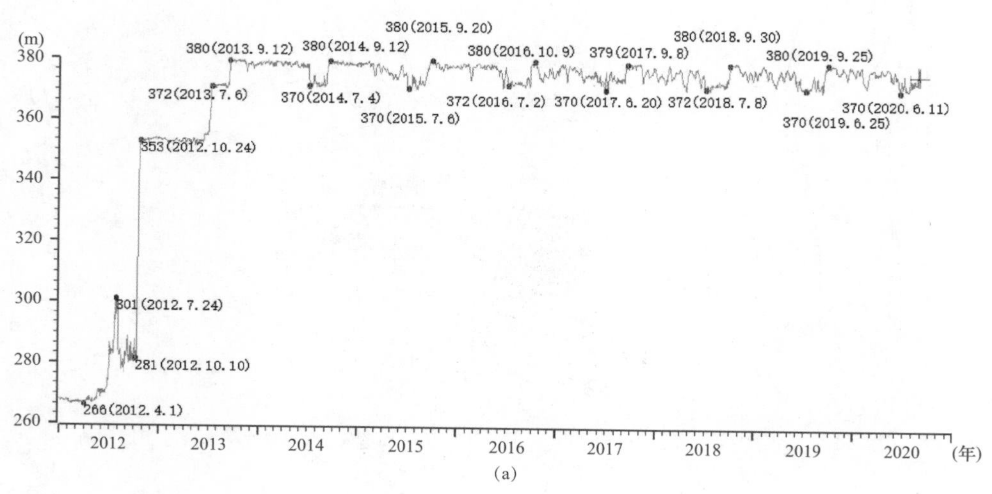

(a)

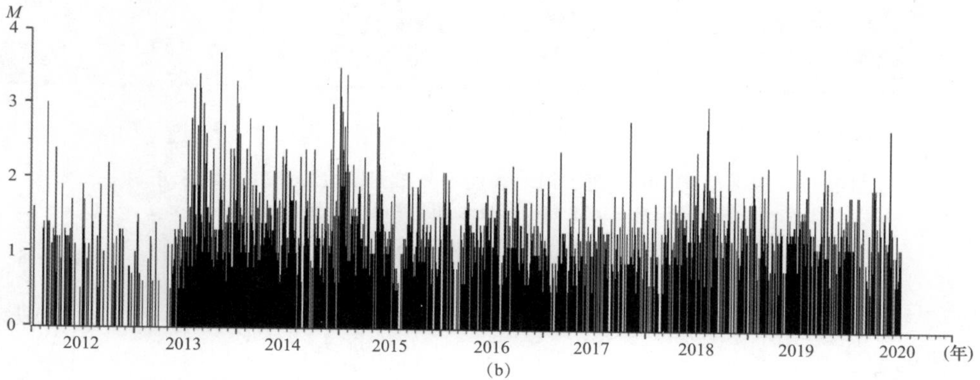

(b)

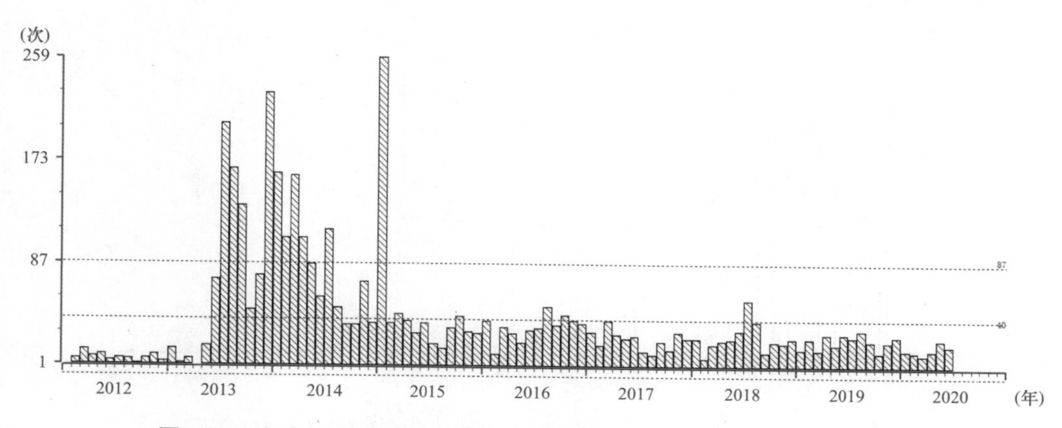

图 5.11　向家坝水库水位曲线和库区 10km 范围地震 *M-t* 和月频次曲线

Figure 5.11　Water level curve of Xiangjiaba reservoir and seismic *M-t* and monthly frequency curve within 10km of reservoir area

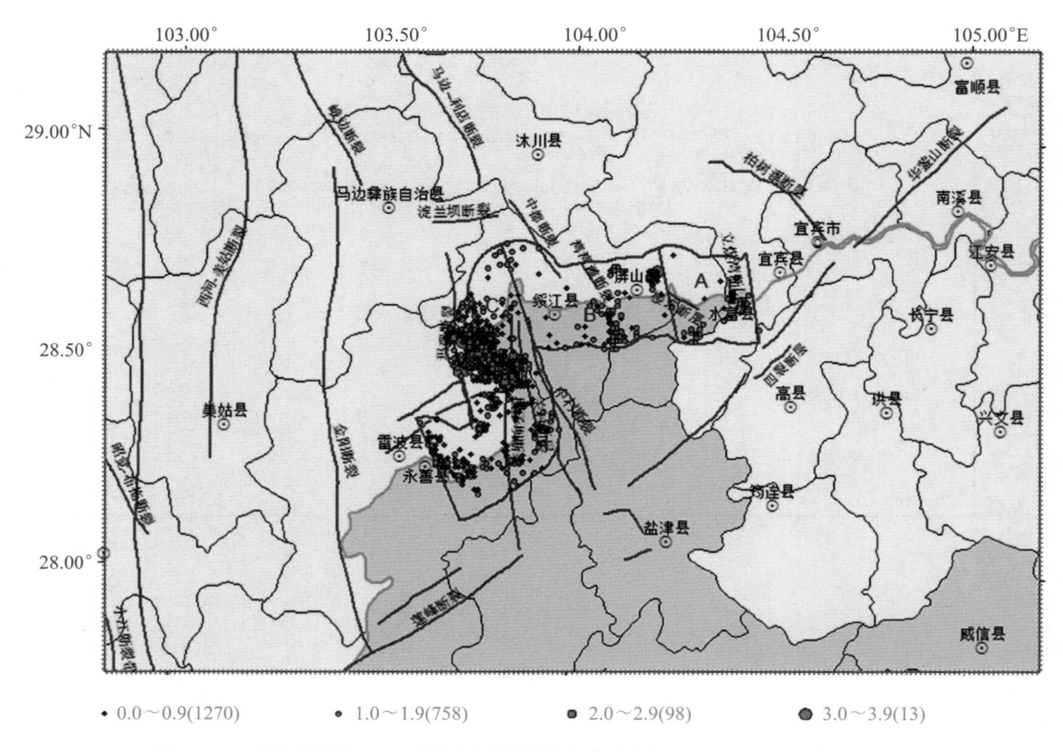

图 5.12 库区两侧 10km 范围内地震震中分布图(2012.10.1—2015.4.30)

Figure 5.12 Earthquake epicenters distribution in the 10km area on both sides of reservoir area(2012.10.1—2015.4.30)

分析 2012 年 10 月 1 日到 2015 年 4 月 30 日蓄水后库区两侧 10km 内地震活动资料，计算给出的地震活动重复率曲线，见图 5.13，其活动性参数 $b=1.01$，$a=4.0336$，$R=-0.992$；与蓄水前 2008 年 1 月—2012 年 9 月库区 10km 范围内地震活动性参数比较，后者 $b=1.07$，$a=4.3172$；曲线拟合相关系数 $R=-0.992$。两者活动性参数差异小。

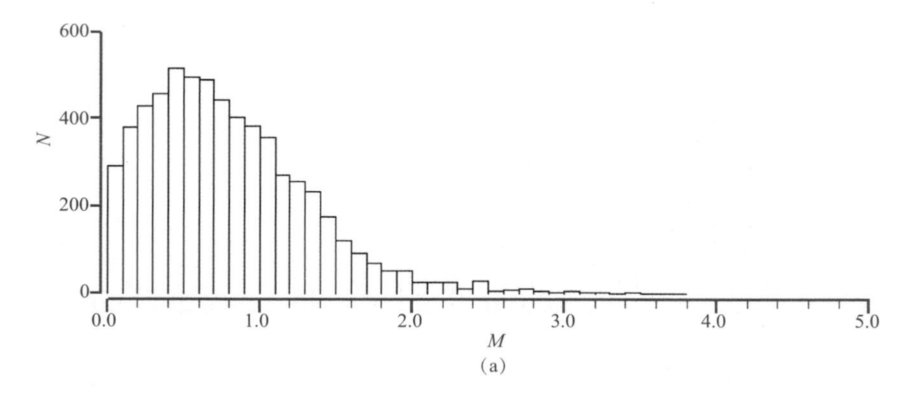

图 5.13 蓄水前后向家坝水库 10km 范围地震活动的重复率曲线

(a)蓄水前(2008.1—2012.9)

Figure 5.13 Repetition rate curve of seismicity within 10km of Xiangjiaba reservoir before and after impoundment

(a) Before impoundment(2008.1—2012.9)

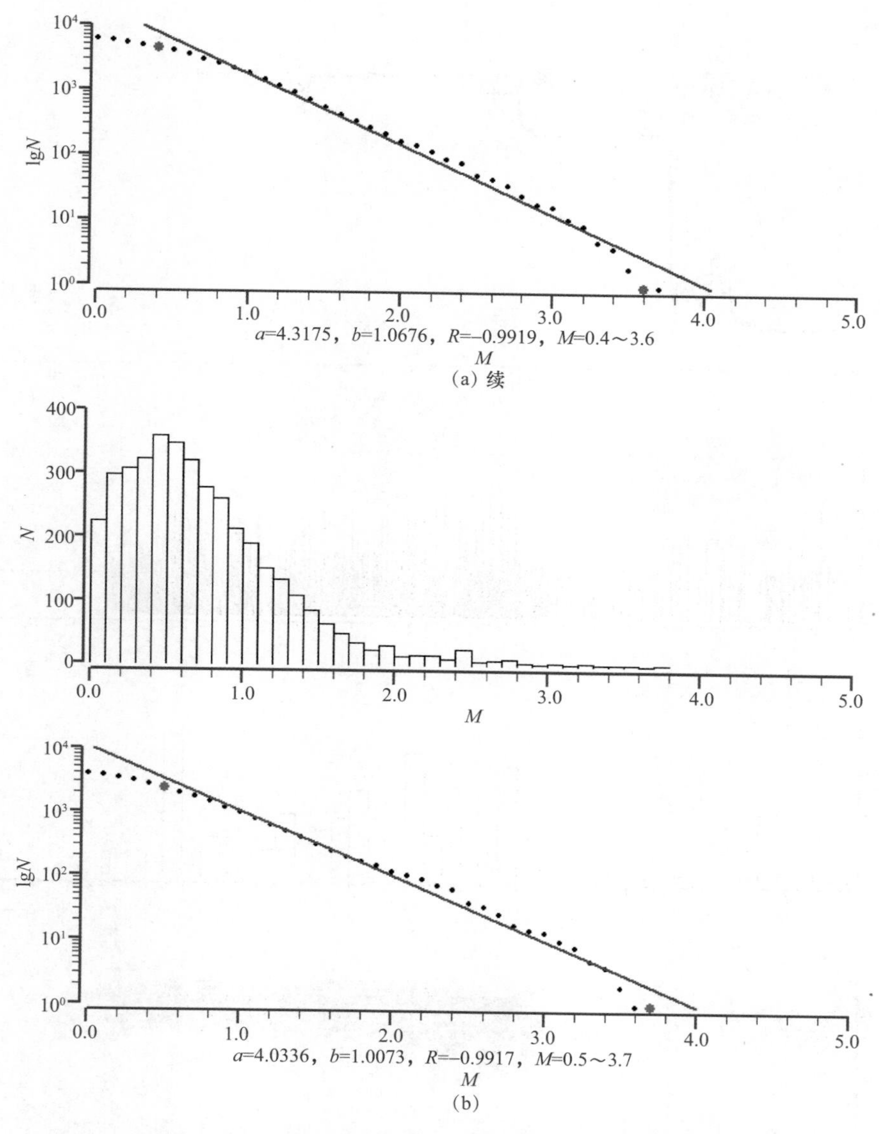

图 5.13　蓄水前后向家坝水库 10km 范围地震活动的重复率曲线(续)

(a)蓄水前(2008.1—2012.9)；(b)蓄水后(2012.10—2015.4)

Figure 5.13　Repetition rate curve of seismicity within 10km of Xiangjiaba reservoir before and after impoundment

(a) Before impoundment(2008.1—2012.9)；(b) After impoundment(2012.10—2015.4)

库区微震活动大量增加时段是 2013 年 6 月—2015 年 1 月。期间，库区水位从高程 355m 增加到 380m，并在高程 380m 平稳波动变化，见图 5.14。

库水位从 281m 升高到 363m，库区地震活动增加不明显。库水位在高位波动阶段，从 281m 升高到 363m，库区 C 段微震活动增加明显，至月地震频次 230 次，平均每天增加 2.6 次/日，强度未增加。

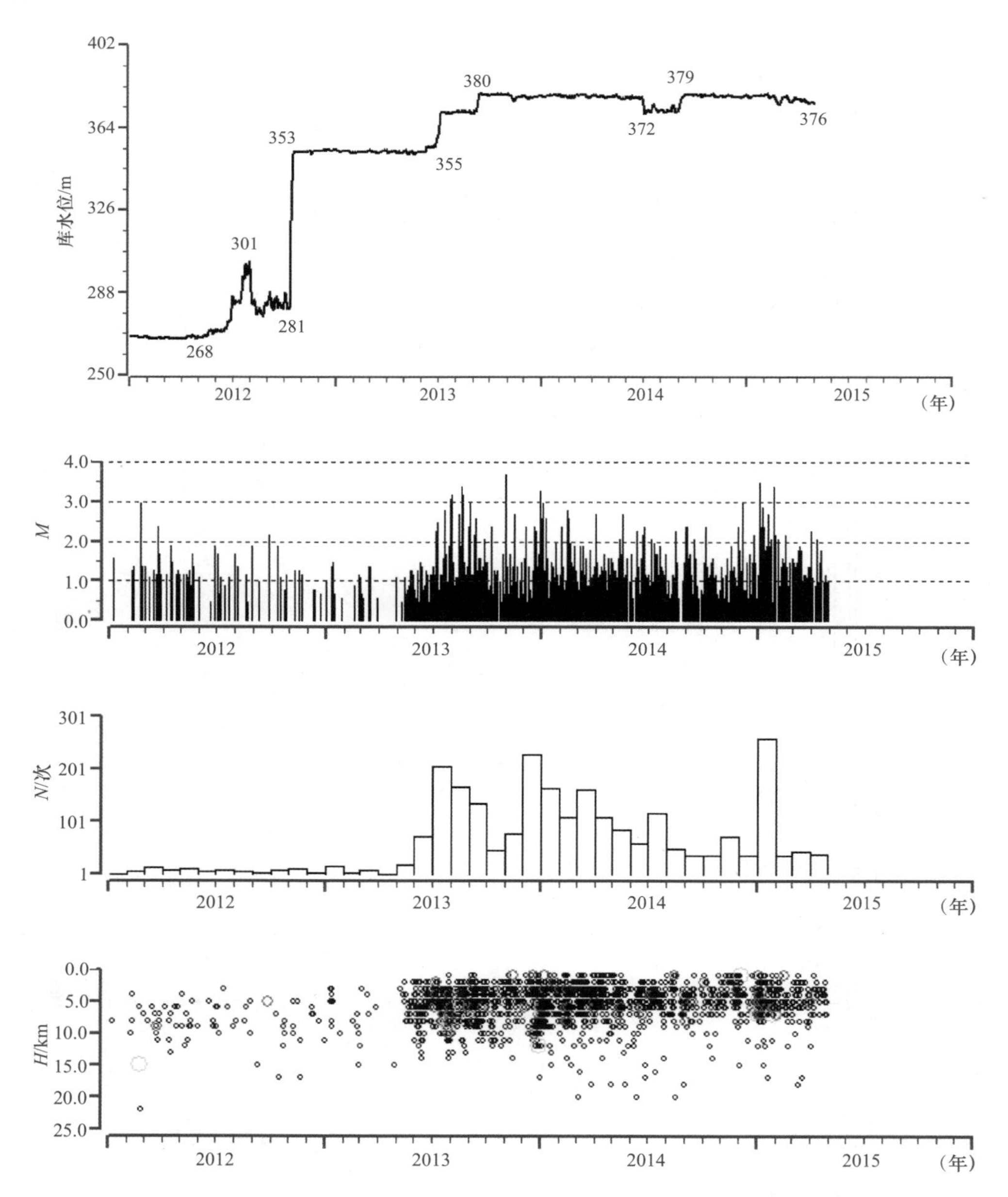

图 5.14　2012.10.1—2015.4 向家坝水库库水位曲线与库区地震活动分析曲线

(a)库水位；(b)M-t 图；(c)月地震频次图；(d)震源深度分布图

Figure 5.14　Water level curve and seismic activity analysis curve of Xiangjiaba reservoir from October 1，2012 to April，2015

(a) Reservoir water level；(b) M-t diagram；(c) Monthly seismic frequency map；(d) Sourcedepthsdistribution map

2012 年 10 月 1 日—2015 年 4 月 30 日，库区两侧 10km 内地震活动频次和震源深度跟水位变化关系。蓄水前期向家坝库区两侧 10km 内地震活动频次和震源深度随时间变化，大多数地震的震源深度分布在地下 10km 内。

库区两侧 10km 范围内地震震源深度分层分布情况：震源深度分布在地下 0～20km，

见图5.15；大部分地震分布在地下10km内。其中，部分地震浅，在0～1.9km的地震数为65次；2.0～3.9km的地震数为387次；4.0～5.9km的地震数为707次。其中，0～5.9km的地震数约1159次，占比为54.18%。

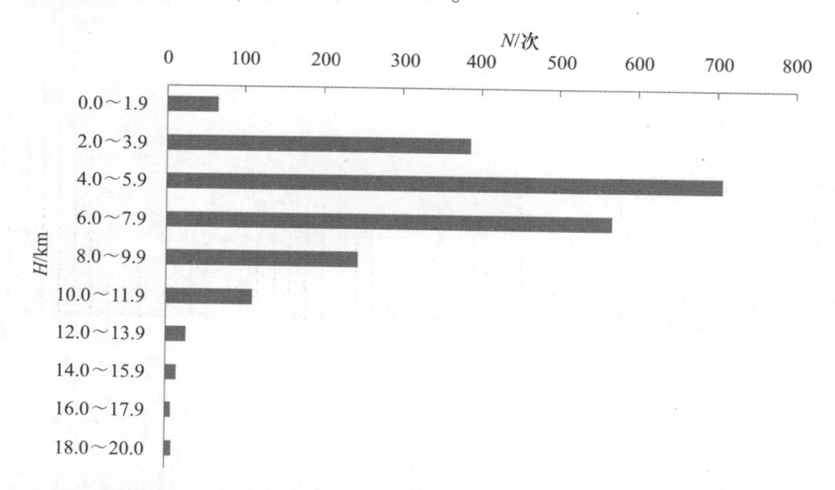

图5.15　蓄水前期向家坝库区两侧10km范围内地震震源深度的分层地震频次分布(2012.10—2015.4)

Figure 5.15　Stratified seismic frequency distribution of source depths in the 10km range of the Xiangjiaba reservoir in the early impoundment(2012.10—2015.4)

蓄水以来向家坝库区地震活动主要集中在C段中北段，即四川雷波与云南永善交界附近库区，为NS向断裂及附近局部构造裂隙分布区。小震活动的空间分布密集，形成NNW向小震密集区带。蓄水以后地震活动的空间分布延续了这种分布格局。

库区地震活动强度维持蓄水前(2007年9月—2012年9月)的强度水平，蓄水以来(2012年10月—2019年12月)没有发生突发性地震事件。蓄水前期(2012年10月—2015年4月)库区发生最大地震为2013年11月1日雷波黄琅M_L3.7地震，位于库区C段中部。蓄水中期(2015年5月—2019年12月)发生地震强度均在3级以下，地震活动月频次变化平稳。

地震活动的频次：向家坝库区10km范围，蓄水前(2008年1月—2012年9月)地震(M_L0.5以上)月频次均值为2.8次；均方差为2.7次。蓄水前期(2012年10月—2015年4月)地震(M_L0.5以上)月频次均值为79.0次；均方差为72.0次。蓄水中期(2012年5月—2019年12月)地震(M_L0.5以上)月频次均值为27.0次；均方差为9.9次，地震月频次变化平稳，见图5.16。

可见，蓄水后向家坝库区地震活动频次较蓄水前有显著增加。2015年以来至2019年库区小震频次比第二阶段有显著下降，仍显著高于蓄水前频次水平，目前变化平稳。

蓄水中期向家坝库水位资料。2015年5月1日至2019年12月31日，库水位在370～380m波动变化，库水位稳定在相对高水位，此期间变化幅度较小。期间，库区发生最大地震为2018年8月7日屏山3.0级地震，震源深度为9km，距离向家坝库坝64km，距离溪洛渡库坝37km，其地震震源机制解为：断层面走向呈NW向(337°)，倾向73°，呈左旋走滑特征。

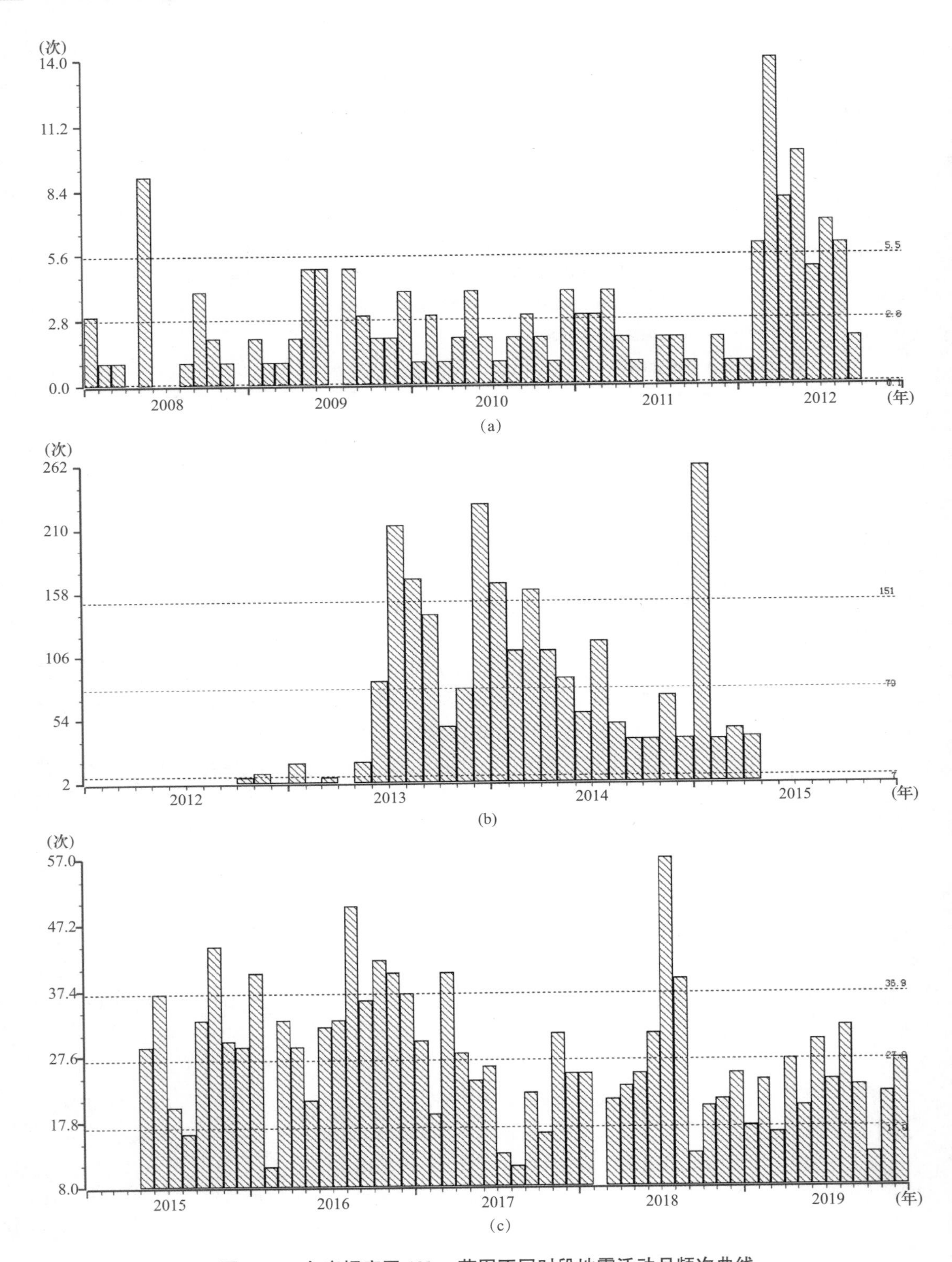

图 5.16 向家坝库区 10km 范围不同时段地震活动月频次曲线

Figure 5.16 Monthly frequency curve of seismicity in different periods within 10km of Xiangjiaba reservoir area

蓄水中期，库区地震活动强度低，频次变化平稳。地震活动分布延续前期地震活动的分布特点，集中分布在库区 C 段。分析蓄水中期库区两侧 10km 内地震活动参数：$b=1.14$，$a=4.1251$；拟合相关系数 $R=-0.998$，拟合曲线图略。

蓄水中期，向家坝库区两侧 10km 内微震震源深度分布见图 5.17：震源深度分布在地下 0 ~ 20km；大部分地震分布在地下 10km 内。其中，部分地震浅，在 0 ~ 1.9km 的地震数为 136 次；2.0 ~ 3.9km 的地震数为 343 次；4.0 ~ 5.9km 的地震数为 437 次。其中，0 ~ 5.9km的地震数为 916 次，占比约 60.66%。

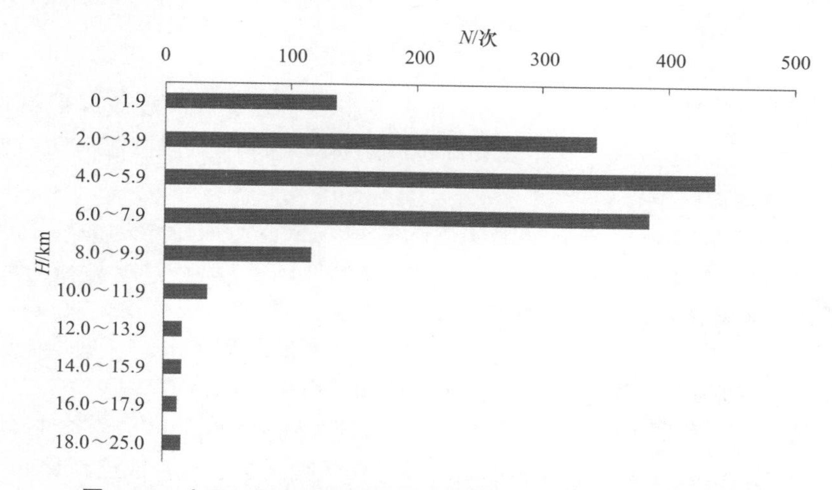

图 5.17　库区两侧 10km 范围内地震震源深度的分层频次的分布

Figure 5.17　Distribution of stratified frequency of earthquake source depths within 10km on both sides of reservoir area

5.4　向家坝水库地震活动的特点

2013 年 6 月 26 日—7 月 5 日，向家坝水库库水位迅速升到 370m 高程，库区微震活动频次增加明显。至 2013 年 9 月，向家坝水库水位升至 380m，库区微震活动持续增加。之后库区地震活动频次逐渐减少。2014 年 7 月—2015 年 1 月，库水位经历 2 次 370 ~ 380m 的升高、下降过程，库区微震活动月频次逐渐趋于平稳。

溪洛渡水库库水位：2013 年 5 月 4 日为 442m；2013 年 6 月 29 日为 539m。随溪洛渡库水位的增加，向家坝库区 C 段微震活动是明显增加的，之后，地震活动频次持续维持在较高的水平。2014 年 5 月 24 日溪洛渡水库库水位为 539m，至 9 月 30 日其升至 599m，在此高水位期间向家坝库区 C 段小震活动也有所增加，M_L3.0 左右的地震也有增加，尤其 2015 年 1 月出现微震频次增加的现象。蓄水前期向家坝、溪洛渡水库库水位观测曲线的对比分析，向家坝库区 C 段微震活动的增加，与向家坝库、溪洛渡水库水位的增加或高位波动，可能有一定关系：因为梯级水库的蓄、放水过程对库区微震活动是持续相互影响的。

蓄水中期(2015 年 5 月—2019 年 12 月)，溪洛渡库区水位仍在高位波动变化，但向家坝库区 C 段地震活动强度低、频次变化平稳，没有明显影响。因此，蓄水初期(2012 年 10 月—2013 年 4 月)向家坝水库微震活动没有明显变化。蓄水前期(2013 年 4 月—2015 年 4

月)微震活动随库水位升高而增加，随库水位上升速率而增加，呈现的地震震源机制类型有倾滑型与走滑型。蓄水中期(2015 年 5 月—2019 年 12 月)微震活动与库水位季节性升、降没有明显相关性。

基于本章分析，归纳向家坝水库地震活动的基本特点：

(1)库水位高位上升波动时段，库区微震活动有一定增加。当库水位达设计水位的高位波动阶段后，库水位上升速率为 0.21m/日，库区地震活动增加速率为 14.1 次/日。

(2)蓄水后库首区(A)和库区(B)段未有发生水库诱发地震活动。水库诱发地震空间分布范围，集中发生在向家坝库区库尾段(C)和溪洛渡库区相连局部区域。库区 C 段构造分布存在晚更新世—全新世活动断裂带。

(3)库尾段(C)属于历史中强地震活动带，本身属于强震和大震破裂带展布区带，库区本身地下构造应力水平较高．库水位在高位波动阶段，库区 C 段微震活动增加明显，平均增加 2.6 次/日，强度未增加。

(4)蓄水后水库诱发地震活动集中在库区 C 段，呈 NW 向条带展布，集中分布在马边—大关历史中强地震带中段，即空段位置。蓄水前库区 C 段最大地震 M_L2.7，蓄水后 7 年内最大 M_L3.7 地震，均属小震活动水平。

(5)库尾段属于大江和水系流向大拐折地段，有大泉、暗河出露，地质岩性存在岩溶地层，诱发地震活动发生在距江不远，且构造裂隙发育的局部区段。

(6)库尾段(C)地震震源机制解结果显示，小震震源机制解受局部构造条件影响，走滑型地震占 51%。逆冲和正断类型占 32%，即走向滑动兼有倾向滑动分量(或正、或逆)占 17%。

(7) 蓄水前后库区整体地震活动性参数 b 值差异小，蓄水前为 1.07，蓄水前期为 1.01，蓄水中期 $b=1.14$。蓄水后活动性参数 b 值略有增加。

(8)库区地震震源深度分布，蓄水前期震源深度多数分布在地下 10km 内。蓄水前期地震震源深度 0～5.9km 的地震数为 1159 次，占比约 54.18%；蓄水中期震源深度 0～5.9km 的地震数 916 次，占比约 60.66%。

(9)月度微震活动的频次：向家坝库区 10km 范围，蓄水前月均值为 2.8 次；蓄水前期(2012 年 10 月—2015 年 4 月)为蓄水前 28.2 倍；月频次均值为 79.0 倍；蓄水中期(2012 年 5 月—2019 年 12 月)为 9.6 倍。

(10) 库区周围蓄水期间区域中强地震活跃，曾经发生彝良 5.7 级、昭通鲁甸 6.5 级地震。

水库地震活动的机理，多数为微破裂型。水库蓄水积累过程中，库区浅表层岩体在库水压力及孔隙水压力作用下，库区岸坡岩体结构面上的静水和动水压力作用下产生新的破裂而引起微破裂(即微震活动)。除水压力的作用外，水对岩体及结构面的渗透、软化促进岩体产生破裂。

蓄水以来在向家坝库区 C 段小震活动图像呈现 NNW 向小震带，发生雷波黄琅田坝村 M_L3.7 地震，带内地震活动空间分布密集。虽然 2015—2019 年向家坝库区地震活动强度和频次变化不大，仍需重视库区 C 段中北部小震密集分布带与中南段稀疏区动态图像的差异变化。马边—大关地震构造带，NNW 向玛瑙断裂、NS 向猰子坝断裂、NE 向雷波断裂均为活动断裂。历史上中强地震多发生在构造带交会部位，因此玛瑙断裂、猰子坝断裂及雷波断裂附近的区域未来存在潜在中强地震的可能。

第 6 章　溪洛渡水库地震活动的时空变化及特点

金沙江溪洛渡水库位于四川省雷波县与云南省永善县之间金沙江峡谷中。区内海拔高程多在 2000 ~ 3000m，山高谷深，切割深度大于 1000 ~ 1500m，河道狭窄。河道型水库区岸线长度为 199km。水库大坝的坝顶高程为 610m，最大坝高 285.5m。水库正常蓄水位为 600m，总库容 126.7 亿 m^3。水电装机容量为 1386 万 kW，年平均发电量为 571.2 亿 kW · h。

本章依据溪洛渡水库及周围的地震监测(除历史地震资料外，中国地震台网、昆明地震台网、四川地震台网给出 1965 年以来小震监测资料，金沙江下游水库地震台网给出 2008 年以来监测资料)对蓄水前后水库地震活动时空变化及特点进行研究。

6.1　库区地震构造环境与活动断裂

库区及周围地区有记载以来的 $M_S5.0$ 及以上地震震中分布见图 6.1。

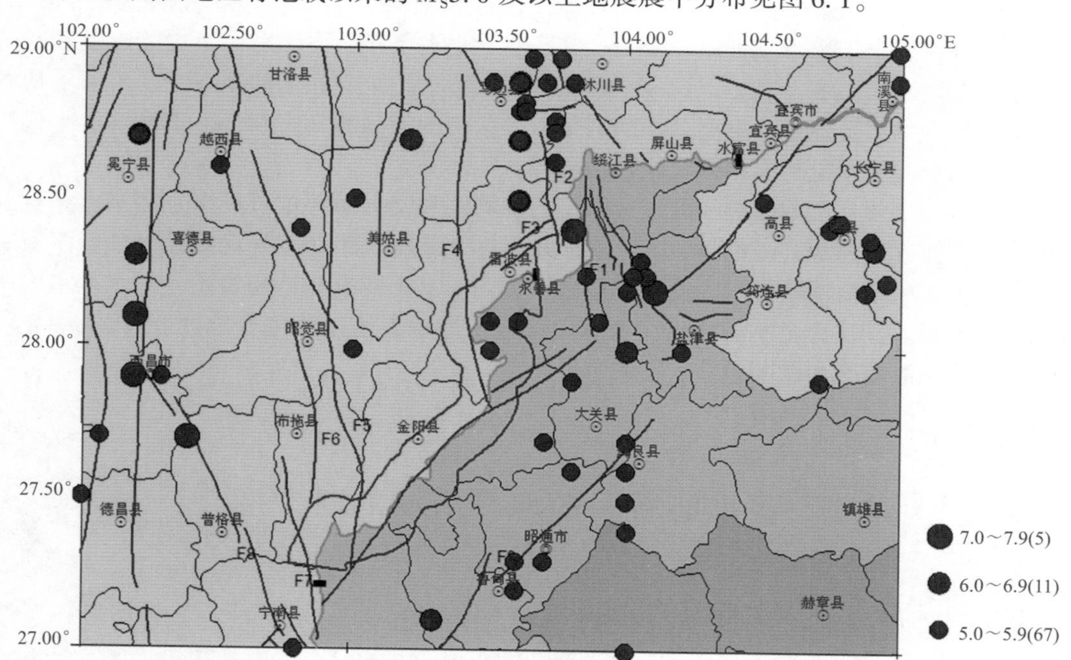

图 6.1　区域地质断裂与历史强震分布

(F1—猰子坝断裂；F2—玛瑙断裂；F3—雷波断裂；F4—三河口—烟峰—金阳断裂；F5—甘洛—竹核断裂；F6—昭觉—布拖断裂；F7—小江断裂；F8—则木河断裂；F9—昭通—鲁甸断裂)

Figure 6.1　Distribution of regional geological faults and historical strong earthquakes

(F1—Sheziba fault；F2—Manao fault；F3—Leibo fault；F4—Sanhekou-Yanfeng-Jinyang fault；F5—Ganluo-Zhuhe fault；F6—Zhaojue-Butuo fault；F7—Xiaojiang Fault；F8—Zemuhe fault；F9—Zhaotong-Ludian fault)

该区域历史破坏性地震活动的空间分布是不均匀的，主要群集在马边—盐津地震带。这是距坝址最近的强烈构造地震活动带。历史地震活动频繁，原地或带内重复率高。该区域发生 M_S5.0～5.9 地震 67 次，M_S6.0～6.9 地震 11 次，M_S7.0～7.9 地震 5 次。发生在马边—盐津地震带上的强震，记载最早是公元 1216 年四川雷波马湖 M_S7.0 地震，震中距溪洛渡大坝 24km；再是 1974 年云南大关 M_S7.1 地震，震中距工程震中距离为 45km。除马边—盐津地震带外其他区域，昭通—彝良地震带中等地震密集。冕宁—西昌—宁南一带，为安宁河—则木河断裂带展布区，地震强度大，但离库区较远。2014 年 8 月 3 日，在水库区的南面，昭通鲁甸发生 M_S6.5 地震；2019 年 6 月 17 日，长宁发生 M_S6.0 地震。其他地区地震活动不集中，零星分布，强度也不高。

溪洛渡库区两侧 10km 范围内发生 3 次中等强度地震，即 1948 年 12 月 14 日云南永善 M_S5.2 地震。水库蓄水以后 2014 年库区发生永善 M_S5.3、M_S5.0 地震。

溪洛渡水库处于地质构造活动强烈的青藏高原构造区向相对稳定、地震活动相对较弱的华南地块过渡的部位。水库及周围地区地质构造复杂，现代地震活动密集。区域断裂构造以南北向为主，如三河口—烟峰—金阳断裂、马边—大关断裂带等，再是北东向断裂，如华蓥山、莲峰、昭通断裂带等。

南北向马边—大关断裂带在坝址下游通过，距离最近处不足 20km。整个断裂带展布长约 280km，是该地区的主要活动断裂。与库区相关的重要断裂带还有猰子坝断裂，距溪洛渡坝址区最近处为 16km，为挤压逆冲型活动断裂，在晚更新世到全新世期间有过活动。北东向莲峰断裂带于水库坝址南侧 25km 处通过，沿莲峰背斜轴部发育，主要由莲峰断裂及数条北东向断层组成，总体走向 50°N～60°E，倾向北西，倾角 60°～80°，切割了从震旦系至中生界的所有地层，推测莲峰断裂带为一条切割较深的基底断裂，最晚活动年代在中更新世末至晚更新世初，第四纪晚期活动弱。

三河口—烟峰—金阳断裂往南过金阳，与莲峰断裂交会的部位可见个别溶洞，另有温泉群出露，宽度约 300m，水温 47℃，这说明沿断裂带向深部具有一定的导水性。该断裂为第四纪早—中期活动断裂，晚第四纪以来活动弱。基于断裂构造与岩溶分布，从水库库首到金阳河口段，认为是溪洛渡水库蓄水后库区水库诱发地震的主要地段。库区 1～2 段还发育一些次级断裂和微断层。

6.2 蓄水前后库区地震活动的时空变化

6.2.1 M_L2.0 以上地震的变化

根据昆明地震台网和中国地震台网资料，获得 1965 年 1 月至 2012 年 10 月蓄水前溪洛渡库区及附近地区记录的地震活动。其主要分布在马边—盐津地震带的北段与南段，强度和频次都很高，而中段较少。巧家、昭通、鲁甸一带地震密集。溪洛渡库区 10km 内地震活动分散，强度低，见图 6.2。

根据蓄水前溪洛渡库区两侧 10km 范围 M_L2.0 以上地震活动时间分布，见图 6.3，库区地震本底活动虽然呈现一定时间丛集现象，总体地震强度不高，震级在 2.0～4.5 级之

间变化，月频次为 0 ~7 次比较好，月频次均值为 0. 37 次，均方差为 ±0. 78。

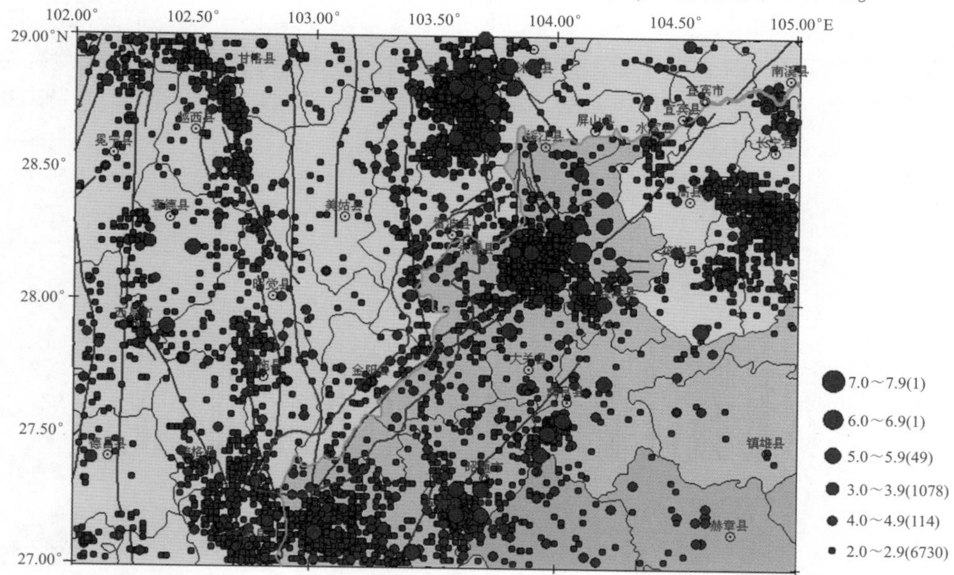

图 6. 2　蓄水前溪洛渡水库及周围地震 M_L2. 0 以上本底地震分布(1965. 1—2012. 10)

Figure 6. 2　Distribution of earthquakes above M_L 2. 0 in Xiluodu reservoir before impoundment(1965. 1—2012. 10)

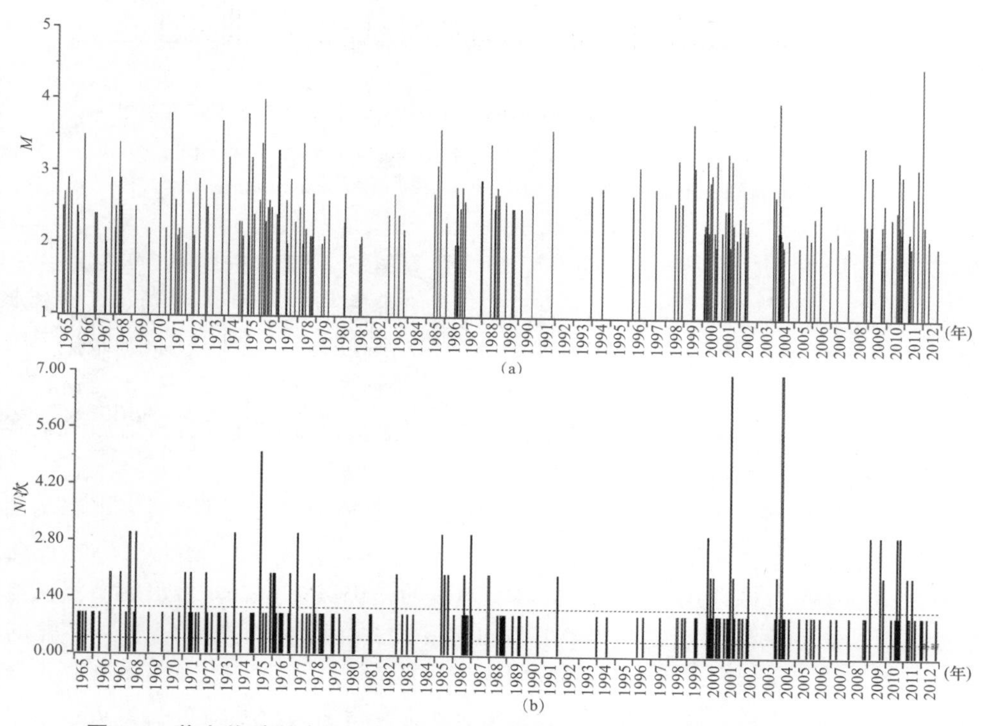

图 6. 3　蓄水前溪洛渡水库区两侧 10km 范围 M_L2. 0 以上地震 *M-t* 图和 *N-t* 图

Figure 6. 3　*M-t* and frequency *N-t* of earthquakes above M_L2. 0 within 10km on both sides of Xiluodu reservoir area before impoundment

根据蓄水后(2012 年 11 月—2020 年 2 月)溪洛渡库区两侧 10km 范围 M_L2.0 以上地震活动时间分布，见图 6.4，7 年 3 个月库区地震本底活动虽然也呈现一定时间丛集现象，地震强度比蓄水前有增强，震级在 2.0～5.3 级变化，月频次为 0～51 次，月频次均值为 4.7 次，均方差为 ±7.7。根据中国地震台网中心资料，库区地震(1965 年 1 月—2020 年 2 月)蓄水后 M_L2.0 以上地震月均频次是蓄水前的 12.7 倍。

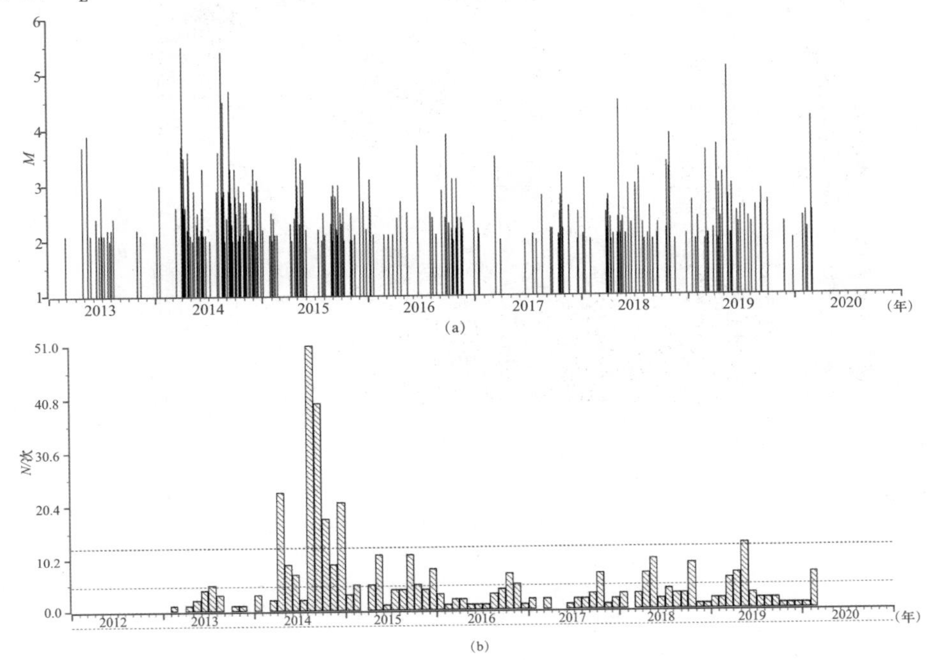

图 6.4 蓄水后溪洛渡水库区两侧 10km 范围 M_L2.0 以上 M-t 图和 N-t 图

Figure 6.4 M-t and frequency N-t of earthquakes above M_L2.0 within 10km on both sides of Xiluodu reservoir area after impoundment

分析蓄水前后 M_L2.0 以上地震活动重复率曲线(图 6.5)，蓄水前(1965 年 1 月—2012 年 10 月)水库地震活动性参数 $b=0.80$、$a=5.5273$；拟合曲线相关系数 $R=0.989$。其蓄水后水库地震活动性参数 $b=0.80$；$a=5.2891$；拟合曲线相关系数 $R=0.998$。因此，根据中国地震台网资料计算结果，可知蓄水前后 M_L2.0 以上地震活动性参数看不出差异变化。

如何分析水库诱发地震活动？在原地震活动背景上，以分析蓄水后新增加的地震活动区域的地震为准。

根据中国地震台网资料，蓄水以后(2012 年 11 月—2020 年 2 月)溪洛渡水库及周围地震分布，见图 6.6。库区地震活动与蓄水前(图 6.2)比较，突出的地震活动分布在库区Ⅰ～Ⅱ段，即图中黑框内地震；其他库区区域地震活动仍然稀少。即蓄水后溪洛渡库区在原背景地震活动区，水库增加的区域在库区 10km 内，主要分布在库区Ⅰ～Ⅱ段的空间尺度。

挑出图 6.6 中黑框内地震，分析给出地震活动重复率曲线，见图 6.7。

其蓄水后引起的水库地震活动性参数 $b=0.70$，$a=3.9017$；拟合曲线相关系数 $R=0.994$。

同时给出黑框内地震活动随时间变化曲线见图 6. 8。突出的地震活动发生在蓄水前期的 2014 年，库区发生永善 M_S5. 3、M_S5. 0 地震，地震活动频次异常增加，黑框内 M_L2. 0 以上地震月地震频次最高达 50 次。地震震源深度多分布在 10km 内。

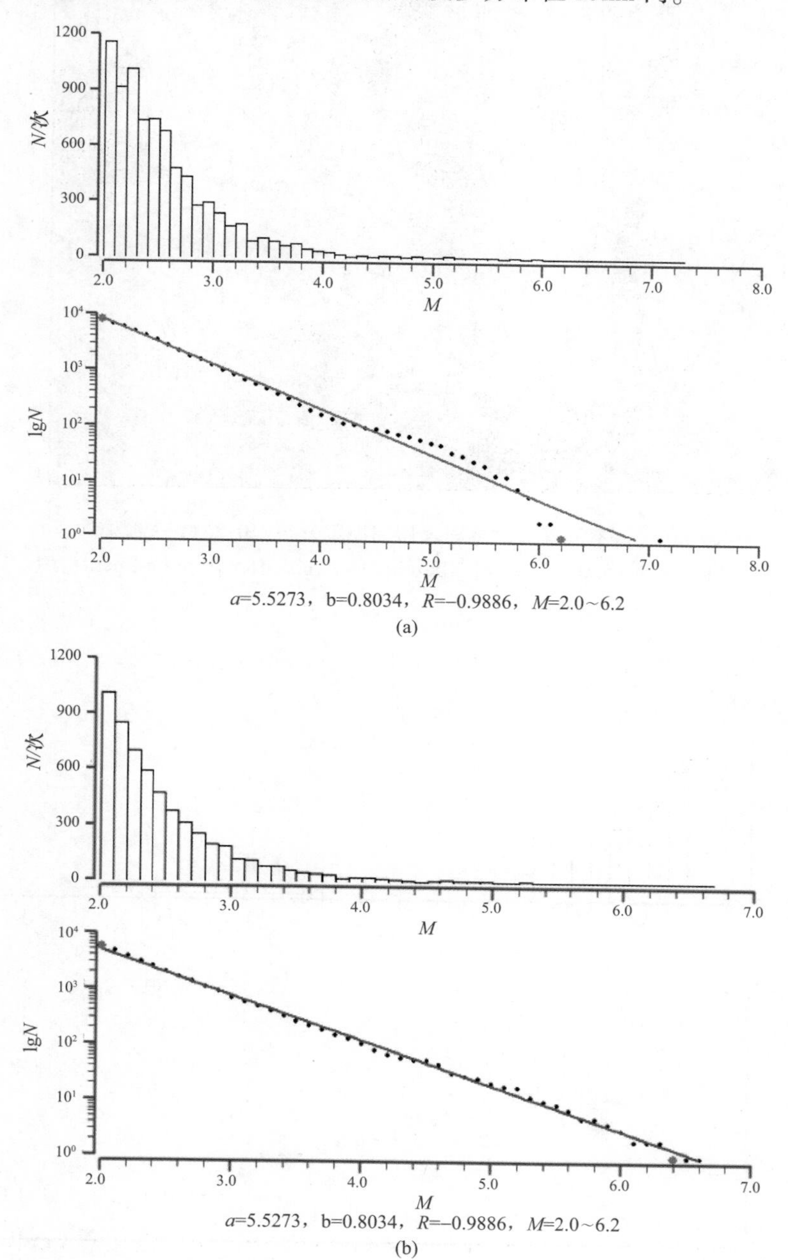

图 6. 5　蓄水后溪洛渡水库区两侧 10km 范围 M_L2. 0 以上地震重复率曲线

（a）蓄水前（1965. 1—2012. 10）；（b）蓄水后（2012. 11—2020. 2）

Figure 6. 5　Repetition rate curves of earthquakes above M_L2. 0 within 10km on both sides of Xiluodu reservoir after impoundment

（a）Before impoundment（1965. 1—2012. 10）；（b）After impoundment（2012. 11—2020. 2）

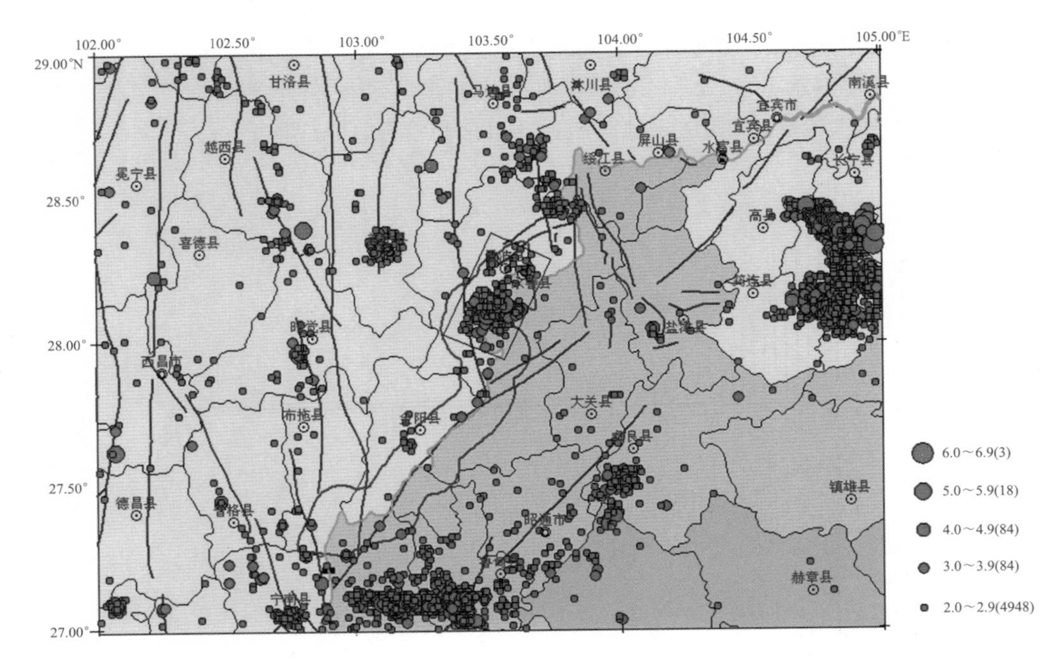

图 6.6 蓄水后溪洛渡水库及周围地震分布(2012. 11—2020. 2)

Figure 6.6 Distribution of earthquakes in Xiluodu reservoir after impoundment(2012. 11—2020. 2)

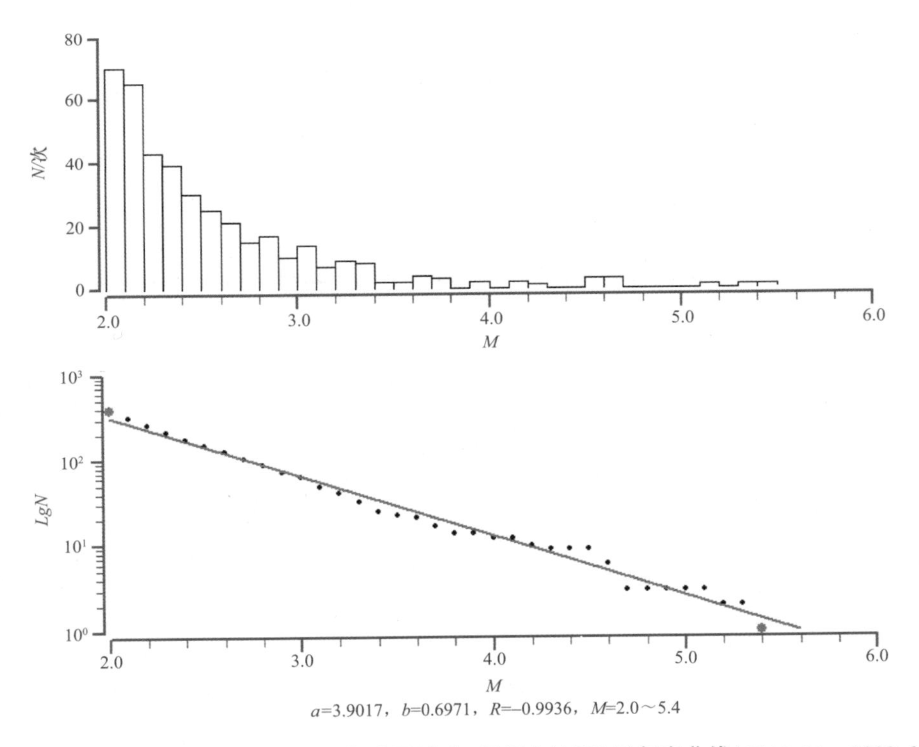

图 6.7 蓄水后溪洛渡水库水库诱发地震活动(黑框内地震)重复率曲线(2012. 11—2020. 2)

Figure 6.7 Repetition rate curves of induced earthquakes(in black frame) of Xiluodu reservoir after impoundment(2012. 11—2020. 2)

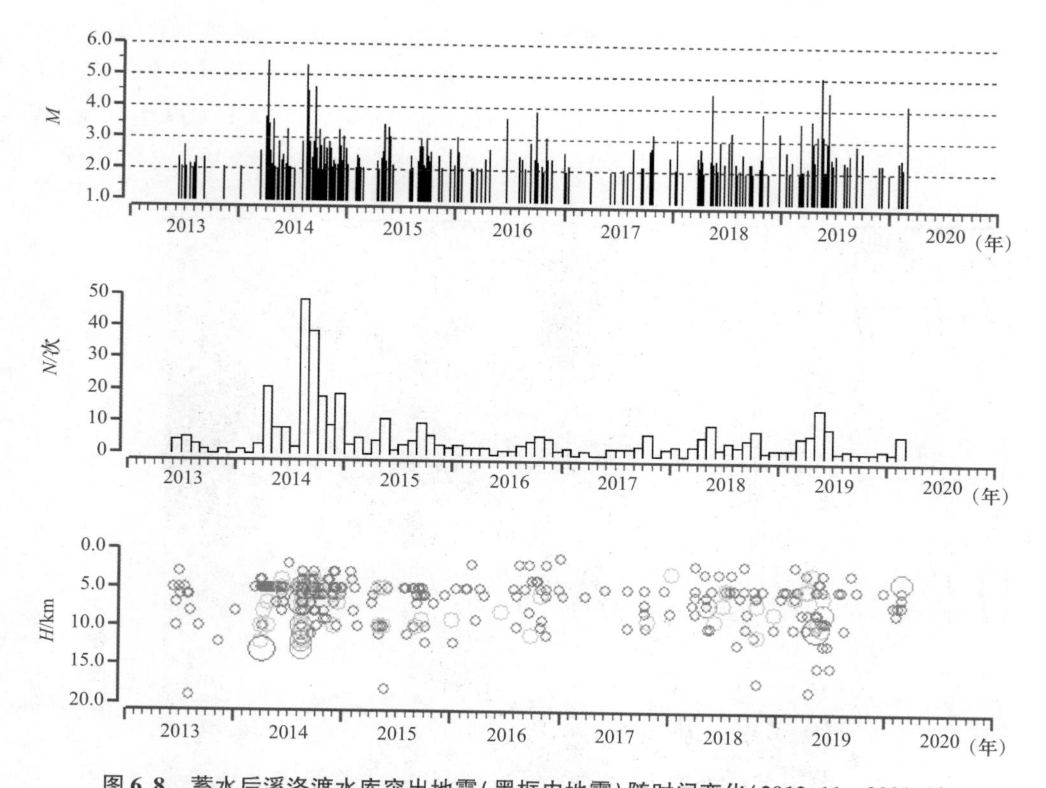

图 6.8 蓄水后溪洛渡水库突出地震(黑框内地震)随时间变化(2012.11—2020.2)

Figure 6.8 Variation of outburst earthquakes(in black frame) with time of Xiluodu reservoir after impoundment(2012.11—2020.2)

6.2.2 库区微震活动的变化

据金沙江下游水库地震台网监测资料，溪洛渡库区蓄水前(2008 年 1 月—2012 年 10 月)共发生地震 355 次。其中，0.5～0.9 级地震 108 次、1.0～1.9 级地震 212 次、2.0～2.9 级地震 30 次、3.0～3.9 级地震次 4 次、4.0～4.9 级地震次 1 次，最大地震为 2011 年 12 月 6 日 04：37 云南省巧家县的 M_L4.5 地震。库区地震活动零星分布，见图 6.9。

2008 年 1 月—2012 年 10 月，蓄水前溪洛渡水库 10km 范围第Ⅰ～Ⅱ库段地震活动的深度分布，见图 6.10。测定震源深度的地震有 139 次，其中，地震深度在地下 0～1km 为 4 次，占比约 2.88%；地震深度在地下 2～3km 约为 6 次，占比约 4.32%；地震深度在地下 4～5km 为 42 次，占比 30.22%；地震深度在地下 6～7km 为 40 次，占比约 28.78%；地震深度在地下 8～9km 为 24 次，占比约 17.27%；地震深度在地下 10～14km 为 23 次，占比约 16.55%。测定地震深度 0～5km 内地震占比约 37.42%。

2008 年 1 月—2012 年 10 月，蓄水前溪洛渡水库 10km 范围Ⅲ～Ⅶ库段地震活动的深度分布见图 6.11。测定震源深度的地震有 216 次，其中，地震深度在地下 0～1km 为 1 次，占比约为 0.46%；地震深度在地下 2～3km 为 2 次，占比约为 0.93%；地震深度在地下 4～5km 为 53 次，占比约为 24.54%；地震深度在地下 6～7km 为 51 次，占比约为

23.61%；地震深度在地下 8～9km 约为 39 次，占比约为 18.06%；地震深度在地下 10～11km 为 34 次，占比约为 15.74%；地震深度在地下 12～13km 为 17 次，占比约为 7.87%；地震深度在地下 14～20km 为 19 次，占比约为 8.80%。测定地震深度 0～5km，地震约占 25.09%。

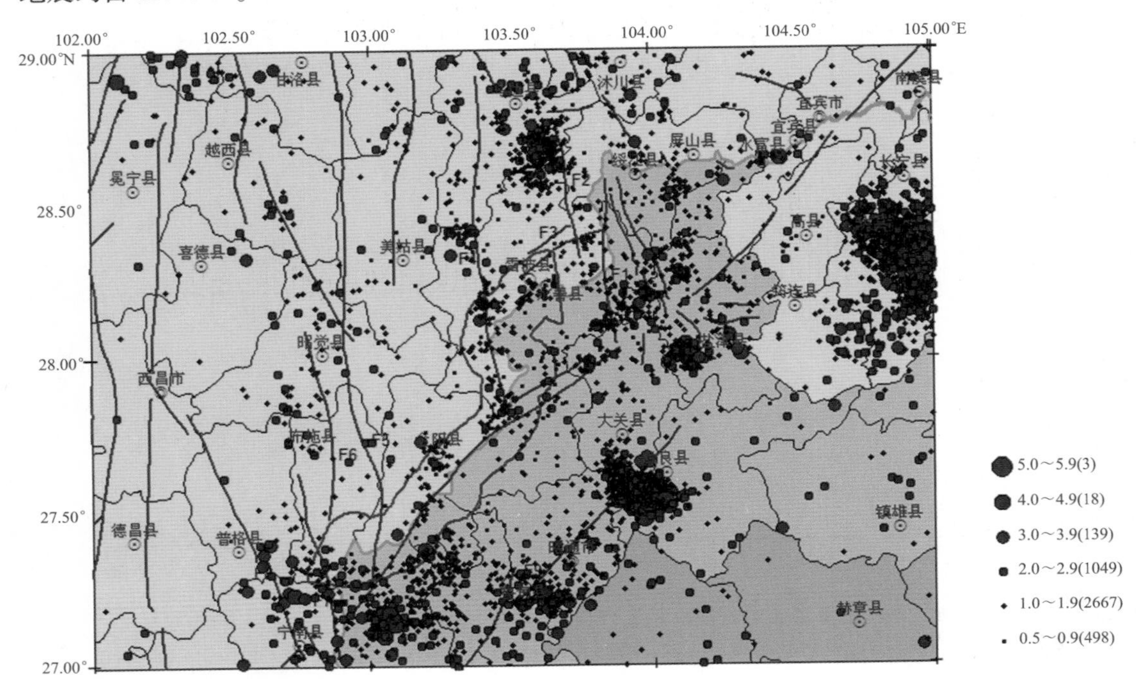

图 6.9　蓄水前溪洛渡库区微震活动分布(2008.1—2012.10)

Figure 6.9　Distribution of microseismic activity in Xiluodu reservoir before impoundment(2008.1—2012.10)

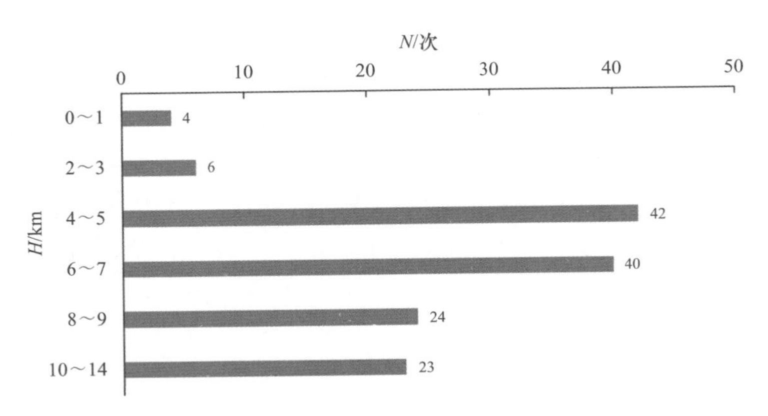

图 6.10　蓄水前溪洛渡库区 10km 范围Ⅰ～Ⅱ段微震深度的分层频次分布图(2008.1—2012.10)

Figure 6.10　Stratification frequency distribution of microseismic depths of section Ⅰ～Ⅱ within 10km of Xiluodu reservoir before impoundment(2008.1—2012.10)

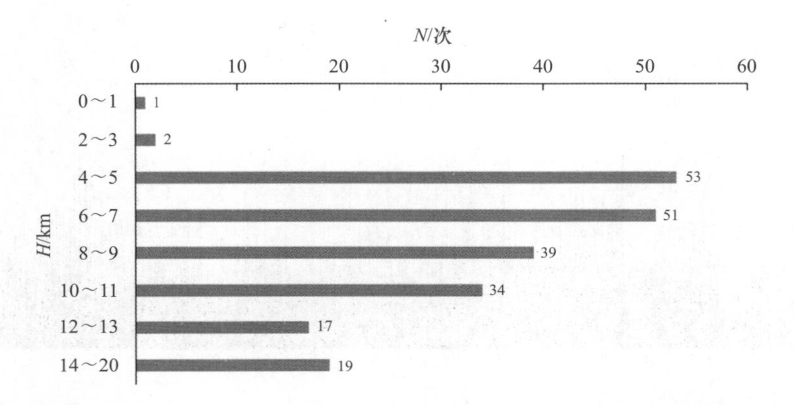

图 6.11　蓄水前溪洛渡库区 10km 范围Ⅲ～Ⅶ段微震深度的分层频次分布图(2008.1—2012.10)

Figure 6.11　Stratification frequency distribution of microseismic depths of section Ⅲ～Ⅶ within 10km of Xiluodu reservoir before impoundment(2008.1—2012.10)

溪洛渡水库蓄水从 2012 年 11 月 1 日导流洞下闸后，至 2013 年 4 月底，水库水位从 380m 逐步上升至 440m 高程；这一时段，库水位抬升 60m，库水位上升速率为 0.4m/日，地震增加数 166，库区地震活动增加速率为 1.11 次/日。

2013 年 5 月 1 日—6 月 24 日，库水位迅速上升至 540m 高程，库水位抬升 100m，库水位上升速率为 1.82m/日；地震增加数 2565 次，库区地震活动增加速率为 46.64 次/日。

2014 年 5 月 23 日—2014 年 9 月 27 日库水位逐渐上升至 600m 高程，库水位抬升 60m，库水位上升速率为 0.48m/日；地震增加数 2322 次，库区地震活动增加速率为 18.43 次/日。

蓄水后溪洛渡水库达到设计水位 600m 高程，共抬升 220m。之后，库水位在 540～600m 之间高位波动，呈现为属季节性波动变化。

溪洛渡库区地震活动，微震大量增加和中等地震活动的发生，包括发生两次 5 级地震，均在前期库水位持续增加的时间段。之后，库区微震活动频次减少，也再未发生 5 级地震，见图 6.12。

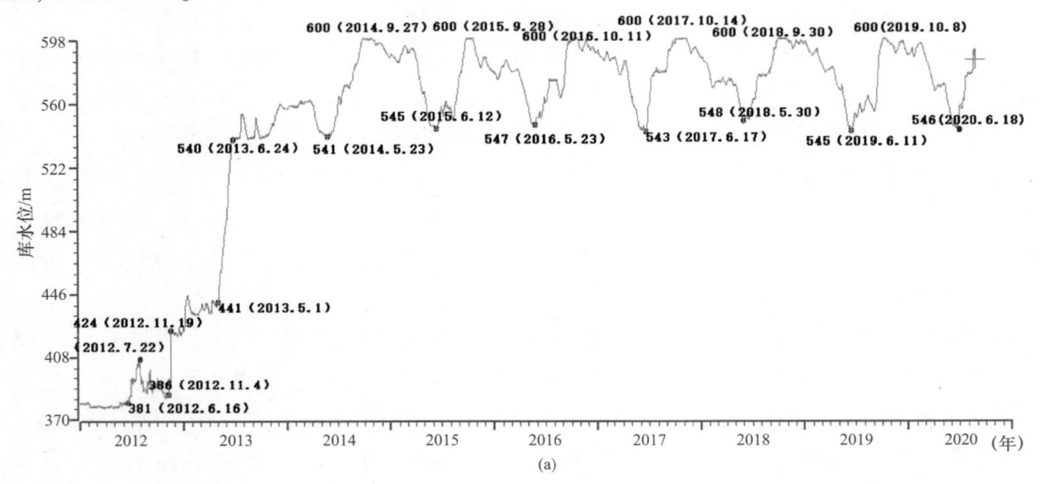

图 6.12　溪洛渡水库水位变化曲线(a)和库区 10km 范围地震活动 *M-t*(b)和月频次曲线(c)

Figure 6.12　Water level curve of Xiluodu reservoir (a) and seismic *M-t* (b) and monthly frequency curve (c) within 10km of reservoir area

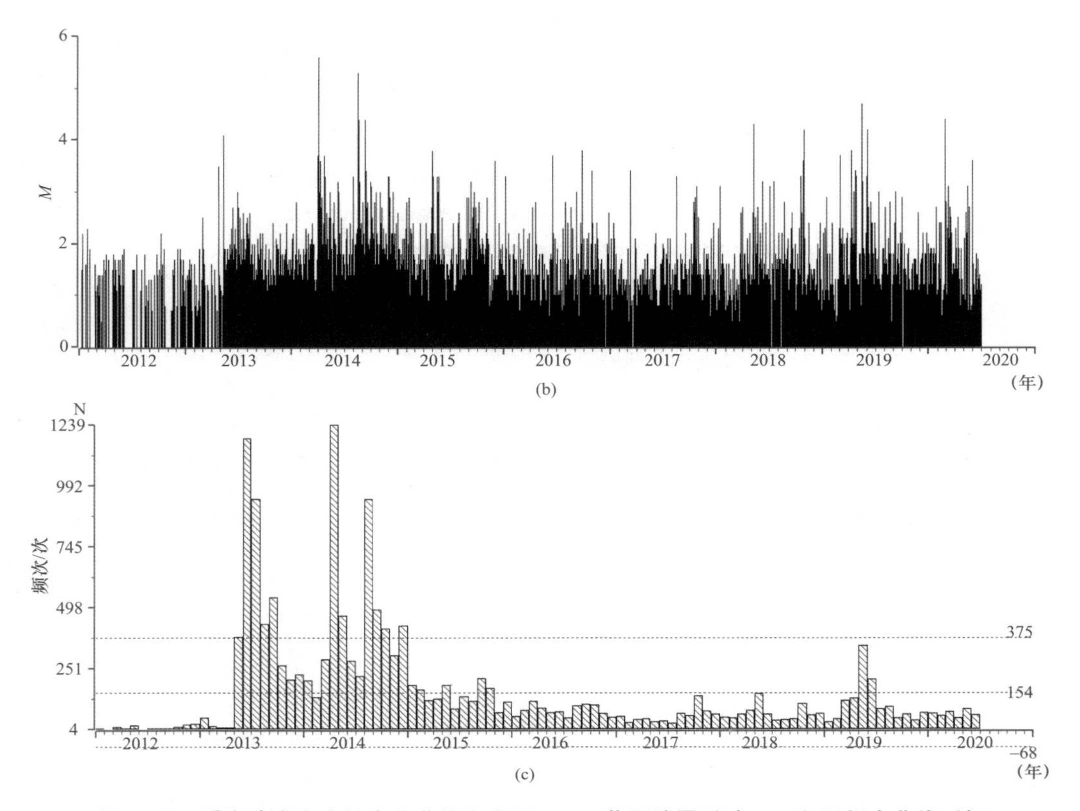

图 6.12　溪洛渡水库水位变化曲线和库区 10km 范围地震活动 *M-t* 和月频次曲线(续)

Figure 6.12　Water level curve of Xiluodu reservoir (a) and seismic *M-t* (b) and monthly frequency curve (c) within 10km of reservoir area

根据金沙江下游水库地震监测台网资料，蓄水后(2012 年 10 月—2020 年 2 月)溪洛渡库区微震活动分布见图 6.13。突出地震活动分布在库区 10km 范围Ⅰ～Ⅱ段，即黑框内地震，库区其他各段微震活动分布密度也相对稀疏，数量少。

挑出图 6.13 中 10km 范围Ⅰ～Ⅱ段，即黑框内地震给出地震 M_L0.5 以上地震随时间变化曲线图 6.14，蓄水前期 2013—2014 年中最高月频次达 1200 次，之后地震活动逐渐减少趋于平稳。地震震源深度主要分布在地下 0～10km，且 0～8km 深度分布密集。

蓄水后溪洛渡水库 10km 范围微震活动变化，库水位从 380m 升到 445m，库区地震活动变化不大。库区水位从 440m 升到 538m，期间库水位增加速率为 1.6m，库区地震活动急剧增加。在库水位高位波动阶段，地震强度增加，库区 2 段发生 2 次 5 级地震，分别距金沙江直线距离 2km、3km。

这里重点分析蓄水前后库区 10km 范围Ⅰ～Ⅱ段(即黑框)内地震活动随时间变化曲线，见图 6.15。蓄水前期(2012 年 11 月 1 日—2013 年 5 月 4 日)属于枯水期，库水位上升变化小，库区地震活动变化也小，2013 年 5 月库水位从高程 440～540m，抬升 100m，库区Ⅰ～Ⅱ段微震活动急剧增加，局部微震活动每天达到 30～40 次。之后库水位在高位波动，至 2014 年 4 月库水位波动下降段，库区 10km 范围Ⅱ段发生云南永善 M_S5.3 地震，局部微震活动每天达到 40～60 次。后库水位回升至高程 598m，在高位抬升 48m 期间，再次

发生永善 M_S5.0 地震。局部微震活动每天达到 60 ~ 80 次。微震高频次地震活动延续至 2014 年底，之后趋于平稳。

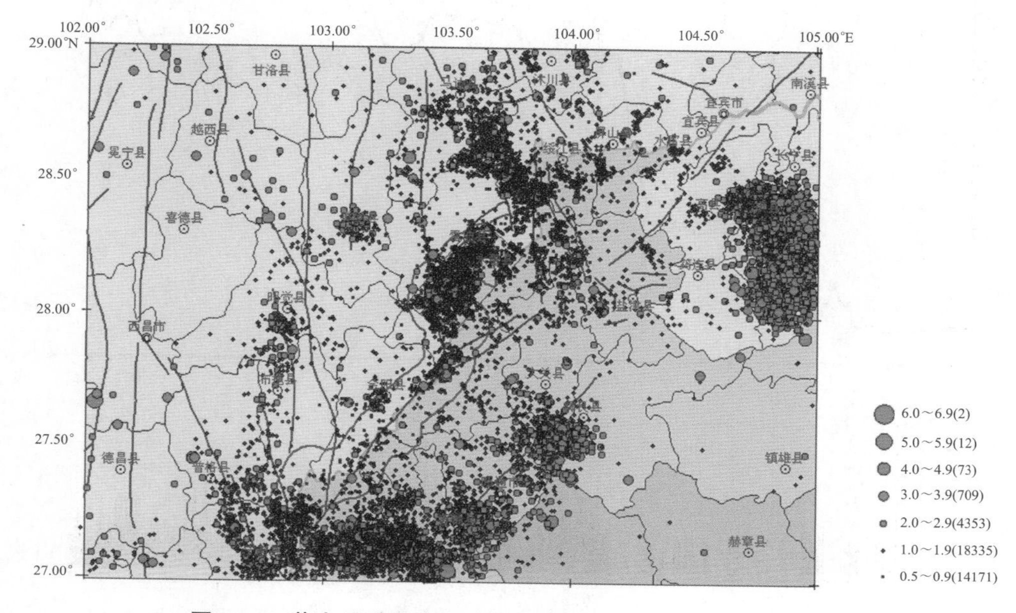

图 6.13　蓄水后溪洛渡库区微震活动分布(2012. 10—2020. 2)

Figure 6.13　Distribution of microseismic activity in Xiluodu reservoir after impoundment(2012. 10—2020. 2)

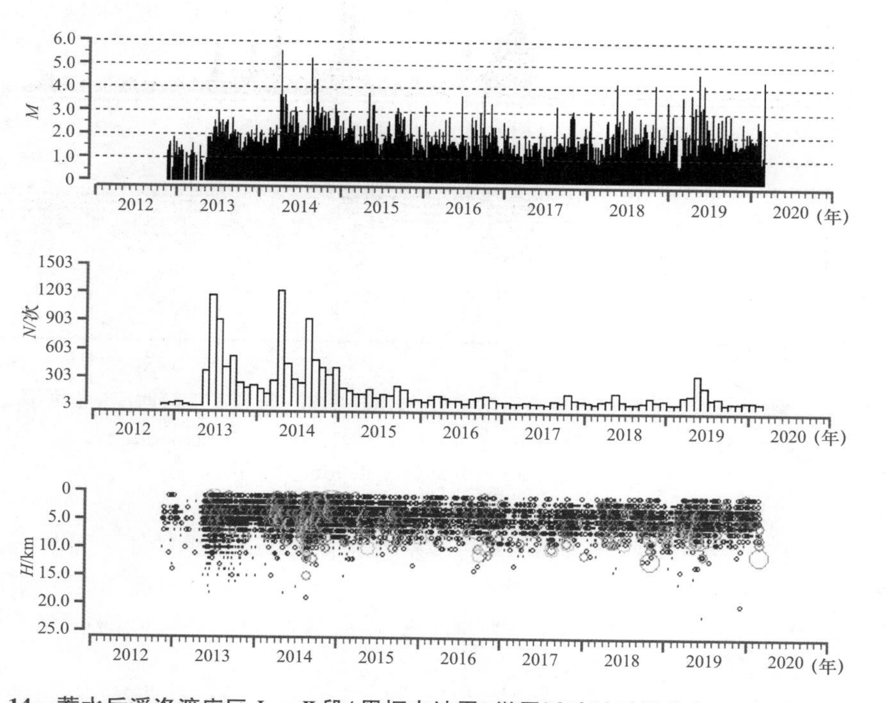

图 6.14　蓄水后溪洛渡库区 Ⅰ ~ Ⅱ 段(黑框内地震)微震活动随时间分布(2012. 10—2020. 2)

Figure 6.14　Distribution of microseismic activity(in black frame) with time of section Ⅰ ~ Ⅱ of Xiluodu reservoir after impoundment(2012. 11—2020. 2)

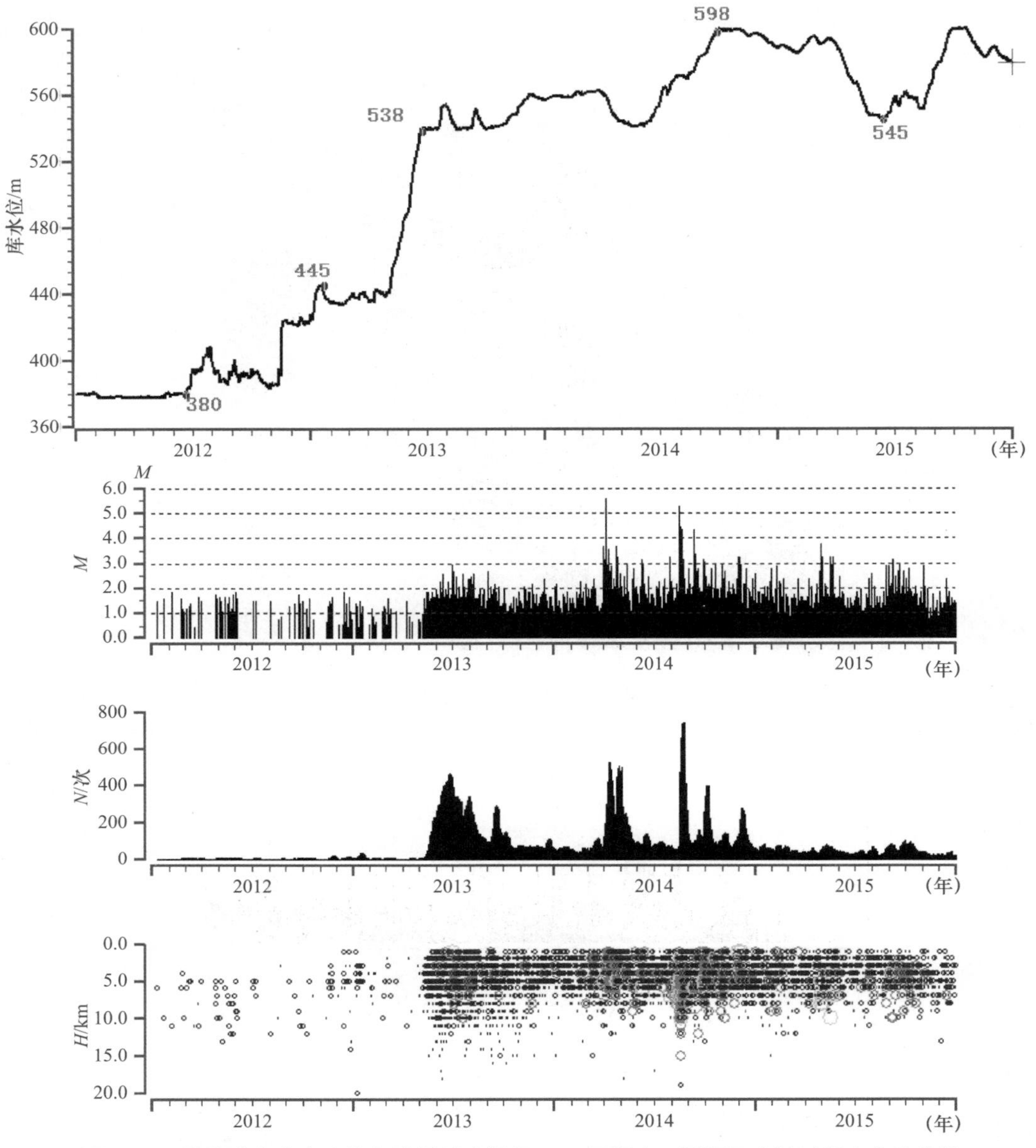

图 6.15 溪洛渡水库库水位与地震活动震级、10 日频次、震源深度随时间变化的曲线

Figure 6.15 Variation curves of water level, seismicity magnitude, 10 day frequency and source depths with time

蓄水前期(2012 年 11 月—2015 年 4 月)溪洛渡水库 10km 范围第Ⅰ～Ⅱ库段地震活动的深度分布，见图 6.16。测定震源深度的地震有 9887 次，其中，地震深度在地下 0～1km 为 576 次，占比约为 5.83%；地震深度在地下 2～3km 为 3331 次，占比约为 33.69%；地震深度在地下 4～5km 为 3637 次，占比约为 36.79%；地震深度在地下 6～7km 为 1484 次，占比约为 15.01%；地震深度在地下 8～9km 为 636 次，占比约为 6.43%；地震深度在地下 10～11km 为 164 次，占比约为 1.66%；地震深度在地下 12～20km 为 59 次，占比约为 0.60%。测定地震深度在 0～5km，地震占比约为 76.31%。

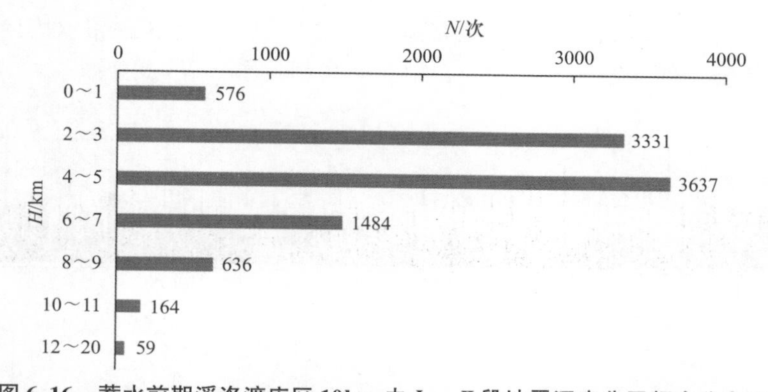

图 6.16　蓄水前期溪洛渡库区 10km 内 Ⅰ ~ Ⅱ 段地震深度分层频次分布图

Figure 6.16　Stratification frequency distribution of earthquake depths of section Ⅰ ~ Ⅱ within 10km of Xiluodu reservoir in the early stage of impoundment

蓄水前期(2012 年 11 月—2015 年 4 月)溪洛渡水库 10km 范围第Ⅲ ~ Ⅶ库段地震活动的深度分布，见图 6.17。测定震源深度的地震有 396 次，其中，地震深度在地下 0 ~ 1km 为 19 次，占比约为 4.80%；地震深度在地下 2 ~ 3km 为 50 次，占比约为 12.63%；地震深度在地下 4 ~ 5km 为 80 次，占比约为 20.20%；地震深度在地下 67km 为 103 次，占比约为 26.01%；地震深度在地下 8 ~ 9km 为 66 次，占比约为 16.67%；地震深度在地下 10 ~ 11km 为 44 次，占比约为 11.11%；地震深度在地下 12 ~ 20km 为 34 次，占比约为 8.59%。测定地震深度在 0 ~ 5km，地震占比约为 37.63%。

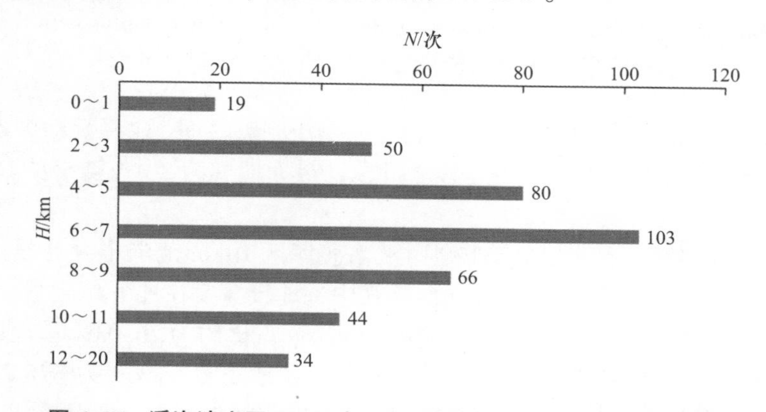

图 6.17　溪洛渡库区 10km 内Ⅲ ~ Ⅶ段地震深度分层频次分布图

Figure 6.17　Stratification frequency distribution of earthquake depths of section Ⅲ ~ Ⅶ within 10km of Xiluodu reservoir

蓄水中期溪洛渡库区微震活动。蓄水中期是指水库蓄水 2 ~ 3 年后 10 年的库区地震监测记录时段监测地震的分析结果。溪洛渡库区达到正常蓄水水位，2015—2019 年，水位呈周期变化，一般每年的 6 月左右达到最低水位、10 月达到最高水位，水位变化在 540 ~ 600m。

蓄水中期溪洛渡库区两岸 10km 范围内微震活动仍在库区Ⅰ段、Ⅱ段地震密集，库区微震活动随时间变化曲线见图 6.18。除发生少量 3 ~ 4 级地震外，多数为微震活动。地震深度仍多分布在地下 0~10km 内。日地震频次在 20 次以内。分析溪洛渡库区 10km 蓄水中期地震活动新参数 $b=0.92$。$a=4.3066$，拟合曲线相关系数 $R=0.998$。

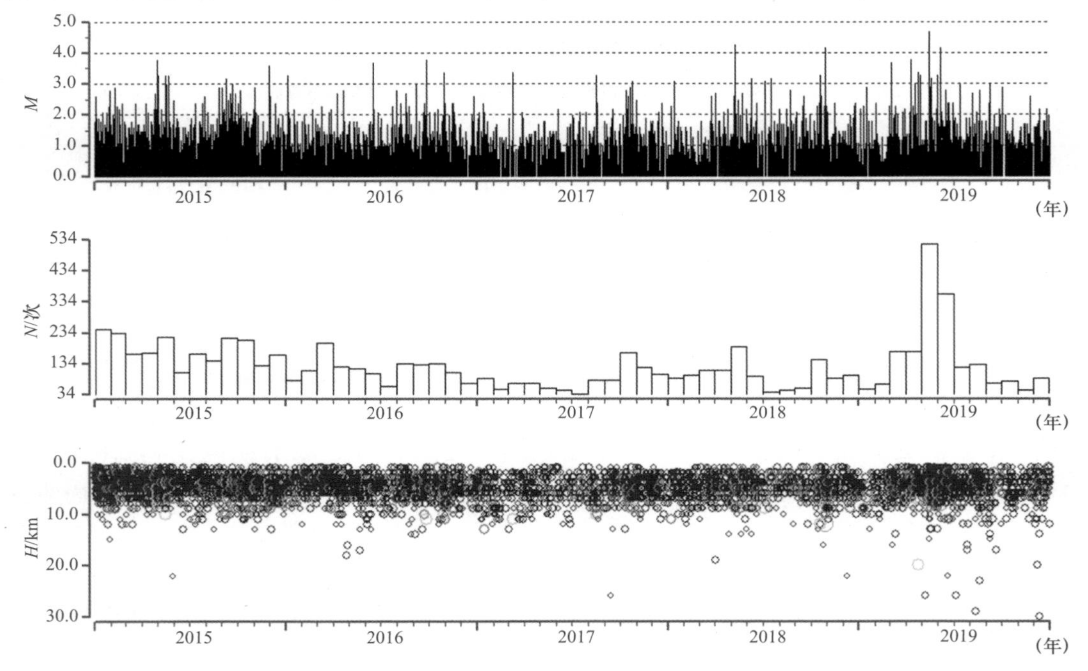

图 6.18 蓄水中期溪洛渡库区 10km 范围地震震级、频次与深度随时间变化曲线

Figure 6.18 Variation curves of magnitude, frequency and depths with time in Xiluodu reservoir in the middle stage of impoundment

溪洛渡库区 10km 内蓄水中期(2015 年 5 月—2019 年 12 月)地震活动频次和强度都有所减弱，地震活动仍然集中在库区的Ⅰ段、Ⅱ段，最大地震为 2019 年 5 月 16 日发生在永善县的 M4.7 地震。

蓄水中期(2015 年 5 月—2019 年 12 月)溪洛渡库区 10km 范围Ⅰ~Ⅱ段地震深度分布见图 6.19。测定震源深度的地震有 4399 次，其中，地震深度在地下 0~1km 为 209 次，占比约为 4.75%；地震深度在地下 2~3km 为 1145 次，占比约为 26.03%；地震深度在地下 4~5km 为 1866 次，占比约为 42.42%；地震深度在地下 6~7km 为 875 次，占比约为 19.89%；地震深度在地下 8~9km 为 232 次，占比约为 5.27%；地震深度在地下 10~11km 为 51 次，占比约为 1.16%；地震深度在地下 12~20km 为 21 次，占比约为 0.48%。测定地震深度在 0~5km，地震占比约为 73.2%。

蓄水中期(2015 年 5 月—2019 年 12 月)溪洛渡库区 10km 范围库区Ⅲ~Ⅶ段地震深度分布见图 6.20。测定震源深度的地震有 470 次，其中，地震深度在地下 0~1km 为 6 次，占比约为 1.28%；地震深度在地下 2~3km 为 39 次，占比约为 8.30%；地震深度在地下 4~5km为 75 次，占比约为 15.96%；地震深度在地下 6~7km 为 163 次，占比约为 34.68%；地震深度在地下 8~9km 为 100 次，占比约为 21.28%；地震深度在地下 10~11km 为 59 次，占比约为 12.55%；地震深度在地下 12~20km 为 28 次，占比约为 5.96%。测定地震深度在 0~5km，地震占比约为 25.54%。

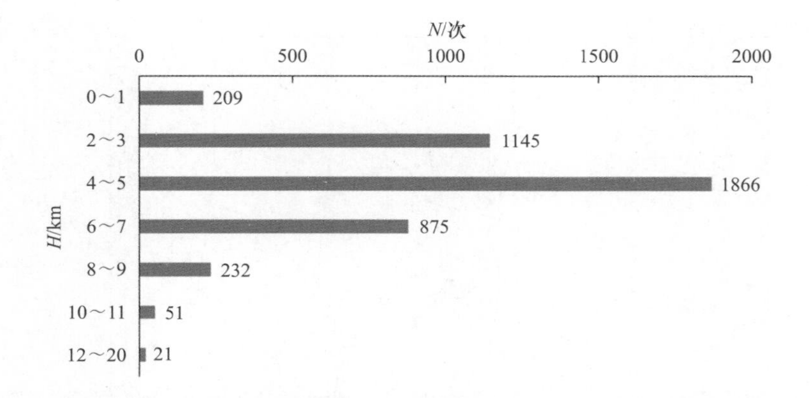

图6.19　蓄水中期溪洛渡水库10km内库区Ⅰ～Ⅱ段地震深度分层频次分布图

Figure 6.19　Stratification frequency distribution of earthquake depths of section Ⅰ～Ⅱ within 10km of Xiluodu reservoir in the middle stage of impoundment

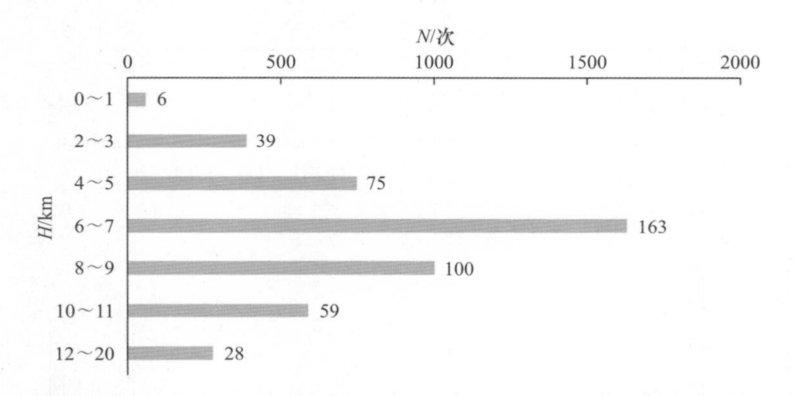

图6.20　蓄水中期溪洛渡水库10km内库区Ⅲ～Ⅶ段地震深度分层频次分布图

Figure 6.20　Stratification frequency distribution of earthquake depths of section Ⅲ～Ⅶ within 10km of Xiluodu reservoir in the middle stage of impoundment

从2012年11月1日溪洛渡库区蓄水至2019年12月31日库区发生的M_L4.0以上地震见图6.21，其中2014年4月5日永善M_L5.6（M_S5.3）、2014年8月17日永善M_L5.3（M_S5.0）地震同处于库区Ⅱ段，位于三河口—烟峰—金阳断裂东侧。2014年4月5日永善M_L5.6（M_S5.3）地震、2014年8月17日永善M_L5.3（M_S5.0）地震的余震活动的空间分布，呈现为北西向带状展布区域。除这2次5.0级地震外，该余震区域至今发生M_L4.0以上地震10次，其中库区Ⅱ段M_L4.0以上地震9次（2014年6次，2018年1次，2019年2次）；2013年库区Ⅲ段发生M_L4.0以上地震1次。

蓄水前后溪洛渡整个库区10km范围微震活动频次随时间变化曲线见图6.22。蓄水前2008—2012年库区地震监测能力达到M_L0.5以上，5年期间月地震频次在35次内波动，月均频次为6.8次，均方差为±7.3。蓄水后2013年至2020年2月间，7年2个月时间月地震频次在1240次内变化，月均频次为177次，均方差为±234。其中，2013—2014年月均频次为402次，均方差为±346；2015年5月—2020年2月均频次为91次，均方差为±55次。

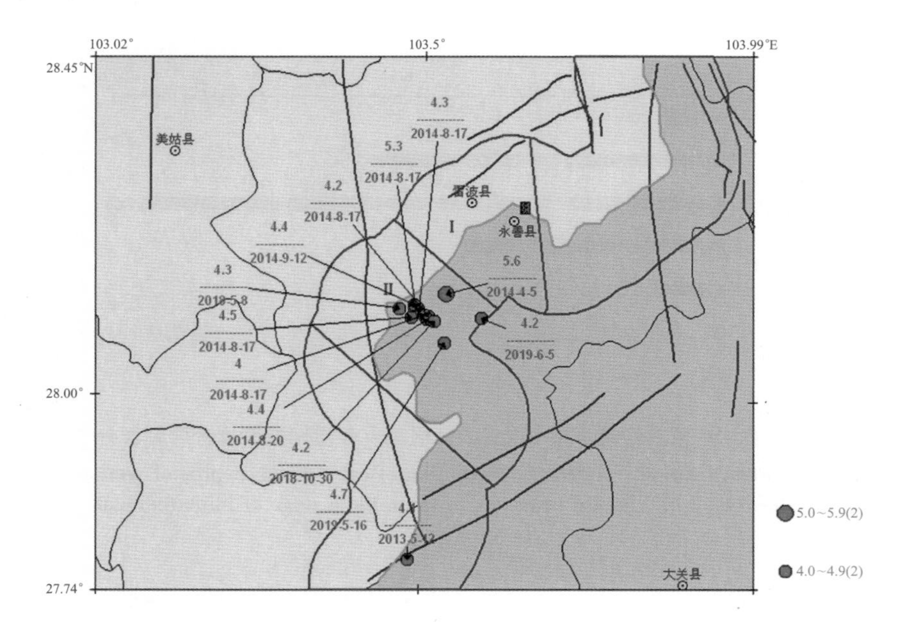

图 6.21　蓄水以来溪洛渡库区发生的 M_L4.0 以上地震分布(2012.11—2019.12)

Figure 6.21　Distribution of earthquakes above M_L4.0 in Xiluodu reservoir since the impoundment(2012.11—2019.12)

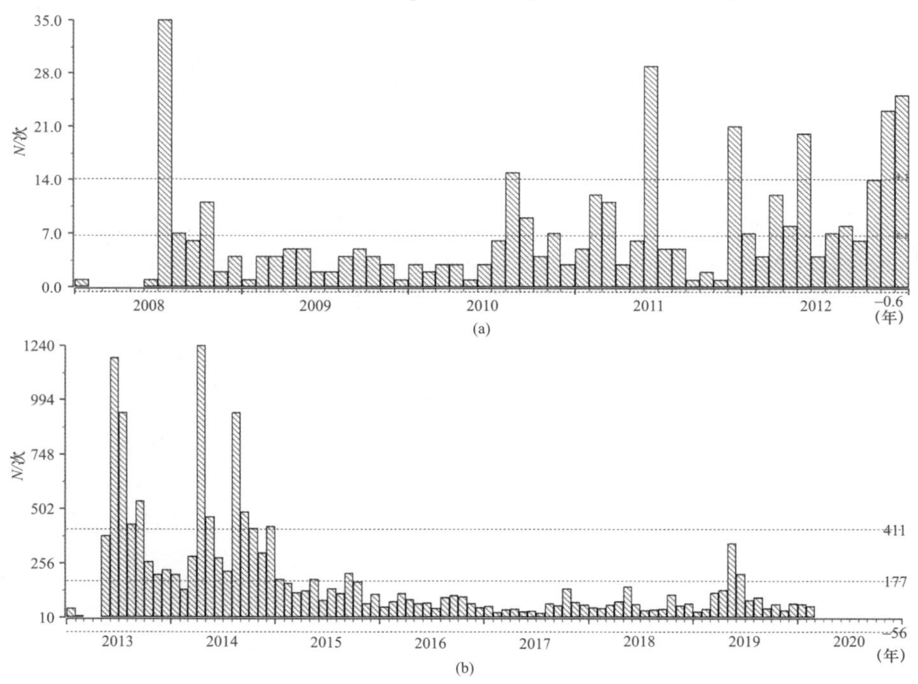

图 6.22　蓄水前后溪洛渡库区 10km 范围不同时段微震活动频次比较

(a)蓄水前月频次；(b)蓄水后月频次

Figure 6.22　Comparison of microseismic activity frequency in different periods within 10km of Xiluodu reservoir before and after impoundment

(a) Before impoundment；(b) After impoundment

分析溪洛渡水库库区两岸 10km 内地震活动分阶段重复率曲线，见图 6. 23。

蓄水前(2008 年 1 月—2012 年 10 月)计算给出的地震活动参数 $b=0.83$；$a=3.2435$；拟合曲线相关系数 $R=0.994$；蓄水前期(2012 年 11 月—2015 年 4 月)计算给出的地震活动参数 $b=0.89$，$a=4.4077$；拟合曲线相关系数 $R=0.997$；蓄水中期(2015 年 5 月—2020 年 2 月)计算给出的地震活动参数 $b=0.86$；$a=4.1906$；拟合曲线相关系数 $R=0.998$；蓄水以后 b 值略有增加，实际反映微震活动大量增加。

2008 年 1 月—2020 年 2 月，蓄水前后溪洛渡库区 10km 范围 M_L4. 0 以上地震活动 M-t 图见图 6. 24，可见库区中等地震活动主要分布在蓄水后(2013—2014 年)，即前期，2014 年 4 月 5 日溪洛渡库区Ⅱ段发生永善 5. 3 级地震，8 月 17 日发生 5. 0 级地震。之后库区发生 10 次 4 级地震，其中 2014 年 8—9 月发生 6 次 4 级地震，最大 4. 5 级。蓄水前仅 1 次，发生在 2011 年。2015—2017 年未发生地震，2018 年 1 月—2020 年 2 月发生 5 次 4 级地震，最大 4. 7 级。

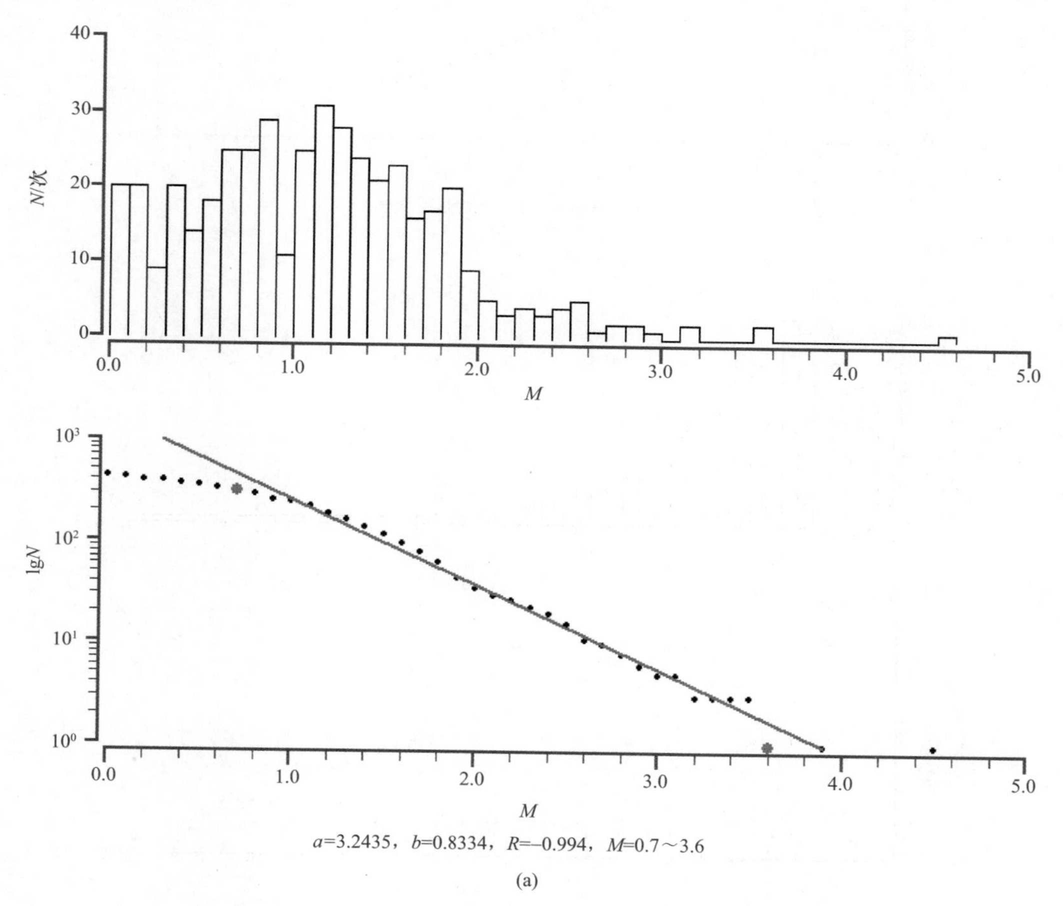

图 6. 23　溪洛渡库区两岸 10km 内地震活动分阶段重复率曲线

(a) 蓄水前(2008 年 1 月—2012 年 10 月)

Figure 6. 23　Phased repetition rate curve of seismicity within 10km on both sides of Xiluodu reservoir area

(a) Before impoundment (2008. 1—2012. 10)

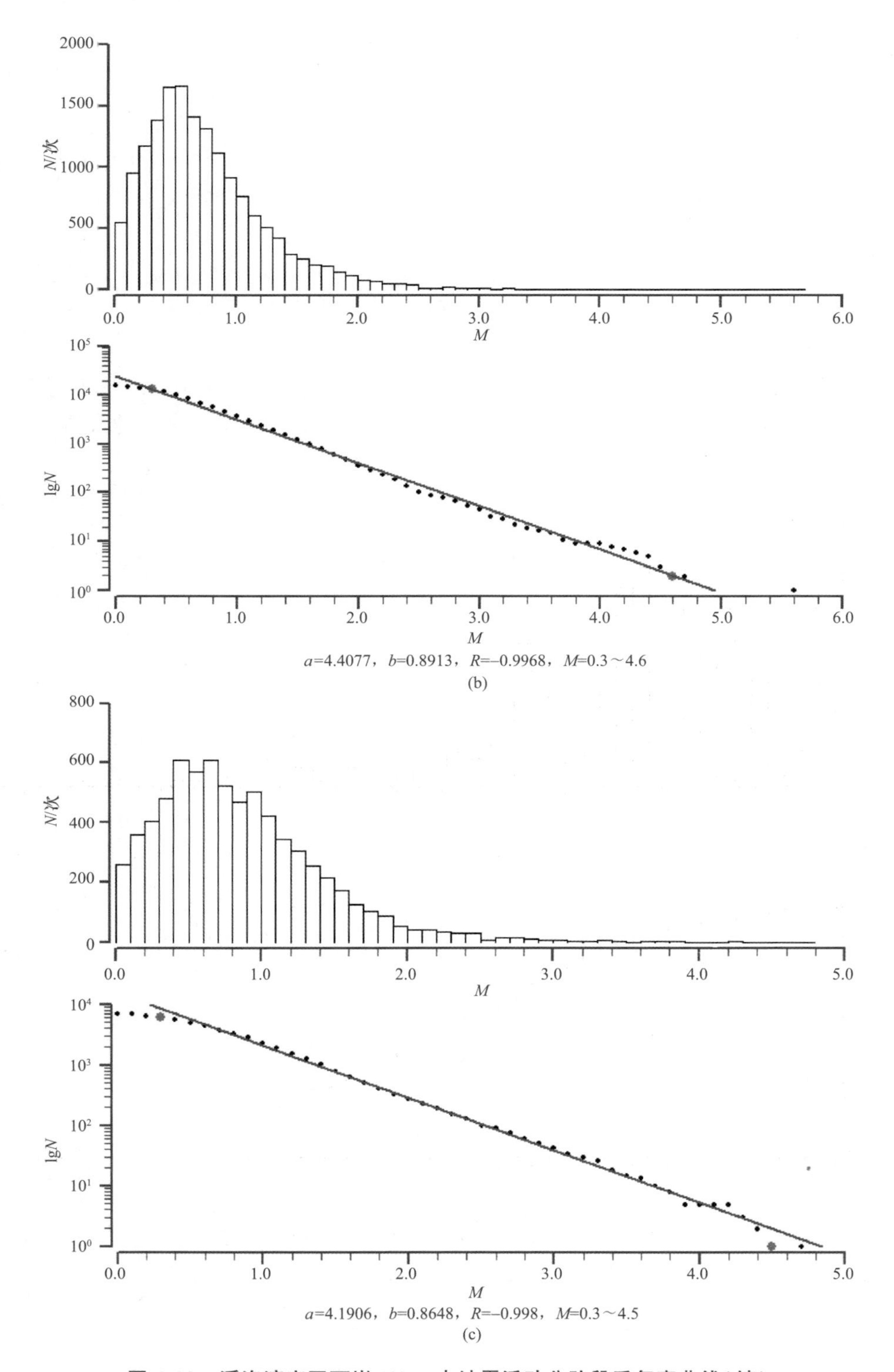

图 6.23 溪洛渡库区两岸 10km 内地震活动分阶段重复率曲线(续)

(b)蓄水前期(2012 年 11 月—2015 年 4 月)；(c)蓄水中期(2015 年 5 月—2020 年 2 月)

Figure 6.23 Phased repetition rate curve of seismicity within 10km on both sides of Xiluodu reservoir area

(b) Early impoundment period(2012.11—2015.4)；(c) Mid impoundment period(2015.5—2020.2)

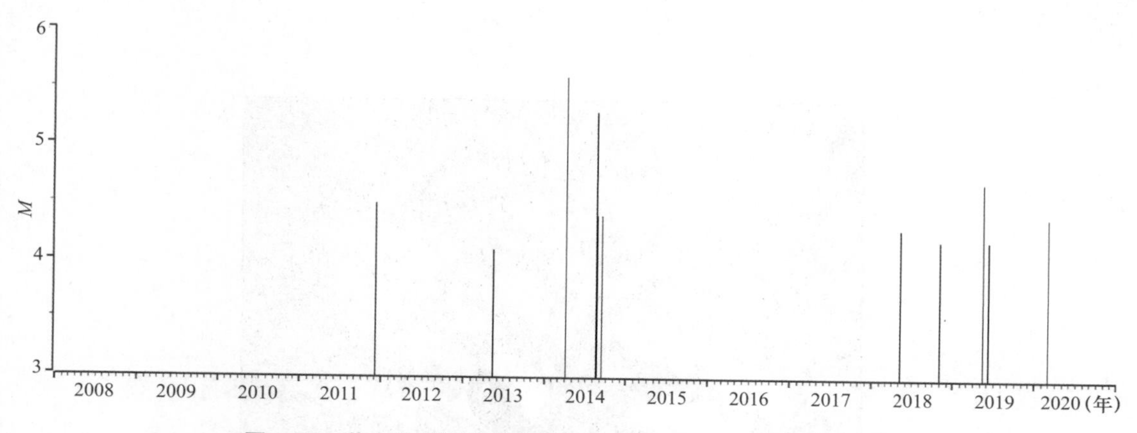

图 6.24　蓄水前后溪洛渡库区 10km 范围 M_L4.0 以上地震序列

Figure 6.24　Earthquake sequence of M_L4.0 or above within 10km of Xiluodu reservoir before and after impoundment

6.3　永善 M_S5.3、M_S5.0 地震及余震的震源机制解

对永善 2 次 5 级地震采用 CAP 方法，即将全波段地震记录分成两部分进行反演，方法是搜索合成地震图和观测地震图全局差异最小的震源机制解，该方法相比于以往的 P 波初动法、体波反演或面波反演法，具有所需台站少、反演结果对速度模型和地壳横向变化的依赖性相对较小等优点。利用此方法，求得永善 M_S5.3、M_S5.0 地震的震源机制解，见表 6.1 和图 6.25(a)；地震矩张量反演拟合精度，即误差随深度的变化情况，见图 6.25 中(b)、(c)。

2014 年 4 月 5 日永善 M_S5.3 地震，主压应力方位呈 NW(304°)，区域应力作用力接近水平(27°)；其节面 1 走向近 SN(11°)，倾角平缓(20°)；节面 2 走向 NE(223°)，倾角(73°)；震源力学机制呈逆倾滑动类型。地震震源深度在地下 6km 为最佳拟合精度。

2014 年 8 月 17 日永善 M_S5.0 地震，主压应力方位呈 NW(278°)，区域应力作用力接近水平(19°)；其节面 1 走向 NW(319°)，倾角(62°)；节面 2 走向 NE(229°)，倾角直立(90°)；震源力学机制呈走向滑动类型。地震震源深度在地下 8km 为最佳拟合精度。

震区部分地震的震源机制和主应力方向示在图 6.26 中，金沙江下游永善区域主压应力方位呈现为北西方位。

分析永善 M_S5.3、M_S5.0 地震震区 M_L4.0 以上地震的震源机制解，见表 6.1 和图 6.27。由于 M_S5.3、M_S5.0 地震的余震分属两个北西向密集地震条带，故呈现的震源力学机制不同。根据震源机制解中滑动角、N 轴仰角等参数，分析主要强余震地震对应的震源断层的错动类型。

永善务基 M_S5.3 地震的余震中，仅到 2019 年 6 月 5 日才发生 1 次 M_L4.2 地震，求得的震源机制解，其节面 1 走向 NE(103°)、倾角(48°)、滑动角(－125°)；节面 2 走向 NW(329°)、倾角(52°)、滑动角(－57°)；求得震源错动类型为倾滑型，主压应力方位为北西，作用力角度较大。这与 $M_S5.3$ 地震的震源力学机制一致。

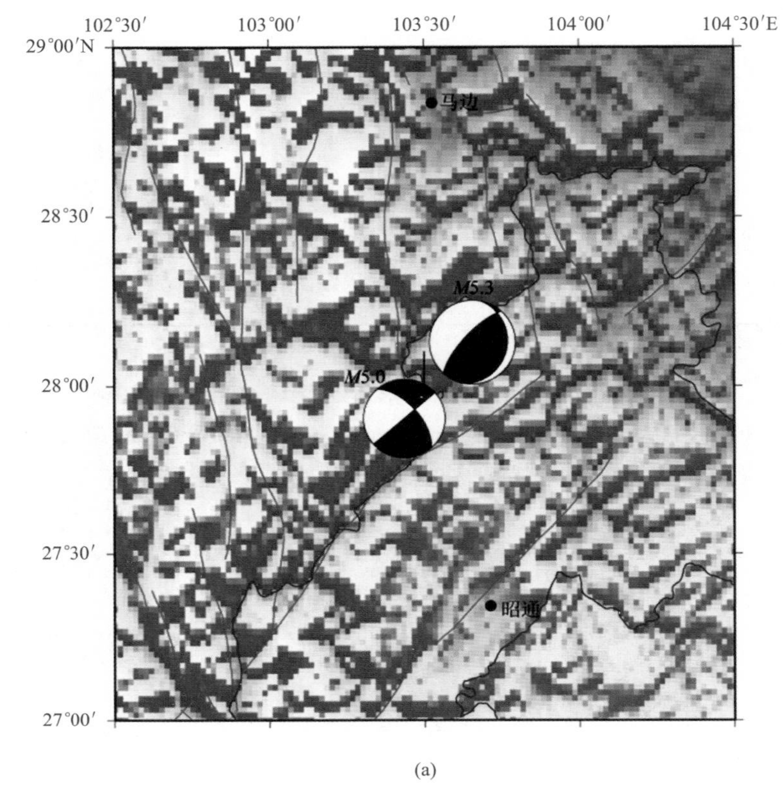

(a)

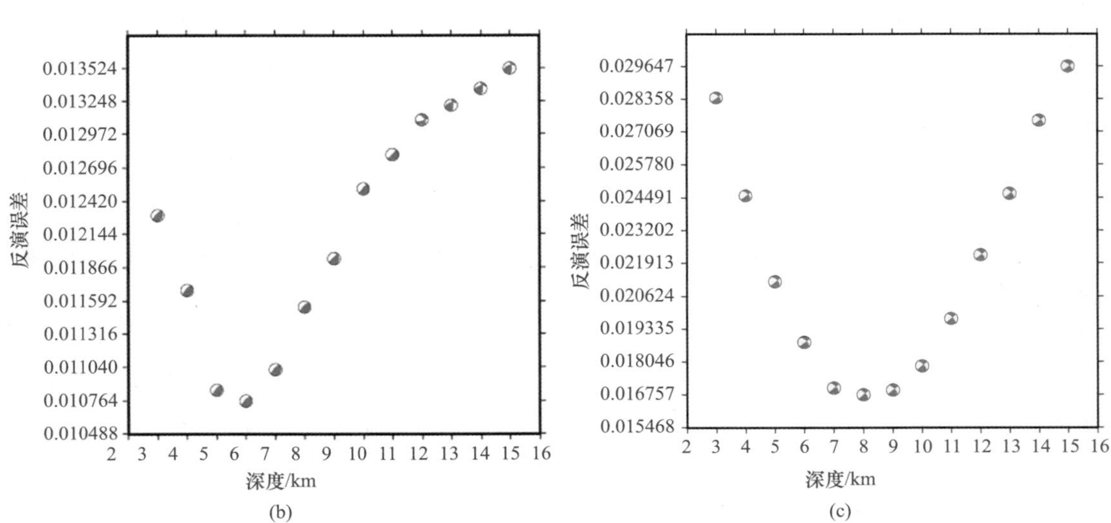

图 6.25 永善 $M_S5.3$、$M_S5.0$ 地震震源机制解及矩张量反演误差随深度变化

(a)震源机制解；(b)4 月 5 日永善 $M_S5.3$ 地震；(c)8 月 17 日永善 $M_S5.0$ 地震；

Figure6.25 Variation of focal mechanism and moment tensor inversion errors with depths for Yongshan $M_S5.3$ and $M_S5.0$ earthquakes

(a) Focal mechanism; (b) Yongshan $M_S5.3$ earthquake on April 5; (c) Yongshan $M_S5.0$ earthquake on August 17

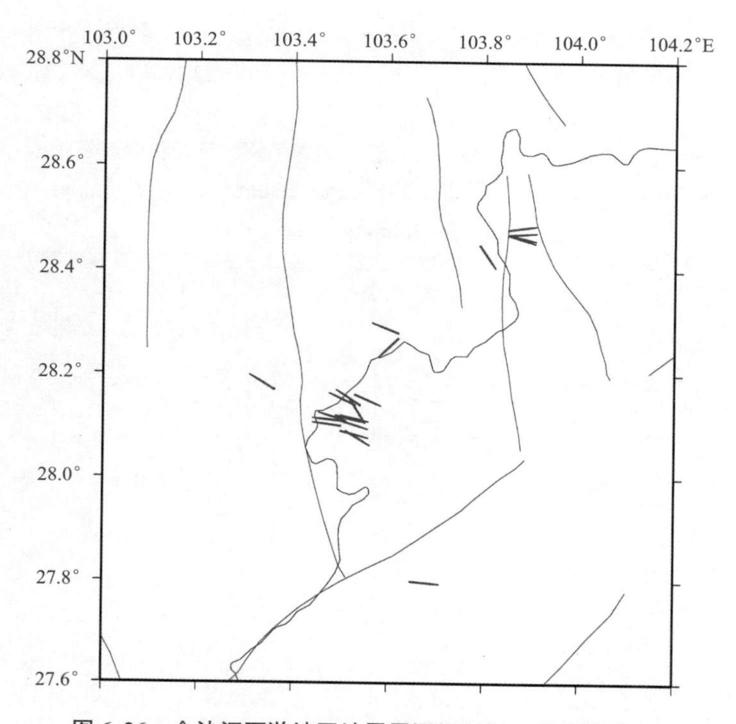

图 6.26 金沙江下游地区地震震源机制解 *P* 轴方位分布

Fig. 6.26 *P*-axis azimuth distribution of focal mechanisms in the lower reaches of Jinsha River

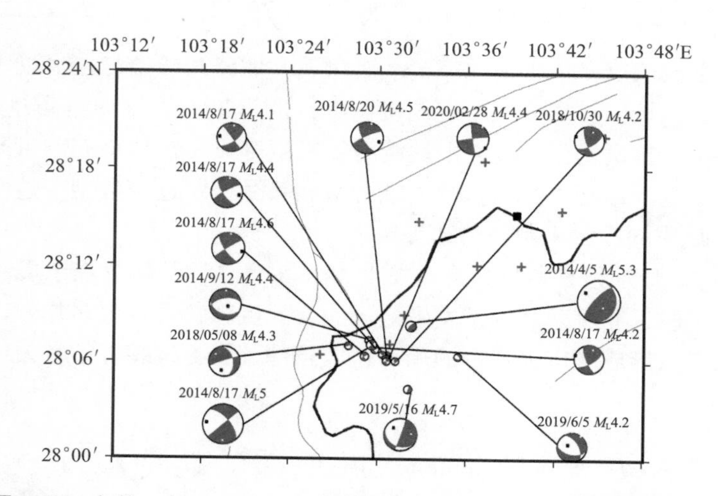

图 6.27 永善 M_S5.3、M_S5.0 地震震区 M_L4.0 以上地震的震源机制解

Figure 6.27 Focal mechanisms of earthquakes above M_L4.0 in Yongshan M_S5.3 and M_S5.0 earthquakes area

永善务基 M_S5.0 地震的余震中，从 2014 年 8 月 17 日—2014 年 8 月 20 日发生 M_L4.4、M_L4.2、M_L4.1、M_L4.6、M_L4.5 地震 5 次，求得震源错动类型为走滑型，主压应力方位为 NWW，作用力角度接近水平。这与 M_S5.0 地震的震源力学机制一致。

在永善务基 $M_S5.0$ 地震的余震的外围区域，还发生 2018 年 5 月 8 日永善务基 $M_S4.3$ 地震和 2019 年 5 月 16 日永善务基 $M_S4.7$ 地震，求得的震源错动类型分别为斜滑型与倾滑型。

表 6.1　溪洛渡库区 2 段永善务基乡中等地震的震源机制解及类型

Table 6.1　Focal mechanisms and types of moderate earthquakes in Yongshan Wuji Township, section 2 of Xiluodu reservoir area

时间	震级	节面 1/(°)			节面 2/(°)			P 轴/(°)	T 轴/(°)	B 轴/(°)				错断类型
年·月·日·时·分	M_S/M_L	滑动角	倾角	走向	滑动角	倾角	走向	走向	仰角	走向	仰角	走向	仰角	
201404050640	$M_S5.3$	60	20	11	100	73	223	304	27	148	61	39	10	倾滑
201408170607	$M_S5.0$	0	62	319	152	90	229	278	19	180	19	39	62	近走滑
201408170608	$M_L4.4$	-11	70	146	-160	80	240	104	21	12	6	266	68	近走滑
201408170618	$M_L4.2$	162	67	60	25	74	157	288	5	20	29	189	61	近走滑
201408171645	$M_L4.1$	-178	64	54	-26	88	323	276	20	12	17	139	64	近走滑
201408171711	$M_L4.6$	-5	73	146	-163	86	237	103	15	10	9	251	72	近走滑
201408201820	$M_L4.5$	-12	70	150	-159	79	244	108	22	16	7	270	67	近走滑
201805082311	$M_L4.3$	159	62	61	30	71	161	289	6	23	34	191	55	斜滑型
201905160433	$M_L4.7$	-62	87	19	-174	28	114	315	41	85	36	197	28	倾滑
201906051526	$M_L4.2$	-125	48	103	-57	52	329	302	65	37	2	128	25	倾滑

库区Ⅰ段、Ⅱ段微震密集带内地震蓄水后出现一部分倾滑型与走滑型地震。库首段的雷波永善交界一带区域，一部分地震震源机制解，所给出的力轴仰角超过 30°。这与蓄水以来库区永善务基乡首次发生 5 级以上地震触发机制有关。根据小震条带和地质条件结合震源机制解判定，震源错动类型，多数为倾滑型、斜滑型即近倾滑型。这些地震的震源机制与永善 $M_S5.3$ 地震的震源机制解的结果接近。

2014 年 8 月 17 日永善县务基乡再次发生 $M_S5.0$ 地震，及部分强余震均为走滑错动类型。故此，库区Ⅰ段、Ⅱ段蓄水以来发生地震的震源机制解显现出多样性。这与蓄水以来库区Ⅰ段、Ⅱ段先后形成微震密集带的局部地质条件及震源破裂类型有关。

6.4　溪洛渡水库地震活动特点

溪洛渡水库蓄水以来，库区发生大量中小地震活动，主要分布在库区Ⅰ段、Ⅱ段区域，微震和小震活动密集，形成北东向小震空间分布密集带，微震活动频次高，震源深度主要分布在 0～10km。之后，2015—2019 年库区地震活动分布延续这种分布格局。

溪洛渡水库蓄水期间发生的最大震级地震是 2014 年 4 月 5 日永善 $M_S5.3$ 地震，8 月 17 日发生永善 $M_S5.0$ 地震，均发生在库区 2 段。在蓄水前期(2008.1—2012.10)库区发生最大地震为巧家 4.5 级地震；蓄水前期(2012.11—2015.4)、库区发生的最大地震为永善

M_S5.3地震；蓄水中期(2015.5—2020.2)库区发生最大地震4.7级。

蓄水前期微震活动随库水位升高而增加，随库水位上升速率而增加，呈现的地震震源机制类型有倾滑型与走滑型。水库地震活动的机理多数为微破裂型。水库蓄水积累过程中，库区浅表层岩体在库水压力及孔隙水压力作用下，库区岸坡岩体结构面上的静水和动水压力作用下产生新的破裂而引起的微破裂，即微震活动。除水压力的作用外，水对岩体及结构面的渗透、软化促进岩体产生破裂。

结合库水位观测资料的对比分析，蓄水前期库区小震活动的增加与库水位的抬升有一定相关性，库区Ⅰ段、Ⅱ段发生的大量微震和小震活动，尤其浅部，震源深度在0~5km的部分地震活动，属水库诱发地震活动。蓄水中期(2015.5—2020.2)，微震活动与库水位季节性升、降没有明显相关性。库区地震强度与月频次变化平稳。

蓄水以后库区2段发生永善务基乡M_S5.3、M_S5.0地震及余震分属两个北西向密集地震条带，呈现的震源力学机制有不同，其震源机制解错动类型多呈现倾滑型与走滑型。这与蓄水以来库区Ⅰ段、Ⅱ段先后形成微震密集带的局部地质条件及震源破裂类型有关。

蓄水以来溪洛渡库区Ⅰ~Ⅲ段发生大量小地震，形成NNE向的小震密集带。历史上区域中强地震多发生在构造带交会部位。NE向雷波断裂、莲峰断裂以及与NNW向猰子坝断裂、玛瑙断裂交会区以及库尾附近存在潜在中强地震的可能。需要重点加强溪洛渡水库库区Ⅰ~Ⅲ段及库尾段小震的监测和震情跟踪。

基于本章分析，归纳溪洛渡水库地震活动的基本特点：

(1)蓄水以来密集发生的大量诱发小震或微震活动沿着库区金沙江两侧距江不远的局部区段，即库区10km范围内，震源深度地下10km内。

(2)库区诱发小震或微震活动展布，总体形成北东向小震活动条带。从水库库首到金阳河口段是溪洛渡水库蓄水后库区水库诱发地震的集中地段。

(3)蓄水前库区发生最大地震M_L4.5，蓄水后发生两次5级地震，即永善M_S5.3、M_S5.0地震，均发生在库区Ⅱ段，分别距金沙江直线距离2km、3km。

(4)蓄水前期库水位持续增加的时间段，诱发地震活动大量发生。次年库水位迅速抬升100m时段，库水位上升速率1.82m/日，库区地震活动增加速率46.64次/日。第3年库水位高位波动时段库水位抬升60m，库水位上升速率0.48m/日，库区地震活动增加速率18.43次/日，并在库区发生2次5级地震。之后，库区微震活动频次减少。

(5)水库诱发地震地段未见大型活动断裂，仅发育一些次级断裂和微断层。

(6)库区地震活动性参数b值比较，蓄水前(0.83)、蓄水前期(0.89)、蓄水中期(0.86)表明蓄水以后b值略有增加，实际反映微震活动大量增加。

(7)库区诱发微震活动月均频次比较，蓄水前为6.8次；蓄水后为177次，为蓄水前26倍。

(8)库区诱发微震活动深度比较，蓄水前测定地震深度0~5km内地震占37.42%；蓄水前期占76.31%，增加38.89%；蓄水中期占73.2%，与蓄水前期类似。

(9)根据地震波形传播特征分析，部分典型诱发地震波形与天然地震的波形存在差异。

第 7 章　水库地震震源机制及动态应力场

地震震源机制解能够给出震源应力场和震源破裂错动的信息，是研究构造应力场及其动态变化的重要资料之一。本章通过研究区域中强地震震源机制解、库区中小地震震源机制解，给出库区构造应力场，重点给出水库蓄水前后应力场的变化或差异。

7.1　震源机制及应力场求取方法

目前，已经发展了多种求解震源机制解的方法，大致包括 P 波初动法、振幅比及波形反演方法。根据各自的优缺点，前人总结了适合不同震级挡地震的震源机制解求取方法，并对其结果的可靠性进行了对比研究。

对于 $M_L \geqslant 4.0$ 级地震，适合采用最近十多年国际上不断发展和完善的 CAP 波形反演方法(Zhao & Helmberger，1994；Zhu & Helmberger，1996)，其主要思想为综合利用近震体波和面波信息，将宽频带数字地震波形记录分解为 Pnl 和面波两部分，计算并搜索理论地震波形与真实地震波形之间拟合误差函数最小的机制解。该方法具有计算台站数量少、反演结果对地壳速度结构模型及横向变化的依赖性相对较小等优点，在获得震源机制解的同时还能给出最佳拟合震源深度，已在中强地震的震源机制求取中得到了广泛的应用(吕坚等，2008；龙锋等，2010；易桂喜等，2012；张致伟等，2012，2015)。

对于 $M_L < 4.0$ 级地震，梁尚鸿等(1984)提出了一种利用区域地震台网地震波的直达 P、S 垂直分量振幅比资料求解的方法，即以层状介质中一点源位错震源模型，采用广义透射系数的快速算法和理论地震图拟合直达波最大振幅比来求取小震震源参数。尤其近几年来，随着数字测震台网的加密，区域小震震源机制的结果日见丰富，胡新亮等(2004)通过对比分析证实了该方法测定小震震源机制解的可靠性。国内众多学者基于上述方法也开展了大量的科研工作，并取得了丰硕的研究成果(程万正等，2003；刁桂苓等，2011；张致伟等，2012；郑建常等，2013)。

区域地震构造应力场的计算方面，许忠淮等(1983)给出由多个地震震源机制解推断构造应力场的方向方法。使用大量的地震震源机制解资料可以推断区域应力场的特征，对此，地震学家已经发展了许多经典的方法(Michael，1984，1987；Gephart & Forsyth，1984；许忠淮等，1984)。为了求解空间非均匀震源机制解的应力场特征，Michael(1991)提出了叠加应力场反演方法(Superposition Stress Inversion，SSI)，它通过在均匀应力场上叠加扰动来模拟非均匀应力场的分布，提供 S_1、S_2、S_3(分别代表压应力、中等应力、张应力)3 个主应力轴的空间分布及相对大小，以及力轴张量的反演方差(Variance)。钟继茂和程万正(2006)基于震源断层面解的空间取向和断层滑动方向，写出相应力轴张量在地理坐标系中的表达式，利用大量震源机制解计算区域平均力轴张量及主值的方法，即通过求解相应的本征方程得到。该方法可以获得最佳应力模型 3 个主应力轴 σ_1、σ_2 和 σ_3($\sigma_1 \geqslant \sigma_2 \geqslant \sigma_3$)的方位角和倾角，同时还可以得到主应力相对大小值 R，R 值的定义为 $R=(\sigma_2-\sigma_1)/(\sigma_3-\sigma_1)$($0 \leqslant R \leqslant 1$)，有助于区分应力场的主方位及类型。

计算方法实质是在应力场参数的模型空间中找到应力模型与实际地震数据间平均残差最小的最佳应力模型。在主应力反演程序中，每个地震与应力模型间残差定义为使应力模型和观测到的滑动角方向，整体旋转到相一致或接近。

由于中小地震的发生具有很强的随机性，不便逐一进行分析，但是大量离散分布的数据可以准确地约束应力张量的方向(Hardebeck & Michael，2006)。

7.2　向家坝、溪洛渡库区背景应力场

7.2.1　中强地震机制解及区域应力场

为了研究溪洛渡、向家坝水库及邻区(26.5°~29.5°N，102°~105°E)中小地震震源机制及应力场特征，收集了 1970 年以来川滇交界东侧的 28 次 $M \geqslant 5.0$ 级历史强震震源机制解。其中，1970—2007 年强震震源机制主要来源于中国地震震源机制数据库①，2008—2014 年 12 月的强震震源机制数据主要来源于四川省地震局及云南省地震局，采用“CAP”方法反演获得。

金沙江下游梯级水库区域位于青藏高原与华南块体接触部位附近，早期国内学者对该地区及其川滇地区的应力场已有重要研究。阚荣举等(1977)基于震源机制结果和地震破裂带资料，讨论了中国西南地区现代构造应力场分区及现代构造活动特征，给出库区附件的主压应力轴优势方位为 NWW 向(280°~300°)，与中国华南地区受到同一个应力场的作用。崔效锋等(1999)利用震源机制解确定应力分区的逐次收敛法，讨论了川滇地区现代构造应力场分区及动力学意义，结果显示，库区所在的马边—昭通应力区主压应力方位为 NW 向，方位角为 144°；程万正等(2003)利用大量中强地震的震源机制解分析了川滇次级地块应力场的优势方向，库区所在的川中地块在 EW 向和 NWW-SSE 向上的主压应力轴优势方位均存在较大差异，它的合力是 NW-SE 向(110°~140°)。

金沙江下游向家坝、溪洛渡库区及周围主要展布 NNW 向马边—盐津断裂带和则木河—小江断裂带、NE 向的华蓥山—莲峰断裂和西鱼河—昭通断裂带。图 7.1 方框内给出 1970 年以来该区域内 5.0 级以上地震的震源机制解，不同的颜色代表不同的震源机制类型、其中黑色为走滑型、蓝色为正断型，红色为逆冲型。震源机制结果反映震源断层错动方式以左旋走滑为主，近 NNW 向马边—盐津断裂带以左旋走滑、或左旋走滑兼逆冲为主，而 NE 向昭通、莲峰断裂带则表现出右旋走滑兼逆冲，或者以逆冲为主要错动方式。

研究区域内东侧强震 P 轴优势方位为 NW 向和 NWW 向，属于区域地质构造不稳定地区，地质条件复杂，构造应力场比较复杂。

马边—盐津断裂系(包括多条活动断裂)及四川盆地边缘地震震源机制解以 NNE 向节

①国家地震局震源机制研究小组. 中国地震震源机制的研究(第一集)(内部资料)[M]. 1973.

面逆冲型断层类型为主，*P* 轴近于水平、*T* 轴倾角较高，反映出青藏高原物质向 SE 方位逃逸的过程中在东侧受到稳定四川盆地抵挡而生成的强烈逆冲作用。

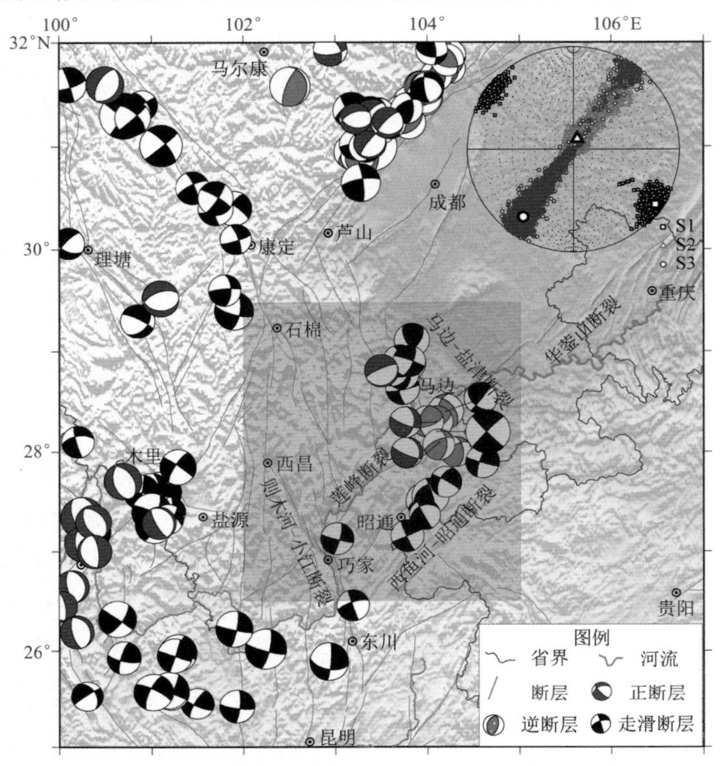

图 7.1　区域中强震震源机制解（$M \geqslant 5.0$）及应力主轴投影

Figure 7.1　Focal mechanisms and stress principal axis projections of strong earthquakes ($M \geqslant 5.0$) in the region

莲峰断裂带和昭通鲁甸断裂带呈 NE 向近于平行展布，北东段深入四川盆地南边缘，对该区域构造变形起明显控制作用。地表多条断层不连续分布，分两支，控制昭通、鲁甸盆地发育，其线性地貌清楚断裂带上发生了多次中等以上地震，以逆冲断层类型地震为主，断层节面为 NE 向，与断裂带走向一致。

2012 年 9 月 7 日发生的彝良 *M*5.7 和 *M*5.6 地震和 2014 年 8 月 3 日鲁甸发生 *M*6.5 地震均为昭通—鲁甸断裂带的地震。鲁甸 *M*6.5 地震也是有记载以来该带发生的最大地震。2012 年 9 月 7 日发生的彝良 *M*5.7 和 *M*5.6 地震，分别为逆冲兼 NE 向节面右旋走滑断层。2014 年 8 月 3 日昭通鲁甸 6.5 级地震，为昭通鲁甸断裂带有记载以来发生最大地震。其震源力学机制解，据中国地震局陈运泰课题组给出矩张量解：节面 1 的走向为 74°、倾角为 84°、滑动角为 177°；节面 2 的走向为 165°、倾角为 87°、滑动角为 6°；矩心深度 11km。若地震震源破裂方向沿北东方向，则为右旋正倾型。昭通—鲁甸断裂：东北起自盐津东南，向西南经彝良、昭通、鲁甸，止于巧家以南小江断裂带东侧，长 200km，总体走向 35°～45°，倾向 NW。该带逆冲或正倾断层错断性质的地震发生，揭示出在盆地交界地带，川滇菱形块体向 SE 向滑移矢量有一部分分解到马边次级块体内部后，继续往 SE 向滑移，受坚固的华南块体阻挡而产生逆冲，并兼有少量走滑分量的震源破裂力学机制特征。

华蓥山断裂带北起华蓥山北，往南经荣昌至宜宾，总体走向 N45°E，为四川盆地内一条规模大、切割基底的断裂，表现为右旋走滑性质。但是，该断裂带上宜宾附近区域 4 次地震震源机制解中，3 次为 NE 向节面的正断层，1 次表现为逆冲型地震，与上述断裂带右旋走滑的活动特征并不一致。

采用 Michael(1984，1987)提出的应力场反演方法，基于上述区域 $M \geqslant 5.0$ 级地震震源机制解，反演获得了研究区域的局部应力场(图 7.2)。

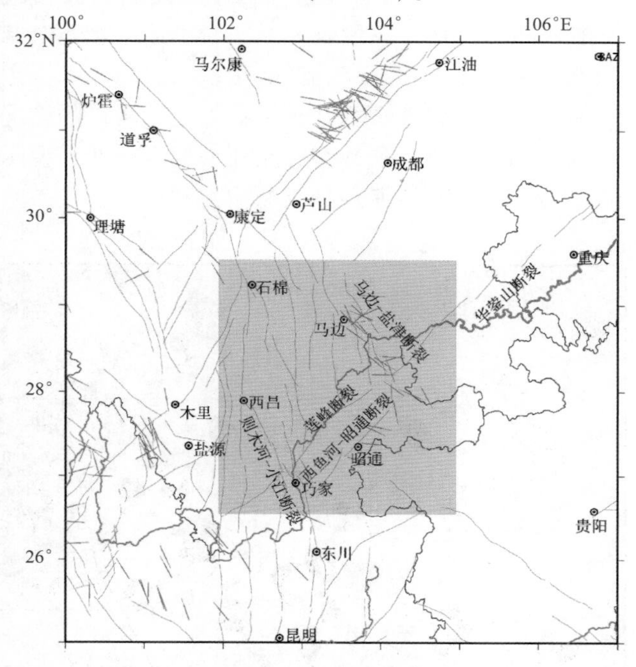

图 7.2　区域中强震的 *P* 轴方向分布图

Figure 7.2　*P*-axes distribution of moderate strong earthquakes in the region

将参数列于表 7.1。结果显示：最大压应力轴 S_1 的方位为 125°、倾角为 3.6°；中等压应力轴 S_2 的方位为 19°、倾角为 77°；最小主应力轴 S_3 的方位为 216°、倾角为 12°。最大和最小压应力轴水平，中等压应力轴垂直，该区反演获得的最大主压应力方向呈 NW 向，倾角近似水平，与川滇交界东侧已有应力场的研究结果(阚荣举等，1977；谢富仁等，2004)总体一致。反演获得的应力张量方差(Var)较低，为 0.19，反映了该区域的强震震源机制类型较为一致，错断力轴向接近水平，区域整体表现为走滑型。

表 7.1　研究区域 $M \geqslant 5.0$ 级地震震源机制解反演获得的应力场结果

Table 7.1　Stress field results obtained from focal mechanisms of $M \geqslant 5.0$ earthquakes in the study area

地震个数	S_1		S_2		S_3		应力张量方差	应力类型
	A_z/(°)	φ/(°)	A_z/(°)	φ/(°)	A_z/(°)	φ/(°)		
28	125	3.6	19	77	216	12	0.19	SS

注：A_Z 表示方位角；φ 表示倾角；S 表示主压应力。

7.2.2 中小地震机制解及背景应力场的对比

为了研究大量中小地震的震源机制解计算的应力场特征与中强地震震源机制解求得的背景应力场的差异，计算金沙江下游周围区域中小地震震源机制解，利用这些资料分析现今应力场力轴参数，进行对比分析。

采用振幅比方法计算获得了2000年以来金沙江下游及周围区域200次 $M_L \geqslant 3.0$ 级地震的震源机制解(图7.3)，可以看出，川滇交界地区中小地震震源机制具有一定的分区特征：区域①主要以逆冲型地震为主；区域②为溪洛渡、向家坝库区，主要以走滑型地震为主；区域③为宜宾长宁地区，该区域主要受注水采盐等工业活动的影响，震源机制类型比较复杂；区域④除了有走滑型地震外，逆冲型和正断型均有存在，说明该区域地震不仅受则木河—小江等主干断裂控制外，还受其他分支断裂控制。

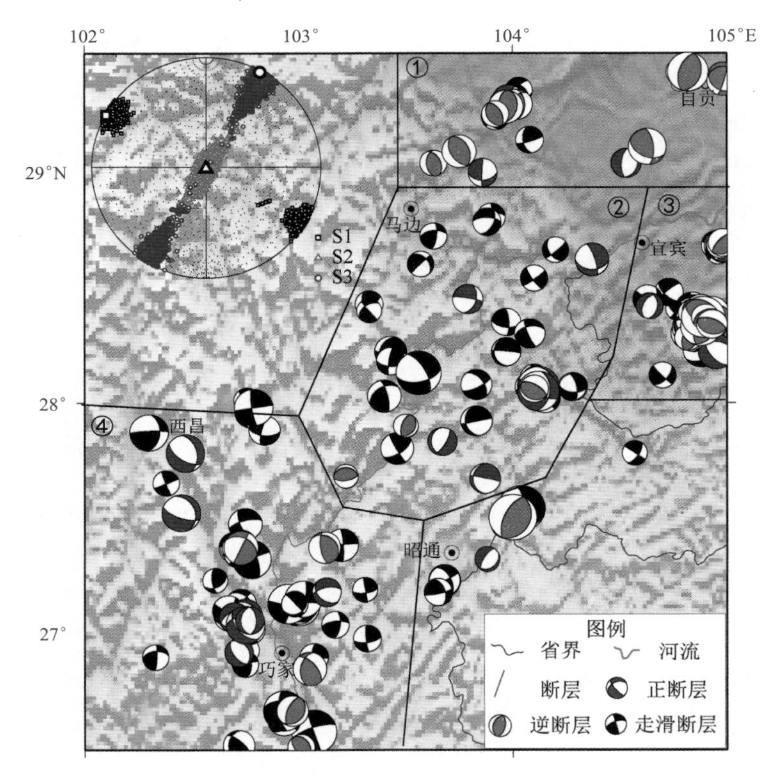

图7.3 金沙江下游区域中小地震震源机制及应力主轴投影

Figure 7.3 Focal mechanisms and stress principal axis projections of moderate and small earthquakes in the lower reaches of Jinsha River

基于2000年以来金沙江下游周围区域 $M_L \geqslant 3.0$ 级地震的震源机制解，反演获得了该区域的应力场(图7.4)，并将参数列于表7.2。

中小地震震源机制解的 P 轴方位分布，溪洛渡、向家坝水库区域(图7.4中②)中小地震的 P 轴优势方位为NW向和NWW向。在部分地域 P 轴方位分布比较紊乱，如在宜宾长宁地区(图7.4中③)及则木河—小江断裂带附近(图7.4中④)。

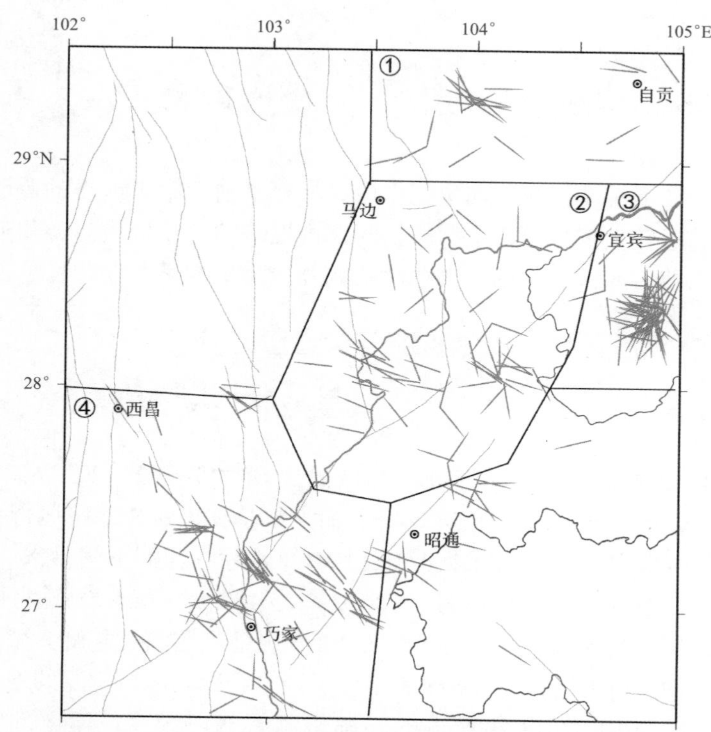

图7.4　金沙江下游周围区域中小地震的P轴方向分布图

Figure 7.4　*P*-axes distribution of moderate and small earthquakes in the lower reaches of Jinsha River

表7.2　研究区域中小地震震源机制解反演的应力场结果

Table 7.2　Stress field results of focal mechanisms of moderate and small earthquakes in the study area

地震个数	S_1		S_2		S_3		应力张量方差	应力类型
	A_z/(°)	φ/(°)	A_z/(°)	φ/(°)	A_z/(°)	φ/(°)		
200	298	0.3	192	89	28	1	0.24	SS

注：A_Z表示方位角；φ表示倾角；S表示主压应力。

区域中小地震震源机制解反演的应力场结果，最大主压应力轴S_1的方位为298°、倾角为0.3°，S_2的方位为192°、倾角为89°，最小主压应力轴S_3的方位为28°、倾角为1°。该结果与基于历史强震反演获得的应力场一致，最大主压应力方向呈近NW向，倾角近似水平。最大和最小压应力轴水平，中等压应力轴垂直。反演获得的应力张量方差(Var)为0.24，反映了该区域的中小地震震源机制类型相对比较紊乱，具有一定的随机性，该区域的应力类型表现为走滑型。

与表7.1的应力主方向进行对比：最大主压应力轴S_1均为NW－SE方位，仅差异7°；最小主压应力轴S_3均为SW－NE方位，仅差异8°；中等压应力轴S_2均为近NS方位，仅差7°。据此，分析中小地震震源机制解求得应力场的可靠性，进而可进行蓄水前后区域应力场动态变化的分析对比。

7.3 蓄水前后金沙江下游库区动态应力场

为了研究金沙江下游溪洛渡、向家坝水库区域蓄水前后中小地震的震源机制及应力场特征，计算库区周边较大范围及蓄水后较长时期内发生的中小地震震源机制解，利用这些资料对比分析蓄水前后库区及周围震源力学机制及应力场的某些变化。

7.3.1 蓄水前库区地震震源机制与构造应力场

7.3.1.1 蓄水前库区中小地震的震源机制

金沙江下游向家坝水库于2008年12月28日实现大江截流，2012年10月10日水库正式下闸蓄水，10月16日顺利蓄水至354m，后期维持在该水位稳定运行；溪洛渡水库于2007年11月3日实现大江截流，2012年11月10日水库导流洞下闸蓄水。

以向家坝和溪洛渡水库及周围区域(27°～29°N，102.5°～104.5°E)为研究范围，基于2007年10月1日—2012年11月16日库区M_L≥2.0级地震震源机制解，试图分析蓄水前库区中小地震震源机制及应力场特征。图7.5给出了计算获得震源机制解的地震累计频度和分震级档频次统计图，2010—2012年获得的震源机制解相对较多，库区地震主要为2.0～2.9级。

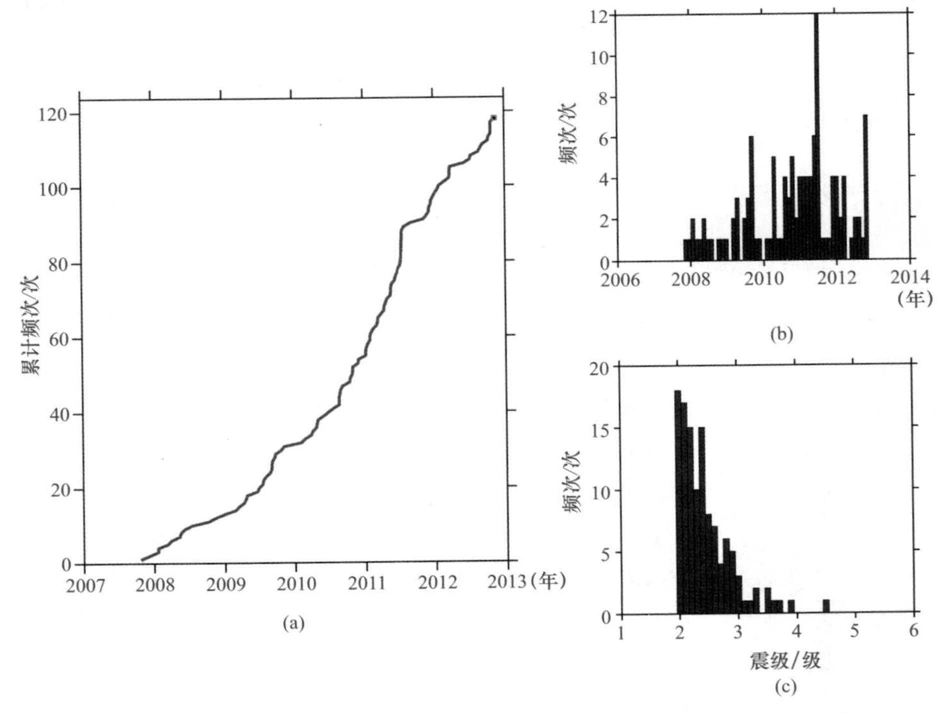

图7.5 向家坝和溪洛渡水库及周围区域地震震源机制解数据分布

(a)累计次数；(b)时间分布；(c)震级区间频次

Figure 7.5 Distribution of focal mechanisms of Xiangjiaba and Xiluodu reservoirs

(a) Cumulative frequency; (b) Time distribution; (c) Magnitude interval frequency

图 7.6 给出了水库蓄水前地震随深度的空间分布及不同深度地震频次统计。蓄水前地震震源深度在 0～5km 地震很少，主要分布在 5～15km。

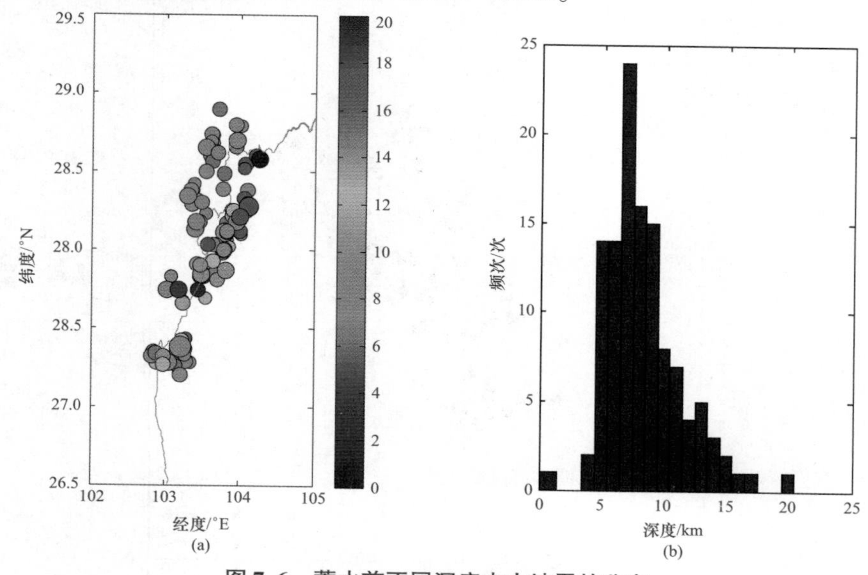

图 7.6　蓄水前不同深度中小地震的分布

(a)空间分布；(b)频次统计

Figure 7.6　Distribution of moderate and small earthquakes at different depths before impoundment

(a) Spatial distribution; (b) Frequency statistics

系统查阅了研究区域 2007 年 10 月 1 日—2012 年 11 月 16 日四川区域测震台网和水库台网记录的数字地震波资料，采用振幅比方法测定了该区域 118 次 $M_L \geqslant 2.0$ 级地震的震源机制解，其中包括 105 次 $2.0 \leqslant M_L \leqslant 2.9$ 级、12 次 $3.0 \leqslant M_L \leqslant 3.9$ 级和 1 次 $M_L \geqslant 4.0$ 级地震。中小地震震源机制主要沿金沙江河流两岸分布，形成长约 40 km 的条带，见图 7.7。为了深入研究中小地震震源机制及应力场的深度剖面分布特征，分别选取震源机制空间分布的长轴A－A′和短轴 B－B′作为剖面。

基于上述中小地震震源机制解，给出了库区 $M_L \geqslant 2.0$ 级地震的 P 轴方位空间分布，见图 7.8，总体比较紊乱，向家坝至溪洛渡一带地震 P 轴优势方位为近 EW 和 NEE 向，而溪洛渡至巧家一带地震 P 轴优势方位为 NW 向和近 EW 向。

基于库区蓄水前的震源机制解，详细分析了小震震源机制解的节面、力轴和错动类型等特征。按 10°间隔进行统计并计算归一频数，给出了库区中小地震震源机制解的节面和力轴参数玫瑰图，见图 7.9。

因为小震无法区分断层面和辅助面，故在统计中同等看待，合在一起进行分析。小震节面走向(Strike)分布比较分散，各个角度都有，小有优势的节面走向分别为近 NE 向和 NS 向，节面倾角(Dip)近直立，主要分布在 60°～90°，其中 80°～90°所占比例最大，根据滑动角(Slip)分析震源力学作用方式，三种错动类型的地震均有存在，但主要以走滑和逆冲类型为主；震源机制解 P 轴方位以近 EW 和 NW－SE 为优势方向，倾角分布在 0°～60°，T 轴的优势方向集中在近 NS 向，倾角在 30°～60°较多。从节面参数来看该区小震活动具有一定的随机性，但其力轴参数特征仍然反映出小震活动仍受区域应力场的控制。

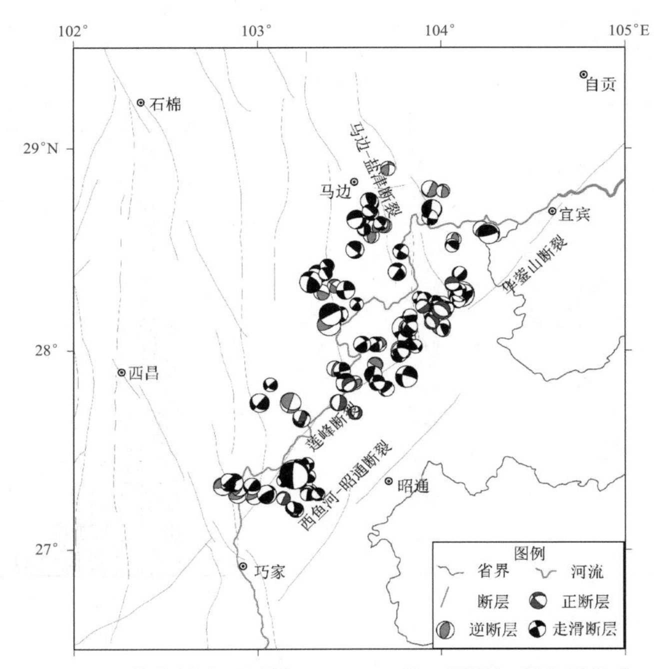

图 7.7 蓄水前库区地震($M_L \geqslant 2.0$ 级)震源机制空间分布

(1)长轴 A－A′;(2)短轴 B－B′

Figure 7.7 Spatial distribution of focal mechanisms of earthquakes($M_L \geqslant 2.0$) in reservoir area before impoundment

(1)Long axis;(2)Minor axis

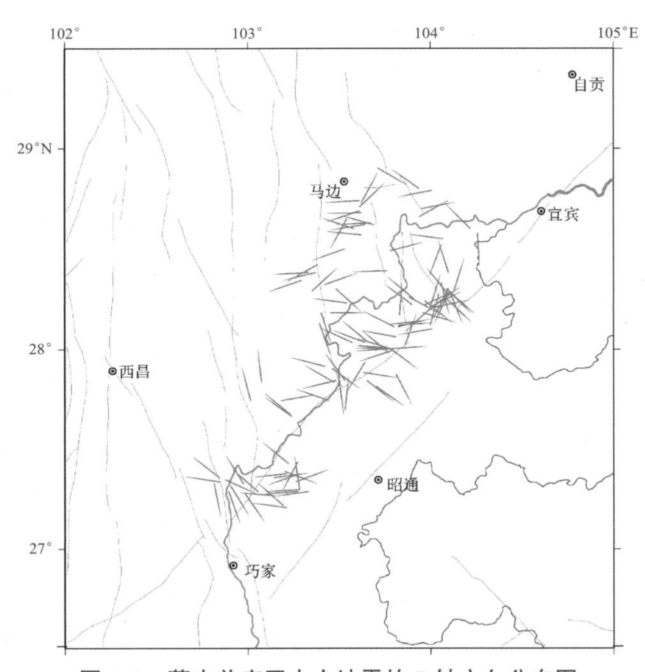

图 7.8 蓄水前库区中小地震的 P 轴方向分布图

Figure 7.8 *P*-axes distribution of moderate and small earthquakes in the reservoir area before impoundment

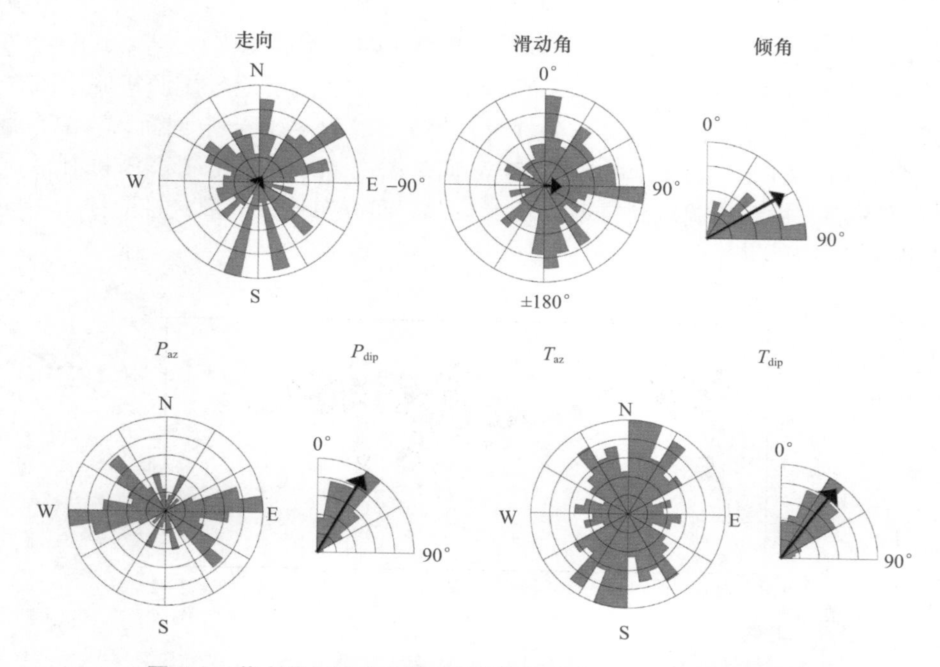

图 7.9 蓄水前库区中小震震源机制解的节面和力轴参数玫瑰图

Figure 7.9 Rose diagrams of nodal plane and force axis parameters of focal mechanisms of moderate and small earthquakes in the reservoir area before impoundment

进一步分析库区中小地震震源机制类型特征。Frohlich (2001)提出了震源机制量化分类和评估方法，采用三角形图解来展示震源机制类型分布特征。其分类标准为震源机制 T 轴倾角为 90°时，震源机制为逆冲型(TF)；P 轴倾角为 90°时，震源机制为正断型(NF)；B 轴倾角为 90°时，震源机制为走滑型(SS)。如图 7.10 所示，我们以 45°为界，T 轴倾角大于 45°的震源机制为逆冲型(红色五星)；P 轴倾角为 45°的震源机制为正断型(绿色圆圈)；B 轴倾角大于 45°的震源机制为走滑型(蓝色方框)；均不满足上述条件的震源机制为“未确定型”(灰色十字)。统计结果显示，118 次地震中逆冲型、走滑型、正断型和“未确定型”型地震分别为 37、36、18 和 27 次，各占总数的 31%、31%、15% 和 23%，见图 7.10。

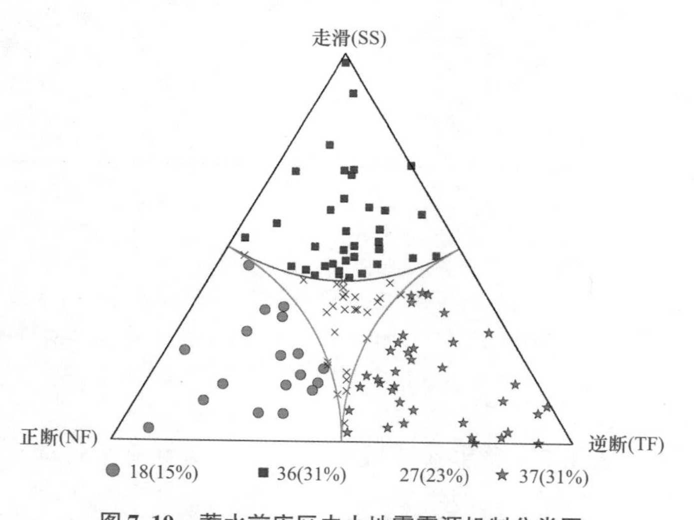

图 7.10 蓄水前库区中小地震震源机制分类图

Figure 7.10 Classification of focal mechanisms of moderate and small earthquakes in the reservoir area before impoundment

库区 $M_L \geqslant 2.0$ 级地震震源机制类型复杂，各种类型地震均有存在，但走滑型和逆冲型相对较多，未确定型的次之，正断型地震最少。

图 7. 11 分别给出了蓄水前地震($M_L \geq 2.0$)震源机制沿不同剖面(A－A′、B－B′)的深度分布特征，震源机制皆以剖面为投影面。图 7. 11(a)给出了地震震源机制沿长轴剖面 A－A′的深度分布，结果显示，地震震源机制 P 轴方向总体表现出与剖面 A－A′垂直，即垂直于金沙江河流走向，呈现 NW 向和 NWW 向。图 7. 11(b)给出了震源机制沿着短轴 B－B′的深度分布，由于震源机制类型比较复杂，空间分布比较分散，且受控于不同的断裂带，因此倾角没有优势分布。

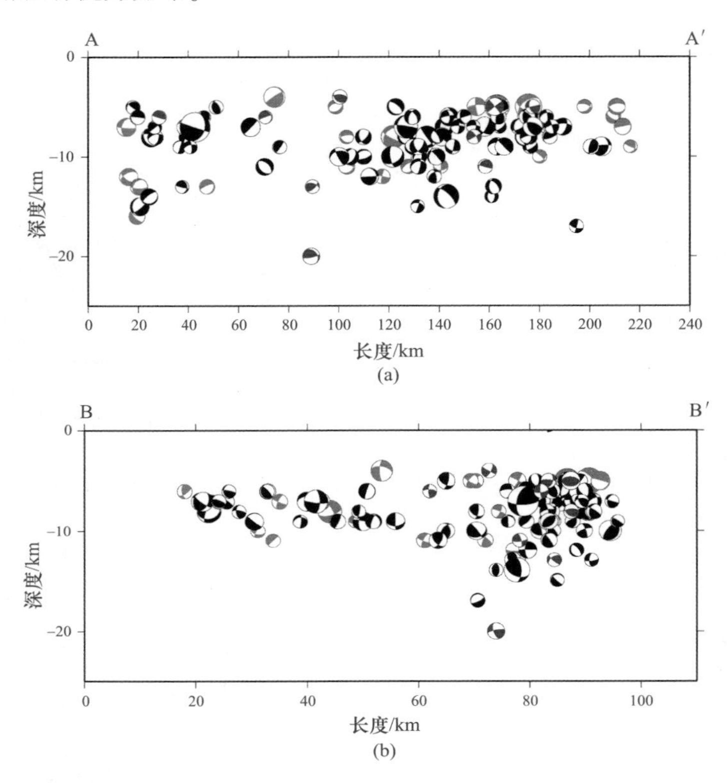

图 7. 11　蓄水前地震震源机制沿剖面长轴 A－A′和短轴 B－B′的深度分布

Figure 7. 11　Depths distribution of focal mechanisms along with the long axis A－A′and the minor axis B－B′ before impoundment

7. 3. 1. 2　蓄水前库区中小地震机制解反演构造应力场

采用 Michael(1984，1987)提出的应力场反演方法，基于库区 118 次中小地震震源机制解反演获得了局部区域应力场，结果如图 7. 12 所示，并将参数列于表 7. 3。结果显示：最大主压应力轴 S_1 的方位为 284°、倾角为 10°；中等主压应力轴 S_2 的方位为 131°、倾角为 79°；最小主压应力轴 S_3 的方位为 15°、倾角为 5°。最大和最小压应力主轴水平，中等压应力主轴垂直，适合走滑型地震的发生。反演获得的应力张量方差(Var)较高，为 0. 28，反映了该区域的小震震源机制类型紊乱，应力场具有一定的非均匀性。

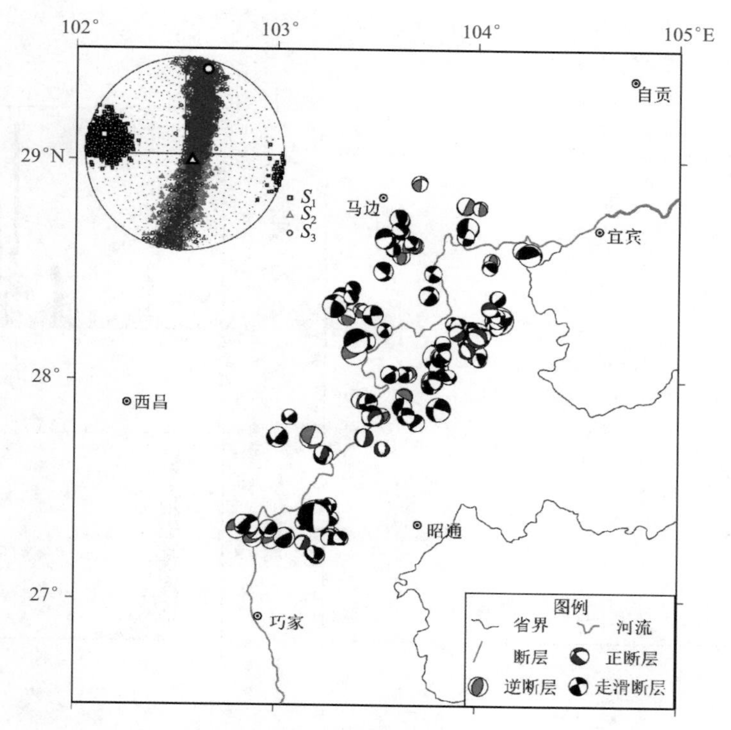

图 7.12　蓄水前库区中小地震震源机制及应力主轴投影

Figure 7.12　Focal mechanisms and stress principal axis projections of moderate and small earthquakes in the reservoir area before impoundment

表 7.3　蓄水前库区中小地震反演的应力场结果

Table 7.3　Stress field results of moderate and small earthquakes in the reservoir area before impoundment

地震个数	S_1		S_2		S_3		应力张量方差	应力类型
	A_z/(°)	φ/(°)	A_z/(°)	φ/(°)	A_z/(°)	φ/(°)		
118	284	10	131	79	15	5	0.28	SS

注：A_z 表示方位角；φ 表示倾角；S 表示主压应力。

7.3.2　蓄水后库区中小地震的震源机制与动态应力场

7.3.2.1　蓄水后库区中小地震的震源机制

向家坝和溪洛渡水库区及周围区域(27°~29°N，102.5°~104.5°E)为研究范围，基于蓄水前期(2013年1月—2014年12月)库区 $M_L \geqslant 2.0$ 级地震震源机制解，试图分析蓄水后库区中小地震震源机制及应力场特征。图7.13给出了计算获得震源机制解的地震累计频度和分震级档频次统计图，蓄水后的两年时间内总共获得414次 $M_L \geqslant 2.0$ 级地震的震源机制解(图7.13(a))，其中2014年获得的震源机制解相对较多(图7.13

(b))，库区地震主要为2.0~2.9级(图7.13(c))。其中，2013年计算104个地震震源机制解，2014年计算310个地震。

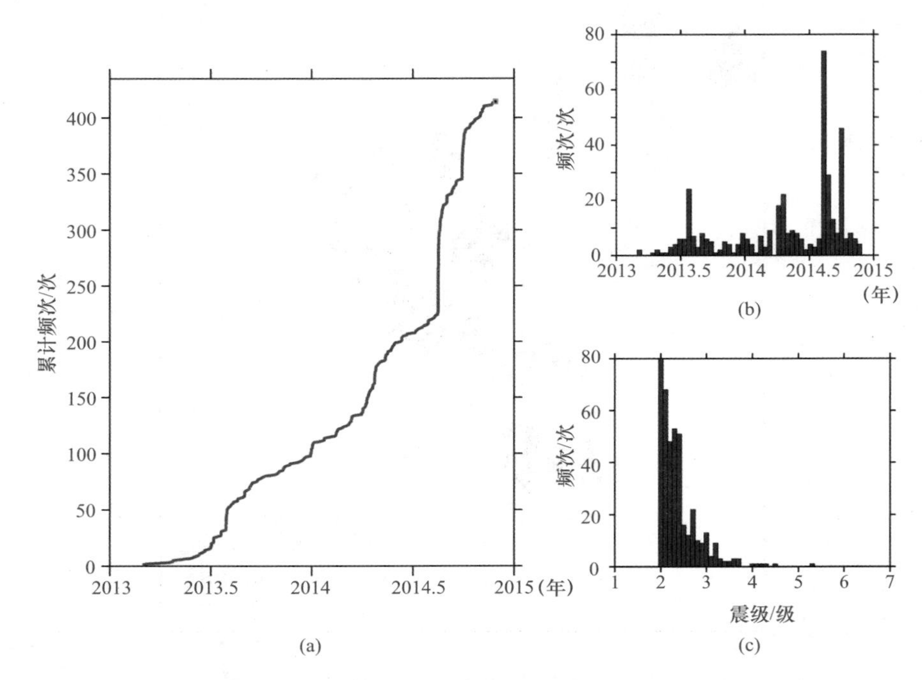

图7.13 蓄水后库区有震源机制解的地震累计频度及分震级档频次图

(a)累计次数；(b)时间分布；(c)震级区间频次

Figure 7.13 Cumulative frequency and sub magnitude frequency charts of earthquakes with focal mechanisms in the reservoir area after impoundment

(a) Cumulative frequency; (b) Time distribution; (c) Magnitude interval frequency

系统查阅了研究区域2013年1月—2014年12月四川区域测震台网和水库台网记录的数字地震波资料，采用振幅比方法测定了该区域414次$M_L \geq 2.0$级地震的震源机制解，其中包括369次$2.0 \leq M_L \leq 2.9$级、39次$3.0 \leq M_L \leq 3.9$级和6次$M_L \geq 4.0$级地震。研究区域中小地震震源机制明显分布在三个区域：第一个集中区域为向家坝库尾段，沿NNW向的马边—盐津断裂分布；第二个集中区域为溪洛渡库首段，主要沿金沙江流域分布；第三个集中区域为溪洛渡库尾段，在金沙江河流右侧，最近距离约20km，见图5.14。为了深入研究中小地震震源机制及应力场的深度剖面分布特征，分别选取震源机制空间分布的长轴A－A′和短轴B－B′作为剖面。

采用Michael(1984，1987)提出的应力场反演方法，基于库区414次中小地震震源机制解反演获得了局部区域应力场，结果如图7.14左上角所示。最大主压应力轴S_1的方位为284°、倾角为9°；中等主压应力轴S_2的方位为104°、倾角为81°；最小主压应力轴S_3的方位为190°、倾角为45°。最大压应力主轴水平，最小压应力主轴和中等压应力主轴倾斜，反演的应力场有利于发生走向滑动和逆冲类型地震，库水载荷又有利于正断层地震发生，所以导致破裂类型的多样性。

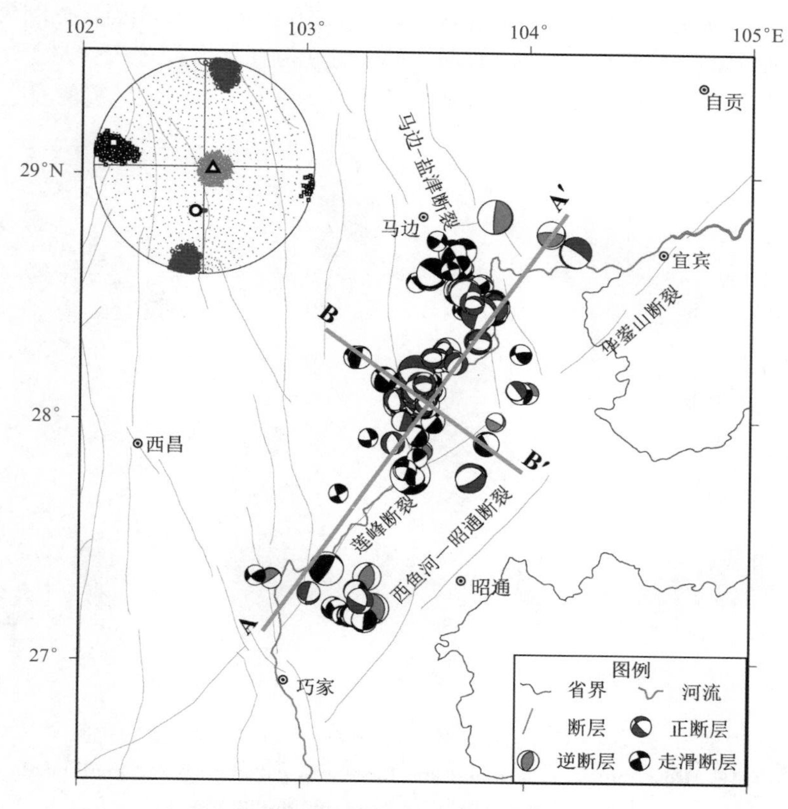

图 7.14　蓄水后库区地震($M_L \geq 2.0$)震源机制空间分布

(说明：□、△和○分别代表最大、中等、最小主应力轴的平均结果)

Figure 7.14　Spatial distribution of focal mechanisms($M_L \geq 2.0$) in the reservoir area after impoundment

(Note: Black square, triangle and circle represent the average results of the maximum, medium and minimum principal stress axes, respectively)

图 7.15 给出了蓄水后库区 414 次中小地震震源机制各个参数每 10 度归一化频数分布，因为小震无法区分断层面和辅助面，故在统计中同等看待，合在一起进行分析。总体来看，小震节面走向(Strike)分布比较凌乱，难以确定优势方向。节面倾角(Dip)显示高倾角最多，节面直立占优，倾斜居次，水平极少。走向滑动可对应直立节面，纯粹倾向滑动对应倾斜节面，只有个别复合类型的震源机制的一个节面可能是水平的。根据滑动角(Slip)分析震源力学作用方式，以 0°和 ± 180°滑动角最多，表明以走向滑动为主。Paz 和 Taz 分别表示应力轴方位，其中 P 轴方位以近 NWW - SEE 为优势方向，而库水沿 NE 向延伸，那么可以理解为 NW 向的拉张在起作用，或许和蓄水对库岸的侧向推挤有关(刁桂苓，2014)。T 轴的优势方向集中在 NNE - SSW 向，P 轴、T 轴的倾角水平最多，倾斜其次，直立甚少，表明以走向滑动占多。

进一步分析蓄水后库区中小地震震源机制类型特征。采用三角形分类方法(Frohlich，1992)将获得的震源机制划分为四类：1 类为走向滑动，有 200 个解，约占全部解的 48%，是四种类型中比例最高的；2 类为逆冲断层，有 66 个解，约占全部解的 16%；3 类为正断层，有 73 个解，约占全部解的 18%；4 类为复合断层，即走向滑动兼有倾向滑动分量(或正、或逆)，有75个解，约占全部解的18%；逆冲、正断及复合断层比例相当，见图7.16。复合类型具有走向滑动分量，连同走向滑动类型包含的震源机制比例共同分析，与蓄水前主要以逆冲和走滑为主的错动类型，显然发生了改变。蓄水后，更利于走滑型地震的发生。

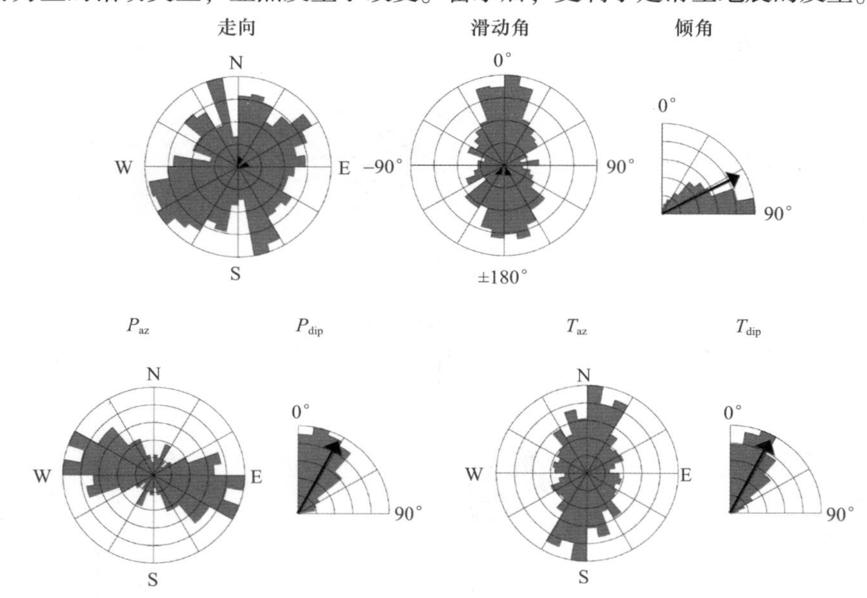

图7.15　蓄水后库区小震震源机制解的节面和力轴参数玫瑰图

Figure 7.15　Rose diagrams of nodal and force axis parameters for small earthquake focal mechanisms after reservoir impoundment

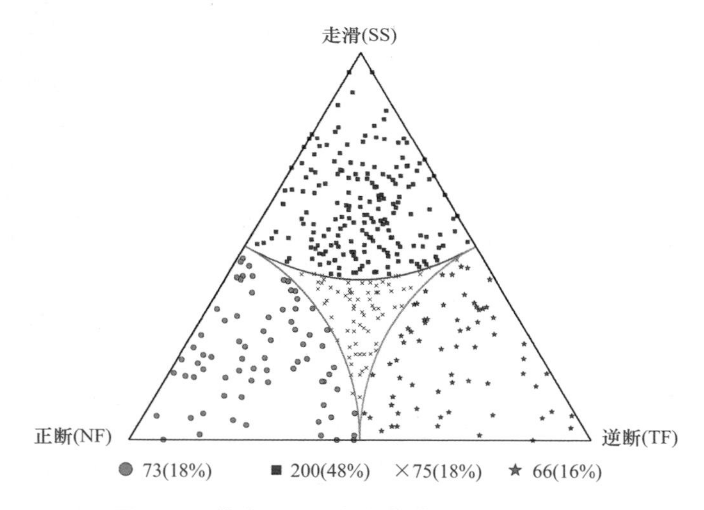

图7.16　蓄水后库区中小地震震源机制分类图

Figure 7.16　Classification of focal mechanisms of moderate and small earthquakes in the reservoir area after impoundment

图7.17分别给出了库区$M_L \geqslant 2.0$地震震源机制沿不同剖面(A－A′、B－B′，图7.14)的深度分布特征，震源机制皆以剖面为投影面。图7.17(a)给出了地震震源机制沿长轴剖

面A－A′的深度分布，结果显示，地震震源机制P轴方向总体表现出与剖面A－A′垂直，即垂直于金沙江河流走向，呈现NW向和NWW向。图7.17(b)给出了震源机制沿着短轴B－B′的深度分布，由于震源机制类型比较复杂，空间分布比较分散，且受控于不同的断裂带，因此倾角没有优势分布。

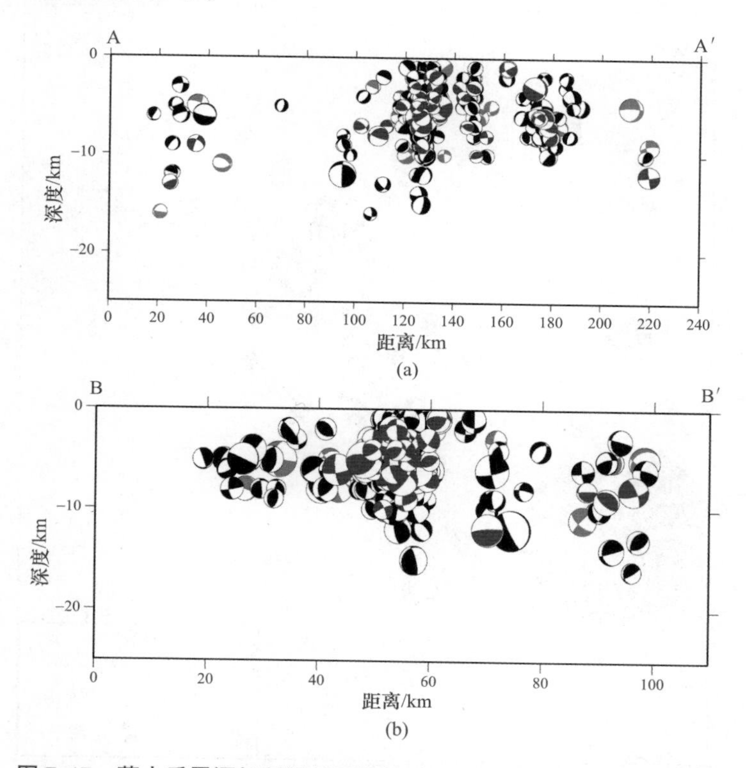

图7.17　蓄水后震源机制沿剖面长轴A－A′和短轴B－B′的深度分布

Figure 7.17　Depths distribution of focal mechanisms along with the long axis A－A′and the minor axis B－B′ after impoundment

7.3.2.2　蓄水后库区的动态应力场

从蓄水后向家坝—溪洛渡库区获得的中小地震震源机制空间分布来看，主要集中分布在图7.18中的三个区域，即向家坝库区库尾段，溪洛渡库区Ⅰ～Ⅲ段与库尾段。

采用Michael(1984，1987)提出的应力场反演方法，分别反演获得了三个局部区域的应力场，结果如图7.18中给出的应力主轴所示，并将参数列于表7.4。

第①集中区域反演获得的最大主压应力轴S_1的方位为108°、倾角为1.1°；中等主压应力轴S_2的方位为222°、倾角为87.3°；最小主压应力轴S_3的方位为20°、倾角为2.4°。最大、最小压应力主轴水平，中等压应力主轴垂直，有利于发生走向滑动类型的地震。由于该区域地震位于向家坝库尾段，且沿NNW向马边—盐津断裂带北段展布，推测可能主要受控于该活动断裂带。

第②集中区域为溪洛渡库首Ⅰ～Ⅲ段，反演获得的应力场与区域①类似，也有利于走滑类型的地震发生，该区域除了走滑型地震外，正断型地震也相对较多，且该区域地震主要沿金沙江流域分布，可能主要受水库蓄水的影响。

第③集中区域距离金沙江最近约 20km，样本量较少，计算获得的应力张量方差较大(0.33)，应力场处于紊乱的状态。

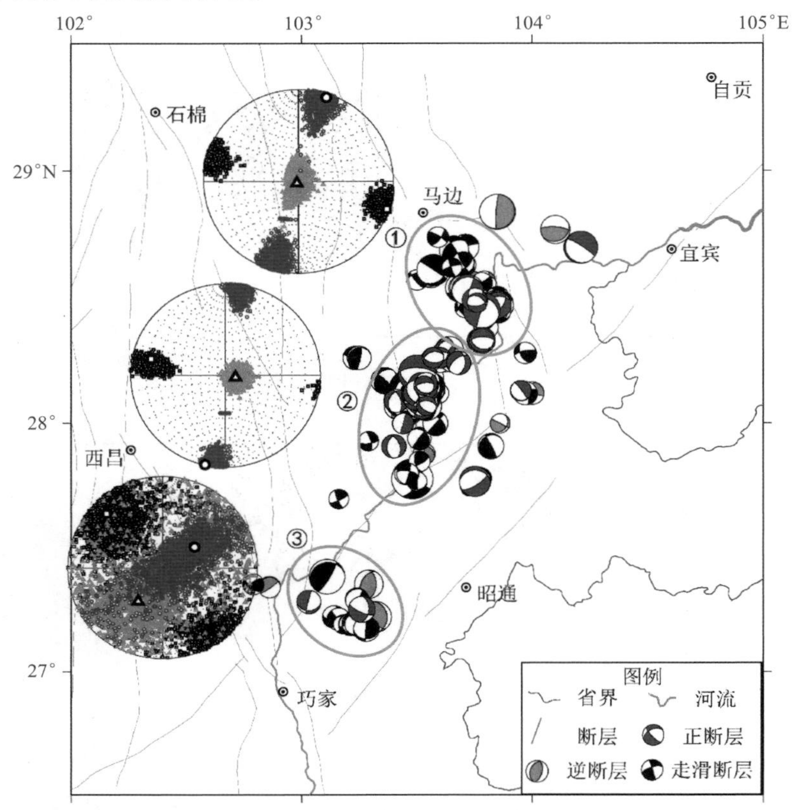

图 7.18　蓄水后库区中小地震震源机制及应力主轴投影

Figure 7.18　Focal mechanism and stress principal axis projection of moderate and small earthquakes in reservoir area after impoundment

表 7.4　蓄水后库区中小地震反演的应力场结果

Table 7.4　Stress field results of moderate and small earthquakes in the reservoir area after impoundment

区域	地震个数	S_1		S_2		S_3		应力张量方差	错动类型
		A_z/(°)	φ/(°)	A_z/(°)	φ/(°)	A_z/(°)	φ/(°)		
①	72	108	1.1	222	87.3	20	2.4	0.20	SS
②	305	283	12.4	101	77.6	193	0.3	0.27	SS
③	13	315	10	216	42.5	55	45.7	0.33	SS

注：A_Z 表示方位角；φ 表示倾角；S 表示主压应力。

7.3.2.3　蓄水后库区丛集地震震源机制类型

进一步细分蓄水后上述三丛中小地震震源机制类型。同样采用三角形分类方法

(Frohlich，1992)将获得的震源机制划分为四类，见图7.19。其中，区域1主要表现为走滑型，与该区域的马边—盐津断裂错动类型一致；区域2除了以走滑为主外，正断型地震明显增多；区域3则以未确定型和逆冲型为主。

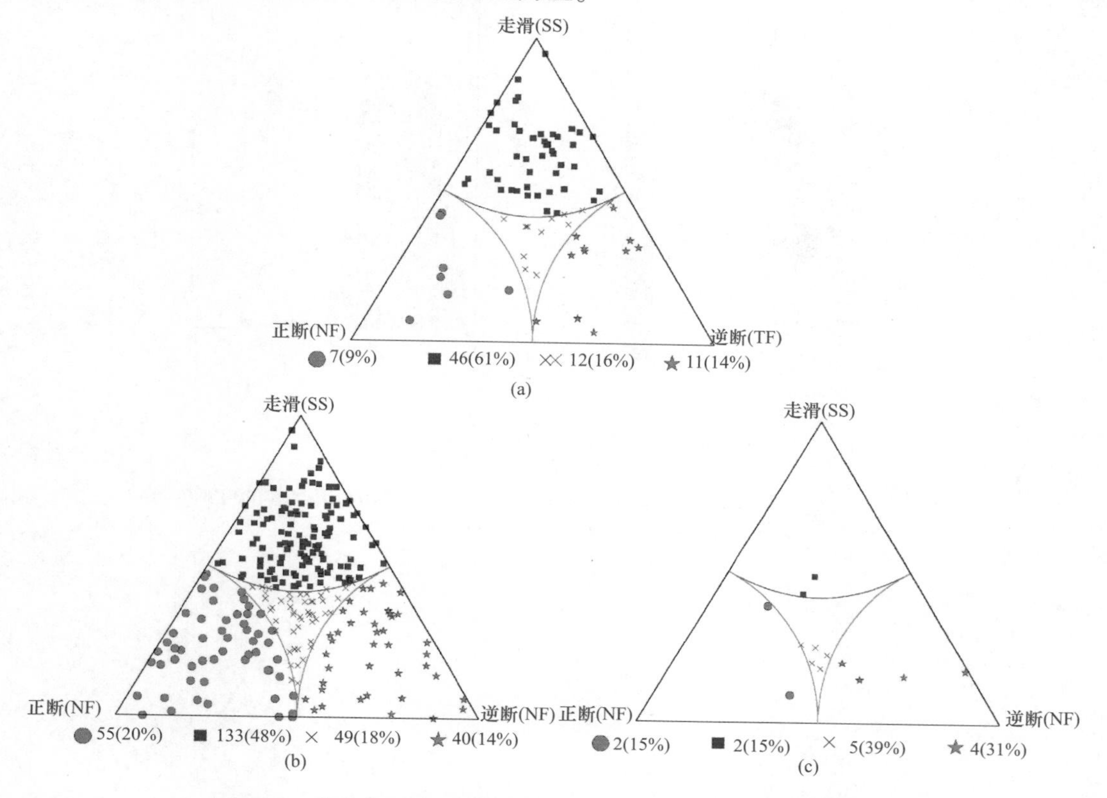

图7.19　蓄水后向家坝和溪洛渡水库区中小地震震源机制分类图

(a)向家坝库尾段；(b)溪洛渡Ⅰ~Ⅲ库段；(c)溪洛渡库尾段

Figure 7.19　Classification of focal mechanisms of moderate and small earthquakes in Xiangjiaba and Xiluodu reservoir areas after impoundment

(a) Xiangjiaba reservoir tail section; (b) Xiluodu reservoir Ⅰ ~ Ⅲ section; (c) Xiluodu reservoir tail section

进一步分析震源机制类型随震源深度的变化。图7.20给出了水库蓄水后，库区范围内的地震随深度的空间分布及不同深度地震的频次统计。蓄水后，除了5~10km范围内的地震外，5km以内的地震明显增多，见图7.20(b)。5km以内的地震主要集中分布在溪洛渡大坝附近，见图7.20(a)。

蓄水后金沙江下游向家坝—溪洛渡库区获得的震源机制解共有414次，其中震源深度在5km以内的机制解有200个。三角形分类方法获得的机制类型见图7.21，分别为：走滑型地震占全部解的41%，是4种类型中比例相对高的。逆冲型地震约占全部解的16%，正断型地震约占全部解的21%，两者之和称为逆冲或倾滑型地震，约占全部解的37%，略低于走滑型地震比例。复合断层约占全部解的22%。震源深度大于5km的震源机制解共有214个，走滑型地震约占全部的55%，其他三类均占15%左右。相对于5km范围内的地震，走滑型地震相对明显，倾滑型和未确定型也占一定比例。

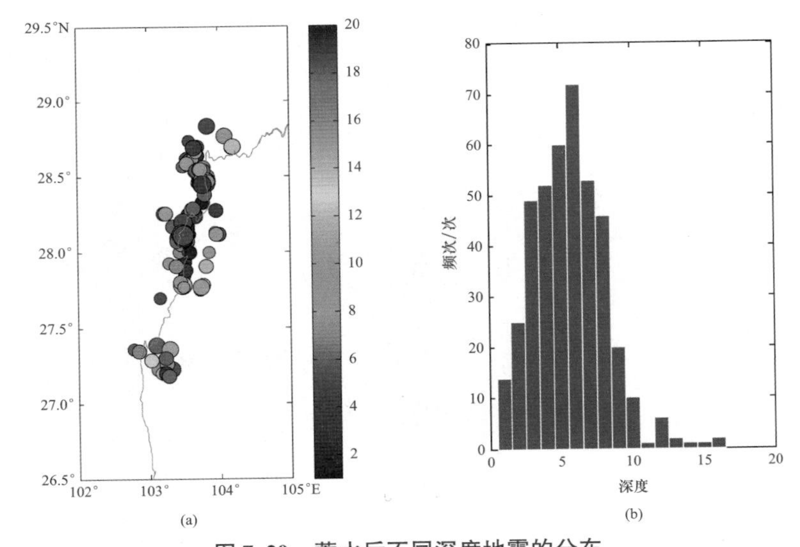

图 7.20 蓄水后不同深度地震的分布

(a)空间分布；(b)频次统计

Figure 7.20 Distribution of earthquakes at different depths after impoundment

(a) Spatial distribution; (b) Frequency statistics

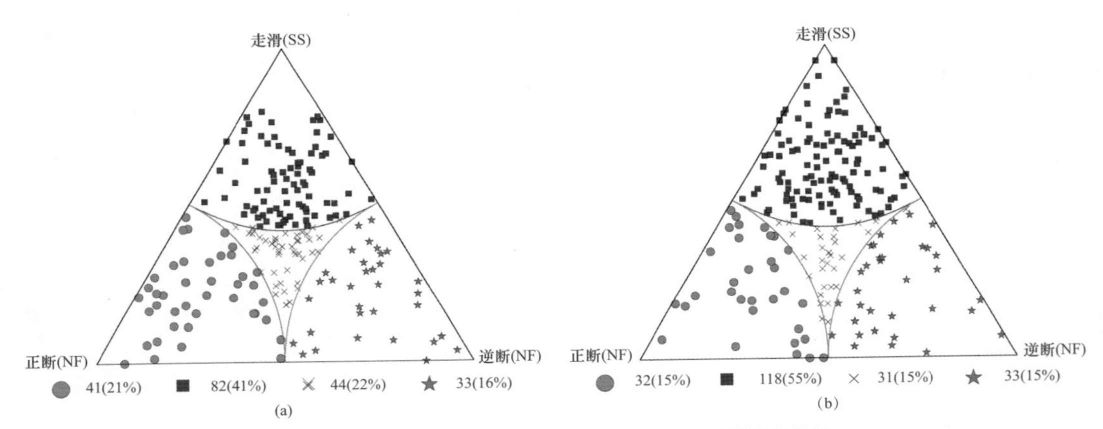

图 7.21 蓄水后库区不同深度地震震源机制类型统计

(a) $h\leqslant5$km；(b) $h>5$km

Figure 7.21 Statistics of focal mechanism types of earthquakes at different depths in the reservoir area after impoundment

(a) $h\leqslant5$km; (b) $h>5$km

蓄水后水库地震震源机制的研究结果：

(1)溪洛渡水库蓄水后，发生大量中小地震集中在库岸两侧约 10km、形成长约 40km 的条带。

(2)蓄水以后，库水渗透到岩层裂隙和层理，裂隙会相互贯通，其尖端扩展又可产生分叉，从而导致微破裂扩展，其方向多样型，呈现多种震源机制类型，导致错动方式的复杂性和随机性。

(3)蓄水前后库区应力场的主压应力都近于水平，取向都为 NWW - SEE，总体与区域构造应力场大体一致。

(4)研究结果揭示蓄水前后库区局部应力场的三力轴动态变化，表明库区中小地震震源力学机制除受控于区域应力场外，还与水库蓄水、库区存在的构造裂隙的取向、裂隙的摩擦强度和岩石的破裂强度等有关。

第 8 章　水库地震的震源波谱参数

对地震震源体的研究除地震宏观破裂带考察结果进行推断外，主要依靠台网记录地震波进行震源波谱参数的研究。随着震源力学过程研究的深入，描述震源模型的参数也逐渐增多。据地震波谱给出地震矩、断层尺度、破裂速度、应力降等参数用以描述震源体的某些特征。

8.1　中小震震源参数在水库区应用

随着数字地震台网的不断完善，大量数字地震波记录资料被用以提取地震的震源参数。此外，地震台站与地震震源存在距离，因此台站记录到的地震波并非地震震源的直接反映，而是包括了传播过程中的介质信息和地震计仪器的响应，如图 8.1 所示。为此，要从地震波中获取震源信息，则需要去除地震记录仪器和地震传播路径对地震波的影响。由于地震记录仪器响应是已知的，故如何准确获取地震震源参数也就归结为如何有效地从地震波记录中去除地震传播路径效应。

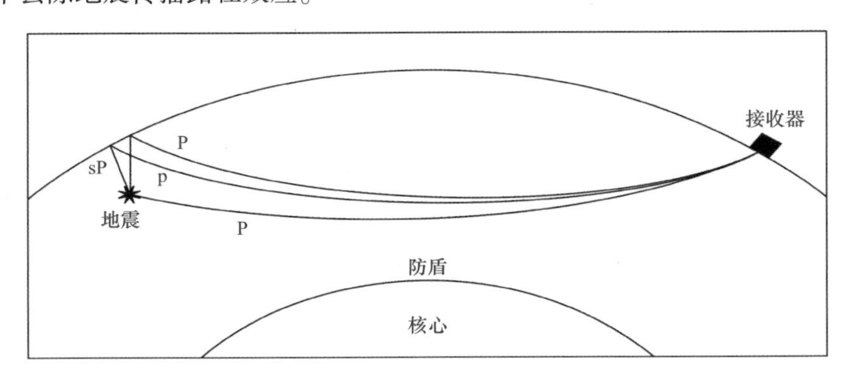

图 8.1　地震的发生、传播与记录示意图

Figure 8.1　Earthquake occurrence, propagation and recording

一般地，据地震波记录，即任一台站观测的任一地震地面运动的表示定理在时间域简记为

$$u_{ij}(t)=[S_i(t)\cdot P_{ij}(t)L_j(t)+N_j(t)]\cdot I_j(t) \tag{8.1}$$

这是借用线性系统形式表示观测地震波记录的主要成分。式中，$u_{ij}(t)$为第 j 个台站记录的第 i 个地震的位移记录，相当于地震记录仪输出。$S_i(t)$为第 i 个地震的震源震动时间项，相当于地震仪的输入。而从震源的激发脉冲传播到地震仪记录下来，其间影响因素或叫滤波因子有：P_{ij}为第 i 个地震震源至第 j 个台站之间的传播路径效应；l_j 为第 j 个台站的

局部场地响应；I_j 为第 j 个台站的地震仪器响应；N_j 为第 j 个台站的地面运动噪音。符号“·”表示褶积运算。

把地震记录变换到频率域，则任一台站观测的任一地震地面运动的傅里叶谱可以表示为

$$A_{ij}(f)=A_{i0}(f)P(R_{ij})L_j(f)I_j(f)\exp[-(\pi fR_{ij}/Q(f)v)] \tag{8.2}$$

式中，$A_{ij}(f)$是在第 j 个台观测到的第 i 个地震的傅里叶谱振幅；$A_{i0}(f)$为第 i 个地震的震源谱振幅；R_{ij}为震源距；$P(R_{ij})$为几何衰减函数；$L_j(f)$为第 j 个台站的场地响应项；$I_j(f)$为第 j 个台站的仪器响应项；$Q(f)$为频率依赖的品质因子；v 为地震波速度。

对式(8.2)两边取对数，则有

$$\lg A_{i0}(f)=\lg A_{ij}(f)-\lg P(R_{ij})+C(f)R_{ij}-\lg L_j(f)-\lg I_j(f) \tag{8.3}$$

其中，非弹性衰减系数

$$C(f)=(\pi f)/Q(f)v \tag{8.4}$$

显然，在频率域内从地震波记录中扣除传播介质与地震记录仪器的影响要更加容易。记录仪器的影响的扣除可以从地震波谱记录中直接除去仪器频率响应，而传播介质影响的扣除则需要根据不同台站和地震特征，考虑不同的方法。当有大量近台分布时，可忽略介质非弹性衰减，采用地震波在全空间传播时的理论几何衰减模型 R^{-1} 扣除路径效应(程万正等，2006；李艳娥等，2007)。当地震震中距较远时，则需要考虑不同震中距的几何衰减模型和非弹性衰减，如采用分段衰减模型(Atkinson & Mereu，1992)。此外，若地震台站没有架设在基岩岩石上，则还需要考虑扣除地震的台站响应(Moya et al.，2000)。当地震分布集中，且地震之间的距离远远小于地震到台站的距离时，认为地震的传播路径相同，可采用小震级地震作为经验格林函数对传播路径效应进行扣除(Baltay et al.，2009)。

中小地震震源参数特征的研究一直是地震学研究中的重要内容，包括地震自相似性、震源的标度特征等(赵翠萍等，2011)。而地震自相似性是否普遍存在依然是最具争议的科学问题之一，众多地震学家通过研究地震震源参数之间关系(即定标关系)来揭示大地震与小地震的破裂机制是否包含了相同的物理过程，大地震的能量辐射效率是否与小地震相同。部分学者认为地震是自相似的(Ide & Beroza，2001；Ide et al.，2003；Prieto et al.，2004；Jin & Fukuyama，2005；Baltay et al.，2010，2011)，而另一部分学者得到的研究结果则支持地震是非自相似的(Prejean & Ellsworth，2001；Mori et al.，2003；Mayeda et al.，2005，2007；Walter et al.，2006)。

由于震源参数中的应力降和视应力在物理上与孕震环境的应力水平有联系，对其时空分布特征的研究是探索强震发生前兆信息的手段之一，如 Choy 等(1995)利用远场 P 波计算了1986—1991 年全球大于5.8 级浅源地震的视应力，讨论了全球地震视应力的分布和不同构造环境中不同类型地震视应力的大小；Shearer 等(2006)系统地计算了加州地区的大量中小地震的震源参数，应力降的时间和空间变化过程，以及这种变化与强震的相关性等；Allmann 和 Shearer(2007)的研究发现，在2004 年 12 月 $M_S6.0$ 地震前，震源区的应力降显著高于断层上的其他地区，而在 $M_S6.0$ 地震发生后，震源区的应力降出现了显著的下降变化；Hardebeck 等的研究讨论了高应力降分布与断层的闭锁段及岩石强度的关系，指出断层上的高应力降分布区域代表着这里的介质更强或者承受更高的外加剪应力等，即高应力降集中分布的区域也许是中强以上地震的潜在震源成核区；Stankova-Pursley 等(2011)

通过对俯冲带中小地震视应力计算，分析了板块耦合增强和减弱的区域。

近年来，随着水库数字地震台网的完善，丰富的数字地震波形资料被用以研究水库地震震源参数特征。华卫等(2010，2012)在对三峡和龙滩水库地震震源参数研究中发现，应力降与地震大小之间的关系与 Nuttli(1983)的板内地震为增加应力降(ISD)模型的结果比较吻合，地震视应力均随震级的增大而增大，意味着大地震是比小地震具更高效率的地震能量辐射体，与同震级的构造地震相比，两个水库库区地震的应力降值明显偏低，约小 10 倍，认为这可能是由于水库蓄水造成地下介质孔隙压力增大有关，从而导致在一个比较低的构造应力情况下发生水库诱发地震。乔慧珍等(2014)对瀑布沟水库库区附近地震震源参数研究中发现其应力降较紫坪铺水库明显偏低，而库区爆破事件与天然地震震源参数对比拐角频率明显偏低。金沙江下游的向家坝水库和溪洛渡水库处于川滇菱形地块与四川盆地交界地带，历史上强震频发。水库蓄水后库区介质由于库水加卸载和渗透作用而发生变化，这种变化对发生在库区的地震事件是否有直接影响，这些地震事件的震源性质与天然地震是否有显著差异，针对这些问题开展研究工作，有助于加深对水库诱发地震的基本认识并对区域地震危险性的探索提供参考。

8.2 库区地震震源波谱参数的分析

研究区域包括向家坝和溪洛渡水库及其附近地区(27°~29°N，102.5°~105°E)。在研究区内，选取了距水库水域 50km 范围内 2007 年 10 月—2015 年 9 月的 572 个 $M_L \geqslant 2.0$ 地震来开展工作(图 8.2)。

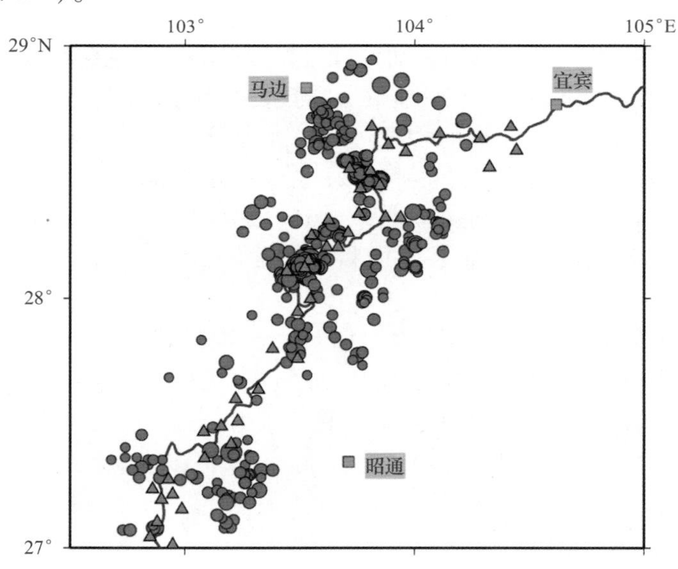

图 8.2 金沙江下游梯级水库地震台站与监测区地震(2007.10—2015.9；$M_L \geqslant 2.0$)

Figure 8.2 Stations and monitoring areas of earthquakes in the lower reaches of Jinsha River (2007.10—2015.9; $M_L \geqslant 2.0$)

金沙江下游水库测震台网沿江分布，随着不同时期台网建设的进度，测震台站逐渐增加，截至 2015 年 9 月 30 日，研究区内共 52 个短周期测震台站，利用这些测震台的地震波记录资料，计算和分析水库中小地震的震源波谱参数。

在计算方法的选择上，考虑台站沿金沙江密集分布，同时研究地震均匀分布在水库两侧，台站记录均为近震地震波形，才去除传播路径效应时可忽略介质非弹性衰竭，只需利用理论几何衰减模型 R^{-1} 扣除弹性衰减。从黄玉龙等(2003)对广东地区 14 个地震台场地响应的计算结果看，架设在基岩上的台站场地响应均在 1 附近，即没有明显的放大效应。向家坝和溪洛渡水库测震台站均为固定测震台站，严格按照《中华人民共和国地震行业标准(DB/T 16—2006)地震台站建设规范：测震台站》中观测场地堪选要求将场地选在基岩岩体上，因此认为两个水库台网台站场地响应应在 1 附近。

具体计算方法如下：首先将地震波形做快速傅里叶变化转换到频域，在频率域内进行积分，即得到速度和地动位移的功率谱积分 S_V 和 S_D(程万正等，2006)。

$$S_D = 2\int D(f)^2 \mathrm{d}f \tag{8.5}$$

$$S_V = 2\int V(f)^2 \mathrm{d}f \tag{8.6}$$

于是，地震波谱的两个参数拐角频率 f_0 和零频极限值 Ω_0 分别为

$$f_0 = \frac{1}{2\pi}\sqrt{\frac{S_V}{S_D}} \tag{8.7}$$

$$\Omega_0^2 = 4S_D\sqrt{\frac{S_D}{S_V}} \tag{8.8}$$

相应地，其他震源参数可由上述两个值求得。其中，地震矩

$$M_0 = 4\sqrt{\frac{5}{2}}\pi\rho\beta^3\Omega_0 \tag{8.9}$$

取一个台站三个分量平均作为该台的地震矩值，有

$$M_0 = \sqrt{M_{0Z}^2 + M_{0NS}^2 + M_{0EW}^2} \tag{8.10}$$

式中，M_{0Z}、M_{0NS}、M_{0EW} 分别为垂直向、南北向、东西向的地震矩平方和再开根号。

破裂半径为

$$r_a = \frac{2.34\beta}{2\pi f_0} \tag{8.11}$$

应力降为

$$\Delta\sigma = \frac{7M_0}{16r_a^3} \tag{8.12}$$

式(8.9)、式(8.11)中，β 为 S 波波速通常取 3.5km/s，ρ 为介质密度 $2.7\times10^3\mathrm{kg/m^3}$。

视应力为

$$\sigma_{app} = \eta\,\bar{\sigma} = \mu\frac{E_S}{M_0} \tag{8.13}$$

式中，剪切模量 $\mu = 3\times10^{10}\mathrm{N/m^2}$，地震波辐射能量 $E_S = 4\pi\rho\beta S_V$。

在具体记录数据处理过程中，我们采用金沙江下游水库台网记录到的库区附近 $M_L2.0$

以上地震速度记录观测数据，为尽量减小传播路径对计算结果的影响同时保证有尽量多的台站参加计算，并在台网建设初期选取震中距 80km 以内的台站资料，中后期则缩小范围选取震中距 50km 以内台站资料开展工作。首先通过 seed 格式数据获取各台站各分量仪器响应参数，同时将 seed 格式或 evt 格式波形数据转换为 ascii 码数据，并扣除均值、趋势、仪器响应，供震源参数计算程序调用。计算过程中，我们截取 S 波作为研究对象，截取标准为 S 波到时开始至衰减到 2 倍噪声水平。其次采用 4 阶 butterworth 滤波器对其做 0.5 ~24Hz 带通滤波。对滤波后的速度记录做快速傅里叶变换得到速度谱，对于复数形式的速度谱，除以 $2\pi f_i$ 可得到相应的位移谱。功率谱可通过速度和位移谱乘以他们的共轭复数得到，最后做积分可得到式(8.5)、式(8.6)中的 S_V 和 S_D。各个震源参数值可通过这两个值求取。

最终的计算结果为多个台站结果的平均，这个平均的结果并不一定就是最终的该参数的真实值，我们需要检测最终结果的置信区间。由于各个台站的计算结果是相互独立的，对此我们参考 Prieto 等(2007)提出的方法，利用 jackknife 方差的理念，估计各个参数的 95% 置信区间。

假设 K 个台站计算的某一震源参数值分别为 X_1，X_2,…，X_K，可以用参数 θ 来刻画其概率特性。

$$\theta = \theta[X_1,\ X_2,\cdots,\ X_K] \tag{8.14}$$

根据 jackknife 的理念，扔掉其中一个值后再看看参数 θ 会怎样。扔掉一个值 X_i 后，

$$\theta_i = \theta\ [X_1,\cdots,\ X_{i-1},\ X_{i+1},\cdots,\ X_K] \tag{8.15}$$

对于 K 个 θ_i 估计值，其方差可以表示为

$$\mathrm{var}\{\theta\} = \sigma^2 = \frac{K-1}{K}\sum_{i=1}^{K}[\theta_i - \bar{\theta}_i]^2 \tag{8.16}$$

式中，$\bar{\theta}_i = \dfrac{1}{K}\sum\limits_{i=1}^{K}\theta_i$。

Tukey(1958)指出$(\mathrm{In}\beta_i - \mathrm{In}\bar{\beta}_i)/\sigma$ 在小样本量时接近自由度为 $K-1$ 的学生 t 分布(student's t distribution)，因此，对于双侧的 $1-\alpha$ 置信区间为

$$\Psi_{\mathrm{e}}{}^{-t_{k-1}(1-\alpha/2)\sigma} < \Psi \leqslant \Psi_{\mathrm{e}}{}^{-t_{k-1}(1-\alpha/2)\sigma} \tag{8.17}$$

式中，α 为双侧置信度；σ 为方差平方根；t 为学生 t 分布在 $k-1$ 自由度对应的 t 值；Ψ 为任意震源参数，可以是拐角频率 f_c、零频极限 Ω_0、地震矩 M_0、应力降 $\Delta\sigma$、视应力 σ_{app} 等。最终给出的置信区间范围越大表明由于传播路径、场地响应、震源破裂方向性等因素的影响下各个台站给出的震源参数值差异较大；置信区间范围较小表明各台站差异较小。

计算取得了 572 个地震事件的震源参数结果，包括拐角频率 f_c、零频极限 Ω_0、地震矩 M_0、破裂半径 r、应力降 $\Delta\sigma$、视应力 σ_{app}，并获取了每个地震各个参数的 95% 置信区间。将 6 个震源参数进行统计(图 8.3)，对震源谱的拐角频率 f_c 的地震数量统计结果显示，地震数以 2.6Hz 为中心向两端递减，跨度范围为 1.0 ~4.5Hz，所有地震拐角频率的平均值为 2.686Hz，中值为 2.664Hz。对震源谱的零频极限 Ω_0 的计算结果进行统计，结果显示地震数量随着 Ω_0 增大而逐渐减少，作为与地震大小直接关联的波谱参数，与按震级统计结果有相似之处，Ω_0 的分布范围从 $\lg 10^{-2.5}$ 到 $\lg 10^0$，其均值为 0.083、中值为 0.014；对标量地震矩 M_0 计算结果进行统计，结果显示在地震矩为 $\lg 10^{13.3}$ 地震数最多，沿地震矩减小方向地震数迅速衰减，沿地震矩增大方向则逐渐衰减，速率小于前者，均值和中值分别为

1.92×10^{14} 和 3.19×10^{13}。地震破裂半径的统计结果显示地震的破裂尺度基本都在 1km 以内，主要集中在 0.4 ~ 0.6km，平均破裂尺度为 0.52km、中值为 0.49km。应力降的计算结果显示 557 次地震应力降取 lg10 后统计上接近于正态分布，即主要分布在 0 附近，地震次数向大于 1 和小于 1 的方向迅速衰减，平均值为 2.75bar、中值为 1.17bar。视应力统计结果显示多数的地震的视应力在 0.1 ~ 1.0bar，统计平均值为 0.52bar、统计中值为 0.2bar。

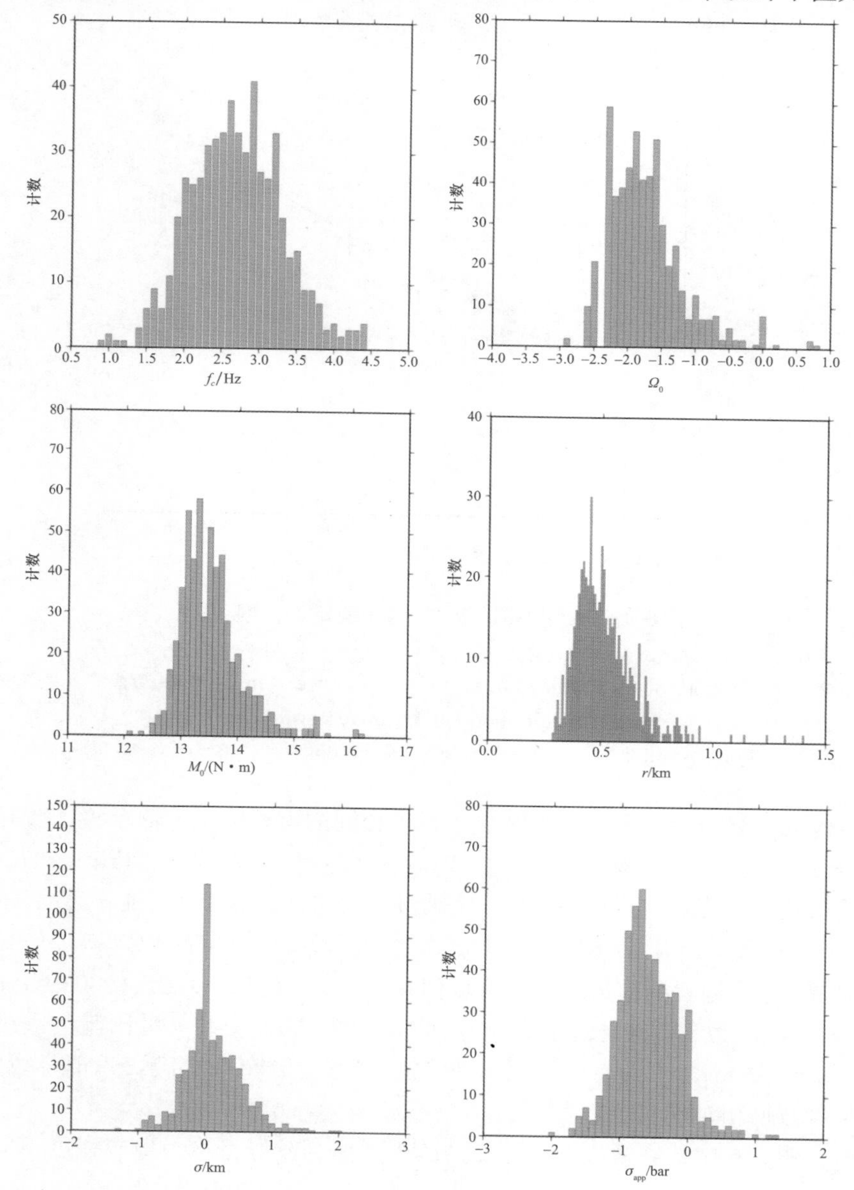

图 8.3　金沙江下游水库地震监测区地震震源参数统计结果

（$N=572$；$M_L\geqslant2.0$；震源参数依序：f_c、Ω_0、M_0、r、σ、σ_{app}）

Figure 8.3　Statistical results of earthquake source parameters in the reservoir area of the lower reaches of Jinsha River

（$N=572$；$M_L\geqslant2.0$；source parameters in order：f_c、Ω_0、M_0、r、σ、σ_{app}）

根据地方震震级 M_L 的定义，该震级是基于 Wood-Anderson 地震计记录测定的，Wood-Anderson 地震计的截止频率为 1.2Hz，当地震的拐角频率高于该频率时，其振幅直接正比于地震矩(Randall，1973)。图 8.3 中统计结果显示，地震拐角频率基本都大于 1.2Hz，因此，图 8.4 地震矩随震级增加而增加，其拟合式为

$$\lg(M_0) = 0.996M_L + 11.096 \tag{8.18}$$

其拟合斜率为 0.996，接近理论值 1，拟合相关系数为 0.899。

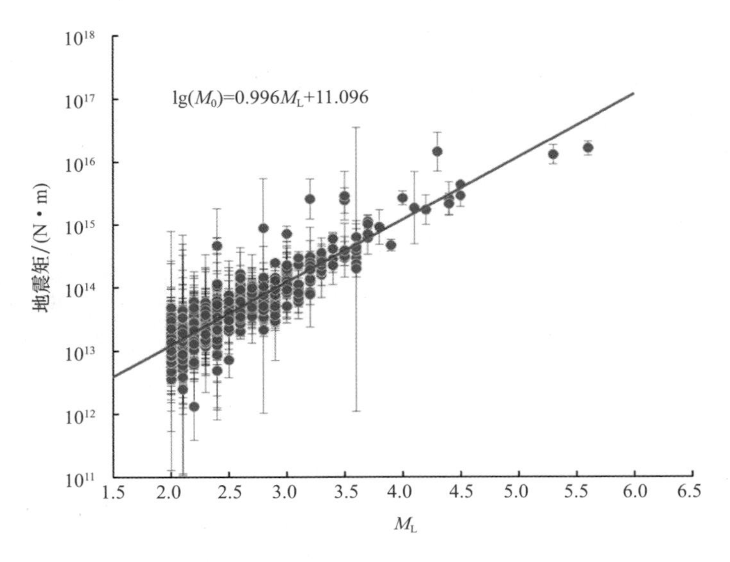

图 8.4 库区地震震级 M_L 与地震矩 M_0 定标关系

(说明：图中垂直线段为单个地震矩的 95% 执行区间)

Figure 8.4 Calibration relationship between magnitude M_L and seismic moment M_0 in reservoir area

(Note：vertical line segment is 95% execution interval of single seismic moment)

地震自相似性是讨论大小地震破裂机理是否相同的重要问题，简单说，就是一个 8 级大地震是否可以通过一个 2 级地震乘上一个非常大的因子放大得到(Prieto et al.，2004)，这种破裂的尺度不变性，与对众多大范围地质过程的观测中的尺度不变性有相似之处(Abercrombie，1995)。从震源物理的角度推导，我们可以通过观测地震矩 M_0 与拐角频率 f_c 是否满足 $M_0 \propto f_c^{-3}$ 或者视应力 σ_{app} 是否近似为一个常数(Ide et al.，2003；Prieto et al.，2004)。图 8.5 所示为 557 次地震地震矩和拐角频率的拟合关系，对比蓝色虚线参考线拟合关系并不满足 $M_0 \propto f_c^{-3}$ 关系。实际图中数据点多密集分布在小震段，拟合线性关系差，在中等地震段数据相对少，也散布。

同样地，图 8.6 中地震视应力与地震矩的关系拟合较好，均为地震强度不同表示。其拟合式为

$$\lg M_0 = 0.705\lg f_c - 23.48 \tag{8.19}$$

但是在小震段拟合偏差值偏离点较多，并未表现为对数拟合的线性常数关系。两个谱参数表现出来的特征表明库区附近地震并不满足地震自相似的假设。

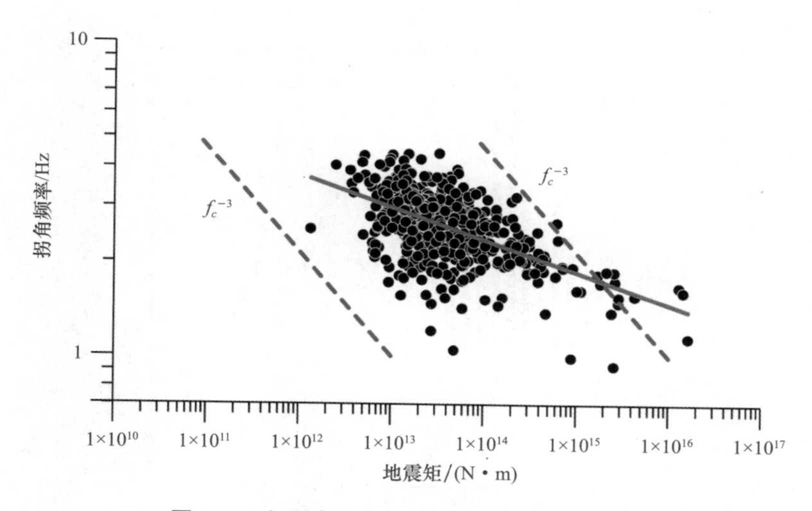

图 8.5　库区地震 M_0 与拐角频率 f_c 值的分布

Figure 8.5　Distribution of M_0 and corner frequency f_c of earthquakes in the reservoir area

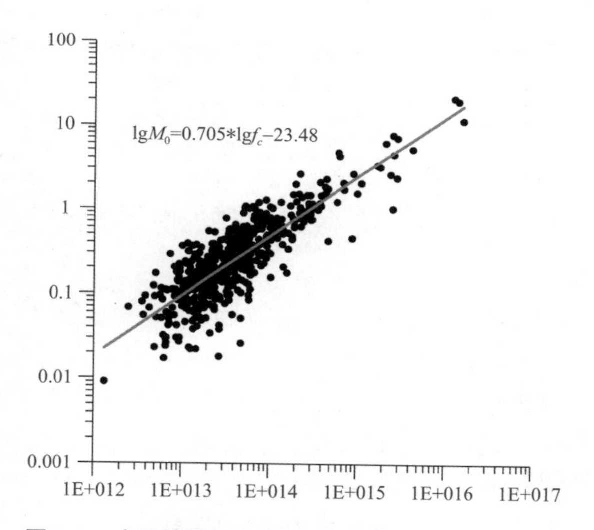

图 8.6　库区地震视应力 σ_{app} 与地震矩 M_0 拟合结果

Figure 8.6　Fitting results of apparent stress σ_{app} and seismic moment M_0 in reservoir area

图 8.7 为地震视应力与震源深度的关系，在震源深度小于 14km 时，每个深度上地震视应力的计算结果不少于 9 个，大于 14km 时，每个深度的计算结果不超过 5 个，因此为保证样本量足够以及结果的稳定性，对小于 14km 深度的地震视应力计算结果在各个深度上计算中值，并连接成曲线(图 8.7(a))，对中值进行线性拟合(图 8.7(b))可以看出，虽然各个震源深度上的地震视应力值较为离散，但其中值拟合结果呈现出总体上随深度增加地震视应力变大的趋势。

其库区地震视应力值与震源深度拟合关系为

$$\lg(\sigma_{app}) = 0.028h - 0.8697 \tag{8.20}$$

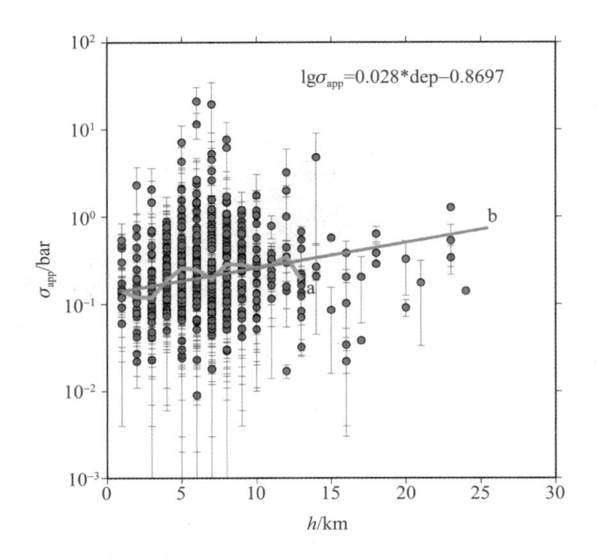

图 8.7 库区地震视应力 σ_{app} 与震源深度 h 的拟合结果

（▬▬：$\sigma_{app}\sim h$；▬▬：σ_{app}中值 ~ h）

Figure 8.7 Fitting results of apparent stress σ_{app} and source depth h

（▬▬：$\sigma_{app}\sim h$；▬▬：σ_{app}median ~ h）

8.3 不同类型地震的波谱特征

Anderson 断层理论认为剪切应力水平在逆冲型断层上最高，在正倾型断层最低(Sibson，1974，1982；McGarr，1984；Brune & Thatcher，2002)。为检验研究区域地震震源机制与地震震源参数是否存在相关性，我们利用了 464 次同时计算震源参数和反演了震源机制解(来自第 3 章结果)的地震进行分析。根据 Shearer 等(2006)给出的方法，我们利用震源机制解中的两个界面的滑动角将震源机制类型参数化，具体算法如下：

设震源机制解中两个节面滑动角分别为 $r1$ 和 $r2$，有

```
if(abs(r1)>90)
r1=(180-abs(r1))*(r1/abs(r1))
if(abs(r2)>90)
r2=(180-abs(r2))*(r2/abs(r2))
if(abs(r1)<abs(r2))then
r=r1elser=r2
end if
fptype=r/90
```

fptype 表示最终的地震错动类型，取值变化范围从 -1(正倾型)到 0(走滑型)再到 1(逆冲型)。其优点是可用一个单一的尺度来判断错动类型，而不需要被两个节面的滑动角

所束缚。图 8.8 所示为库区地震应力降与地震错动类型的关系，图中每一个错动类型的应力降值都非常离散，通过取中值得到的变化趋势线呈现出平稳的状态，即应力降并不会显著地随地震错动类型的变化而变化。

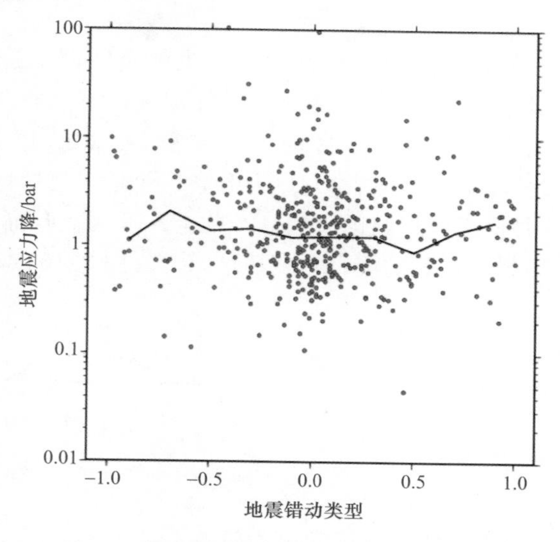

图 8.8　地震错动类型与地震应力降的关系

Figure 8.8　Relationship between earthquake dislocation type and seismic stress drop

Allmann 和 Shearer(2009)对比了全球中强震应力降与地震错动类型的关系发现，走滑型地震的应力降较其他高 3～5 倍。本研究中库区附近地震虽然以走滑型错动为主，却没有表现高于其他错动类型的地震应力降水平，这可能与研究区域和地震震级相对较小有关。震源谱中的重要参数之一拐角频率在时间域对应于震源持续时间，在地震破裂不向反方向回转的假设下，地震持续时间随地震的增大而增长，相应地，与震源持续时间互为倒数的拐角频率则减小(Walter et al.，2006)。

近年来，对包括爆破、塌陷、诱发地震等震源机制各异地震活动的研究发现其拐角频率有明显差异(张丽芳等，2013；乔慧珍等，2014；陆丽娟等，2015)；为此我们对研究区内地震拐角频率与地震错动类型做了对比，如图 8.9 所示，地震拐角频率在各个错动类型都比较离散，而各个错动类型的拐角频率中值结果显示基本位于同样水平，表明拐角频率随地震错动类型趋势变化的特征，即震源破裂持续时间不受错动方式的影响，而是主要依赖于地震震级的大小。

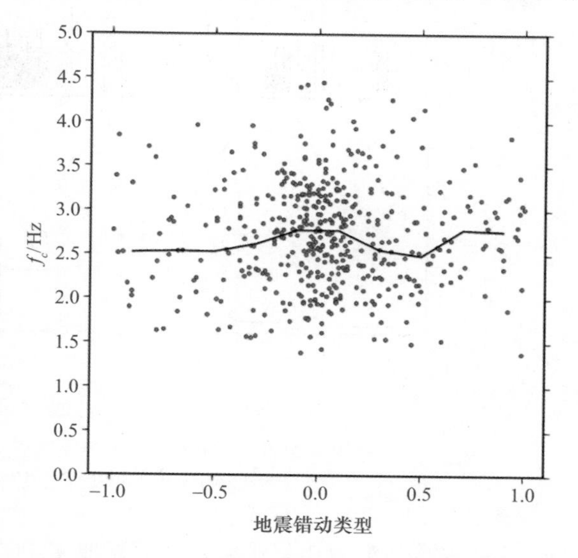

图 8.9　地震错动类型与拐角频率的关系

Figure 8.9　Relationship between earthquake dislocation type and corner frequency

8.4 蓄水前后地震波谱分析的对比

研究区包括了向家坝和溪洛渡两个水库库区。根据金沙江下游水库地震台网监测记录，向家坝水库于2012年10月开始下闸蓄水，水库水域在蓄水后并未出现十分显著的地震活动增强变化。溪洛渡水库于2012年11月下闸蓄水，至2013年5月之前，水库水位上升幅度不大，相应地，地震活动水平也没有显著升高，而是与背景地震活动相当，最高地震日频度12；2013年5月后库区水位迅速上升，截至5月底上升幅度接近100m。库区地震强度和频次都有显著增强，最高地震日频度超过60次(图8.10)。

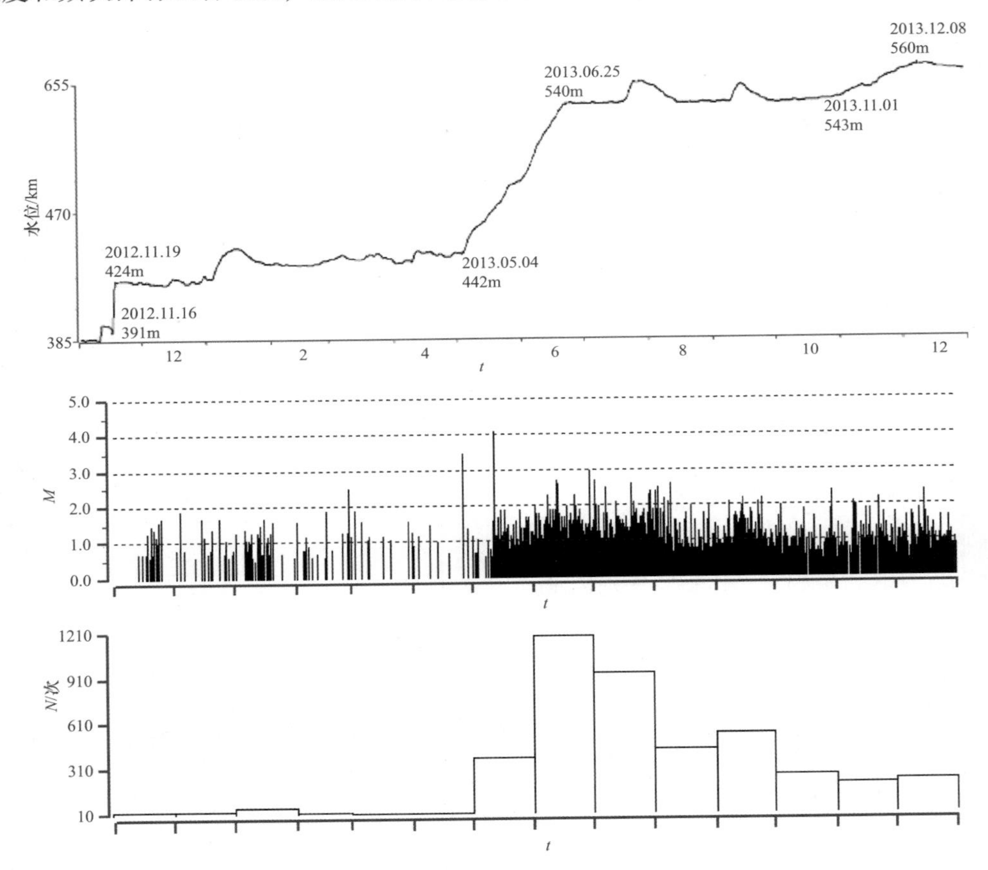

图8.10 溪洛渡水库水位曲线与库区10km范围内*M-t*图、*N-t*图

Figure 8.10 Water level curves of Xiluodu reservoir and *M-t* and *N-t* maps of earthquakes within 10km of the reservoir area

从地震活动率的变化看，库区附近地震活动与水位有较好的相关性，受水库蓄水变化影响明显。为此，我们将对蓄水前(2007年10月—2012年11月)的148次地震和蓄水后(2012年11月—2015年9月)的406次地震震源参数特征进行对比分析。

图8.11所示为蓄水前后向家坝水库、溪洛渡水库及周围区域地震震源参数定标关系

的对比，其中图 8. 11，左侧一列均为蓄水前地震震源参数结果，图 8. 11 右侧一列均为蓄水后地震震源参数结果。图中蓝色实心圆为各个地震具体震源参数值，包括拐角频率 f_c、零频极限 Ω_0、破裂半径 r、应力降 $\Delta\sigma$、视应力 σ_{app}；灰色垂直线段为震源参数值 95% 置信区间，红色实线为各震源参数定标关系拟合线。

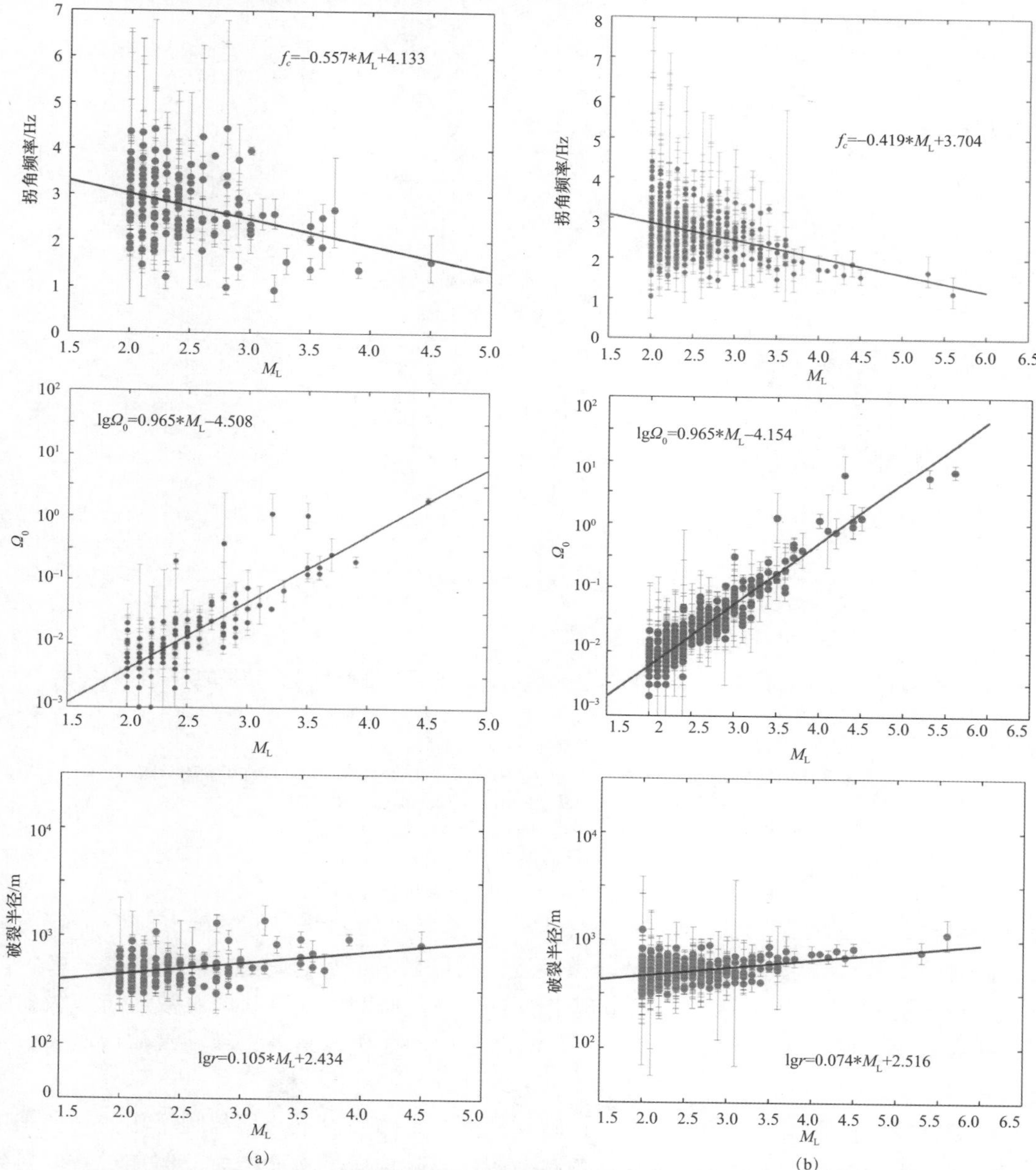

图 8. 11　向家坝水库、溪洛渡水库蓄水前后库区地震震源参数拟合结果的对比

（震源参数依序：f_c、Ω_0、γ，σ、σ_{app}）

(a) 蓄水前；(b) 蓄水后

Figure 8. 11　Comparison of fitting results of earthquake source parameters in reservoir area before and after impoundment

(source parameters in order: f_c、Ω_0、γ、σ、σ_{app})

(a) Before impoundment; (b) After impoundment

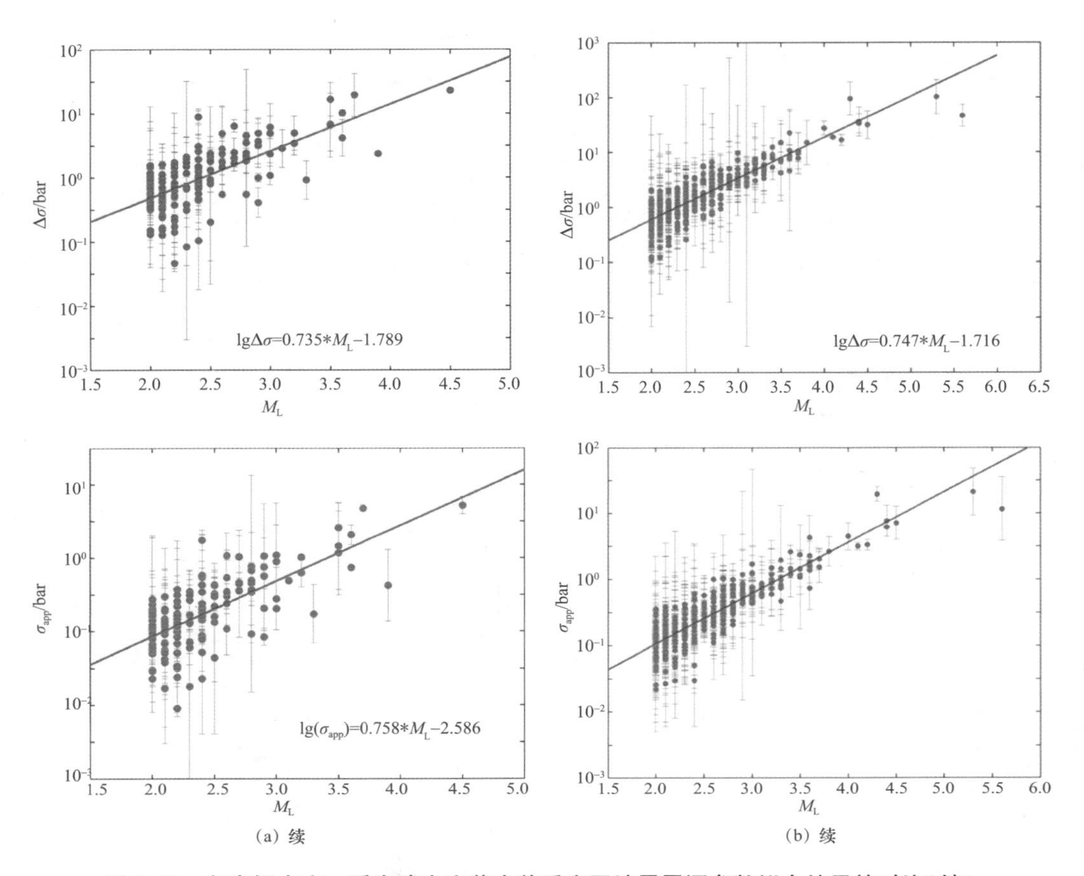

图 8.11 向家坝水库、溪洛渡水库蓄水前后库区地震震源参数拟合结果的对比(续)

(震源参数依序：f_c、Ω_0、γ，σ、σ_{app})

(a)蓄水前；(b)蓄水后

Figure 8.11 Comparison of fitting results of earthquake source parameters in reservoir area before and after impoundment

(source parameters in order：f_c、Ω_0、γ、σ、σ_{app})

(a) Before impoundment；(b) After impoundment

拐角频率 f_c 蓄水前后都呈现出随地震增大逐渐减小的趋势，虽然蓄水前 f_c 值较为离散，但总体上蓄水前后线性拟合系数非常接近，结果显示蓄水前后定标关系基本一致。

零频极限 Ω_0 在水库蓄水前后都呈现出随地震增大而增大，对其取对数后与震级的线性拟合系数中，斜率均为 0.965 近似等于 1，即等比例变化，结果显示蓄水前后该参数定标关系一致。

破裂半径 r 表征地震破裂的尺度，在破裂速度一定的假设下与拐角频率相关。从图中可以看出，破裂半径 r 的定标关系与拐角频率相反，随地震增大而增大，但在对其取对数后变化幅度并不显著，线性拟合系数中斜率仅为 0.1 左右，从拟合结果看，蓄水前后基本一致。5 级以下地震破裂半径在百米尺度，5 级以上地震上升至千米尺度，这与赵翠萍等(2011)给出的中国大陆构造地震活动破裂尺度基本一致。

视应力与应力降两个震源参数理论上并不独立，蓄水前后这两个参数的定标关系都几乎相同，即线性拟合系数中斜率在 0.75 左右，随地震增大而增大。

由于水库位于地震高烈度地区，蓄水前已存在地震活动，而这些地震活动与水库蓄水完全没有关系，可认定为构造地震。相应地，从图 8.10 可以看到地震活动在水位快速上升后显著增强，根据其相关性我们可认为蓄水后的地震活动中，水库诱发地震活动占了较大比例。部分研究者将水库诱发地震的应力降、视应力、震源尺度等参数与构造地震作比较，认为两者之间存在差异。例如，Abercrombie 和 Leary(1993)提出，构造地震平均来说似乎比水压破裂和矿震等诱发地震有较高的应力降(约 10 倍)；杨志高等(2010)通过对比紫坪铺水库与其他地区地震视应力发现紫坪铺的结果小 3 个数量级，华为等(2012)在平均了多个水库应力降和震源尺度计算结果，将平均后的结果与构造地震对比后显示，水库地震的应力降较构造地震低，震源尺度则较构造地震大。

本研究给出的结果与这些研究有明显不同之处，即水库蓄水前后地震应力降、视应力没有明显差异，震源尺度有微小差异，但也在可能的误差范围内。前人的研究结果可能反映的是不同构造区域应力水平和地下介质的差异，而非水库地震与天然构造地震的差异。我们的研究中实际上是排除了这种差异的干扰，选择了相同研究区域的诱发地震和构造地震进行对比。根据对比结果，我们认为在同一区域天然构造地震和水库诱发地震在震源参数上并不存在明显差异。

8.5　蓄水前后库区视应力分布

对一个地区中引起地震滑动的平均应力水平进行区域平均，则可作为当地的绝对应力水平的一个间接估计(吴忠良等，2002)。给出视应力的定标关系中，蓄水前和蓄水后库区总体应力水平没什么变化。但在整个库区地震活动丛集于不同的子构造区，各个子构造区的应力水平一定是有差异的。我们对子构造区地震视应力的空间分布研究可使我们了解水库蓄水前后库区不同局部应力水平的空间分布变化。

图 8.12 和图 8.13 分别为水库蓄水前后库区附近地震视应力在区域平面的分布。整个视应力的分布区与地震震中的分布区域基本一致，对于地震与地震之间的间隙区采用克里金(Kriging)插值法进行插值处理。

需要指出的是，在插值过程中当大量低视应力的小震与高视应力的中等地震发生在非常临近的位置时，该处的视应力值将会有中和效果而非取最大地震的视应力值代表该处视应力水平。根据古登堡 - 里克特关系(G - R law)，b 值表示大小地震比例关系，大地震数量相对多时，b 值较小；反之，b 值较大。另外，b 值的大小反映了一个区域应力水平，b 值小则应力水平高，b 值小则应力水平低。在本研究的视应力空间分布中，当一个区域存在少量高震级地震与大量小震时，插值后视应力水平将不会出现显著高值，同样地，G - R 关系 b 值也会较大表明应力水平较低；反之，当一个区域存在中等地震但没有小震出现时，该区域视应力插值结果将变得较高，根据 G - R 关系中的 b 值也会较低，反映该区域应力水平较高。因此，视应力插值结果与地震活动性参数中 b 值对应力水平的反映是一致的，可作为区域空间应力分布特征的反映。

从水库蓄水前地震的视应力分布看(图 8.12)，大部分区域视应力值在 0.6bar 以下，视应力相对较高的区域主要是马边断裂带与莲峰断裂交会区域，以及小江断裂与莲峰断裂交会区域。在马边断裂带与莲峰断裂交会区域又有三个子区域呈现出突出的高视应力值，包括永善县东南的楔子坝断裂附近、雷波县以西的三河口—烟峰断裂附近以及莲峰断裂带附近区域。三个子区域中以楔子坝断裂附近的视应力最高，达到4.6bar。阮祥等(2010)对马边—大关构造带视应力分布的计算结果显示高应力水平区域为大关至盐津一带，与本研究中的蓄水前高值区域有一定的一致性。此外，莲峰断裂与小江断裂交会处也是视应力相对高值区，最高值在4.0bar左右。将图8.12蓄水前的视应力空间分布结合未来金沙江下游水库蓄水区域看，这两个大于4.0bar的视应力高值区域都距蓄水区很近，分别位于向家坝水库库尾和溪洛渡水库库区Ⅰ~Ⅲ段和库尾段；相对地，与未来蓄水区较远的区域视应力值的分布则没表现为高值状态。由于此时水库尚未蓄水，未来蓄水区域所表现出来的高视应力特征主要由该处的地质构造及地下应力水平决定。

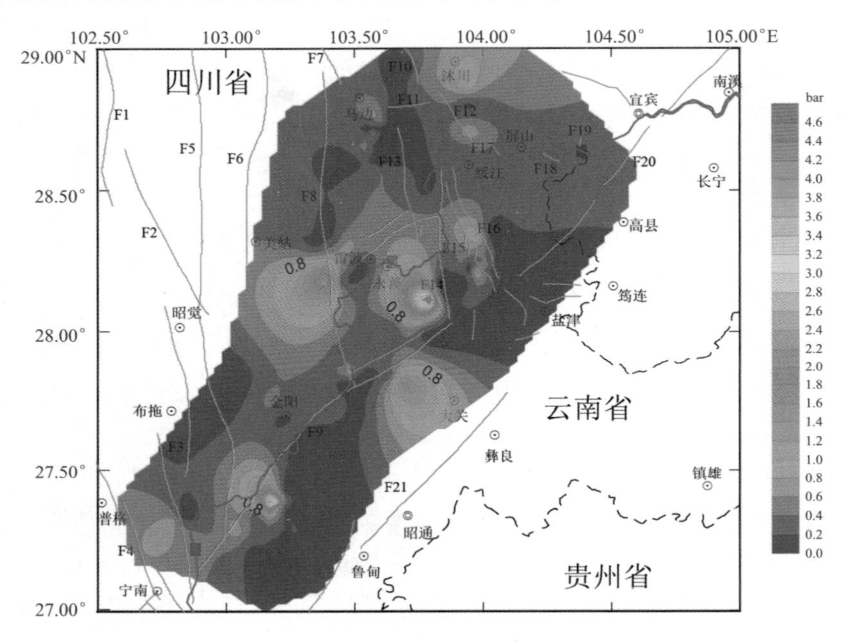

图8.12 蓄水前地震视应力的平面分布

(说明：F1—大凉山断裂；F2—昭觉—布拖断裂；F3—小江断裂；F4—则木河断裂；F5—甘洛—竹核断裂；F6—西河—美姑断裂；F8—三河口—烟峰断裂；F7—峨边断裂；F9—莲峰断裂；F10—利店断裂；F11—靛兰坝断裂；F12—中都断裂；F13—玛瑙断裂；F14—楔子坝断裂；F15—中村断裂；F16—关村断裂；F17—湾湾滩断裂；F18—楼东断裂；F19—立煤湾断裂；F20—华蓥山断裂；F21—西鱼河—昭通断裂)

Figure 8.12 Plane distribution of seismic apparent stress before impoundment

(Notes: F1—Daliangshan fault; F2—Zhaojue-Butuo fault; F3—Xiaojiangfault; F4—Zemuhe fault; F5—Ganluo-Zhuhe fault; F6—Xihe-Meigu fault; F7—Ebian fault; F8—Sanhekou-Yanfeng fault; F9—Lianfeng fault; F10—Lidian fault; F11—Dianlanba fault; F12—Zhongdu fault; F13—Manao fault; F14—Xieziba fault; F15—Zhongcun fault; F16—Guancun fault; F17—Wanwantan fault; F18—Loudong fault; F19—Limeiwan fault; F20—Huayinshan fault; F21—Xiyuhe-Zhaotong fault)

图8.13所示为蓄水后库区附近地震视应力的分布，显示相对高视应力值分布区域在沐川县以南附近区域，以及马边构造带区域。断裂构造复杂，主要的断裂包括NNW向的利店断裂和中都断裂，以及NEE向的靛兰坝断裂，最高视应力值在4.0bar左右。另一相对高视应力值区域为溪洛渡水库库尾的小江断裂与莲峰断裂交互区，该区域在水库蓄水前

也呈现出相对高视应力值，即蓄水前后这一区域应力水平均较高。

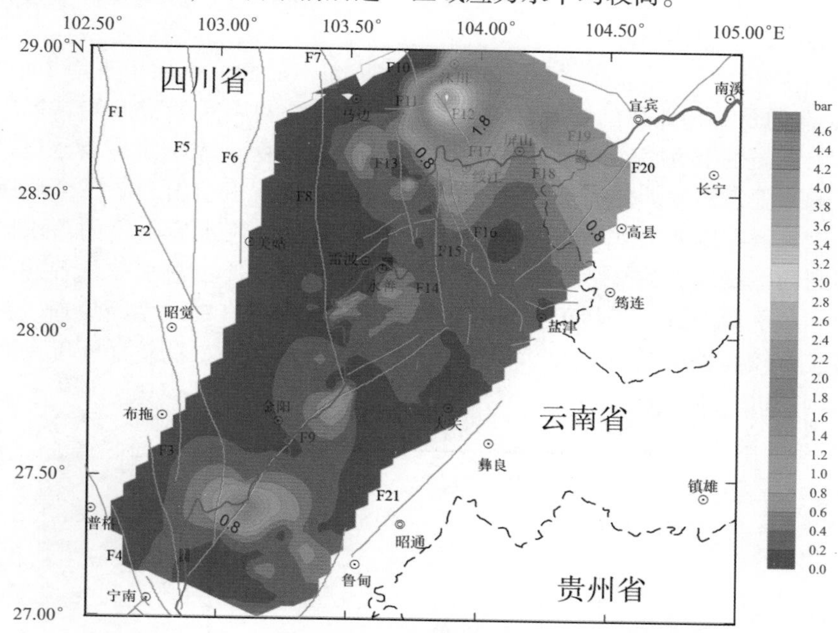

图 8.13　蓄水后地震视应力的平面分布（构造名称同图 12 注）

Figure 8.13　Plane distribution of seismic apparent stress after impoundment (construction names are same as Figure 12)

蓄水前后视应力分布差异较为明显的区域在向家坝水库库尾段和溪洛渡水库库首段，从蓄水前的相对高视应力分布变为了蓄水后的相对低视应力分布。虽然该区域在水库蓄水后连续发生了永善 M_S5.3、M_S5.0 的地震，但依然不是应力水平相当较高区域。分析认为，水库蓄水后对介质的主要作用来自库水淹没区的库水下渗，蓄水前的相对高应力水平区在库水下渗后改变了介质特性，使得孔隙压力增加，断层摩擦弱化，在使得区域构造应力水平降低的同时诱发地震活动水平也相应增高。据此分析，认为未来可能出现较高地震活动的区域为马边—大关构造带的中北段、溪洛渡水库金阳段和库尾段周围区域。

空间视应力分布特征中除平面上的应力水平有差异外，应力水平沿深度的分布也是一个重要方面，图 8.14 所示分别为研究区域蓄水前后视应力的深度剖面。剖面在平面上投影的位置为图 8.14(a) 中用红色虚线，呈 NE－SW 向，与金沙江溪洛渡水库蓄水区域的长轴方向基本一致。图 8.14(b) 和图 8.14(c) 分别为水库蓄水前后的视应力深度剖面，横轴 0km 处为剖面 SW 端，240km 处为剖面 NE 端，深度范围从 0 到 25km，视应力的变化范围与图 8.12 和图 8.13 一致，从 0bar 到 4.6bar。

在图 8.14(b) 中最为突出的高视应力区分布在雷波县一带，与图 8.12 对应的是楔子坝断裂附近的相对高值区，从深度分布上看该视应力相对高值区深度从 10km 向下延伸，分布范围较大。雷波金阳之间横轴距离为 120～140km 间的两个相对较高视应力区的深度分布范围较窄，在 10km 左右。水库蓄水前后均出现相对高视应力区的小江断裂与莲峰断裂交会区。在图 8.14(b)、图 8.14(c) 中（距离 50～60km 处）深度变化也基本没有发生变化，即 0～10km 深度范围内，是四个蓄水前视应力相对高值中最浅的一个。此外该相对高值区域位于溪洛渡水库库尾，水库蓄水影响有限，高视应力反映的应该是小江断裂与莲峰断裂交会处的构造活动作用。

图 8.14(c)中沐川附近(220 ~ 240km 处)为水库蓄水后深度剖面中视应力最高的区域，与图 8.13 对应的马边构造系的中都断裂、靛兰坝断裂、利店断裂附近的高视应力区，深度分布上高于 3bar 的区域都在小于 10km 范围内。该区域距向家坝水库蓄水区超过 20km，水库蓄水影响有限。蓄水后剖面上相距 100 ~ 120km 处较蓄水前出现了一个范围较大的相对高值区。该区域在图 8.13 中对应的平面分布位置为溪洛渡水库中段的蓄水区，为三河口 – 烟峰断裂与莲峰断裂的交会区，深度上从 10km 向下延伸，蓄水前位置并没有明显高视应力分布。从平面上看由于其正好在水库的蓄水区域内且有中大型断裂通过，其高视应力是原构造应力较高，还是受了水库蓄水的双重影响，但其所处的较深深度是否支持库水下渗影响，则需进一步研究。

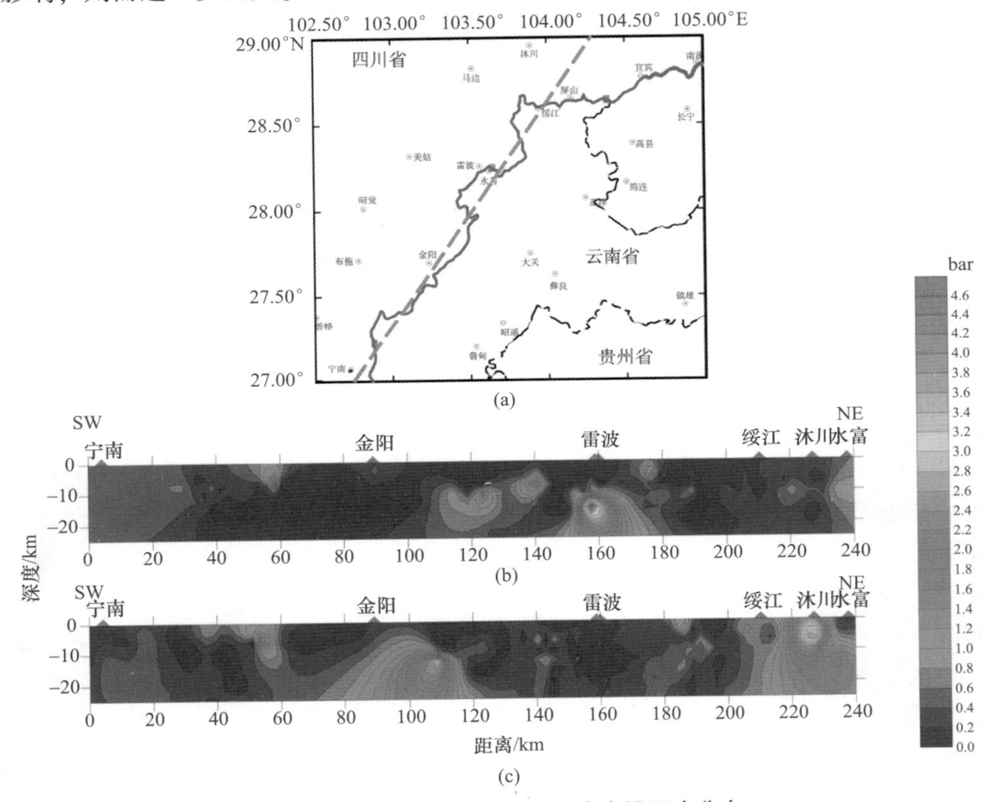

图 8.14 水库蓄水前后地震视应力沿深度分布

(a)深度剖面在平面投影位置；(b)蓄水前地震视应力深度剖面；(c)蓄水后地震视应力深度剖面

Figure 8.14 Distribution of seismic apparent stress along depth before and after reservoir impoundment

(a) Depth profile at plane projection position; (b) Seismic apparent stress depth profile before impoundment; (c) Seismic apparent stress depth profile after impoundment

总体上看，水库蓄水前后视应力的空间分布是存在明显变化的，水库蓄水前分布在水库主要淹没区的部分相对高视应力分布区域，在蓄水后不再清晰存在，可能与渗透作用造成的断层摩擦弱化不再支持高应力水平有关。而水库淹没区影响较小的区域，水库蓄水前后均存在高视应力区，或者蓄水后出现高视应力区主要是区域构造环境的影响，受区域应力场控制。

第 9 章　地震层析成像反演水库蓄水的影响

本章利用地震波层析成像技术，用反演方法研究水库地下介质的速度结构，给出水库蓄水影响区及深度空间分布信息。

9.1　蓄水期间库区地震活动区

金沙江下游向家坝—溪洛渡水库及邻区(27.8°~28.8°N，103.3°~104.1°E)的水库台网(图 9.1 中的蓝黑色三角形)记录的观测报告，给出了蓄水以来研究区域 2012 年 9 月—2015 年 7 月小震空间分布，地震主要集中活动在两个区域，区域 1 为向家坝水库库尾一带，小震长轴呈 NNW 向展布(约 50km)，其中约 25km 密集分布区位于水库水域区，短轴约 25km；区域 2 为溪洛渡水库库首段，小震沿金沙江水域呈 NNE 向展布，长轴约 45km，短轴约 25km(图 9.1)。

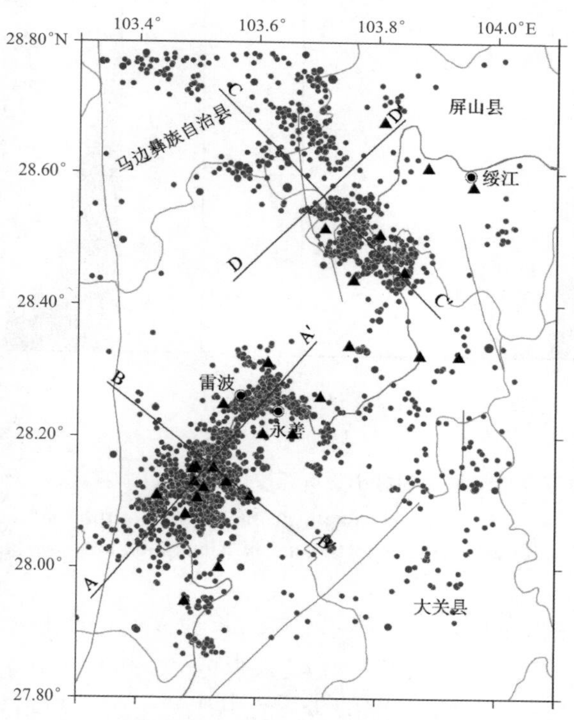

图 9.1　向家坝—溪洛渡水库区域小震空间分布

（说明：剖面测线 A－A′，B－B′，C－C′，D－D′）

Figure 9.1　Distribution of small earthquakes in Xiangjiaba-Xiluodu reservoir area

（Note：profile lines A－A′，B－B′，C－C′，D－D′）

图 9.2 给出了向家坝水库库尾及邻区小震震源深度沿长轴 C－C′的剖面图(a)，并统计了该区域的小震震源深度(b)及震级(c)分布情况。由图可知，该区域地震震源深度主要分布在 10km 以内，占地震总数的93%，其中2.0 及以上地震主要分布在5～8km；该区域主要以小震活动为主，2.0 级以下地震占 85%。

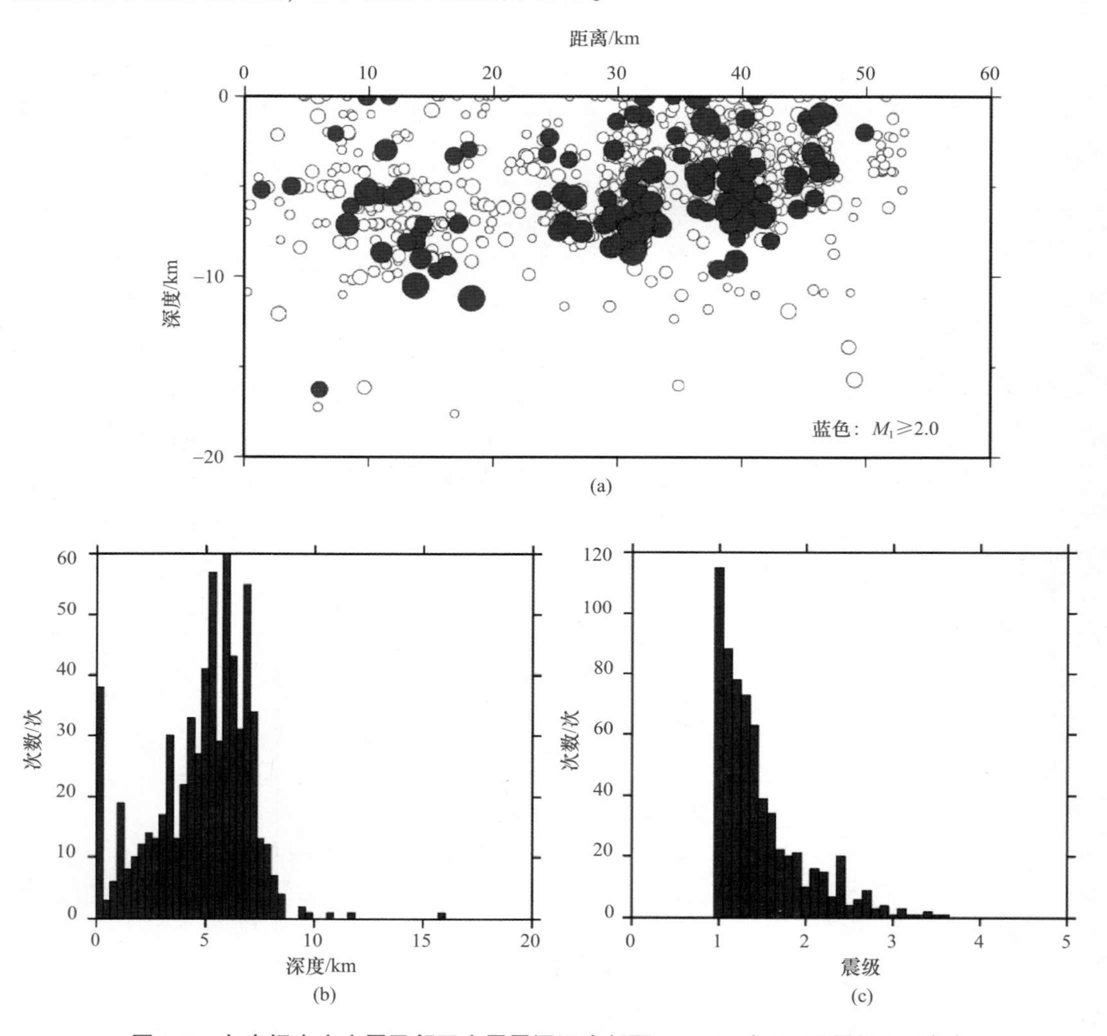

图 9.2　向家坝水库库尾及邻区小震震源深度剖面(a)、深度(b)及震级(c)统计

Figure 9.2　Statistics of source depth profile(a), depth(b) and magnitude(c) of small earthquakes at the end of Xiangjiaba reservoir area

图 9.3 给出了溪洛渡水库库首及邻区小震沿长轴 A－A′的震源深度剖面图(a)，同样统计了该区域的小震震源深度(b)及震级(c)分布情况。由图可知，该区域地震震源深度也主要分布在 10km 以内，占地震总数的 93%，其中 0～5km 地震占 52.1%；该区域主要以小震活动为主，2.0 级以下地震占 90%。

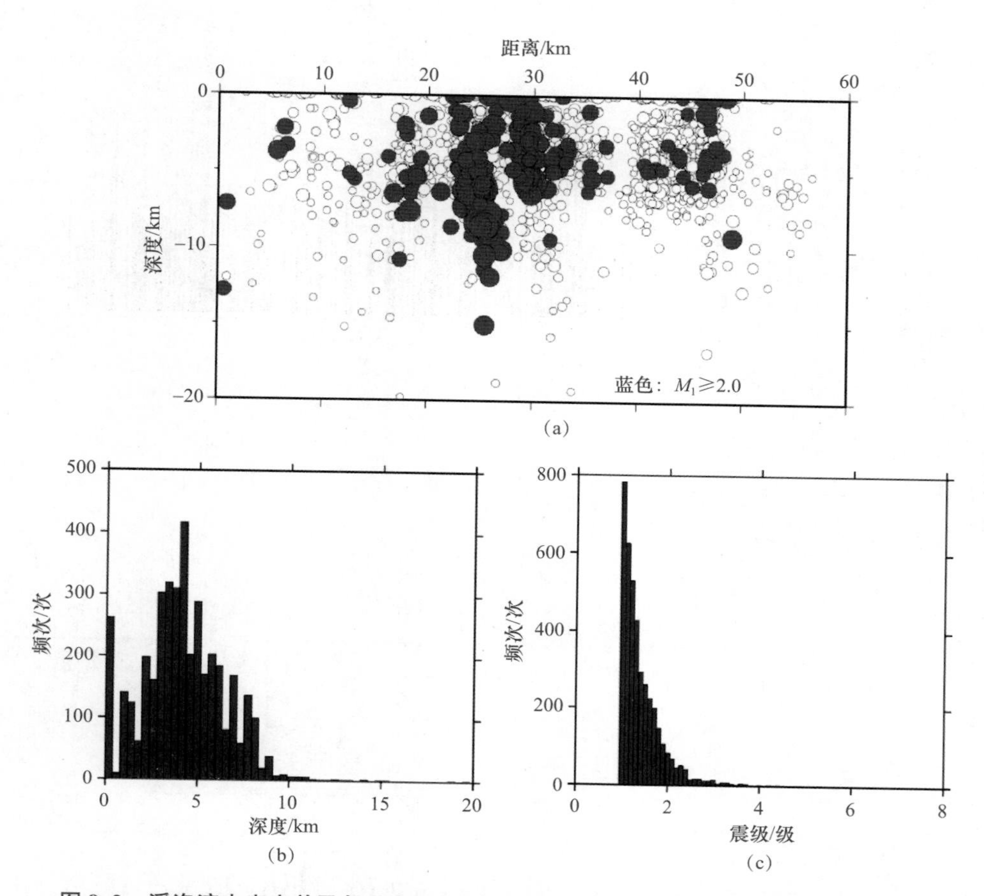

图 9.3 溪洛渡水库库首及邻区小震震源深度剖面(a)、深度(b)及震级(c)统计图

Figure 9.3 Statistics of source depth profile(a), depth(b) and magnitude(c) of small earthquakes at the head of Xiluodu reservoir area

图 9.4 所示分别给出了向家坝、溪洛渡水库库区小震 M-t、N-t 图。向家坝水库于 2012 年 10 月 11 日开始蓄水，至 17 日水位增加了 71m，达到 352m，此后水位平稳；2013 年 6 月 27 日再次蓄水，2013 年 7 月 6 日水位又增加 15m，2013 年 9 月再次上涨，这时的高水位已经淹没到向家坝库尾段。截至 2015 年 7 月 31 日，金沙江水库地震台网共记录到该区域 1.0 级以上地震 964 次，其中，M_L1.0～1.9 地震 823 次，M_L2.0～2.9 地震 128 次，M_L3.0～3.9 地震 13 次。小震频次从 2013 年 7 月起明显增多(图 9.4(a))。

溪洛渡水库于 2012 年 11 月 16 日大坝挡水，导流洞过水，库区水位升高 28m。自 2013 年 5 月 4 日开始蓄水，到 7 月 29 日水位由 440m 提升到 554.6m，抬升 100m 左右，此后维持在此水平上下。截至 2015 年 7 月 31 日，金沙江水库地震台网共记录到该区域 1.0 级以上地震 4072 次，其中，M_L1.0～1.9 地震 3651 次，M_L0～2.9 地震 361 次，M_L3.0～3.9 地震 49 次，M_L4.0～4.9 地震 10 次，M_L5.0～5.9 地震 1 次。最大地震为 2014 年 8 月 17 日永善 M_L5.3(M5.0)地震。小震频次从 2013 年 5 月起明显增多(图 9.4(b))。

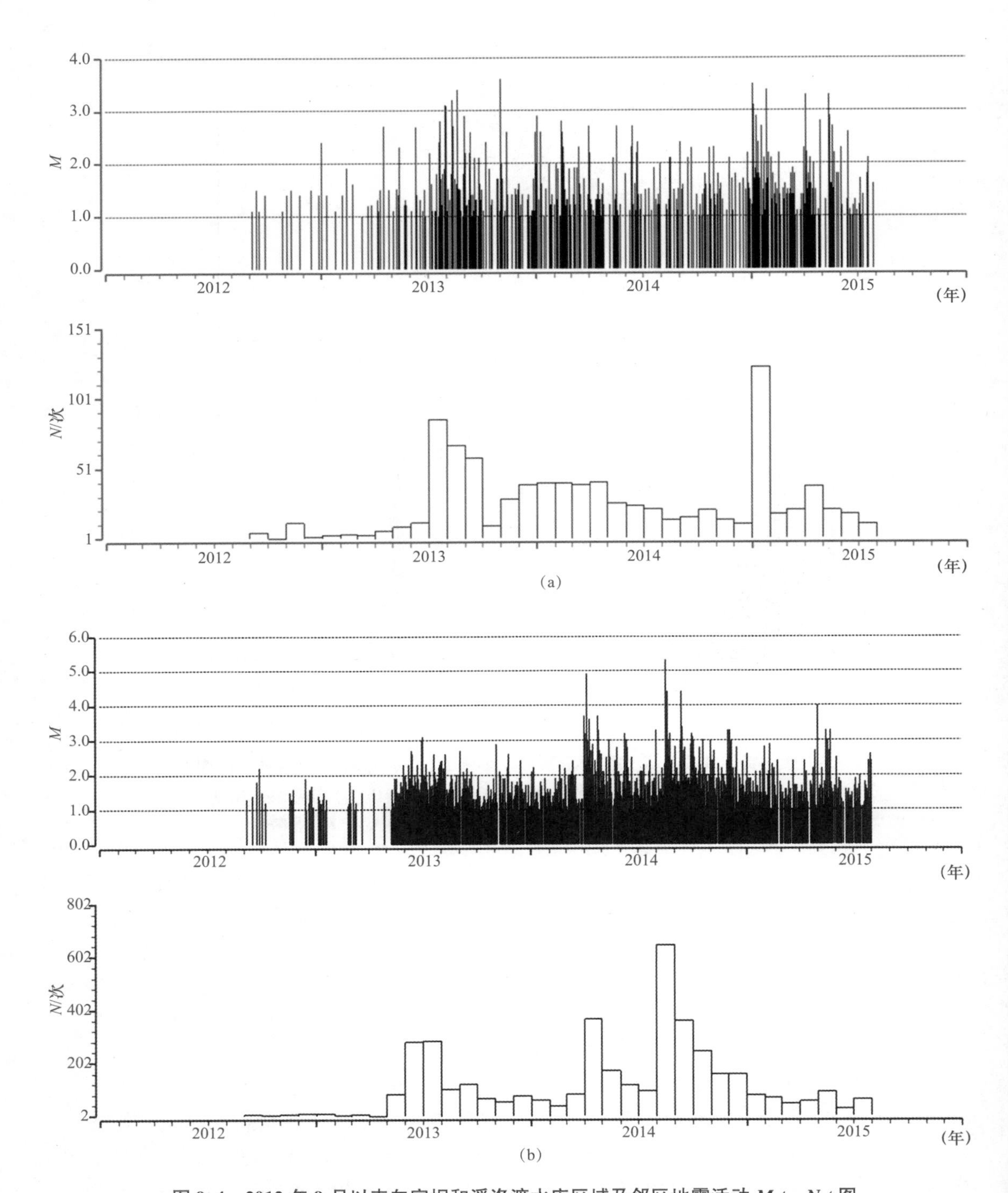

图 9.4　2012 年 9 月以来向家坝和溪洛渡水库区域及邻区地震活动 *M-t*、*N-t* 图

(a) 向家坝；(b) 溪洛渡

Figure 9.4　*M-t* and *N-t* diagrams of seismicity in Xiangjiaba and Xiluodu reservoir areas since 2012 September

(a) Xiangjiaba；(b) Xiluodu

9.2 速度结构的层析成像反演方法

地震层析成像(Seismic Tomography)的概念提出于1984年，是指利用大量地震观测数据反演区域三维速度结构的一种方法。其最早应用层析成像的是医学CT，随后在地球物理学领域也得到了应用，尤其利用地震波走时来反演地下三维结构的层析成像法运用最为广泛(Walck，1988；Julian & Gubbins，1997；Huang et al.，2002；Kodaira et al.，2004)。

国内外许多学者利用地震层析成像技术研究强震区的速度结构，进而探讨强震的孕育构造环境(Thurber & Atre，1993)。孙若昧和刘福田(1995)发现，京津唐地区大震大多分布在高速块体内或高速块体与低速块体相交地带偏高速块体的一侧。Zhao等(2002)的研究结果表明，1885—1999年发生在日本地壳内的大地震几乎都位于由层析成像结果所解释的低速带和高速带的边界上，并且大地震的震源区下存在低速层。周龙泉等(2007)通过研究2003年大姚6.2级和6.1级地震前的三维速度结构演化，发现大姚地震前震源区附近形成一条NNW向的高、低波速交界带，且震源位于交界带的高波速一侧。裴顺平等(2012)利用二维层析成像方法获得了玉树地区Pg波速度横向变化和各向异性，结果显示2011年玉树7.1级地震发生在高速异常区内，破裂主要向低速异常方向扩展，表明速度结构控制着玉树地震的发生和破裂的扩展。此外，国内众多学者(郭贵安 & 冯锐，1992；周龙泉等，2009；钟羽云等，2010；王长在等，2011；叶秀薇等，2013；赵小艳 & 孙楠，2013)还应用该方法研究了强震序列的分布及余震区速度结构的分布特征，并尝试利用地震层析成像技术研究水库、注水等区域的三维速度结构，探讨水的渗透状态。郭贵安和冯锐(1992)反演了新丰江水库三维速度结构，结果显示低速区对应地表的破碎区(即地震带区域)，高速区内地震较少，这些特征同水的渗透作用密切相关。钟羽云等(2009)在研究温州珊溪水库速度结构时同样发现，水库区域地震大多发生在低速异常区，可能与水库蓄水后水下渗有关。周龙泉(2009)研究了紫坪铺水库库区三维速度结构，速度剖面显示：北川—映秀断裂下方确实存在高速体，其深度范围在0～8km，这可能反映流体沿断层面渗透的最大深度为8km左右，从而推测紫坪铺水库水的渗透作用可能对汶川8.0级地震的发生关系不大。杨卓欣等(2013)研究了新丰江库区上地壳三维结构层析成像，库区微震分布在介质物性结构的特定部位，“软”“硬”交错的介质环境是倾滑正断层型微小震产生的可能原因。张致伟和程万正等(2013)研究了自贡—隆昌注水地区的P波速度结构，深度在3km的注水层位附近，注水区域及其左侧之间形成一条近NS走向的高、低波速过渡带，注水区地壳介质P波速度明显偏高，上述现象可能是由家33井出现容腔饱和致使注水区地下介质具有较高含水饱和度引起的。

储层的岩石是多孔介质，其间可填充水或油，流体的存在将会影响岩石介质的地震参数特征，其速度会随饱和度而发生变化。众多实验证明，纵、横波速度和饱和度有关，Gregory(1976)认为，饱和度对低孔隙岩石速度的影响要大于对高孔隙度岩石的影响，完全水饱和岩石的V_P明显大于部分饱和的岩石，V_S并不总是随饱和度的增加而降低，而是和压力、孔隙度、孔隙流体与岩石骨架之间的化学作用等因素有关。Domenico(1974)的研究表明，含水饱和度较低时，随着饱和度增加，样品密度的增加使 V_P 有所降低；但当饱和度达到较高值时，岩石的孔隙度明显增加，超过了密度增大引起的速度变化，从而使 V_P 有明显增大；对于横波，由于剪切模量和饱和度的关系不大，所以，当密度随饱和度的增加而增加时 V_S 随饱和度的增加有所降低。通过岩石进水实验，认为当水进入岩石后，岩石的 P 波速度起初会出现降低，随后都处于低值，但当含水饱和度较高时，其对纵波速度的影响较大，横波速度基本不受影响（施行觉等，1995；史歌等，2003）。Kauster 等（1974）认为弹性波速度和裂隙状孔隙的刚度有非常大的关系，裂隙状孔隙刚度的增加会明显增加岩石的弹性波速度。

基于上述实验及研究结果，以金沙江下游向家坝—溪洛渡水库及其邻区（27.8°～28.8°N，103.3°～104.1°E）为研究区域，基于 2012 年 9 月～2015 年 7 月金沙江水库台站记录的观测报告，整理获得研究区域内 5230 次 $M_L \geqslant 1.0$ 级地震共计 45667 条 P 波射线数据，采用震源与速度结构联合反演方法确定了水库区域不同剖面的 P 波速度结构，分析了水库蓄水的影响区域，探讨了库水的渗透作用对地壳介质的影响。

地震层析成像就是通过对观测到的地震波各种震相的运动学（如走时、射线路径）和动力学（如波形、振幅）特征的资料进行分析，用反演方法来反推地下介质的速度结构以及其他物性参数等重要信息的一种地球物理方法。

在三维速度结构的参数化表示方法中，网格方法是一种较常用的方法。它的优点在于，网格可以根据震中和台站位置分布的稠密程度而作不等间距划分，以保证每个网格内有足够的射线交叉覆盖，并减少使用方块模型必须的先验假设对最终结果产生的影响。在模型中速度结构用连续函数表示，未知参数是三维网格结点上的速度值，模型内任意一点的速度用内插方式计算。

在震源位置和速度结构的联合反演过程中，走时残差 δt 是由震源参数的扰动和速度扰动引起的。根据有关研究文献，该问题可以用以下线性方程表示（Aki & Lee，1976；Thurber，1983；刘福田，1984）：

$$\delta t = \Delta t + \frac{\partial t}{\partial x}\Delta x + \frac{\partial t}{\partial z}\Delta z + \sum_{n-1}^{N} \frac{\partial t}{\partial v}\Delta v_n \tag{9.1}$$

式中，Δt、Δx、Δy、Δz 和 Δv_n 分别表示震源的发震时刻、经度、纬度、深度的扰动以及速度的扰动，N 为速度参数的总个数。对于 l 个地震和 k 个台站，可以将式（9.1）写成如下的紧凑形式：

$$\delta t = A\delta v + B\delta x \tag{9.2}$$

式中，δt 为 m 维走时残差向量；δv 为 n 维节点速度扰动向量；δx 为 $4l$ 维震源参数扰动向量；A 为 $m \times n$ 维走时对速度的偏导数矩阵，B 为 $m \times 4l$ 维走时对震源参数的偏导数矩阵。

根据联合反演的基本公式式（9.2），速度参数和震源参数是相互耦合着的。要在同一个方程中同时反演两种不同量纲的参数，除了会增加算法的数值不稳定性外，在实用上需要大量的计算机内存和机时，因此必须进行参数分离（Pavlis & Booker，1980；Spencer & Gubbins，1980；刘福田等，1989）。这里采用刘福田等（1989）提出的正交投影算子，将式（9.2）分解为以下两个分别求解速度参数和震源参数的方程组：

$$(I - P_B)A\delta v = (I - P_B)\delta t \tag{9.3}$$

$$B\delta x = P_B(\delta t - A\delta v) \tag{9.4}$$

式中，P_B 为与震源参数有关的从 R^m 到 B 的像空间 $R(B)$ 上的正交投影算子。速度参数和震源参数解耦合后的分析表明，速度扰动量的确定与震源位置扰动量无直接关系，仅与它的初值有关。我们采用网格方法(Inoue et al.，1990)对速度模型进行参数化，在平面方向上将研究区域划分成0.1°×0.1°的均匀网格，模型中的速度分布用连续函数表示，网格内任意一点的速度用内插方式计算(Inoue et al.，1990；Zhao et al.，1992；王椿镛等，2002；吴建平等，2006)，一维参考速度模型如表 9.1 所示。

表 9.1　研究区域地壳 P 波平均速度模型

Table 9.1　Average crustal velocity P-wave in the study area

深度/km	0.0	3.0	6.0	10.0	15.0	20.0	30.0	40.0	55.0
P 波速度/($km \cdot s^{-1}$)	5.68	5.70	5.88	5.95	6.00	6.35	6.43	6.80	7.80

基于吴建平等(2006)获得的川滇地区地壳上地幔速度模型，并结合该区域的地壳速度研究结果(王椿镛等，2002；马宏生等，2008)，最终采用图 9.5 作为本研究的地壳速度模型，详细参数见表 9.1。

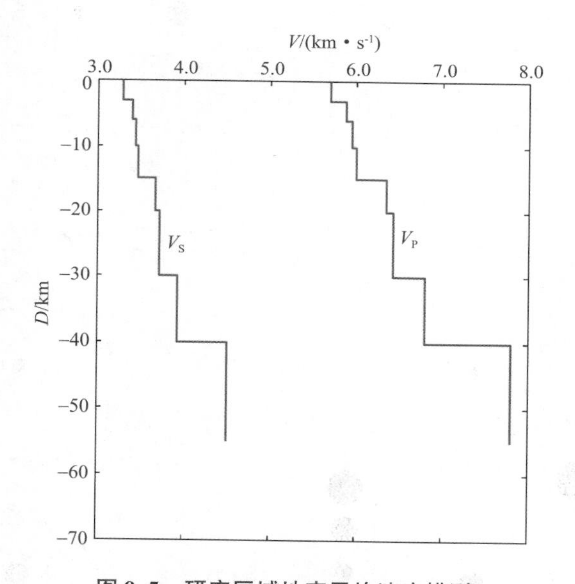

图 9.5　研究区域地壳平均速度模型

Figure 9.5　Average crustal velocity model in the study area

对反演结果，即解的分辨分析，可采用检验板方法(Humphreys et al.，1988；Inoue et al.，1990)来估计解的分辨率。其基本原理是：在给定速度模型参数的基础上，对各节点正负相同进行扰动，然后根据实际射线分布通过正演计算得到理论走时数据，将理论走时数据加上一定随机误差后作为观测数据进行反演，要求反演方法与实际成像过程中的方法一致，最后比较反演结果和检验板的相似程度，作为解的可靠性估计，其中扰动值取为正常值的 ±3%。由于 90% 的小震震源深度都在 10km 以上，图 9.6 给出了 1km、3km、5km、7km 和 9km 等不同深度上解的分辨率。其中，3km 及其以上深度的部分区域(向家坝水库库尾及溪洛渡水库库首)解的分辨率是令人满意的，5km 深度只有部分节点的解仍有一定分辨率，而 7km 及其以下深度解的分辨率较差，可能受 7km 以下地震样本量较少的影响。

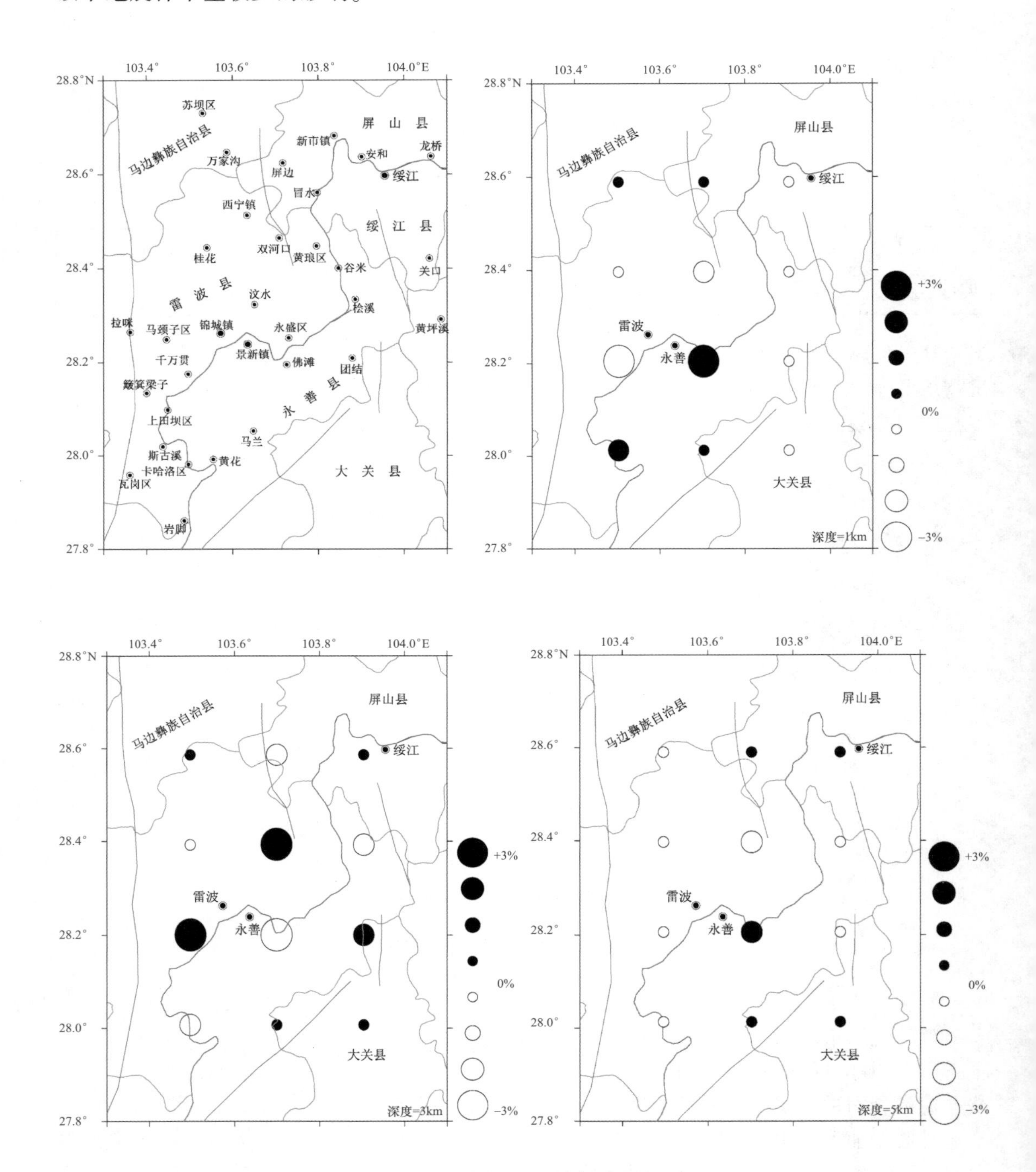

图 9.6　不同深度 P 波检验板分辨检测结果

Figure 9.6　Check board test results of P-waves at different depths

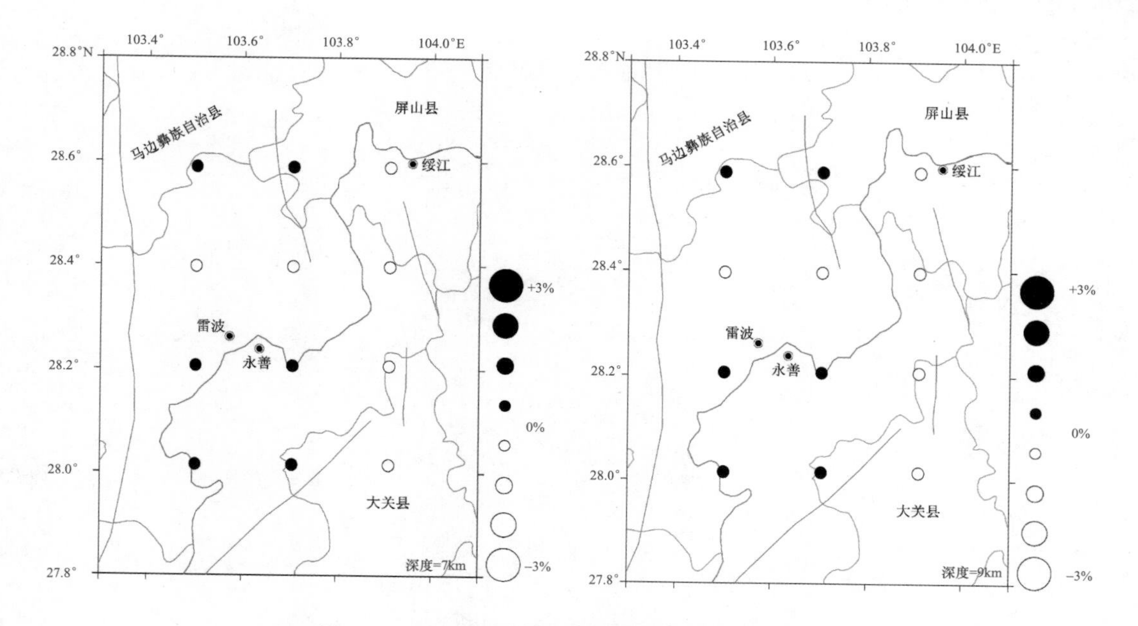

图 9.6　不同深度 P 波检验板分辨检测结果(续)

Figure 9.6　Check board test results of P-waves at different depths

9.3　反演水库蓄水的影响空间

基于向家坝—溪洛渡水库库区 2012 年 9 月—2015 年 7 月地震观测资料，采用震源与速度结构联合反演方法给出了水库区域不同深度切面的地壳 P 波速度结构和对应深度的小震分布(图 9.7 ~ 图 9.10)。仅就该区域而言，P 波速度结构在不同深度呈现出不同的图像，下面详细分析每一层的 P 波速度结构的特征。

深度在 1km 处，沿着金沙江流域及其附近出现大面积的低速区(多边形区域)，尤其在向家坝水库库尾和溪洛渡水库库首区域。流域西侧的低波速区主要分布在屏山县的新市镇、屏边及雷波县双河口、汶水、马颈子区，簸箕梁子和斯古溪一带；东侧的低波速区主要分布在绥江县、雷波县谷米及永善县桧溪、佛滩、黄花一带。该深度正负 1km 范围内的小震主要分布在屏山县冒水至雷波县黄琅区及永善县与雷波县交界的景新镇至上田坝区，两段小震密集区的低速边界距金沙江流域的距离为 13 ~ 14km。

王夫运等(2008)沿盐源—西昌—马湖一线实施了地震测深和高分辨率地震折射观测实验，利用有限差分地震走时层析成像算法处理了其中的高分辨率地震折射 Pg 波走时数据，获得了川西地区活动地块边界带上地壳的 P 波速度精细结构。其中，向家坝—溪洛渡水库区域所在的大凉山地区为不均匀高速区，说明蓄水之前该区域的波速相对较高。

深度在 3km 处，沿着金沙江流域及其附近低速区更为明显，且范围明显扩大，低速区长轴从雷波县瓦岗区延伸至屏山县龙桥，呈 NE 走向，约 100km，不同流域段落的低速区边界距金沙江短轴距离略有差异(图 9.8)。北段屏山县的屏边至绥江县的关口长约 43km，中段雷波县桂花至永善县团结长约 33km，南段的雷波县拉咪至永善县马兰长约 33km。

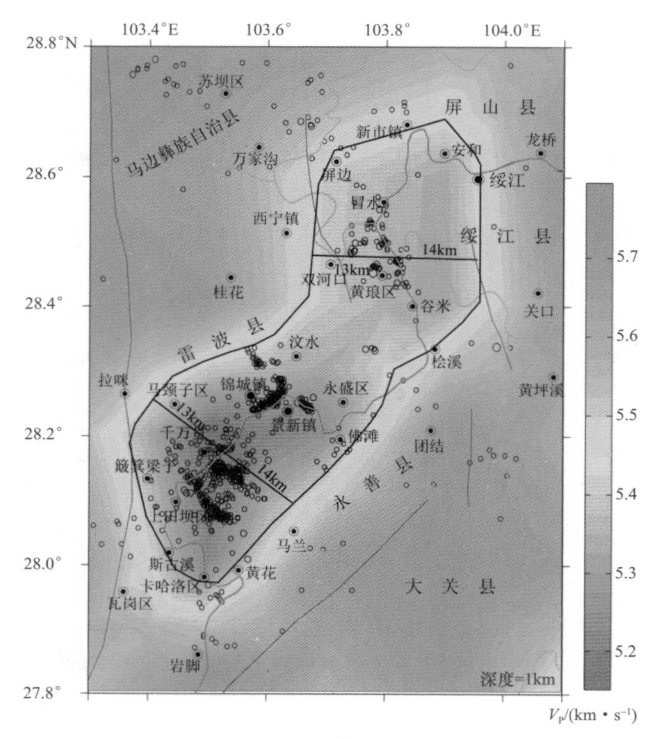

图 9.7 深度为 1km 处地壳 P 波速度反演结果(小震深度：0～1.9km)

Figure 9.7 Inversion results of P-wave velocity at 1km depth(small earthquake depth: 0～1.9km)

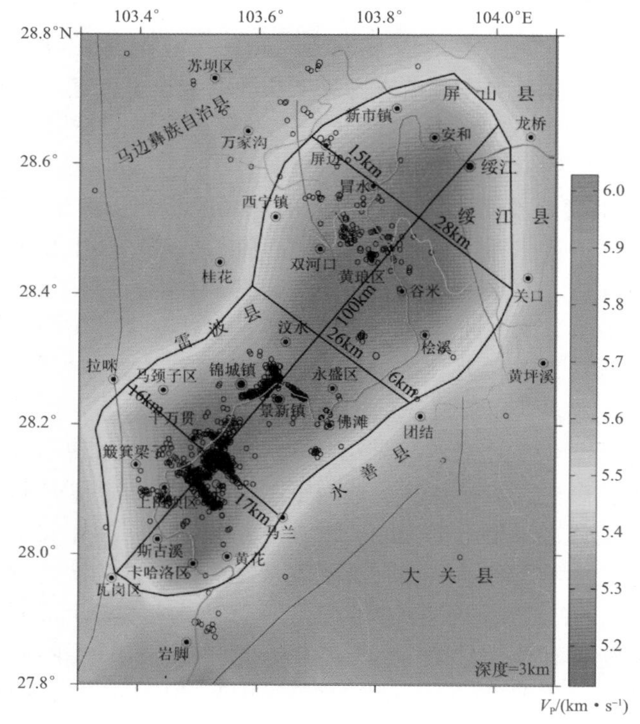

图 9.8 深度为 3km 处地壳 P 波速度反演结果(小震深度：2.0～3.9km)

Figure 9.8 Inversion results of P-wave velocity at 3km depth(small earthquake depth: 2.0～3.9km)

水域西侧的低波速区主要分布在屏山县的新市镇、屏边及雷波县西宁镇、桂花、拉咪及瓦岗区一带，东侧的低波速区主要分布在绥江县关口、雷波县谷米及永善县团结、马兰一带。

该深度正负1km范围内的小震空间分布和0～2km深度的小震分布相似，也分布在屏山县冒水至雷波县黄琅区及永善县与雷波县交界的景新镇至上田坝区。

深度在5km处，沿着金沙江流域及其附近低速区范围逐渐减少，明显弱于0～3km的结果，向家坝水库库尾段水域低波速区主要分布在屏山县的安和、冒水，雷波县双河口、绥江县及永善县桧溪一带；溪洛渡水库库首段水域低波速区主要分布在雷波县的汶水、上田坝区及永善县佛滩一带，该深度正负1km范围内的小震主要活动在上述低波速区域(图9.9)。

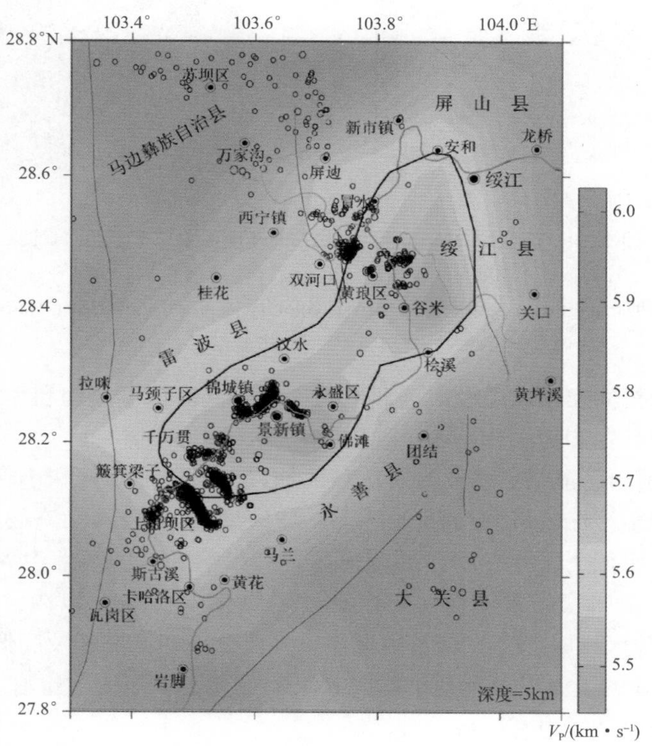

图9.9 深度为5km处地壳P波速度反演结果(小震深度：4.0～5.9km)

Figure 9.9 Inversion results of P-wave velocity at 5km depth(small earthquake depth：4.0～5.9km)

深度在7km处，沿金沙江流域及其附近大范围的低速现象逐渐消失。9km处水库库区大范围的低速现象基本消失(图9.10)。

综上所述，沿着金沙江流域及其附近区域表现出明显的地震P波速度低值分布现象，这与较远地区有着明显的区别。尤其在3km处低速现象最为明显，且低速区范围最大，随着深度的增加，低速区范围逐渐较少，大约在7km及其以下深度水的影响逐渐消失。基于施行觉等(1995)和史歌等(2003)的岩石进水实验结果，分析认为沿金沙江下游流域及其附近区域的低速体可能是由于水的渗透引起的，而且依据P波低速区也可推测水的影响范围和深度。

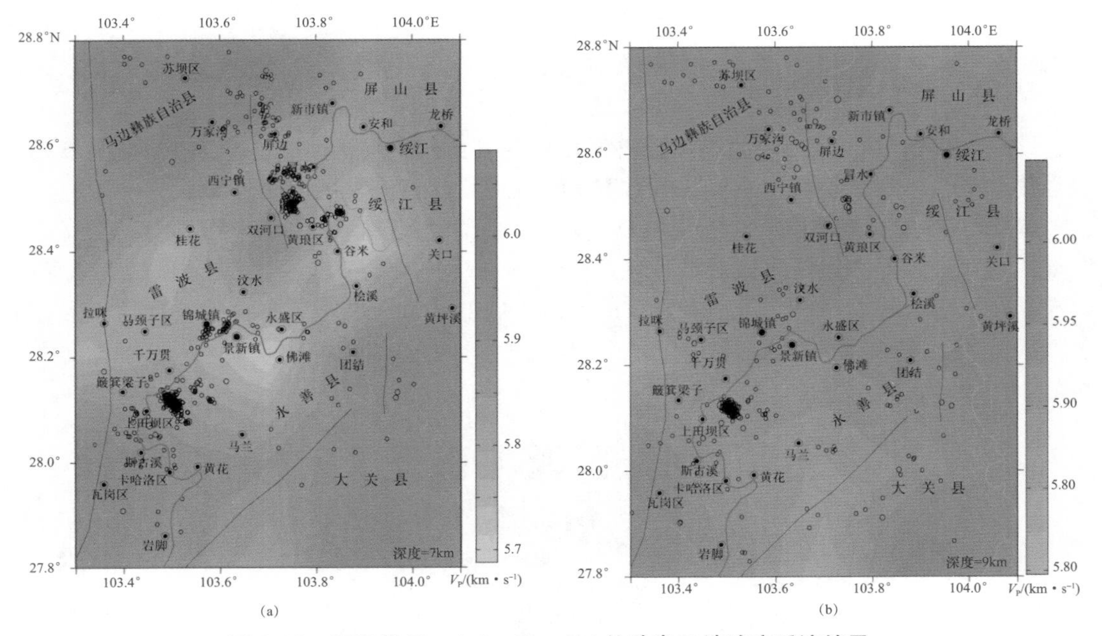

图 9.10 深度为 7km(a)、9km(b)处地壳 P 波速度反演结果

小震深度：6.0~7.9km(a)；≥8.0km(b)

Figure 9.10 Inversion results of P-wave velocity at depths of 7km(a) and 9km(b)

(small earthquake depth：6.0 ~ 7.9km(a)；≥ 8.0km(b))

为了进一步分析向家坝库尾及溪洛渡库首区域的 P 波速度结构和小震分布特征，分别沿上述两个区域的长轴和短轴作了 4 个速度垂直剖面图。

其中图 9.11 给出了溪洛渡水库库首区域的地震 P 波速度结构和小震分布，A－A′为溪洛渡库首区域沿着金沙江流域的长轴剖面，B－B′为垂直于金沙江流域的短轴剖面。由图可见，溪洛渡水库水域下方存在明显的低速区，其影响区域的西南边界为雷波县斯古溪，东北方向可能延伸至向家坝水库区，影响深度主要集中在 5km 以内，且大坝附近(锦城镇)的低速区较其他区域略深，大坝及附近小震主要分布在低速区及高低速区交界带附近，而在距大坝约 17km 的千万贯及附近小震震源深度既有 5km 以内，也有大于 5km 的，说明该区域可能既有水库地震也有区域地震活动。

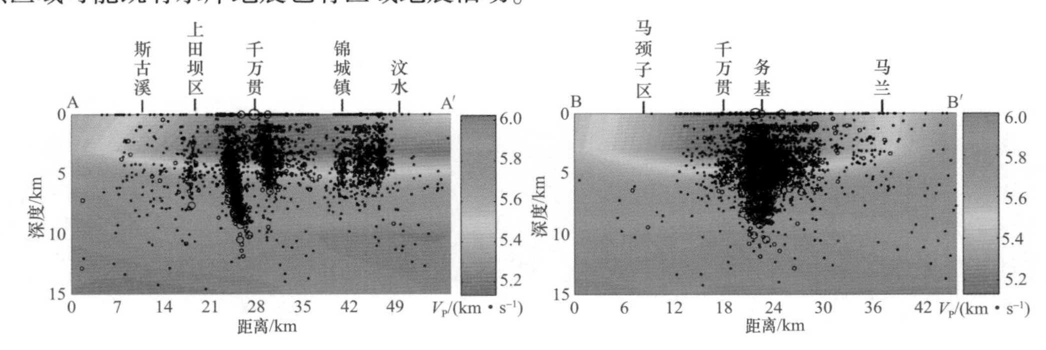

图 9.11 溪洛渡水库区域沿 A－A′、B－B′剖面的 P 波速度和小震分布

Figure 9.11 P-wave velocity and distribution of small earthquakes along A－A′ and B－B′ profiles in Xiluodureservoir area

图9.12给出了向家坝水库库尾区域的地震P波速度结构和小震分布，其中C－C′为沿该区域小震长轴展布的剖面，D－D′为沿小震短轴展布的剖面。由图可见，距水域区较远的马边彝族自治县苏坝区至万家沟一带，其P波速度较水域区明显偏高，且小震震源深度也大于5km，屏山县与马边彝族自治县交界处(即屏边和万家沟之间)为向家坝水库水域影响的西边界，其影响范围一直延伸至谷米及其西南。低速区的小震震源深度主要集中分布在5km以内，其他区域5km以上也有小震分布，也可能说明该区域既有水库地震也有区域地震活动。

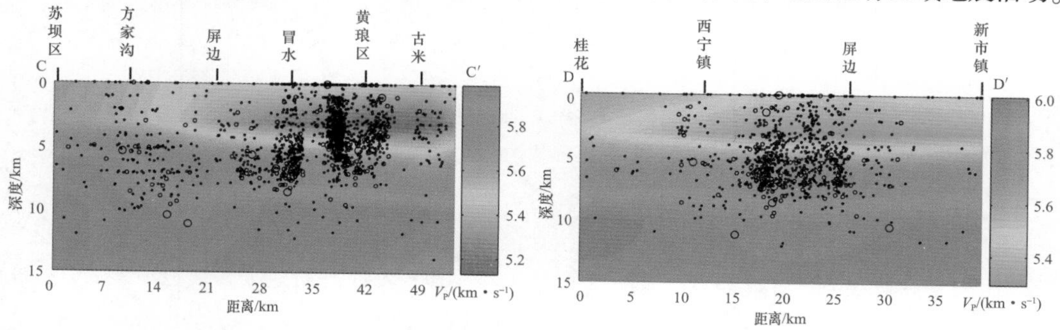

图9.12 向家坝水库区域沿C－C′、D－D′剖面的P波速度和小震分布

Figure 9.12 P-wave velocity and distribution of small earthquakes along C－C′and D－D′ profiles in Xiangjiaba reservoir area

据中国地震台网中心测定，云南省永善县于2014年4月5日、8月17日分别发生M_S5.3、M_S5.0地震，基于CAP方法反演获得了6次$M_S \geq 4.0$地震的震源机制解，如图9.13所示。结果显示，两次5级地震的震源机制存在差异，4月5日永善M_S5.3地震的错动类型为逆冲型；而8月17日永善M_S5.0地震震源机制却呈现走滑型，该地震的4次4级余震与主震具有较好的一致性，两次地震的震源错动类型存在的差异是否与水库蓄水有关值得进一步研究。

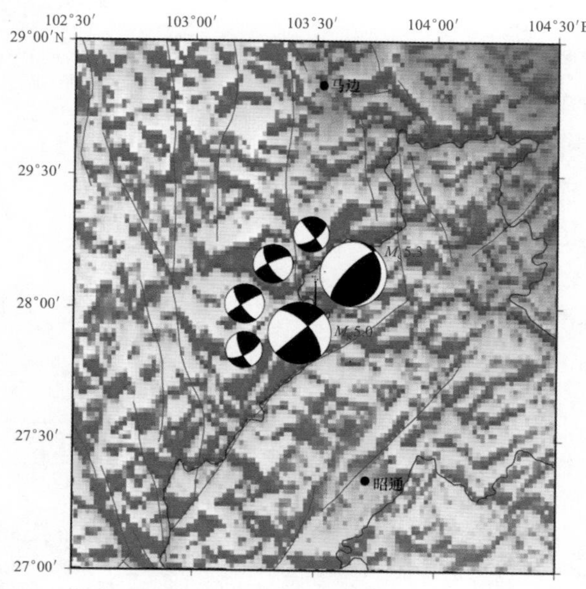

图9.13 永善M_S5.3、M_S5.0地震及M4余震的震源机制分布

Figure 9.13 Focal mechanisms distribution of Yongshan M_S5.3, M_S5.0 and M4 aftershocks

从震源机制反演误差随深度的变化(图 9.14)可知，2014 年 4 月 5 日永善 M_S5.3 地震的震源深度为 2km，震源深度较浅，结合图 9.11 给出的溪洛渡水库区域沿长轴剖面的 P 波速度，该地震发生在低波速区；2014 年 8 月 17 日永善 M_S5.0 地震的震源深度为 6km，深度相对较深，该地震发生在高、低速区的交界深度。

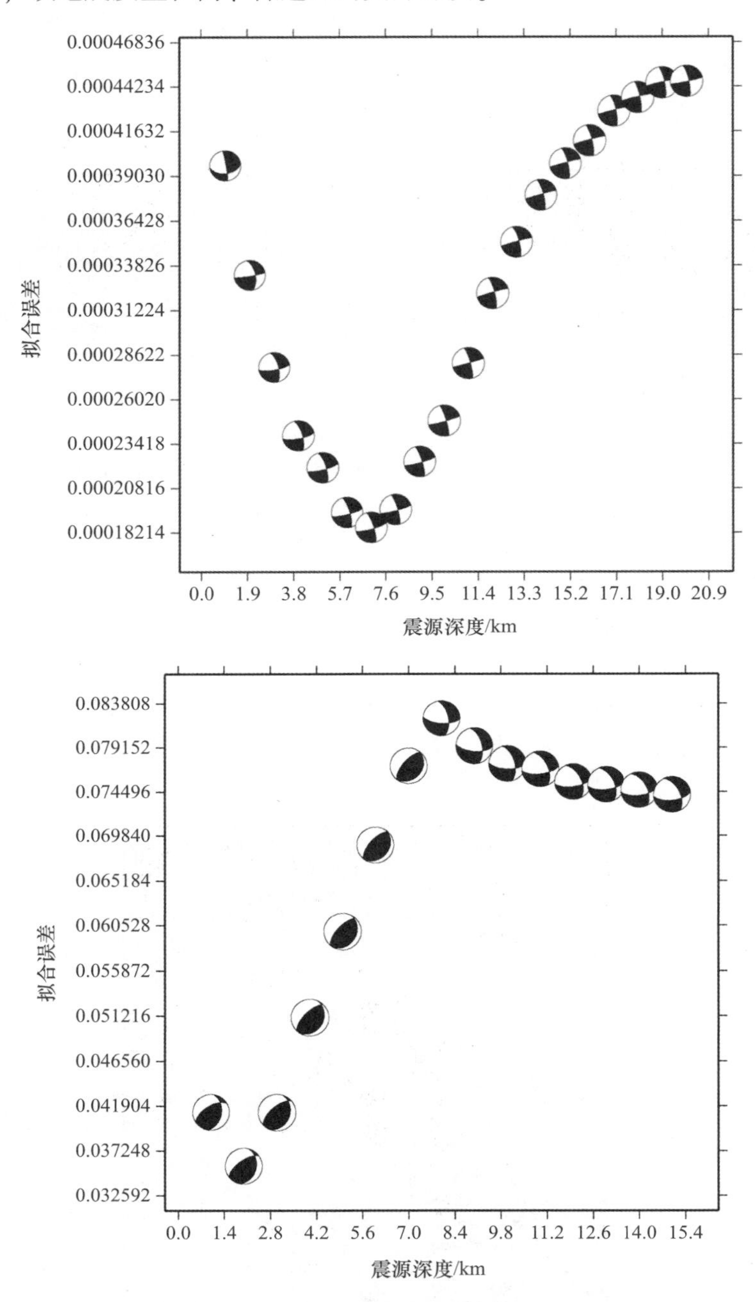

图 9.14　两次 5 级地震震源机制随深度的变化情况

(a)2014 年 4 月 5 日永善 M_S5.3 地震；(b)2014 年 8 月 17 日永善 M_S5.0 地震

Figure 9.14　Variation of focal mechanisms with depths of two *M*5 earthquakes

(a) Yongshan M_S5.3 earthquake on April 5, 2014; (b) Yongshan M_S5.0 earthquake on August 17, 2014

9.4　对反演结果的讨论

基于蓄水后金沙江水库地震台网记录的 2012 年 9 月—2015 年 7 月地震震相观测报告，采用震源与速度结构联合反演方法给出了水库区域不同剖面的 P 波速度结构，分析了水库蓄水的影响空间或范围，探讨库水的渗透作用对地壳介质的影响。

定位结果显示，地震主要集中活动在两个区域，即向家坝水库库尾和溪洛渡水库库首段。小震震源深度主要分布在 10km 以内，其中向家坝水库库尾及溪洛渡水库库首区域小震震源深度主要在 5km 范围内，5km 以上小震主要分布在离水库水域较远的区域，这与该地区既有水库地震又有区域地震活动相符。

不同深度检测板的分辨率结果显示，该研究区域 5km 以内深度部分区域 0 解的分辨率是令人满意的。受水库蓄水的影响，沿着金沙江流域下游向家坝—溪洛渡库段及其附近呈现低速现象，尤其在 3km 处低速现象最为明显，且低速区范围最大，随着深度的增加，低速区范围逐渐较少，大约在 7km 及其以下深度水的影响逐渐消失。依据低速体的分布范围，可以推测水库蓄水对其周边区域介质速度的影响范围和深度，目前金沙江水库渗水作用最大深度可能为 5km。

王亮等(2015)利用震源位置和速度结构联合反演了紫坪铺水库地区的 P 波速度结果，结果显示紫坪铺水库区域 *P* 波受水库蓄水的影响，整体上呈现低速现象，这与本研究获得的认识比较一致；而张致伟等(2013)在研究了自贡—隆昌注水地区 P 波速度结构时，发现注水区域地壳介质 P 波速度却明显高于非注水区，其原因在于注水区出现容腔饱和致使地下介质具有较高含水饱和度引起的。根据施行觉等(1995)和史歌等(2003)岩石进水实验结果，当水进入岩石后，岩石的 P 波速度起初会出现降低，随后都处于低值，但当含水饱和率较高时，其对纵波速度的影响较大，横波速度基本不受影响。

第 10 章　地震剪切波分裂与库区微裂隙

采用近场记录剪切波分裂方法，获取库区介质各向异性，分析水库蓄水前后剪切波偏振特性，试图宏观上解释库区台站附近地下介质微裂隙局部空间分布图像。

10.1　地震剪切波分裂研究方法

观测结果表明，地震剪切波穿过各向异性岩石时，分裂成两个不同速度的近似垂直偏振的波，它们在三个分量的地震记录上有特征性的差别。剪切波分裂的快波偏振方向总体近似平行于最大水平应力方向，见图 10.1。这种平行于应力方向的剪切波分裂是由沿应力取向排列的含饱和液体近似直立微裂隙造成的，这些裂隙几乎分布在所有的原岩里（Gao & Crampin，2008；高原等，2008）。

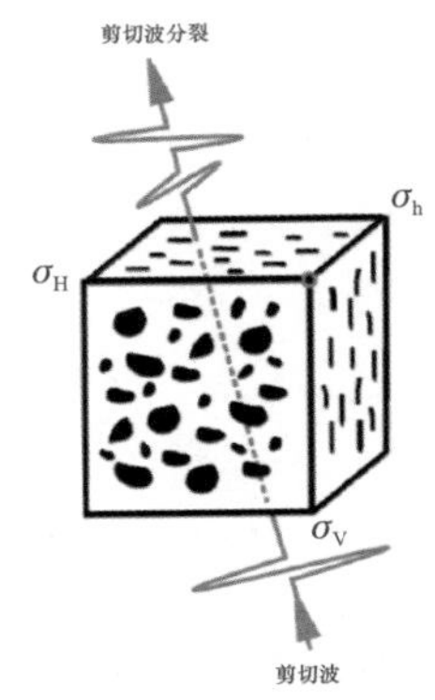

图 10.1　地壳介质的各向异性与地震波穿过的剪切波分裂示意图
（Crampin，2004；Gao & Crampin，2008）
Figure 10.1　Anisotropy of crustal media and shearwave splitting of seismic waves through the media
（Crampin，2004；Gao and Crampin，2008）

中上地壳遍布定向排列 EDA（Extensive-dilatancy Anisotropy）微裂隙（Crampin & Atkinson，1985）。剪切波穿过 EDA 介质，会分裂成偏振方向近似垂直但传播速度不同的两列剪切波，其中快剪切波偏振近似平行于裂隙面，其优势方向一般与原地主压应力方向一致，慢剪切波延迟时间（相对于快剪切波是时间滞后）描述介质各向异性程度的强弱。

近场记录剪切波（中上地壳地震的直达剪切波震相）分裂方法获取的各向异性实际反映中上地壳各向异性。其快剪切波偏振方向可分析区域最大主压应力分布、局部构造（如隐伏断裂、盆山交会、断裂交会等）对剪切波分裂特征均有明显的影响（高原等，1995；吴晶等，2007；Gao et al.，2011；石玉涛等，2013；常利军等，2015；吴朋等，2016；钱旗伟等，2017；张艺 & 高原，2017）。利用剪切波分裂分析方法，高原等（1995）研究唐山地区地壳裂隙各向异性。

近年来，水力资源丰富的河流上建立了大型梯级高坝水库，为了监控水库地震的活动，在大型水库周围建立了专门的地震台网。国内外有学者（张永久等，2010；史海霞等，2010；邹振轩等，2010；刘莎等，2015；Tang et al.，2005；Vlahovic et al.，2003）利用剪切波分裂观测手段，开展了水库库区应力和流体压力等方面的探索研究。结果显示，水库地区剪切波分裂既受到区域应力场的影响，又受到局部构造影响，慢波时间延迟表现出与库区水位变化的对应关系（如张永久等，2010），反映了水库的蓄水和排水通常会引起中上地壳水压的变化，进而使得中上地壳裂隙孔隙压强发生相应的变化。

鉴于剪切波分裂偏振方向和时间延迟对中上地壳局部微裂隙几何结构的微小变化和应力变化较为敏感，为探讨了解库区应力微状态和微裂隙动态变化，本章利用向家坝、溪洛渡和锦屏水库台网资料，开展向家坝—溪洛渡和锦屏水库地区中上地壳各向异性研究，探讨水库蓄水后检测地震剪切波分裂的可能影响及微裂隙局部空间分布图像。

10.2　向家坝—溪洛渡库区剪切波分裂及微裂隙图像

10.2.1　地震资料和数据处理分析

金沙江下游水库地震监测系统由75个测震台、4个水电站水库地震台网分中心和成都地震网络监测中心组成。测震观测系统全部采用短周期地震计和24位数据采集器，观测频带2s－40Hz。测震台沿库区均匀展布，并全部包围了可能诱发地震的重点监视区段。库区监测地震震级下限为M_L0.5。

库区及附近地区1970年以来记录的地震活动主要分布在马边—盐津地震带的北段与南段，强度和频次都很高。2012年10月向家坝库区蓄水发电以来，库区小震活动主要集中发生在向家坝库区Ⅲ库段。2012年11月溪洛渡库区蓄水发电以来，库区中小地震活动主要发生在库区Ⅰ～Ⅲ库段，其中库区Ⅱ段2014年发生永善务基乡M_S5.3、M_S5.0地震，并发生大量小震活动，空间分布密集。2015年以后库区地震活动逐渐趋于平稳。

本研究的区域为27.6°～28.8°N、103.0°～104.5°E，该区域范围包含了向家坝库区的A、B、C段和溪洛渡库区Ⅰ段、Ⅱ段、Ⅲ段和Ⅳ段重点危险区见图10.2。其主要包括金沙江下游向家坝库区、溪洛渡库区Ⅰ～Ⅳ库段及周围地区。该区域范围内共包含了向家坝台网16个台站和溪洛渡台网的14个台站。溪洛渡台网2007年9月开始有数据资料，2012年11月水库蓄水；向家坝台网2008年9月开始有数据资料，2012年10月水库蓄水。本研究时段选取2008年1月至2018年12月，该时段包含了两个水库蓄水前和蓄水后的数据资料。

通过对2008年以来的监测地震记录的分析，试图结合地震活动和构造，给出研究区域内剪切波分裂的初步研究结果。

快剪切波偏振方向和慢波时间延迟是剪切波分裂最重要的特征参数，目前常用的测定方法有偏振图分析法(Crampin，1977)、相关函数分析法(高原等，1994)、纵横比法(Shi，et a1.，1990)、最大特征值法(刘希强，1992)。偏振图分析法虽然工作效率低，但是方法直观、可靠，仍被广泛应用。本研究也采用偏振图分析法，首先从地震目录中筛选出震级大于M_L1.5以上的地震有3491条，震中分布情况见图10.3，根据地震目录中地震发生的时间，从地震事件中选取该条地震对应的地震事件数据，向家坝台网和溪洛渡台网产出的地震事件数据格式有两种：evt和seed。为了方便数据分析，统一将evt和seed格式的数据，利用自己编写的程序转换为SAC格式。每个事件涉及30个台站，每个台站有3分向，因此共计转换的SAC文件有31万多个。然后挑选出剪切波窗口内的地震数据，根据质点运动轨迹挑选出窗口内有效的地震事件，并计算出快波偏振方向和慢波时间延迟。下面展示以下主要几个台站的地震事件剪切波分析的过程。

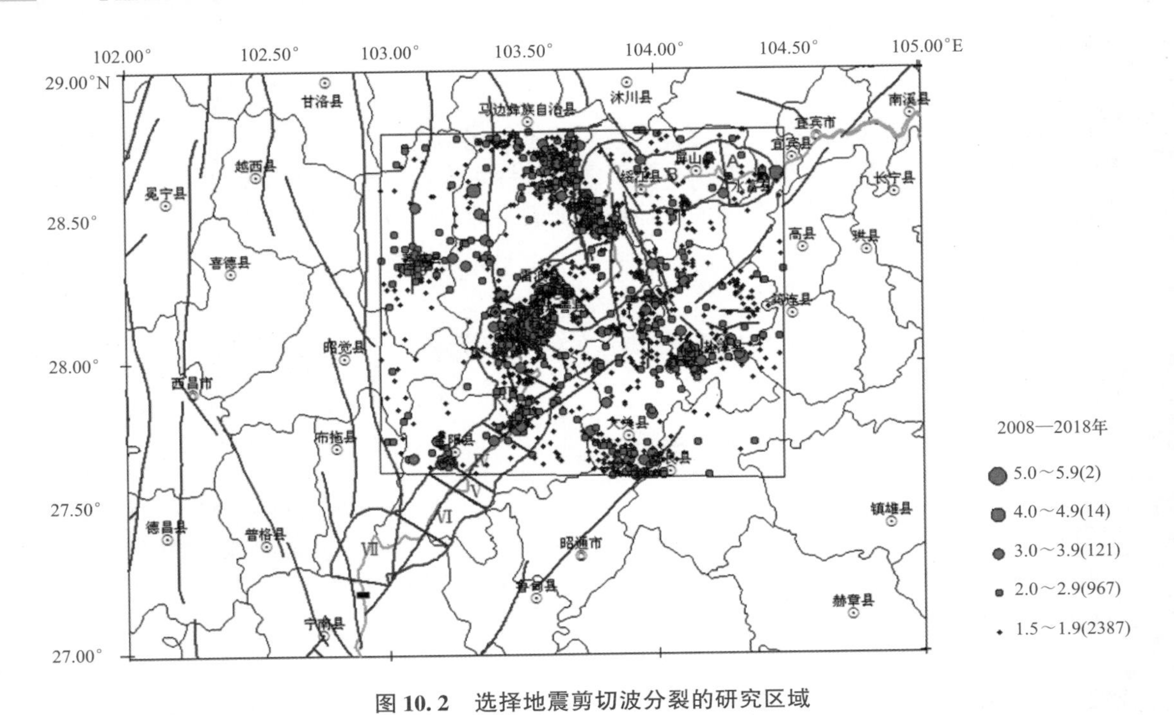

图 10. 2 选择地震剪切波分裂的研究区域

Figure 10. 2 Selection of study area for seismic S-wave splitting

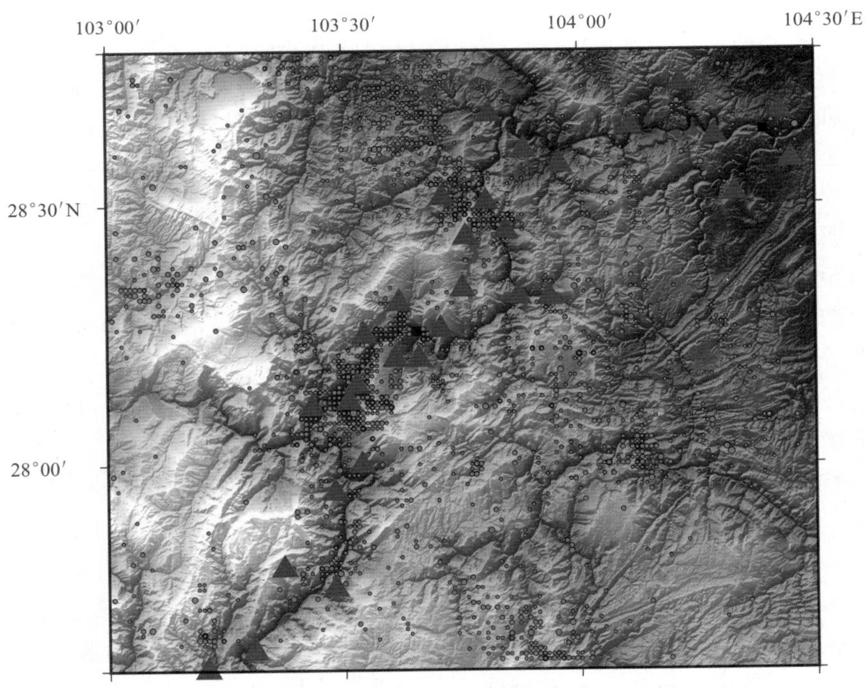

图 10. 3 向家坝—溪洛渡库区及周围台站与挑选的地震分布图

Figure 10. 3 Distribution of stations and selected earthquakes in Xiangjiaba-Xiluodu reservoir area

(1) 大窝背(DWB)台记录的 20131230104403 事件(震级 2.6，震源深度 6km)。图

10.4(a)所示为东西(EW)、南北(NS)和垂直向(UD)的地震波形，两根竖线之间的波形用来做质点运动轨迹图(即偏振图)。图 10.4(b)所示为东西(EW)和南北(NS)方向分量的剪切波的质点运动轨迹图，图中 S1 和 S2 分别表示快剪切波和慢剪切波，箭头指出 S1 或 S2 的到时。图 10.4(c)表示快(F)剪切波和慢(S)剪切波的波形。将两个水平向(EW、NS)的地震图旋转至快波(F)和慢波(S)方向，就可看到两个不同到时的形状相似的信号。通过将水平向的地震图旋转至快波和慢波方向，可从地震图上直接测量其到时差，即可获得慢波延迟时间，旋转的角度即为快波偏振方向。以下几个台站的图片含义与此台站一样，不再赘述。

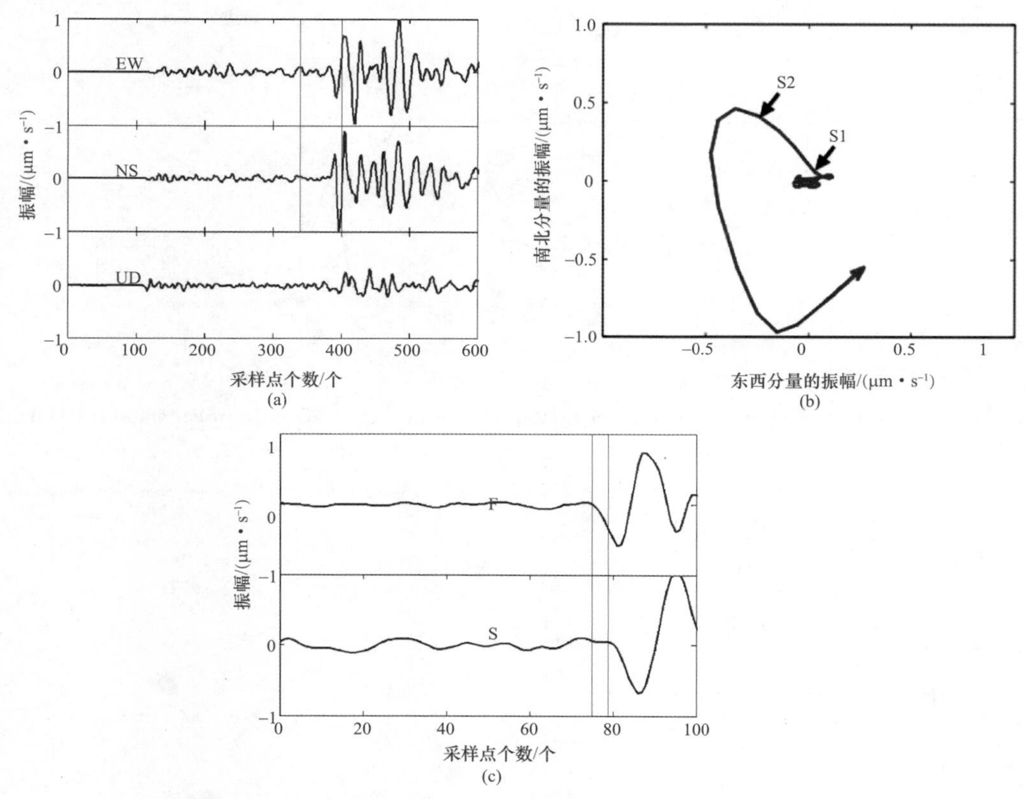

图 10.4　大窝背台(DWB)记录的地震事件剪切波分裂分析(1)

Figure 10.4　Shear wave splitting analysis of earthquake events recorded at Dawobei station(DWB)(1)

(2)大窝背(DWB)台记录的 20150111195609 事件(震级 1.8，震源深度为 5km)，地震波形、快慢波偏振情况见图 10.5。

(3)下咡坪(XEP)台记录的 20130721065331 事件(震级 2.1，震源深度为 8km)地震波形、快慢波偏振情况见图 10.6。

(4)下咡坪(XEP)台记录的 20180607082626 事件(震级 2.1，震源深度为 6km)地震波形、快慢波偏振情况见图 10.7。

(5)后坝村(HBC)台记录的 20141105074526 事件(震级 1.8，震源深度为 7km)地震波形、快慢波偏振情况见图 10.8。

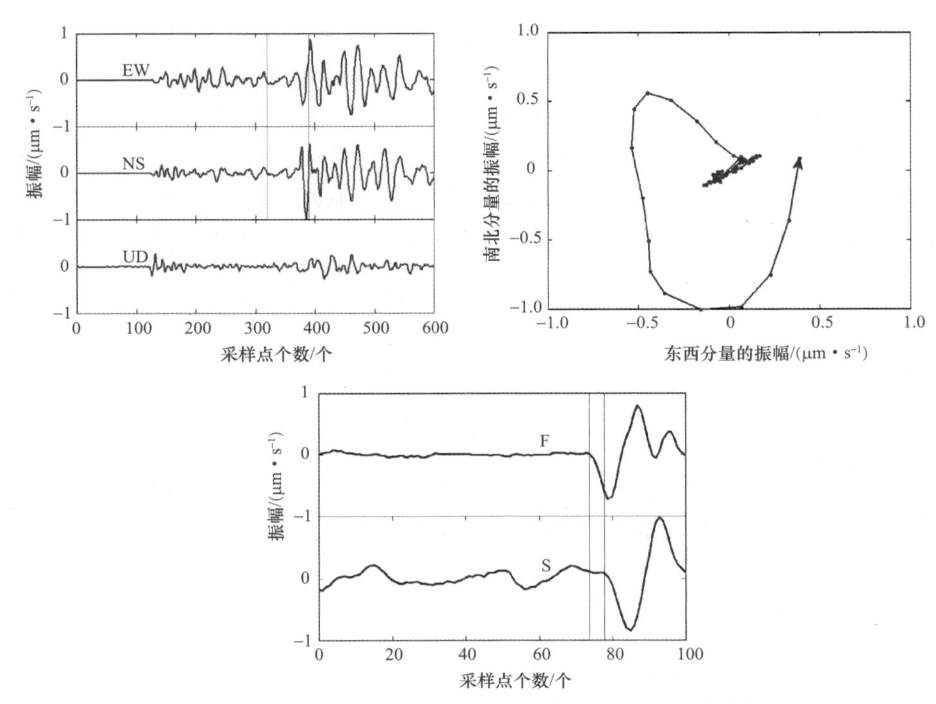

图 10.5 大窝背台(DWB)记录的地震事件剪切波分裂分析(2)

Figure 10.5 Shear wave splitting analysis of earthquake events recorded at Dawobei station(DWB)(2)

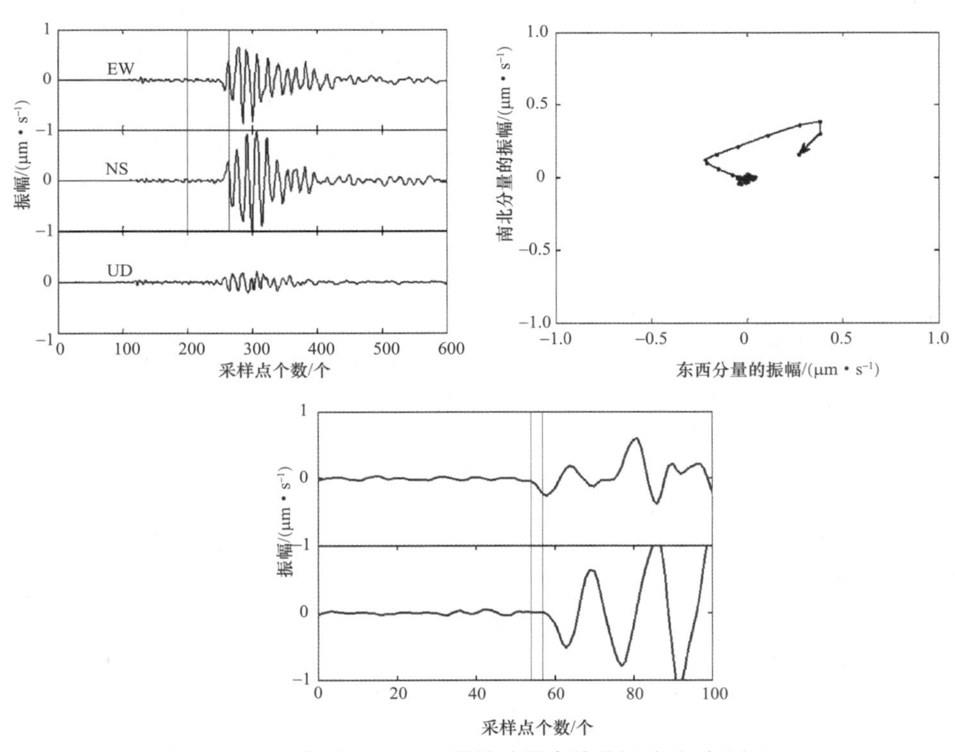

图 10.6 下咟坪台(XEP)记录的地震事件剪切波分裂分析(1)

Figure 10.6 Shear wave splitting analysis of earthquake events recorded at Xiaerping station(XEP)(1)

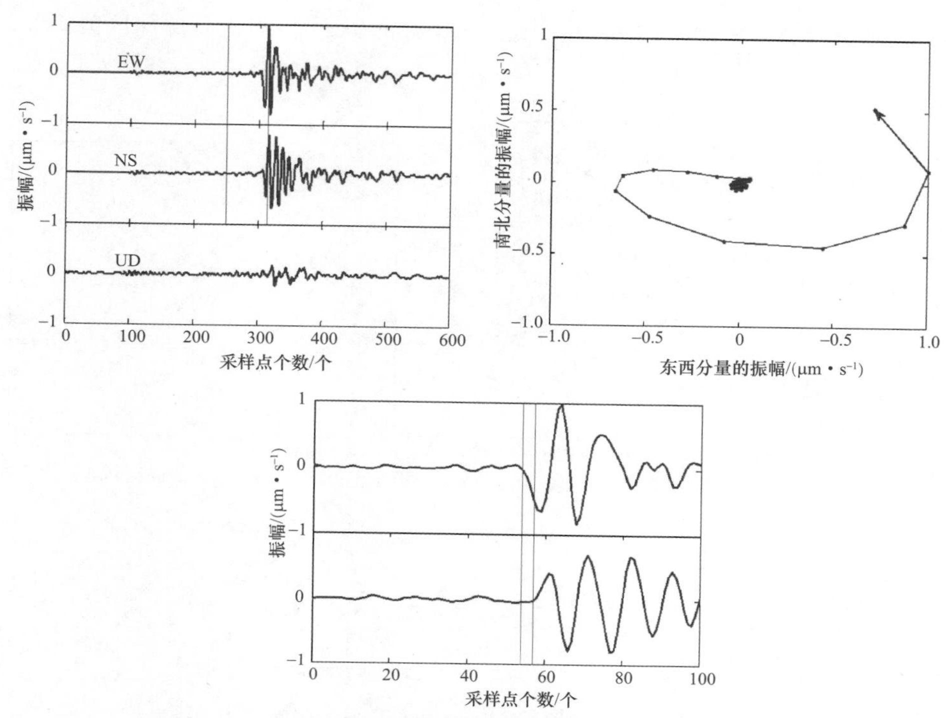

图 10.7　下咡坪台(XEP)记录的地震事件剪切波分裂分析(2)

Figure 10.7　Shear wave splitting analysis of earthquake events recorded at Xiaerping station(XEP)(2)

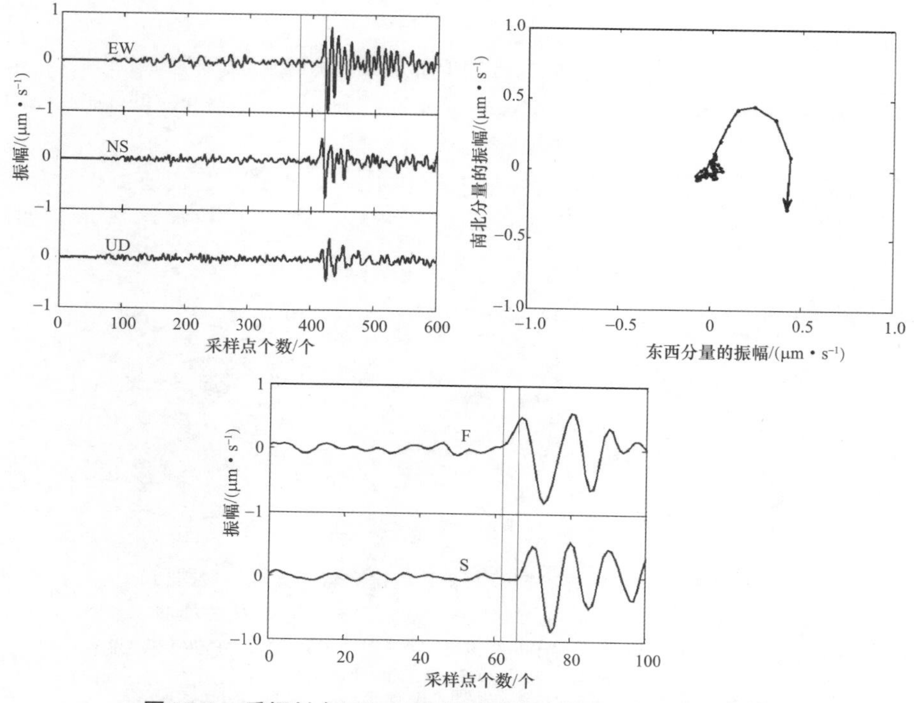

图 10.8　后坝村台(HBC)记录的地震事件剪切波分裂分析

Figure 10.8　Shear wave splitting analysis of earthquake events recorded at Houbacun station(HBC)

（6）水井湾（SJW）台记录的 20140206070146 事件（震级 1.9，震源深度为 16km）地震波形、快慢波偏振情况见图 10.9。

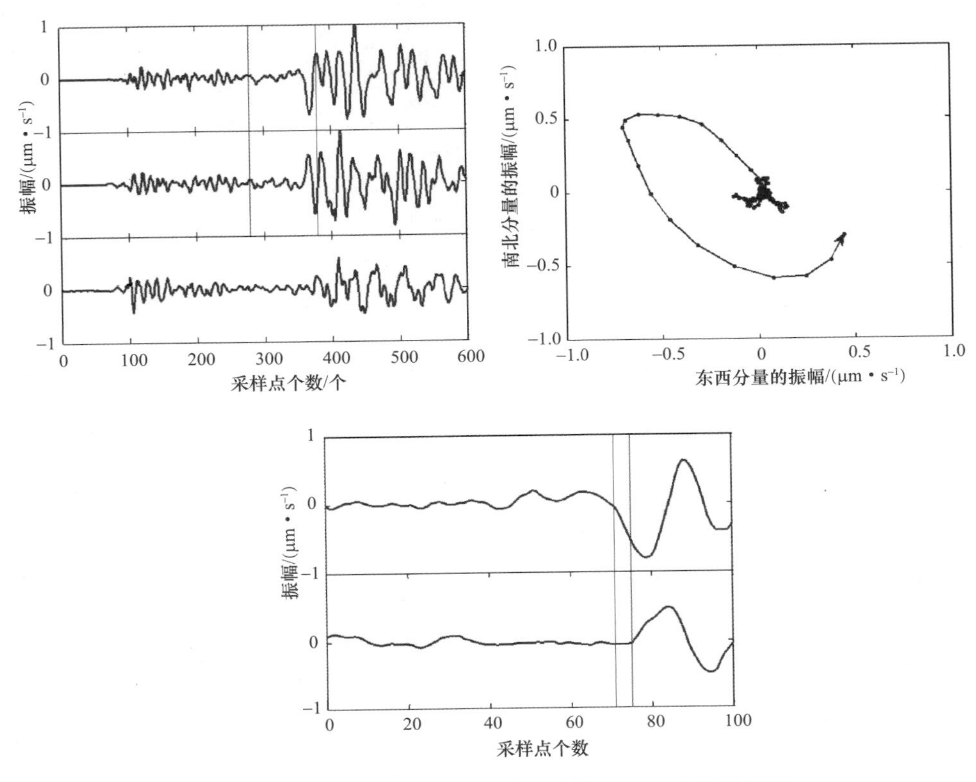

图 10.9　水井湾（SJW）记录的地震事件剪切波分裂分析

Figure 10.9　Shear wave splitting analysis of earthquake events recorded at Shuijingwan station (SJW)

在进行了剪切波分裂分析的 30 个台站中，得到了 17 个台站的快波偏振特征分布和慢波时间延迟参量。将快波偏振方向用等面积极射投影与等面积玫瑰图表示，如图 10.10 所示。

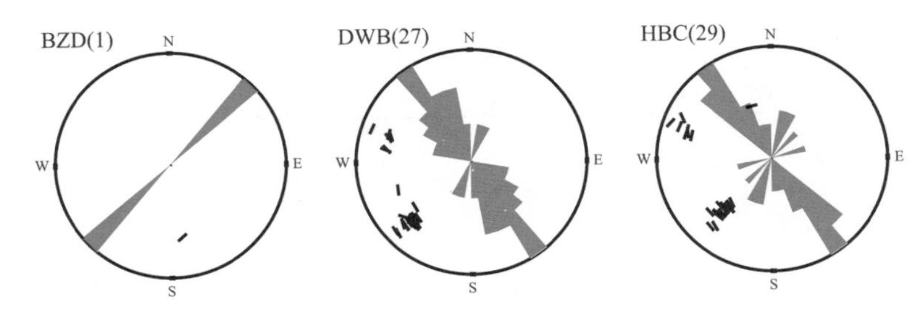

图 10.10　快波偏振方向等面积极射投影与等面积玫瑰图（1）

（黑色短线的方向表示台站记录的每个地震事件的快波偏振方向）

Figure 10.10　Equal area polar projection and equal area rose diagram of the fast wave polarization direction (1)

(The direction of the short black line indicates the polarization direction of the fast wave for each earthquake event recorded by the station)

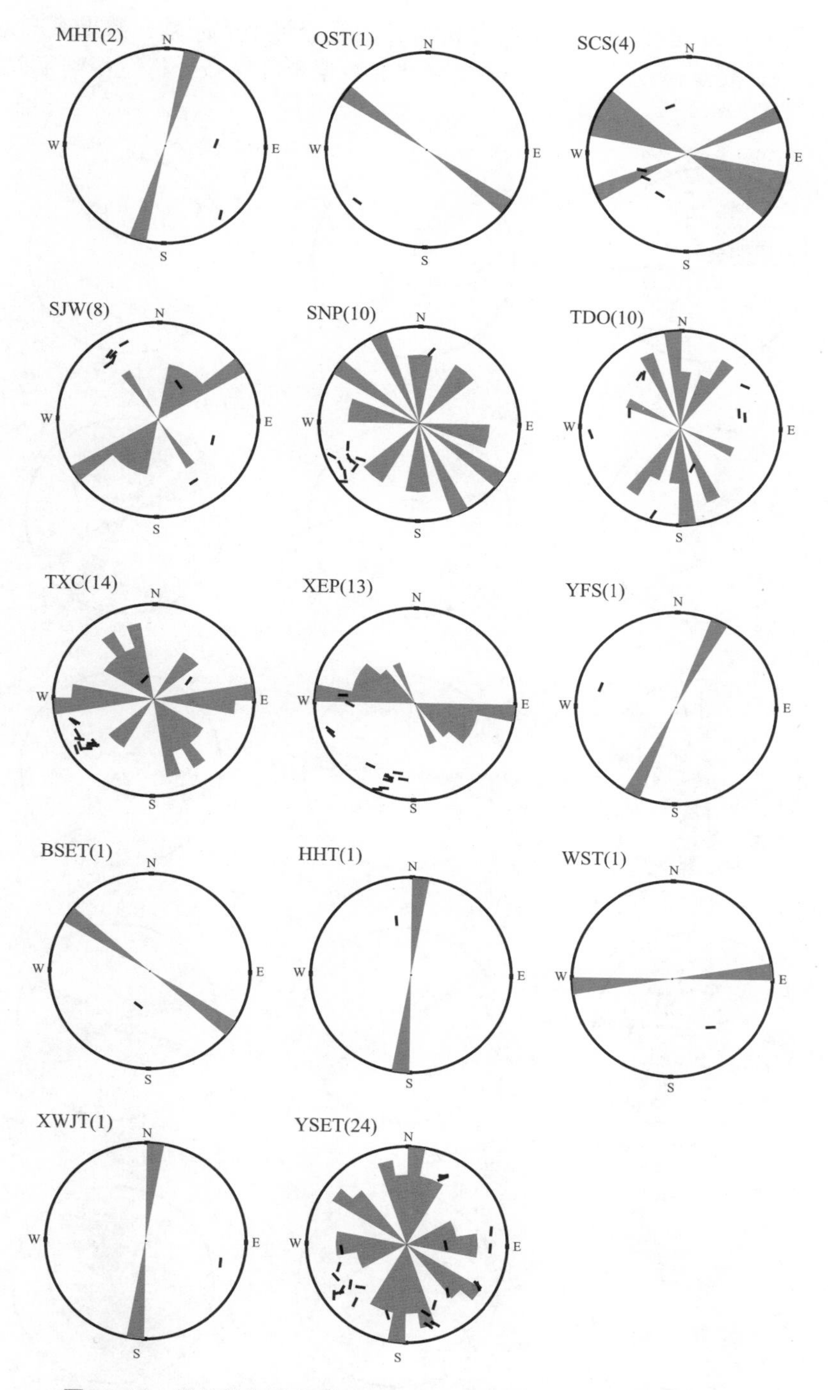

图 10.10　快波偏振方向等面积极射投影与等面积玫瑰图(1)(续)

(黑色短线的方向表示台站记录的每个地震事件的快波偏振方向)

Figure 10.10　Equal area polar projection and equal area rose diagram of the fast wave polarization direction(1)

(The direction of the short black line indicates the polarization direction of the fast wave for each earthquake event recorded by the station)

校核前的数据处理是在 SAC 里进行分析的，由于分辨率的问题，数据有漏的现象。重新用 MATLAB 进行质点运动分析，对 30 个台站的数据全部重新分析，得到了以下的结果，见图 10. 11。

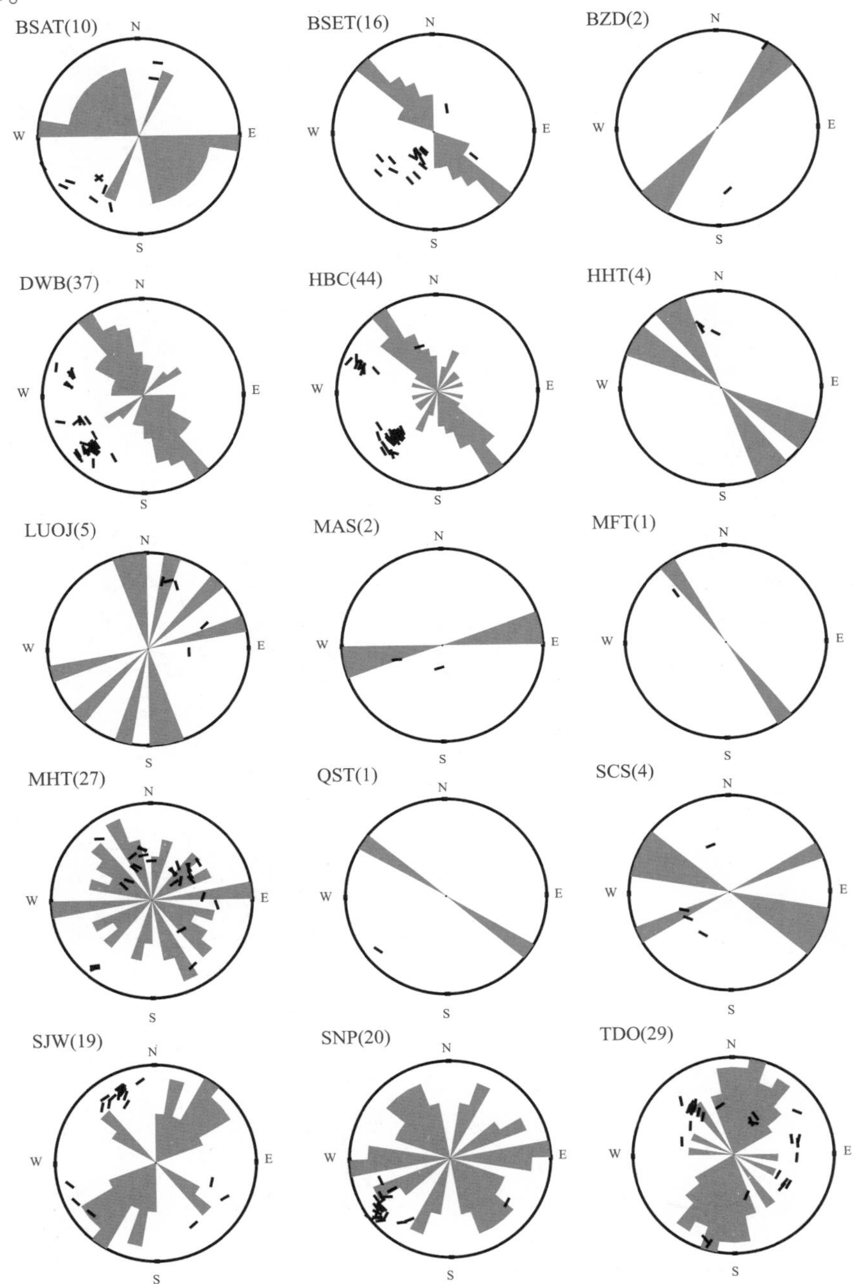

图 10. 11　快波偏振方向等面积极射投影与等面积玫瑰图(2)

(黑色短线的方向表示台站记录的每个地震事件的快波偏振方向)

Figure 10. 11　Equal area polar projection and equal area rose diagram of the fast wave polarization direction(2)

(The direction of the short black line indicates the polarization direction of the fast wave for each earthquake event recorded by the station)

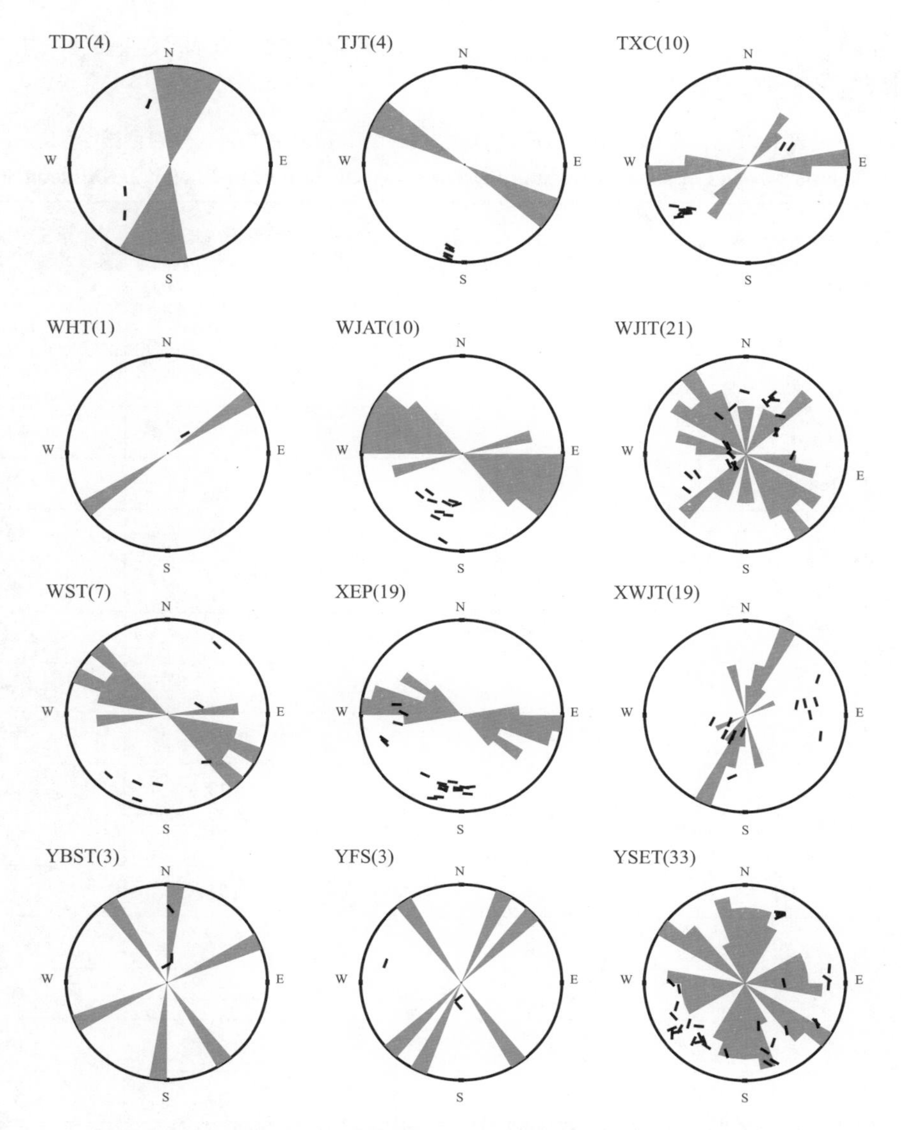

图 10.11　快波偏振方向等面积极射投影与等面积玫瑰图(2)(续)

(黑色短线的方向表示台站记录的每个地震事件的快波偏振方向)

Figure 10.11　Equal area polar projection and equal area rose diagram of the fast wave polarization direction(2)

(The direction of the short black line indicates the polarization direction of the fast wave for each earthquake event recorded by the station)

10.2.2　向家坝—溪洛渡库区剪切波分裂特征

在进行了剪切波分裂分析的 30 个台站中，在 RBC、DJH 和 MKT 台站没有获得有效分析记录，WHT、QST、MFT、MAS、BZD、YFS 和 YBST 共 7 个台站有效地震条数少于 4 条，最终得到了 14 个台站的快波偏振特征分布，同时计算了 16 个台站的慢波时间延迟参量(地震有效记录条数少于 4 条的没有计算)。时间延迟已被标准化为每单位千米的时间延迟量(ms/km)。表10.1给出了16个台站的快波偏振方向和慢波时间延迟的平均结果及剪切波窗内的有效地震条数。

表10.1 向家坝—溪洛渡研究区域内16个地震台站剪切波分裂参数

Table 10.1 The parameters of shear wave splitting from sixteen stations in Xiangjiaba-Xiluodu study area

台站代码	快波偏振方向/(°)	快波偏振分向标准差/(°)	时间延迟/(ms·km^{-1})	时间延迟标准差/(ms·km^{-1})	窗口内有效地震个数/个
BSAT	133	22	2.39	1.07	10
BSET	140	13	2.78	0.91	16
DWB	148	20	1.66	0.75	34
	51	3	1.75	0.04	3
HBC	146	14	2.30	0.99	44
HHT	138	15	2.20	0.72	4
SCS	112	8	1.31	0.41	4
SJW	35	18	2.08	1.3	16
	131	1	1.10	0.21	3
SNP	—	—	2.12	1.13	20
TDO	14	18	2.21	0.85	29
TJT	118	4	4.28	0.35	4
TXC	90	5	1.27	0.47	7
	38	8	1.48	0.33	3
WJAT	113	13	4.62	3.02	10
WST	121	12	3.36	1.45	7
XEP	106	14	1.28	0.57	19
XWJT	22	7	3.78	0.39	19
YSET	—	—	1.83	1.25	33

(1)快剪切波偏振方向。图10.12给出了研究区内具有明显的快波偏振优势方向的14个台站的快波偏振方向等面积投影玫瑰图分布。可以看出，BSAT、BSET、HBC、HHT、SCS、WJAT和WST台站的快波偏振优势方向为NW向；XEP台站的快波偏振优势方向为近EW向；TDO、TDT和XWJT台站的快波偏振优势方向为NE向；DWB和SJW有两个快波优势偏振方向，分别为近乎垂直的NE和NW向(表10.1)；TXC台站也有两个快波偏振优势方向为NE向和近EW向。

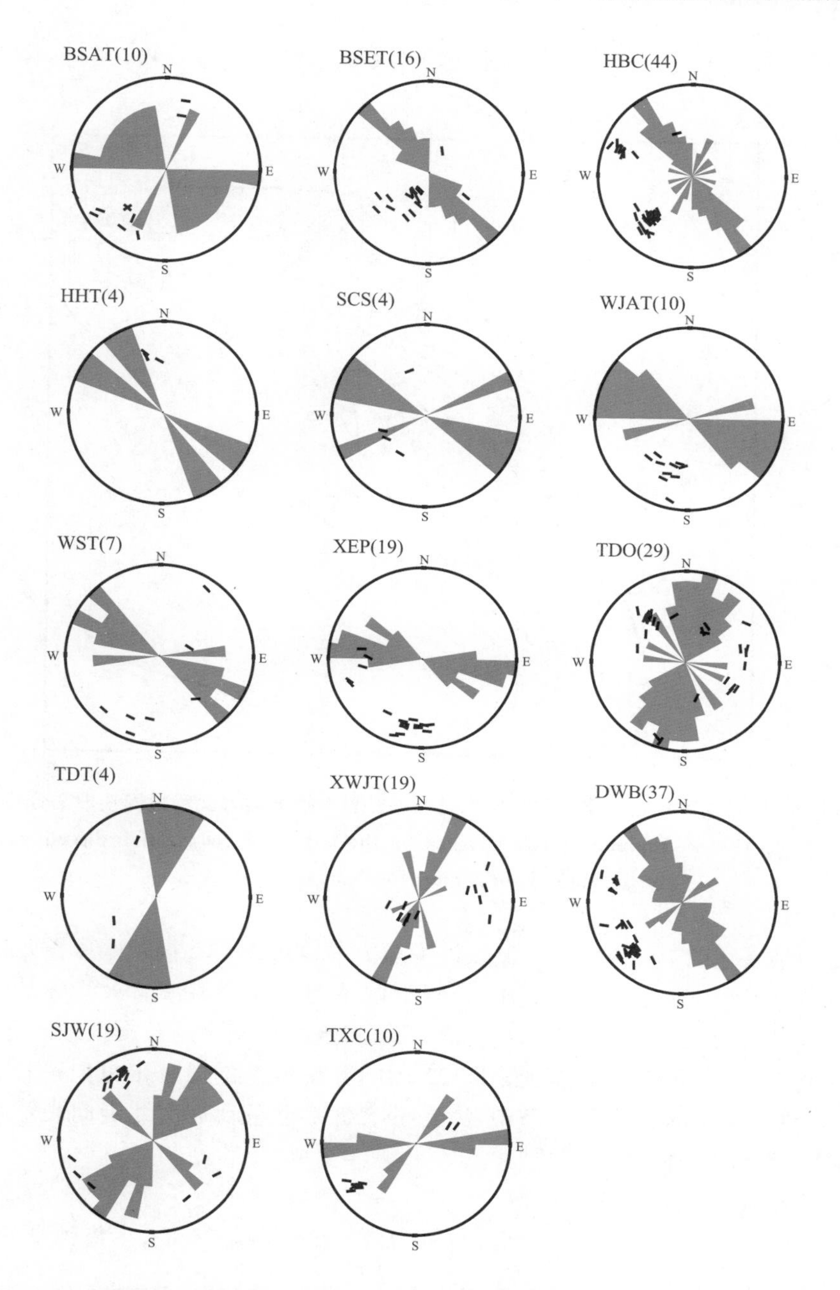

图 10.12　向家坝—溪洛渡研究区内 14 个台站的快波偏振方向等面积投影玫瑰图

（黑色短线的方向表示台站记录的每个地震事件的快波偏振方向）

Figure 10.12　Equal area rose diagram of the fast wave polarization directions of the 14 stations in Xiangjiaba-Xiluodu study area

(The direction of the short black line indicates the polarization direction of the fast wave for each earthquake event recorded by the station)

（2）快剪切波偏振方向的空间分布特征。图 10.13 所示为研究区内各台站快波偏振方向的空间分布，从图中可以看出，椭圆区域内各个台的优势偏振方向存在明显的局部区域特征。上面的椭圆区域台站都存在近 EW 向的优势偏振方向；下面的椭圆区域台站都存在近 NW 向的优势偏振方向，与该区域的主压应力方向 NW 向大体一致。

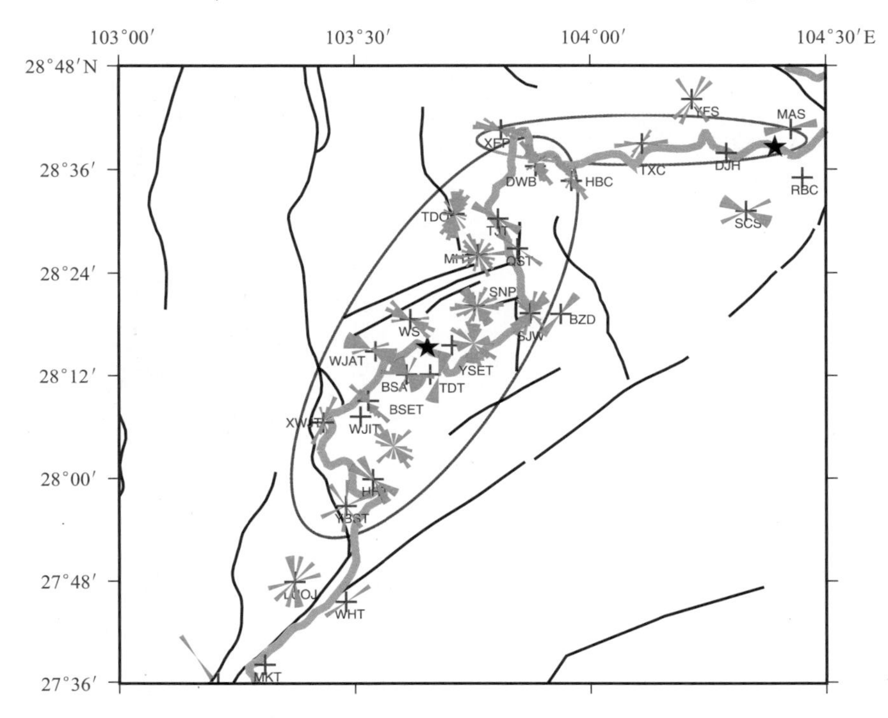

图 10.13　向家坝—溪洛渡研究区内各台站快波偏振方向等面积投影玫瑰图分布

Figure 10.13　Equal area rose diagram of the fast wave polarization directions of the stations in Xiangjiaba-Xiluodu study area

更重要的结果是图 10.13 中各台站快波偏振方向玫瑰图，其揭示水库蓄水以来微震破裂裂隙带展布及展布方向。图中，WJIT 台附近两条北西向裂隙带与永善务基两次 5 级地震序列破裂带走向一致(见图 11.22 永善 M_S5.3、M_S5.0 地震余震及震区地震分布图)。沿 WJAT 台至 BSAT 台裂隙展布带也与图 11.22 中斜穿金沙江的微震带方向一致。QST 台至 TJT 台附近呈现北西走向裂隙带。YSET 台至 SNP 台附近呈现近南北走向裂隙带。这些结果对库区微震破裂图像的理解有重要意义。

(3) 水位与快波偏振方向的关系。

图 10.14 给出了台站快波偏振方向(计算得到的全部偏振方向，未做换算处理)与水库水位变化的对比。

图 10.15 给出了 YSET 和 DWB 两个台站的快波偏振方向与水库水位的变化关系。图中可以看出，YSET 台在蓄水之前，快波偏振方向主要在 0°~30°和 120°~170°两个范围内分布，优势方向约为 10°(NE 向)和 125 °(NW 向)。

在蓄水之后，在 60°~100°(近 EW 向)存在优势方向(图 10.15 黑色框内)。DWB 台在蓄水之前窗口内有效的地震条数只有 2 条，快波偏振方向主要在 140°(NW 向)左右；蓄水之后快波优势偏振方向在保持原有 NW 向的同时，在 51°左右(NE 向)出现优势偏振方向。

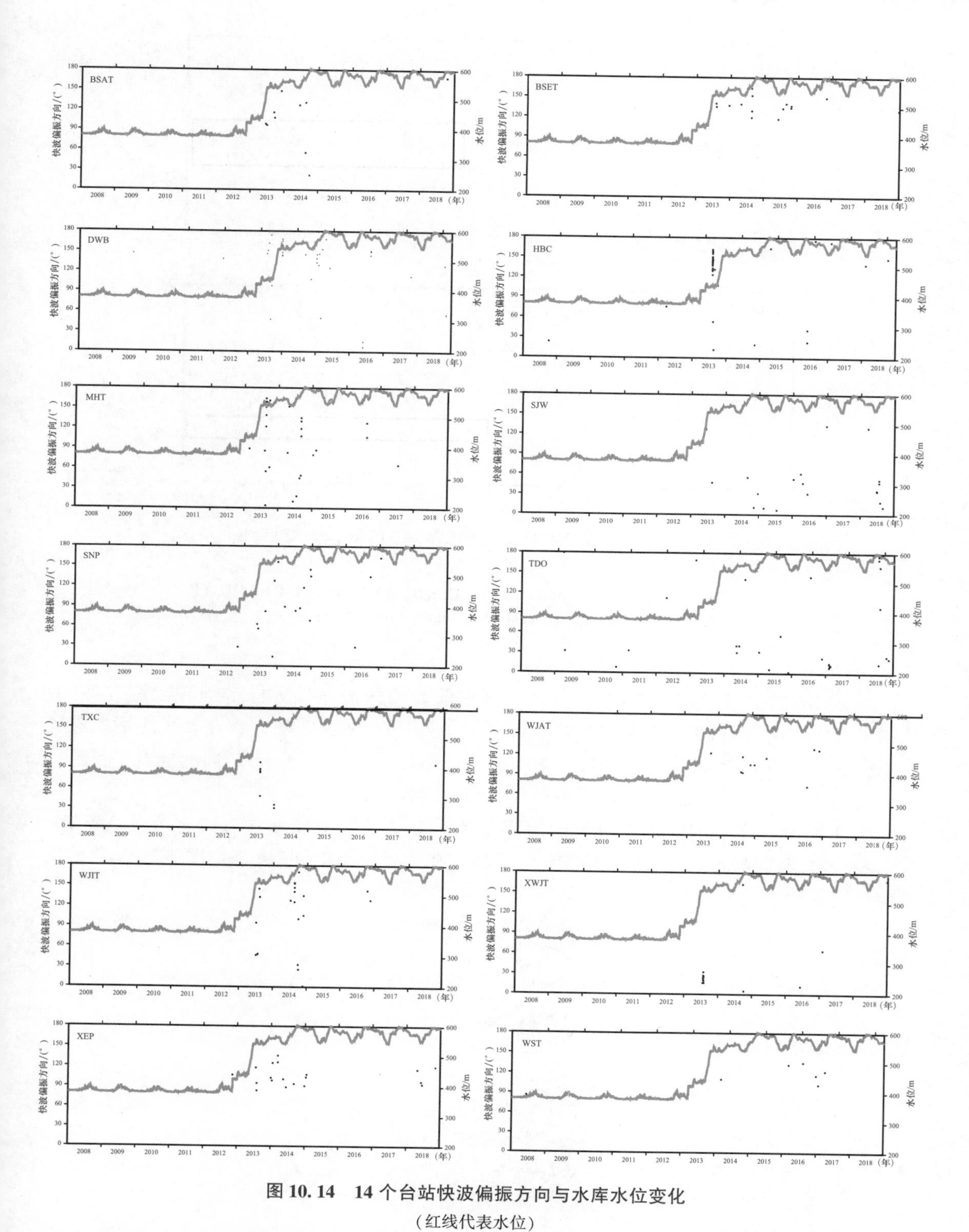

图 10.14　14 个台站快波偏振方向与水库水位变化

（红线代表水位）

Figure 10.14　Fast wave polarization directions of the 14 stations and the reservoir water level changes

(Red line represents water level)

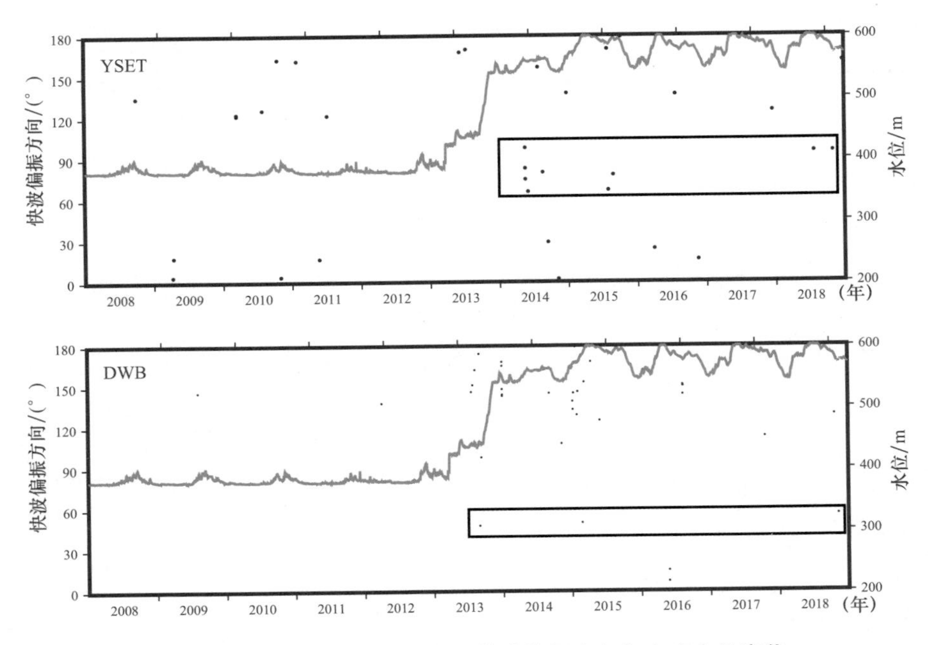

图 10.15　YSET 和 DWB 台站快波偏振方向与水库水位变化

（红线代表水位）

Figure 10.15　Fast wave polarization directions of the YSET and DWB stations and the reservoir water level changes

(Red line represents water level)

图 10.16 给出了 YSET 和 DWB 台站在蓄水前后的快波偏振方向等面积投影玫瑰图。从图中可以看出，YSET 在蓄水之前快波优势方向为 NNE 向和 NW 向；在蓄水之后，除了在原有的 NNE 和 NW 向之外的快波优势方向，还出现了近 EW 向，EW 向的地震主要集中了台站的 NNE 向，蓄水之前该位置没有有效的地震数据。

DWB 台在蓄水之前窗口内有效的地震条数只有 2 条，快波偏振方向主要为 NW 向；蓄水之后快波优势偏振方向在原有 NW 向仍然存在优势分布的同时，在 NE 向呈现弱偏振方向，比例数小。

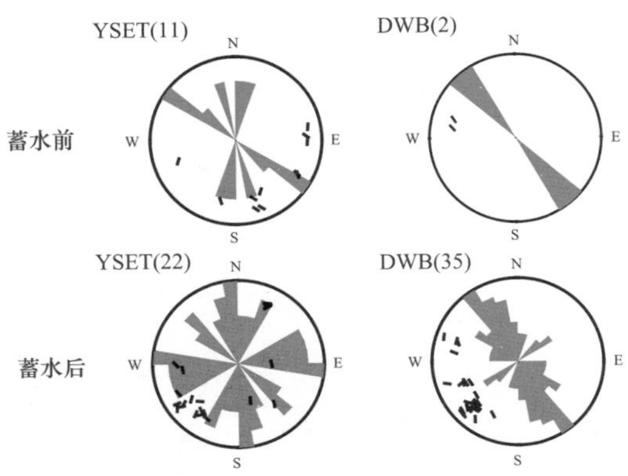

图 10.16　蓄水前后 YSET 和 DWB 台站快波偏振方向等面积投影玫瑰图对比

Figure 10.16　Comparison of equal area rose diagrams of the fast wave polarization directions of the YSET and DWB stations before and after impoundment

(4)慢波延迟时间与水位关系。

图10.17给出了10个台站的归一化慢波延迟时间与水库水位的关系。有效记录地震条数较少的台站没有给出。从图中可以看出，BSAT、BSET、SJW、SNP在蓄水前没有数据，蓄水后在5ms/km范围内离散分布；HBC台在2013年7月30日有大量的地震，其归一化时间延迟在0~6ms/km范围内急剧变化，之后其大小主要集中在2ms/km范围内；TDO台的归一化时间延迟蓄水前主要集中在2ms/km^{-1}左右，蓄水后在0~5ms/km离散分布。XEP台的归一化时间延迟主要集中在2ms/km范围内；YSET台蓄水前在0.5~1ms/km范围内分布，蓄水后均值有稍稍增大的现象。

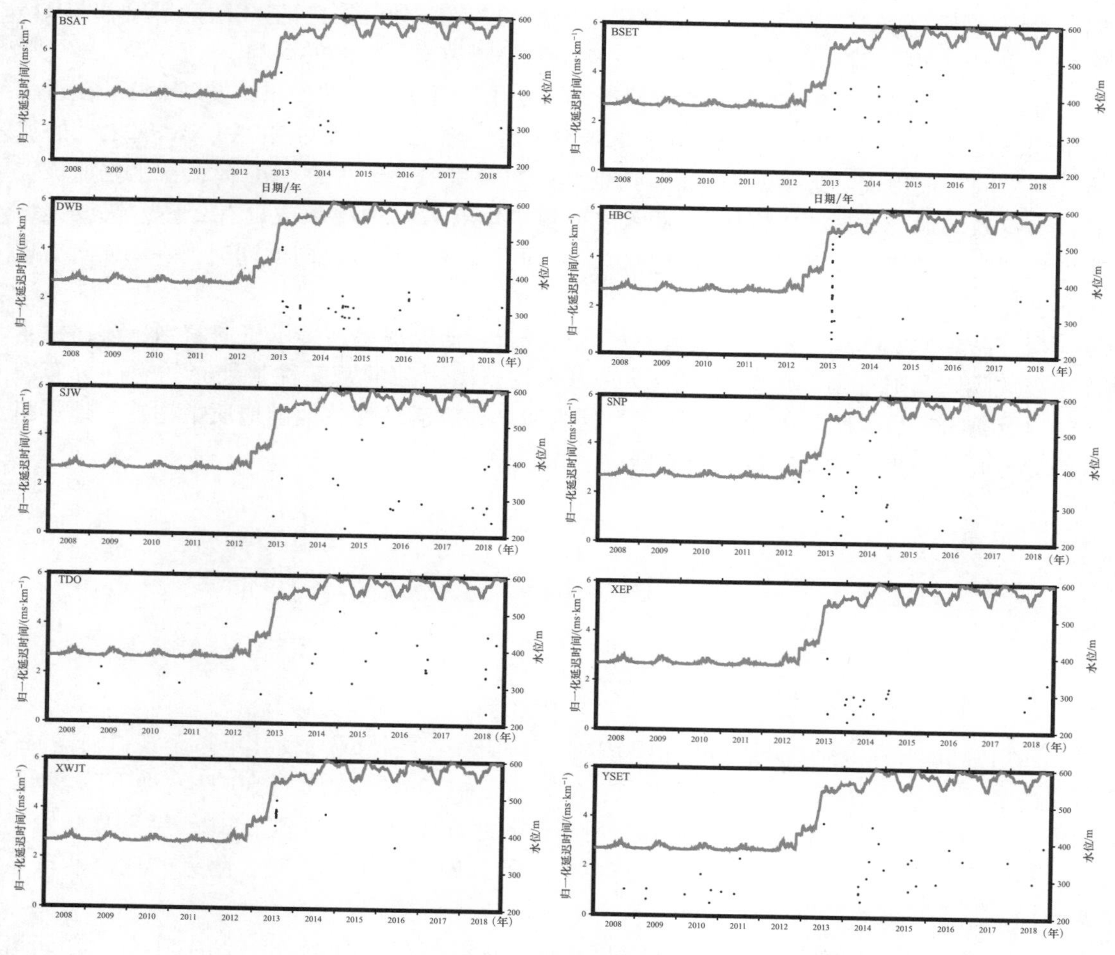

图10.17 10个台站慢波时间延迟与水库水位变化

(红线代表水位)

Figure 10.17 Slow wave time delays of the 10 stations and reservoir water level changes

(Red line represents water level)

利用向家坝、溪洛渡两个水库台网30个台站记录的地震事件，采用剪切波分裂方法分析研究了向家坝—溪洛渡水库中上地壳各向异性的分布特征，研究水库水位变化与快波偏振方向变化关系。27个台站所有有效记录的快波偏振方向等面积投影玫瑰图显示出，研究区内快波优势偏振方向主要为NW向、NE向和近EW向，存在明显的局部分区特征，揭示了中上地壳的地震各向异性在地理空间上存在局部差异。

该研究区地质构造复杂，已有的构造应力场研究表明，该区域的主压应力为NW向。区域内断裂构造发育十分复杂，使得区域应力场呈现局部性的特征，断裂构造与应力场的复杂分布造成了剪切波分裂参数分布的复杂图像。

溪洛渡库区的9个台站(YBST、HHT、XWJT、WJIT、BSET、WJAT、BSAT、WST、YSET)和向家坝库区的8个台站(DWB、HBC、SJW、TJT、QST、MHT、SNP、TDO)快波优势偏振方向均有NW向；向家坝库区的XEP、TXC和MAS均有近EW向的快波优势方向，反映了该区域的主压应力引起裂隙定向排列的结果。研究区内的YSET、SNP和MHT3个台，快剪切波的偏振方向比较离散，反映了局部断裂系及构造的影响。

通过分析YSET和DWB台的快波偏振方向变化与蓄水时间的关系，发现YSET在蓄水之前快波优势方向为NE向和NW向；在蓄水之后，除了在原有的NE和NW向之外的快波优势方向，还出现了近EW向，EW向的地震主要集中了台站的NNE向，蓄水之前该位置没有有效的地震数据。DWB台在蓄水之前窗口内有效的地震条数只有2条，快波偏振方向主要为NW向；蓄水之后快波优势偏振方向在保持原有NW向的同时，在NE向出现优势偏振方向。

研究结果的实际工程意义，通过地震剪切波分裂研究成果，揭示了向家坝、溪洛渡水库地震危险区及附近区域地下介质，蓄水以来构造微裂隙的密集优势展布的空间分布图像，以及蓄水前后各阶段差异变化图像。这为库区地震活动性，地震地质微构造，地震机理的分析研究提供了珍贵的数据和依据。

10.3 锦屏水库库区地震剪切波分裂的研究

10.3.1 锦屏水库研究区地震资料分析

四川锦屏水库位于盐源县和木里县境内，是雅砻江干流下游河段(卡拉至江口河段)的控制性水库工程。坝高305m，总库容77.6亿m^3，于2012年11月30日大坝下闸蓄水。锦屏水库周边布设有20个测震台站专门用于监测水库地区中小地震，2011年8月开始建设，2012年3月正式运行。2013年7月中旬开始，四川木里县项脚乡附近的地震活动显著增加。

据中国地震台网测定：2013年11月22日3时41分、7时49分、7时51分，在四川省凉山彝族自治州盐源县、木里藏族自治县交界(27.9°N，101.4°E)先后发生了3.7级、4.1级和3.4级地震，震源深度分别为9km、13km和13km(简称为“项脚震群”)。2014年12月21日13时09分，在同一区域内又发生了4.0级地震，震源深度为15km。截至2014年12月，经邵玉平重新统计该区域M_L2.0以上地震有1197次。因此，大量的地震数据为研究该区域剪切波分裂提供了丰富的数据资料。

四川锦屏水库位于雅砻江流域，选用雅砻江流域地震台网7个台(BDI、BWU、LWA、MBY、MYA、XJA和YZU)2011年8月1日—2014年12月31日记录的地震数据和四川省地震台网 1 个台(MLI)2008 年 5 月 1 日—2015 年 8 月 31 日记录的地震数据(图 1)。8 个台均采用三分向地震计，其中 MLI 为 BBVS－60 宽频带地震计、其他 7 个均为 FSS－3M 短周期震计，数据采集器的采样率均为 100Hz。

锦屏水库研究区内的断裂主要有小金河断层、光头山断层、瓦科断层、木里断层、博瓦断层、后所断层、岩脚断层、麦架坪断层、卧罗断层、棉垭断层、霍尔坪断层，见图 10. 18。区域内分布有木里与盐源地震带，历史上曾多次发生强震。其中，木里 1980 年发生 M_S5. 8 地震。该区域处于以走滑断层作用为主的应力作用，最大主应力轴的方向为北北西向。

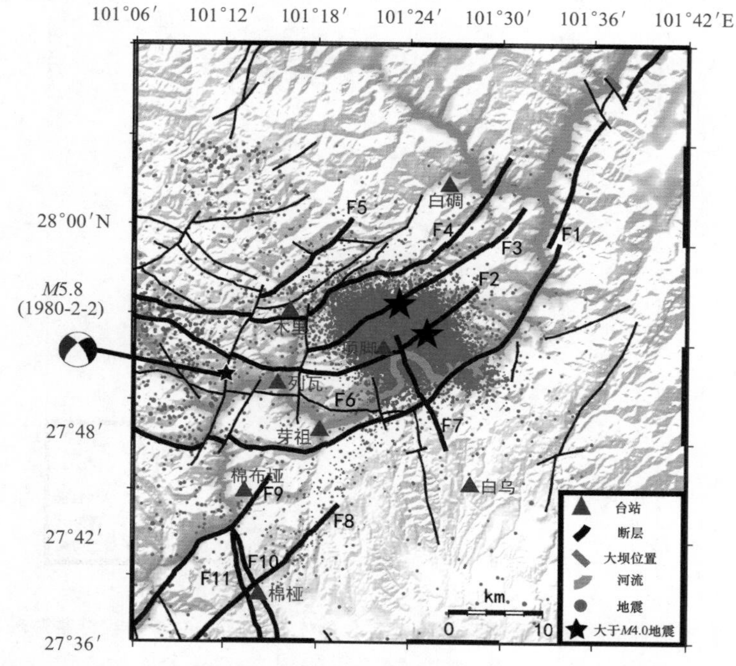

图 10. 18　锦屏水库地区主要断层、地震台站分布和地震震中分布图

Figure 10. 18　Distribution of main faults, seismic stations and earthquake epicenters in Jinping reservoir area

10. 3. 2　锦屏库区剪切波分裂特征

图 10. 19 所示为项脚震群附近各台站快波偏振方向的空间分布，可以看出各个台的优势偏振方向存在明显的局部区域特征。位于研究区左侧的 MLI、LWA、MBY 和 MYA 台站，其中 MLI 和 LWA 的快波优势偏振方向为 NNW 向，而 MBY 和 MYA 则都是有一个优势偏振方向 NW 向，与区域应力场的主压应力方向大体一致，但 MBY 和 MYA 的另一个优势偏振方向近似为 NS 向，这种复杂图像应该是局部构造的影响。位于研究区右侧的 YZU、XJA 和 BDI 台站，其优势偏振方向呈现出不同的方向。YZU 台站的快波偏振方向大致为 NE，与其他台站不同，但 YZU 台站的一致性很强。XJA 台站可能同时受到区域应力场和附近断裂分布(NE 向的光头山断层及近似 NNW 向的岩脚断层与另一个更小的断层)的综合影响，快波偏振方向离散但呈现为 NNE 向和 NE 向的两个优势方向。BDI 台站的快波优势偏振方向呈 EW 向，与区域应力场和断裂走向都不一致，但该台站的快波偏振方向一致

性非常好(离散较小)，根据 Gao 等(2011)的结果，不能排除台站下方有近 EW 向的隐伏断裂构造的可能性；而另一种可能解释就是断裂端部造成应力场变化所致，这种情况则与 Zhao 等(2012)研究中的 L6304 台的结果有相似之处。

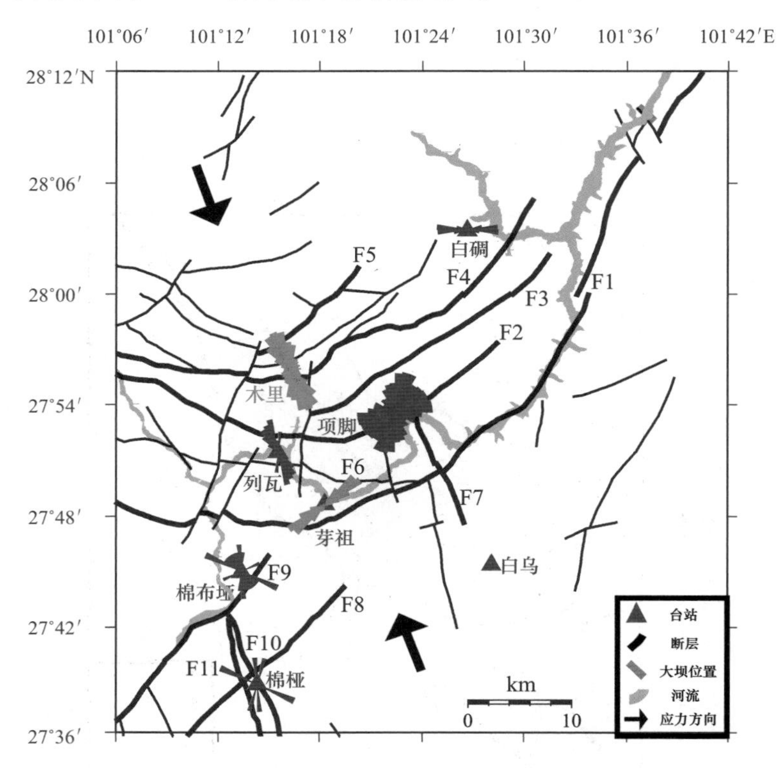

图 10.19　木里弧形构造带项脚震群附近各台站快波偏振方向等面积投影玫瑰图分布

(红色快波偏振方向代表蓄水前后偏振方向有变化的台站)

Figure 10.19　Equal area rose diagram of the fast wave polarization directions of the stations near the Xiangjiao earthquake swarm in Muli arc-shaped structural belt

(The polarization direction of red fast wave represents the stations whose polarization direction has changed before and after impoundment)

图 10.19 裂隙系分析结果揭示了图 10.18 中库区地震活动团状分布的细节，即沿 MLI 台、LWA 台附近两条裂隙带，均呈北西方向展布，且穿过库区地震密集分布区的断层展布。沿 XJA 台、YZU 台附近展布两条裂隙带，均呈北东方向展布，大致沿库区地震密集分布区的断层走向方向展布。

锦屏水库蓄水对快波偏振方向的影响，图 10.20 给出了台站快波偏振方向(计算得到的全部偏振方向，未做换算处理)与水库水位变化的对比。图中可以清晰地看出，MLI 台在第二阶段蓄水之前，快波偏振方向主要在 0°～90°离散分布，优势方向近似为 45°(NE 方向)。在第二阶段蓄水之后、第三阶段蓄水/放水阶段和 2014 年 7 月第四阶段蓄水之后，偏振方向则主要集中在 130°～180°。第三阶段的放水后到第四阶段重新蓄水前及第四阶段的放水后，地震明显减少，有效地震条数也明显减少。YZU 台在第二阶段蓄水之前窗口内有效的地震条数虽然只有 4 条，但快波偏振方向显示了与蓄水后明显的不一致，快波优势偏振方向从近

90°(EW 方向)变化为近 45°(NE 方向)，见图 10. 19 和图 10. 20。

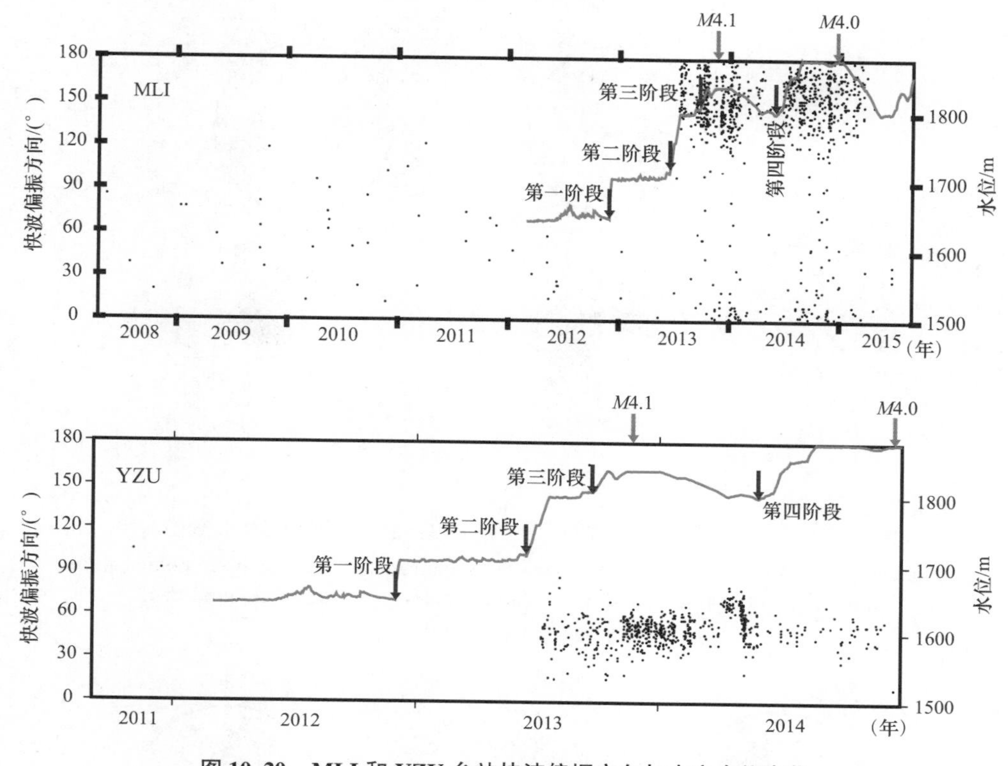

图 10. 20　MLI 和 YZU 台站快波偏振方向与水库水位变化

(红线代表水位；绿色箭头表示期间最大的地震发生时间)

Figure 10. 20　Fast wave polarization directionsof the MLI and YZU stations and the reservoir water level changes

(Red line represents water level; Green arrow indicates maximum earthquake time)

图 10. 21 给出了 MLI 和 YZU 台站在第二阶段蓄水前后的快波偏振方向等面积投影玫瑰图。从图中可以看出，MLI 在蓄水前快波优势偏振方向为 NE 向，而蓄水后变为 NNW 向；YZU 台在蓄水前为近 EW 向，蓄水后为 EW 向。特别是对于有较多有效数据的 MLI 台，以第二阶段蓄水开始为界，快波偏振方向发生了近 90°的变化，可能意味着当水位达到近 1800m 时，水库底部渗透增加产生严重渗水，引起孔隙压明显增加，使得有高孔隙压的介质范围(深度)增加，最终导致快波偏振方向发生变化(Crampin et al. , 2002, 2003)。

为了进一步分析 MLI 台快波偏振方向的变化，分别按不同时段(蓄水阶段及 *M*4. 0 以上地震发震日期)画出了快波偏振方向等面积投影玫瑰图(图 10. 22)。可以看出，第二阶段蓄水前，四年多的时间内，窗口内地震条数只有 48 条，快波优势偏振方向为 NE 向。第二阶段蓄水过程中，窗口内地震条数猛增，快波优势偏振方向发生改变，为 NNW 向。第三阶段蓄水放水过程中，2013 年 11 月 21 日发生了 *M*4. 1 地震，但地震发生前后，快波优势偏振方向没有发生改变。第四阶段蓄水放水过程中，2014 年 12 月 21 日发生了 *M*4. 0 地震，地震发生前后，快波优势偏振方向也没有发生明显改变。这个结果进一步显示，快波偏振方向发生 90°翻转的时间是在第二阶段蓄水达到近 1800m 时，高孔隙压可能是主要原因。

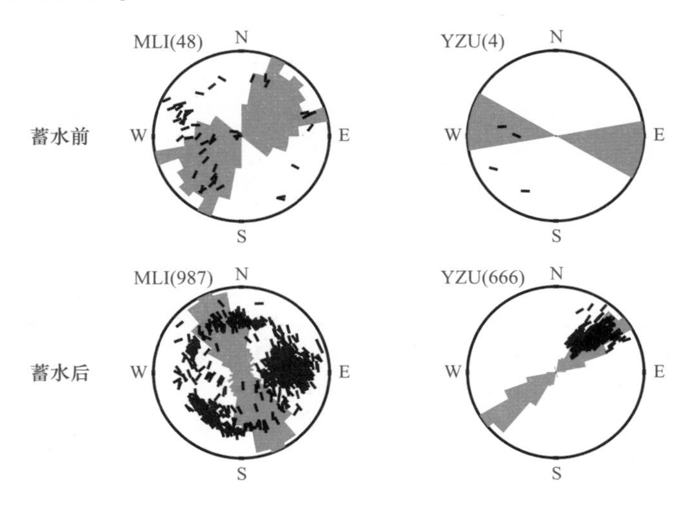

图 10.21　蓄水前后 MLI 和 YZU 台站快波偏振方向等面积投影玫瑰图对比

Figure 10.21　Comparison of equal area rose diagrams of the fast wave polarization directions of the MLI and YZU stations before and after impoundment

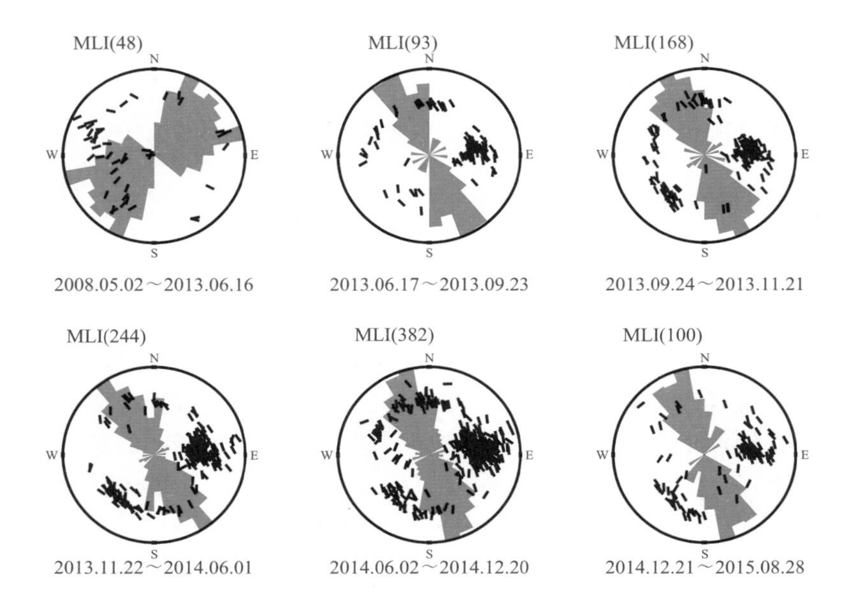

图 10.22　不同时间段 MLI 台快波偏振方向等面积投影玫瑰图

Figure 10.22　Equal area rose diagram of the fast wave polarization directions of the MLI station in different time periods

锦屏水库研究区左侧的 4 个台站，快波优势偏振方向大致为 NNW 向或至少有一个快波优势方向为 NW 向，反映了该区域的主压应力引起裂隙定向排列的结果，研究区右侧的 3 个台，快剪切波优势偏振方向与区域的主压应力方向不同，反映了局部断裂构造的影响。BDI台的快波优势偏振方向与区域的主压应力方向及局部断裂构造都不一致，有两种可能的解释：一种解释是，EW向快波优势偏振方向揭示了台站下方附近可能存在近东西向的隐伏断裂构造；第二种解释是，断裂端部应力场变化导致了快波偏振方向的变化。

通过分析MLI台的快波偏振方向变化与蓄水有明显的时间对应关系，发现水位变化会明显影响快波偏振方向。这可能揭示了水库水位变化导致的局部应力环境变化或水的渗透导致了各向异性参数的变化。该结果支持了高孔隙压会引起快波偏振方向发生90°翻转的结论，本研究的高孔隙压区域的增加则可能是由于水位增加导致水库底部的渗透和压力增加所致。对于锦屏水库，水位达到约1800m时，可能是一个会产生90°翻转的临界位置。

第 11 章　水库诱发地震活动判识例析

根据水库诱发地震危险性评价(GB 21075—2007)标准，将由于水库蓄水或水位变化而引发的地震定义为水库诱发地震。水库诱发地震是指由于水库蓄水或水位变化而引发的地震。水库诱发地震：水库周围的原始地壳应力不一定处于破坏的临界状态，水库蓄水或水位变化后使原来处于稳定状态的结构面失稳而发生地震。

水库触发地震：水库周围的地壳应力已处于破坏的临界状态，水库蓄水或水位变化后使原来处于破坏临界状态的结构面失稳而发生地震。

在现有的国家规范和标准中，无以下术语：水库构造断裂型；水库岩溶型地震；水库塌陷型地震；水库地表卸荷型；水库崩塌型地震；水库矿震；等等。

本章依据地震监测资料，对 2014 年发生在溪洛渡库区的永善 $M_S5.3$、$M_S5.0$ 地震前后的地震活动尝试性地给予经验性地判识。

11.1　永善 $M_S5.3$、$M_S5.0$ 地震参数

2014 年 4 月 5 日永善 $M_S5.3$ 地震与 8 月 17 日永善 $M_S5.0$ 地震震中位置距离 5km，其地震参数和距离金沙江的直线距离，见表 11.1 和图 11.1。永善 $M_S5.3$、$M_S5.0$ 地震的震源深度分布为 5.5km、6.0km，现场考察震中烈度均达Ⅶ度。

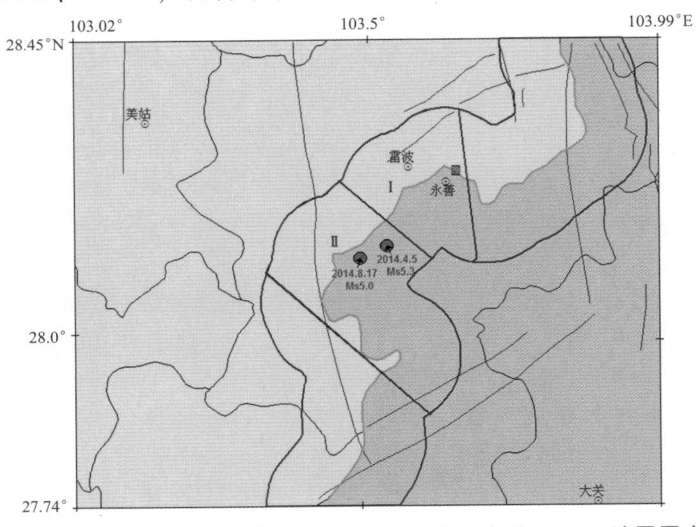

图 11.1　2014 年 4 月 5 日永善 $M_S5.3$ 与 8 月 17 日永善 $M_S5.0$ 地震震中位置

Figure 11.1　Epicenter location of Yongshan $M_S5.3$ earthquake on April 5, 2014 and Yongshan $M_S5.0$ earthquake on August 17, 2014

表 11.1　2014 年永善务基 2 次 5 级地震位置参数

Table 11.1　Location parameters of two *M*5 earthquakes in Yongshan-Wuji，2014

地震日期	发震时刻	纬度/(°N)	经度/(°E)	震级(M_S/M_L)	参考地点	震中烈度	深度/km	距坝溪洛渡址/km	距金沙江库岸最短距离/km
4 月 5 日	06:40:31.7	28.14	103.53	5.3/5.6	务基乡硝坝、中咀村之间	Ⅶ	5.5	18	3
8 月 17 日	06:07:58.5	28.12	103.49	5.0/5.3	务基乡八角村	Ⅶ	6	22	2

永善 M_S5.3、M_S5.0 地震区未发现大型活动断裂，仅在震区西侧展布有三河口—烟峰—金阳断裂带的次一级的 NNE 走向的断层，即马颈子、上田坝、硝滩断层，见图 11.2。该断层距永善 M_S5.3 震中约 7km，距永善 M_S5.0 震中 1～2km，位于永善 M_S5.0 地震震中西侧。现场调查这些次级断层出露部位及附近未见到变形迹象。这些次级断层系部分地段穿过金沙江下游水域。

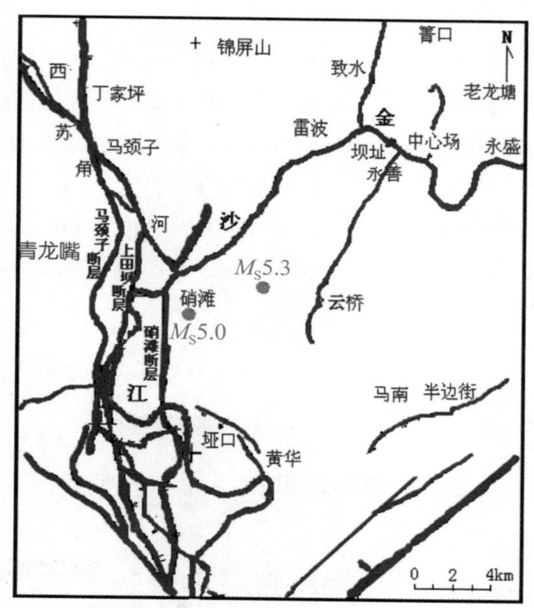

图 11.2　永善 2 次 5 级地震位置及次级断层分布图(据成都勘测设计研究院图改绘)

Figure 11.2　Location and secondary faults distribution of two Yongshan *M*5 earthquakes

这些次级断层的西侧是三河口—烟峰—金阳断裂：于坝址西侧 20km 处通过，北起峨边西北，向南经烟峰西、刹水坝、马颈子等地，于永善县大井坝附近交于莲峰断裂，长约 180km，主要断于古生界地层中，由马颈子断层(主断层)、上田坝断层、硝滩断层和金阳断层组成。岩体总体产状南北倾西，倾角 50°～70°，破碎带宽达数十米至百余米不等，主要由压碎岩、角砾岩、片状岩及断层泥组成，断层两盘影响带较宽，通常在 200～500m 以上，带内岩层揉皱挤压强烈。

图 11.2 中马颈子断层、上田坝断层及硝滩断层多处与库水直接交切，马颈子断层和硝滩断层上均有温泉出露，说明存在向深部导水的水文地质结构面，该断裂带现今仍有微弱活动。岩体岩性：基岩地层主要有玄武岩、碳酸盐、碎屑岩。碳酸盐岩主要为震旦系上

统灯影组、寒武系、奥陶系中统及二叠系下统，分布最为广泛。

其中，硝滩断层位于雷波石板滩、云南永善硝滩至二坪子一带，呈近 SN 向展布，长 20km 左右，断于二坪子背斜轴部，使背斜遭受破坏，地层局部倒转，断层面倾西，倾角 70°左右，断距为 1500～2000m。在硝滩一带，断层带上有温泉出露，水温 57℃，流量为 4.0L/s，说明硝滩断层具有向深层导水的能力。

11.2 永善 M_S5.3、M_S5.0 地震强地面运动参数

中强地震引起的强地面运动是通过强震观测台或测震台上强震测项记录得到的。通过分析计算得到地震动的振幅、持续时间、频谱特性。地震动的振幅特性描述地震动强度的物理量，如位移量、速度量、加速度量。地震动峰值取值简单明了，表示地震动强弱，记为 PGA，单位为 cm/s^2 或 Gal。

2014 年 4 月 5 日永善 M_S5.3 地震的记录，共 15 个台获取了强震记录数据。采用中国地震局工程力学所强震动观测记录的分析处理软件计算分析，得到白胜台距震中 1.3km，监测结果：垂直向峰值加速度为 166.6Gal，南北向峰值加速度为 166.4Gal，东西向峰值加速度为 209.1Gal，为这次地震单点台站最大加速度峰值。仅据此单台最大值换算地震烈度，属近台强震动单台峰值异常。白沙台距震中 10.0km，监测结果：垂直向峰值加速度为 55.2Gal、东西向峰值加速度为 52.8Gal、南北向峰值加速度为 66.1Gal。各强震台峰值加速度值与换算对应的仪器烈度值见图 11.3。

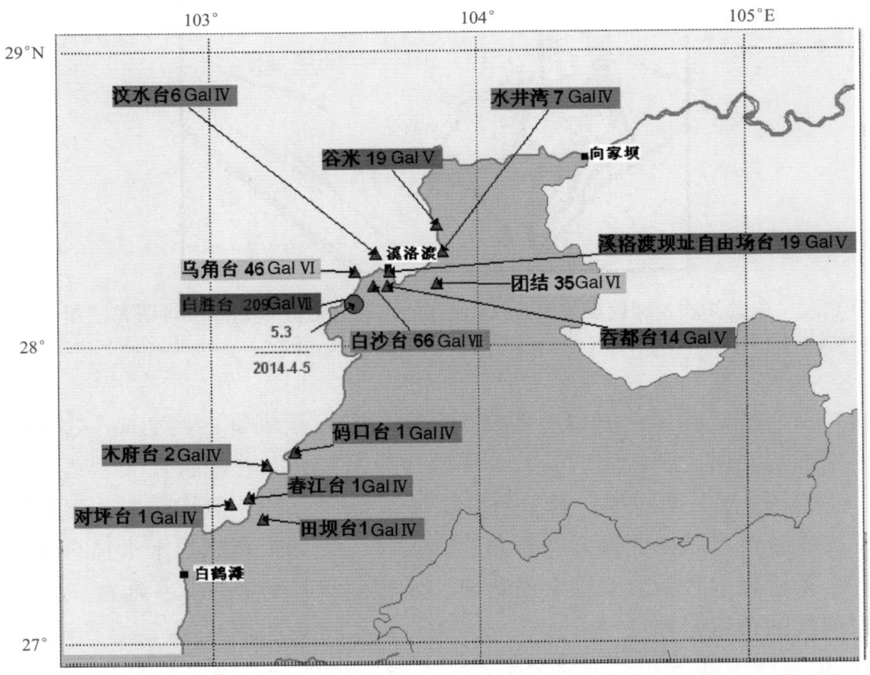

图 11.3　2014 年 4 月 5 日永善 M_S5.3 地震强震动台记录的加速度值和仪器烈度值

Figure 11.3　Acceleration value and instrument intensity value recorded by strong motion station of M_S5.3 Yongshan earthquake on April 5, 2014

2014 年 4 月 5 日永善 $M_S5.3$ 地震给出的仪器烈度值，极震区为Ⅶ度，对溪洛渡工程坝址区影响烈度为Ⅳ度，对溪洛渡水库两侧 10km 范围库区、库岸影响烈度为Ⅴ～Ⅶ度。曾采用峰值加速度与均方根加速度绘制等震线，图形有较大差异。

2014 年 8 月 17 日永善 $M_S5.0$ 地震的强地面运动，位于震中附近的务基台，震中距为 2.1km；测定的峰值加速度最大值为 234.40Gal；仅据此单台最大值换算地震烈度，属近台强震动单台峰值异常。各强震台峰值加速度值与换算对应的仪器烈度值标注在图 11.4 中。2014 年 8 月 17 日永善务基 $M_S5.0$ 地震，给出仪器烈度值：极震区记录值达Ⅶ度；对溪洛渡工程坝址区影响烈度为Ⅵ度；对溪洛渡水库两侧 10km 范围库区、库岸影响烈度为Ⅳ～Ⅵ度。

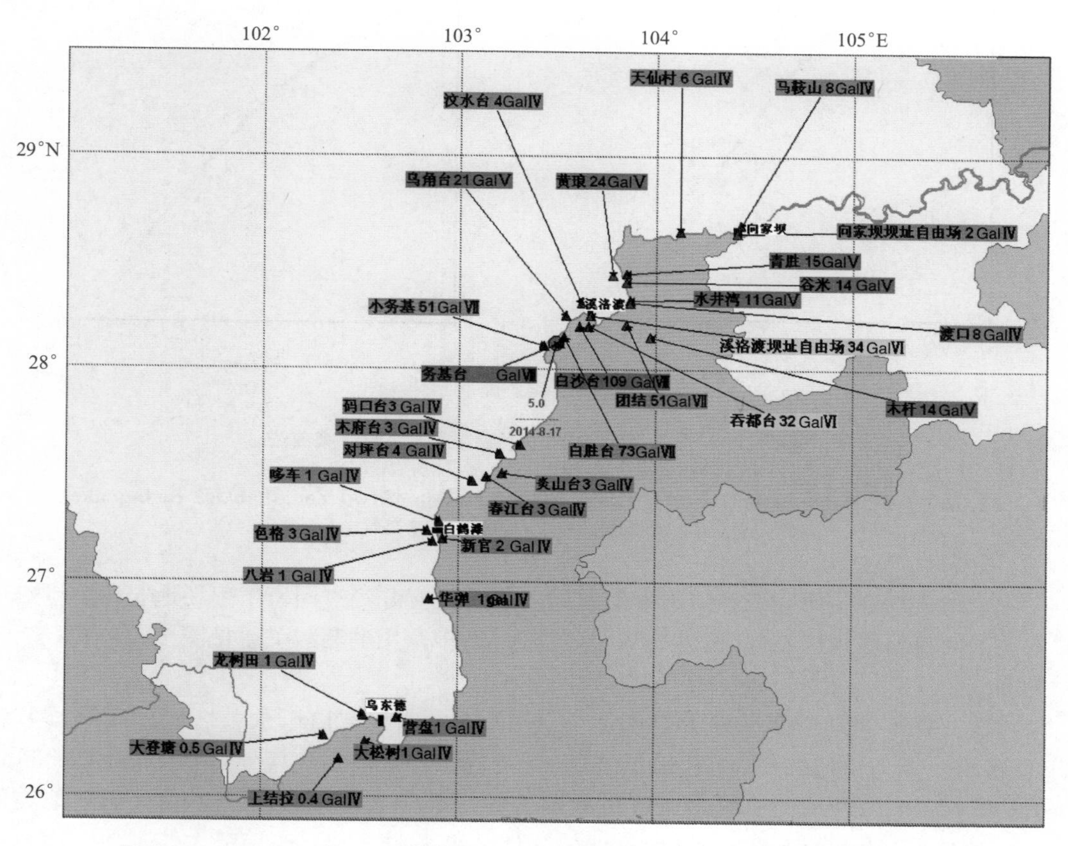

图 11.4　2014 年 8 月 17 日永善 $M_S5.0$ 地震强震动台、加速度值、仪器烈度值

Figure 11.4　Acceleration value and instrument intensity value recorded by strong motion station of $M_S5.0$ Yongshan earthquake on August 17, 2014

2014 年 4 月 5 日永善 $M_S5.3$ 地震在 100km 之内有 15 个台站、45 条记录；2014 年 8 月 17 日永善 $M_S5.0$ 地震在 250km 内有 36 个台站，108 条记录。2 次地震的震级差为 0.3 级、震中相距约 5km，将此 2 次 5 级地震的强震动数据合并计算，其中水平向取 EW 向与 NS 向的平均值。在图 11.5(a) 中给出垂直向 PGA 值分布和拟合线，其拟合关系式为

$$\lg PGA = -1.601\Delta + 3.209，拟合相关系数 R = 0.86 \tag{11.1}$$

式中，PGA 为地震动峰值加速度值，单位为 cm/s^2 或 Gal，m/s^2 或 g；Δ 为强震动记录台站到震中的距离。

图 11.5(b) 中给出水平向 PGA 数据点和拟合线，相互比较水平向与垂直向的差异甚小。

$$\lg PGA = -1.567\Delta + 3.413，拟合相关系数 R = 0.82 \tag{11.2}$$

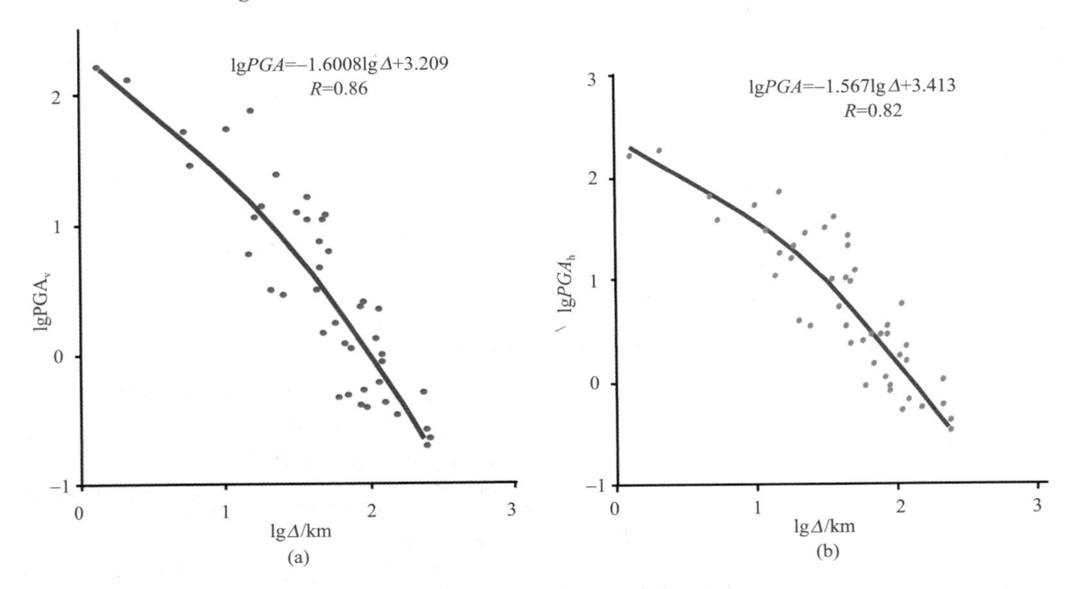

图 11.5　永善 2 次 5 级地震强地面运动的衰减曲线

(a) 垂直向 PGA 衰减；(b) 水平向 PGA 衰减

Figure 11.5　Attenuation curve of strong ground motion of two Yongshan *M*5 earthquakes

(a) vertical PGA attenuation; (b) horizontal PGA attenuation

国家地震局地质研究所和四川省地震局(1990)提交并经过国家工程场地安评委审查通过的金沙江溪洛渡水电站《工程地震综合研究报告》中采用的衰减关系见图 11.6 中 1、2 表示的曲线。

将此 2 次 5 级地震水平向 PGA 叠加在图 11.6 中曲线。由于永善 2 次地震平均震级为 5.15 级，低于图 11.6(c) 中最低震级 5.5，数据拟合线与其他震级的曲线图 11.6(a)、图 11.6(b) 表示的曲线存在截距差别，但是趋势大体一致。此 2 次近场新地震的 PGA 衰减关系(图 11.6(d)) 和场地安评的统计结果表明，其形态趋势大体一致。因此认为，用最新中等地震的强地面运动数据检验溪洛渡水库地震安全性评价采用的衰减公式合理、适用。

上述图中数据点的离散分布主要与传播途径和观测台场地条件的差异因素有关。局部场地条件包括介质的不均匀性、土体条件、地形地貌、土体和结构的相互作用等；此外，其与地震震源力学机制有关，包括震源破裂方位、破裂尺度以及破裂传播途径、距离、几何扩散、能量耗散等因素。

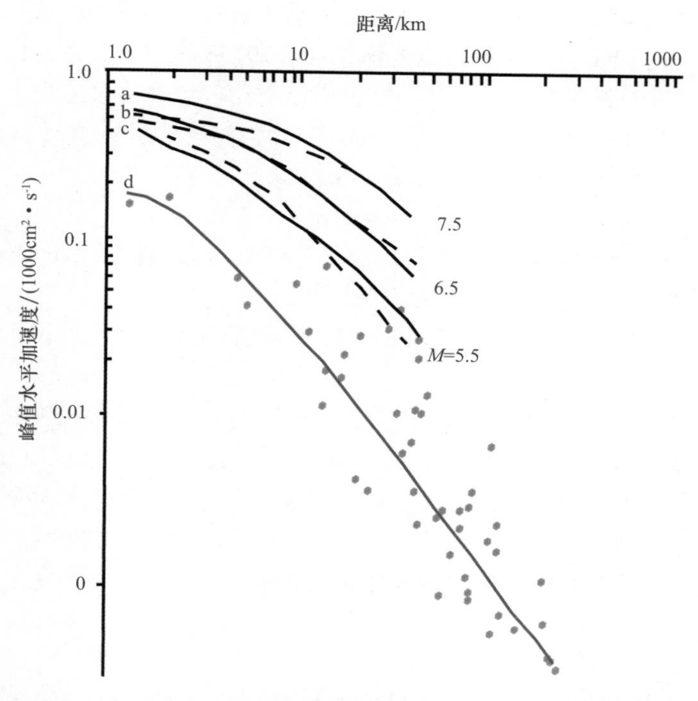

图 11.6　永善 2 次 5 级地震的 PGA 随距离的衰减与工程场地安评给出曲线的比较

Figure 11.6　Comparison of PGA attenuation curves with distance of two Yongshan *M5* earthquakes and curves given by safety assessment of engineering site

11.3　永善 M_S5.3、M_S5.0 地震的震源参数

2014 年 4 月 5 日永善 M_S5.3 地震，主压应力方位呈 NW(304°)，区域应力作用力接近水平(27°)；其节面 1 走向近 SN(11°)，倾角平缓(20°)；节面 2 走向 NE(223°)，倾角(73°)；震源力学机制呈逆倾滑动类型。

2014 年 8 月 17 日永善 M_S5.0 地震，主压应力方位呈 NW(278°)，区域应力作用力接近水平(19°)；其节面 1 走向 NW 北西(319°)，倾角(62°)；节面 2 走向 NE(229°)，倾角直立(90°)；震源力学机制呈走向滑动类型。

永善 M_S5.3、M_S5.0 地震的余震分属两个北西向密集地震条带，呈现的震源力学机制有不同。永善务基 M_S5.3 地震的余震求得震源错动类型为倾滑型。库区 Ⅰ 段、Ⅱ 段的雷波永善交界一带区域，一部分地震震源机制解，所给出的力轴仰角较大。这与蓄水以来库区永善务基乡首次发生 5.0 级以上地震触发机制有关。2014 年 8 月 17 日永善县务基乡发生 M_S5.0 地震及部分强余震均为走滑错动类型。故此，库区 Ⅰ 段、Ⅱ 段蓄水以来发生地震的震源机制解显现出多样性。这与蓄水以来库区 Ⅰ 段、Ⅱ 段先后形成微震密集带的局部地质条件及震源破裂类型有关。

区域中小地震震源波谱参数，一般采用圆形剪切裂纹的解。虽然圆形剪切裂纹是一个简化的模式，但是它是唯一一种既有静态解又有动态解可以利用的模式。这些解已经参数化，可以满足 Brune(1970)、Kanamori 和 Anderson(1975)确立的关系，计算震源参数。圆形剪切裂纹模式及其对椭圆断层形状的一些推广已被用以解释许多地震。

体波位移谱的长周期部分的高度，即位移零频值 Ω_0 与地震矩 M_0 的关系。

$$\Omega_{0\mathrm{P,S}} = \frac{\vartheta_{\mathrm{P,S}}(\theta,\ \varphi)}{4\pi\ R\ \rho v_{\mathrm{P,S}}^{3}} M_{0\mathrm{P,S}} \tag{11.3}$$

式中，用下标 P、S 表示 P 波或 S 波段；$\vartheta_{\mathrm{P,S}}(\theta,\ \varphi)$是球面坐标表示的 P 波或 S 波幅射方向性因子；$v_{\mathrm{P,S}}$是相应的传播速度；R 为震源距离。

地震矩 M_0、应力降 $\Delta\sigma$ 和破裂半径 r 计算式分别见第八章式(8.9)、式(8.11)和式(8.12)。

据震源波谱理论，均匀无限各向同性弹性介质中体波远场位移谱在长周期部分将保持常数，在高频端以频率的二次幂左右下降(Brune，1970；Hanks，1972，1977，1979)，体波波谱在双对数坐标里可用两条渐近线，即波谱长周期部分水平线和高频部分衰减线来逼近。两条渐近线交点所对应的频率 f_c 称为体波特征频率或称拐角频率。图 11.7 给出震源谱的形态。对于高频段，其随频率的增加而迅速下降。

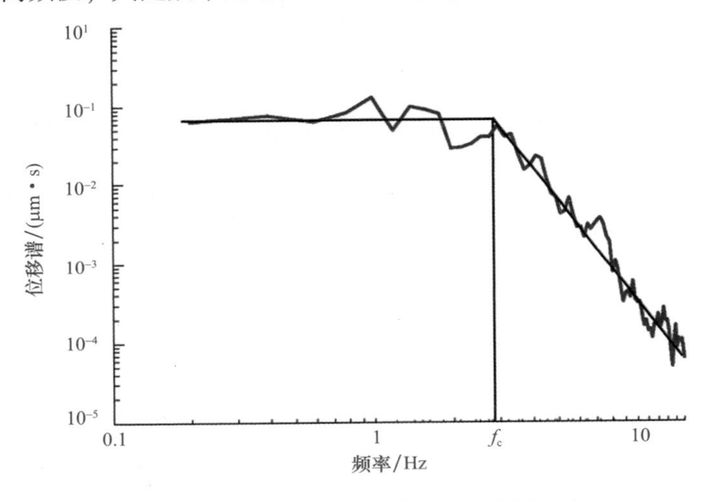

图 11.7 地震震源波谱曲线及高频衰减形态

(2003 年 3 月 14 日荣县 4.0 级地震，金鸡寺 JJS 台记录，Δ = 216km)

Figure 11.7 Earthquake source spectral curves and high-frequency attenuation modes

(Analysis results of Rongxian *M*4.0 earthquake, recorded by JJS station, Δ = 216km, on March14, 2013)

低频部分和高频衰减部分之间在“拐角频率”处“分界”，这也是理论上的。因为，从地震波记录得到的谱曲线与其他时间序列的分析结果一样也是经验性的，不是理论解。在谱曲线的“分界”处往往不清楚 f_c 位置。最早分析是目视法，这也是最把稳的。再是对谱曲线的曲线拟合，进而求取曲线的曲率寻找拐点位置。近年不拘泥于用确定性的方法或公式去求 f_c，而采用迭代或搜索的算法。Moya 等(2000)用遗传算法反演地震震源频谱和台站场地效应。其高频端的波谱拐角频率 f_c 与震源尺度或半径 r_a 成反比。

地震波辐射能量可以通过 P 波或 S 波段地动位移和速度的频谱 $S_{\mathrm{P,S}}(D)$、$S_{\mathrm{P,S}}(V)$，即功率谱积分求得。

$$E_{P,S}=4\pi\rho v_{P,S}S_{p,s}(V) \quad 或 \quad E_{P,S}=4\pi\rho v_{P,S}S_{p,s}(D) \tag{11.4}$$

$S_{P,S}(V)$和 $S_{P,S}(D)$计算见式(8.5)和式(8.6)。视应力定义为地震效率和平均应力的乘积，即

$$\sigma_{app}=\eta\,\overline{\sigma}=\mu\frac{E_{P,S}}{M_{0P,S}} \tag{11.5}$$

式中，$\overline{\sigma}$ 为平均应力；η 为地震效率；μ 为震源区介质的剪切模量。地震辐射能量 E_S 和地震矩 M_0 之比称为“折合能量”，表示单位地震矩辐射出的地震波能量的效率。折合能量乘以震源区介质的剪切模量就是地震的视应力。由于 $\eta\leqslant 1$，所以视应力 σ_{app}是平均应力 $\overline{\sigma}$ 的下限。视应力与引起地震滑动的平均应力水平之间可以通过地震波辐射效率联系在一起。因此对一个地区中引起地震滑动的平均应力水平进行区域平均，则可以作为当地的绝对应力水平的一个间接的估计(吴忠良，2002)。视应力同静态应力降相结合为不同区域应力状态提供了有用的信息(Kanamori & Heaton，2001)。采用带通滤波除去低频成分，对经过处理后的波段进行快速富氏变换到频率域，在频率域内进行积分，即得到速度和地动位移的功率谱积分。对各单台三个方向同一波段记录，经计算得到零频极限值、地震辐射能量、地震矩和视应力值。给出永善 2 次 5 级地震的震源波谱分析参数值，见表 11.2。

表 11.2　永善 2 次 5 级地震的震源参数

Table 11.2　Source parameters of two Yongshan *M* 5.0 earthquakes

地震时间（年·月·日）	震级 M_S	拐角频率/Hz	破裂半径/km	破裂面积/km²	应力降/bar	视应力/bar
20140405	5.3	1.08	1.26	5.19	36.06	7.13
20140817	5.0	1.34	1.01	3.29	35.92	7.64

对 2014 年 4 月 5 日永善 M_S5.3 地震，求得波谱低频段的零频线与高频段趋势衰减拟合线的相交点对应的值，即拐角频率值为 1.08，破裂面积为 5.19km²，计算的地震应力降为 36.06bar，构造视应力为 7.13bar。

对 2014 年 8 月 17 日永善 M_S5.0 地震，求得拐角频率值为 1.34、破裂面积为 3.29km²，计算的地震应力降为 35.92bar、构造视应力为 7.64bar。

可见，根据永善 M_S5.0 地震波形记录资料计算的破裂面积小于永善 M_S5.3 地震。视应力值，永善 M_S5.0 地震求出的结果大于永善 M_S5.3 地震波形计算给出的结果，分析是震源断层位置更深原因。

分析川滇区域部分地震震源参数，地震视应力 σ_{app}与震级 M_L 的关系，拟合直线公式为

$$\sigma_{app}=-11.0270+3.6205M_L \tag{11.6}$$

相关系数 $R=0.71$；样本数 $N=224$。回归拟合标准差为 0.34、残差为 0.12。

虽然地震视应力值与震级的分布，鉴于数据分布较宽，不是一一对应关系，但是可以比较其值大小和离散程度。如 2014 年 4 月 5 日永善 M_S5.3 地震波记录，求得构造视应力为 7.13bar；2014 年 8 月 17 日永善 M_S5.0 地震求得构造视应力为 7.64bar。大致在视应力值与震级的分布的拟合线附近，且偏差在允许范围，见图 11.8 中粗点(●)，即为永善 2 次 5 级地震数值。

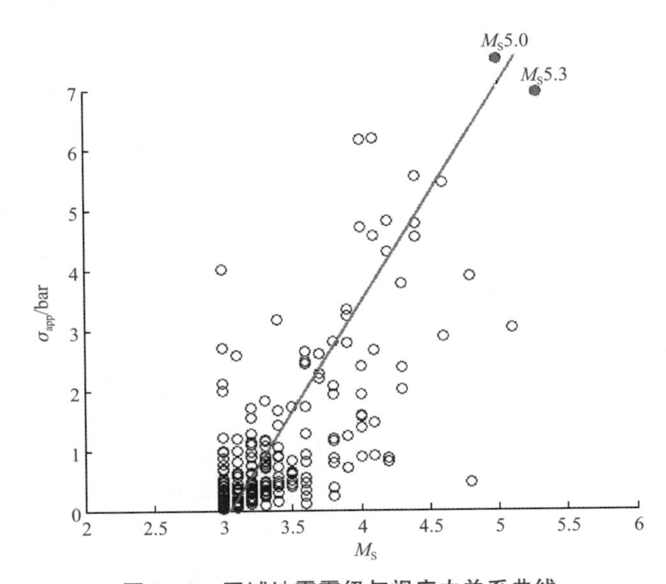

图 11.8 区域地震震级与视应力关系曲线

Figure 11.8 Relationship between magnitude and apparent stress of regional earthquake

分析川滇区域部分地震应力降 $\Delta\sigma$ 与视应力 σ_{app} 的关系，得到拟合直线，见图 11.9。其拟合直线公式为

$$\Delta\sigma = 4.769\sigma_{app} + 0.406 \tag{11.7}$$

相关系数 $R = 1.00$；样本数 $N = 224$；拟合标准差为 1.91、残差为 3.83。可见应力降 $\Delta\sigma$ 与视应力 σ_{app} 的线性关系良好，也就是说，$\Delta\sigma \infty \sigma_{app}$。

对 2014 年 4 月 5 日永善 M_S5.3 地震，求得地震应力降为 36.06bar；2014 年 8 月 17 日永善 M_S5.0 地震，求得的地震应力降为 35.92bar，两者数值接近，见图 11.9 中粗点，即为永善 2 次 5 级地震数值。

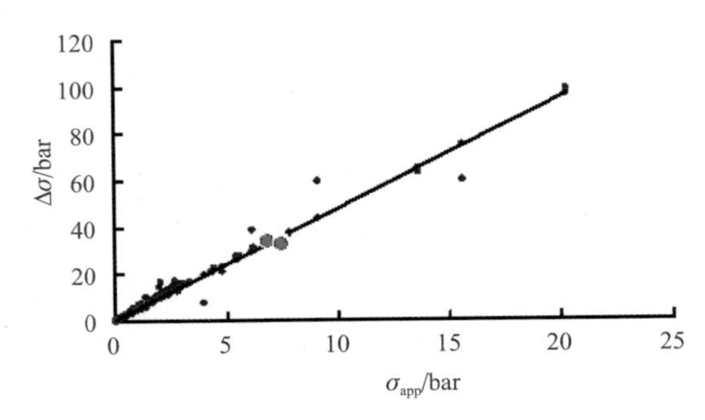

图 11.9 区域地震应力降 $\Delta\sigma$ 和视应力 σ_{app} 的关系曲线

Figure 11.9 Relation curves of regional seismic stress drop $\Delta\sigma$ and apparent stress σ_{app}

根据区域 2 次 5 级地震波形记录，进行频谱分析求得的震源参数，包括 f_c、E_S、r_a、$\Delta\sigma$、σ_{app} 等。这些与震源有关的信息是十分重要的。但是，这些物理量的计算与震源模式有关，拟合关系是经验性的。此外，震源参数值在同一震级范围数据点宽泛，存在标度及误差是可以理解的，这是震源错动、介质震波传播、仪器特性、多因素导致的视应力，以

M_0 为标度，地震矩是地震强度的量度。视应力是单位位错辐射的地震波能量的量度，既与地震强度有关，也与震源机制及滑动速度有关。

对于浅源地震，Kanamori(2001)给出

$$\frac{E_S}{M_0}=\frac{1}{2\mu}(\Delta\sigma_{\mathrm{d}}-\Delta\sigma_{\mathrm{S}}) \tag{11.8}$$

式中，$\Delta\sigma_{\mathrm{d}}$ 表示驱动断层运动的应力，称为动态应力降；$\Delta\sigma_{\mathrm{S}}$ 表示地震前后断层面上的应力差值，称为静态应力降。据此可以获得对地震中有关应力的约束。视应力为单位面积的断层面每单位错动所释放的地震波能量。陈学忠等(2003)认为地震视应力与断裂力学中的能量释放率的定义类似，反映了地震断层的应力强度因子的大小。能量释放率越高，裂纹扩展力越大。地震视应力越高，地震断层错动驱动力越大。

对于中等地震震源错动可能给出的信息是，发生在同一构造断裂位置，震级差别不大，也就是说地震错动尺度接近。如果计算的视应力越高，单位面积上分配的辐射能量更多或集中，或表明震源断层的驱动力相对大、滑动速度相对快一些。

据云南及四川部分地区 1737 次地震给出震源破裂半径 a 的计算结果见图 11.10。对于相对拟合值，2014 年永善 2 次 5 级地震的破裂尺度或面积值，相对区域地震的值偏大。

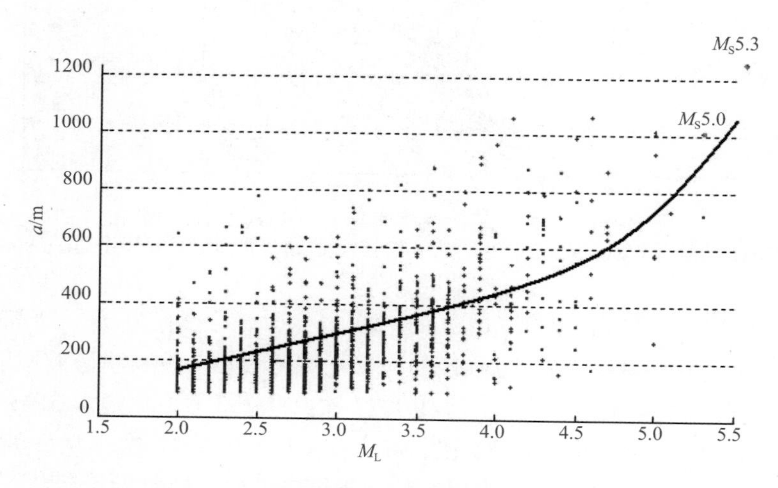

图 11.10　区域地震震级与震源破裂半径分布

Figure 11.10　Distribution of regional earthquake magnitude and source rupture radius

水库诱发地震与构造地震，当强度达到中强地震时，如 5 级以上，两者所反映构造应力水平大体相当。对于 5 级地震以上，水库诱发地震与构造地震的破裂尺度趋势线接近。

11.4　库首区的微震活动

蓄水以来(2012 年 11 月—2020 年 2 月)溪洛渡库区Ⅰ～Ⅱ段地震活动的总体分布，沿金沙江下游两侧总体呈 NE 向密集展布。

其中，溪洛渡库区Ⅰ段诱发地震活动分布范围仅沿江分布，库区Ⅱ段除沿江分布外，向东南部扩展分布，见图 11. 11。

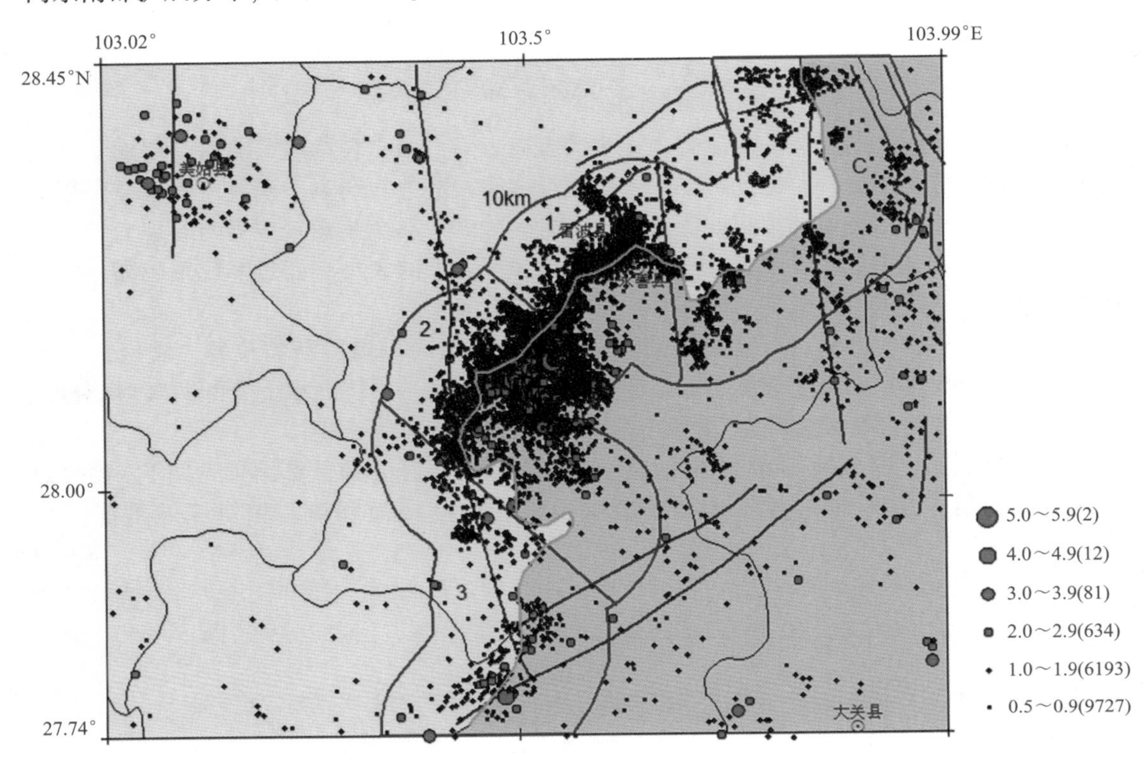

图 11. 11　蓄水以来溪洛渡库区Ⅰ～Ⅱ段地震活动分布

Figure 11. 11　Distribution of seismicity in the Ⅰ～Ⅱ section of Xiluodu reservoir area since impoundment

诱发地震活动分布区的西侧展布 NS 向三河口—烟峰—金阳断裂，北部是雷波断裂、东侧是玛瑙断裂、南侧是莲峰断裂、临接的向家坝库尾段(C)段和溪洛渡库区Ⅲ段地震活动稀疏分布。此期间发生 M_L0. 5～0. 9 地震 9727 次，M_L1. 0 ～1. 9 地震 6193 次，M_L2. 0～2. 9 地震 634 次，M_L3. 0～3. 9 地震 81 次，M_L4. 0～4. 9 地震 12 次，M_L5. 0 ～5. 9 地震 2 次，再放大图 11. 11 中库区Ⅰ段，见图 11. 12，地震区北侧的雷波断裂带由平行的 NEE 向次级断裂组成，构成一个总长约 35km、宽约 10km 的 NEE 向断裂构造带。图中雷波县城至永善县城直线距离 6. 8km。蓄水后微震活动沿雷波断裂南支有少量分布。而大量的微震活动首先沿金沙江下游两侧 3km 范围内展布，在雷波县城东南部沿江形成一条北东向微震带，在永善县城东侧沿江形成北西向微震带。

微小地震绝大多数沿库岸两侧分布，并且在库首形成密集区，延续库区Ⅱ段。沿库区金沙江形成狭窄浅震分布带，见图 11. 13 中绿色线标注的红色地震区域，为地震震源深度 0～2km 分布区。绿色线外地震震源深度相对要深一些，测定结果为 2～5km。震源深度浅的地震活动主要分布在沿金沙江两侧的营盘、二坪子、油房沟至石板滩一带。浅部微震密集分布带，总体呈现 NE 向，展布直线距离 22km。

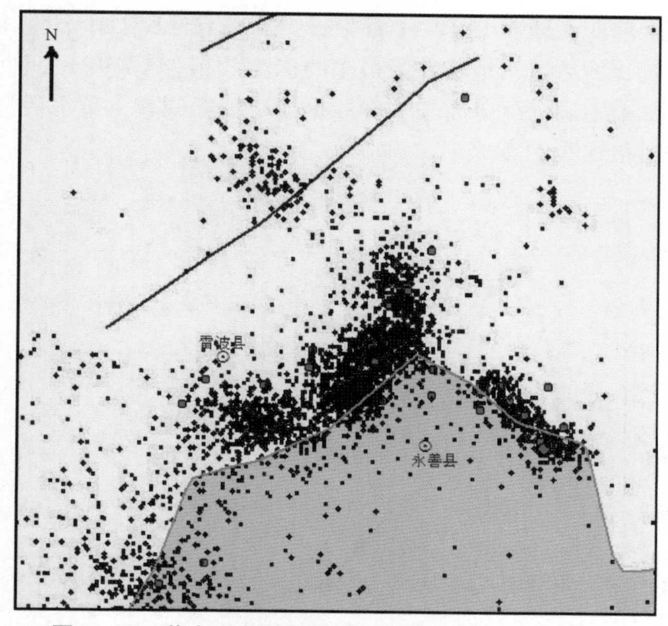

图 11.12　蓄水以来溪洛渡库区 1 段微震沿江分布图像

Figure 11.12　Distribution of microseisms along the river in Xiluodu reservoir area since impoundment

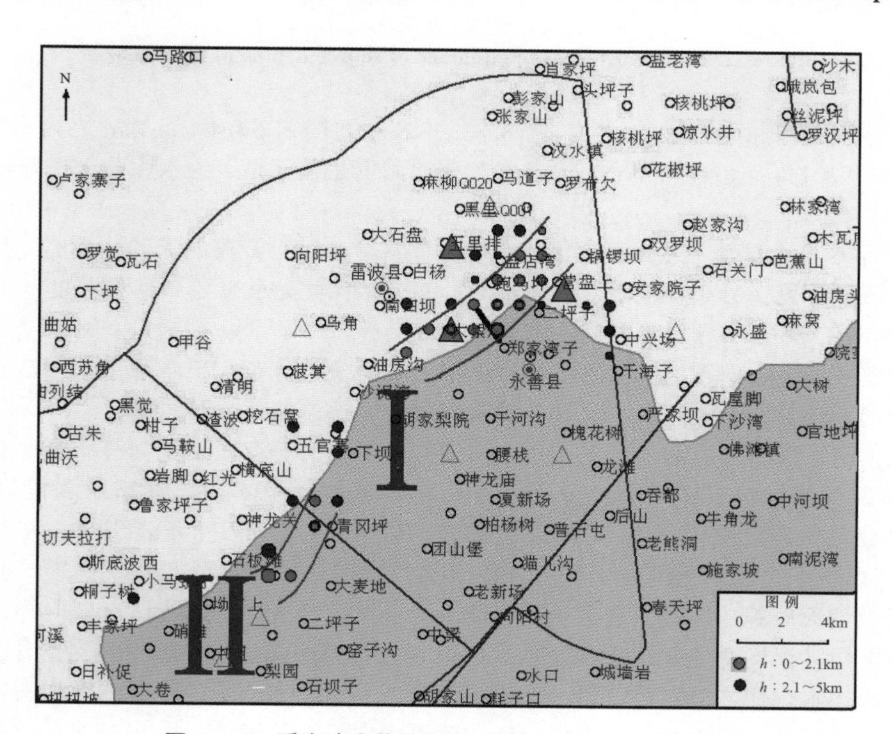

图 11.13　溪洛渡库首段浅层（地下 0～2km）地震分布

（△：固定测震台；▲：流动测震台；～：库区 10km 范围区分段线；▬：震源深度 2km 分界）

Figure 11.13　Distribution of shallow earthquakes (underground 0～2km) in the first section of Xiluodu reservoir

（△：the fixed seismic station；▲：the mobile seismic station；～：the segment line within 10km of the reservoir area；▬：the boundary of the source depth of 2km）

图11.14是蓄水前期，即2012年11月1日—2014年12月31日溪洛渡库区Ⅰ～Ⅱ段地震震源深度层面统计的数量，地震数量最多的深度分布为1～9km，优势分布在2～6km层面。显然，比蓄水前地震深度分布浅很多。据当时现场调查，蓄水后沿江一带小地震有感现象增多，个别村落还听到有地声。

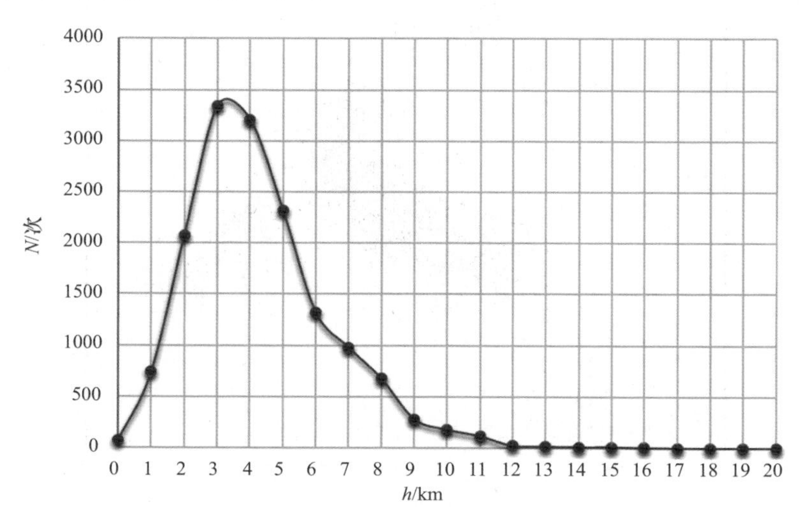

图11.14 地震震源深度数目统计
Figure 11.14 Statistics of the number of source depths of earthquakes

统计地震震源深度在1km之内占18.8%；2km之内占57.4%；3km之内占75.7%；4km之内占92.1%；超过4.5km仅占3%。震源深度是判断是否为水库蓄水诱发地震的重要参数之一。

2013年6月5日至7月4日溪洛渡水电站库首区，结合开展的流动测震监测数据的分析结果，震源深度多分布在地下0～3km。库首区微小地震密集区，震源深度浅的地震活动主要分布在二坪子、营盘至油房沟一带。

水库蓄水后，在库首区发生微小地震密集，并呈条带分布。2013年7月曾赴永善地震的下河坝村对这群小震调查，了解震区确常有轻微震感，但持续时间短。

另据溪洛渡库首区岩溶、矿洞调查，雷波县溜筒河—莫红段不均匀分布有矿洞，长约15km，主要为铅、锌、磷矿洞，分布于500～1000m高程。根据成都勘测设计研究院(2013)提供的地震复核资料，库首豆沙溪沟及其上游一带有阳新灰岩出露，并在蓄水位600m以下岸坡一定深度范围内发育有现代溶洞，阳新灰岩连续分布。现代岩溶的发育受河谷演化及地形地貌、构造、上覆盖层厚度及地下水运动条件等的控制。区内构造破坏微弱，库首与豆沙溪沟两地间灰岩深埋达1000m以上，晚更新世以来地壳强烈抬升，河谷快速下切，总体上现代岩溶发育较弱，仅局限于岸坡一定深度范围内。豆沙溪沟右岸沟水处理开挖隧洞过程中，在阳新灰岩中揭示到一规模较大的岩溶溶洞，顺沟方向长数百米，宽10～30m、高10～50m，溶洞中央顶部呈一狭长裂缝，有地下水下滴，中部渐宽，底部局部呈漏斗状，石钟乳、石笋林立。沟左岸在交通洞施工过程中亦揭示溶洞，规模较小。这些岩体地质岩性条件，水库蓄水后易于诱发微震活动。

11.5　永善 M_S 5.3、M_S 5.0 地震的余震序列

11.5.1　永善 M_S5.3 地震余震的分析

溪洛渡水库蓄水之后很短时间发生大量微震的影响范围较大，沿水库西南部距离大坝 15～30km 务基乡区域分布。图 11.15 给出 2014 年 4 月 5 日永善 M_S5.3 地震发生，到 8 月 17 日永善 M_S5.0 地震发生时间段内，地震活动麇集在溪洛渡库区Ⅱ段。

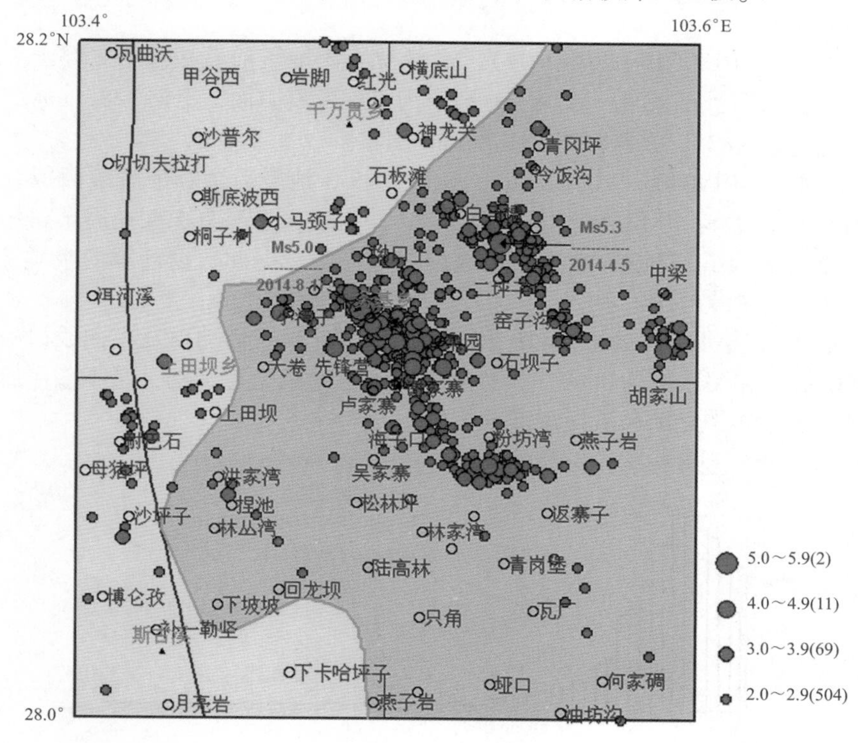

图 11.15　2014 年 4 月 5 日—8 月 17 日溪洛渡库区Ⅱ段地震震中分布

Figure 11.15　Earthquake epicenters distribution of the II section in Xiluodu reservoir area from April 5 to August 17，2014

在永善 M_S5.3 地震发生区形成 NW 向石板滩—二坪子—窑子沟小震带。永善 M_S5.3 地震距离水库江心 3km，距离大坝 18km。2014 年 4 月 5 日永善 M_S5.3 地震发生后，统计到 8 月30 日 23 时，金沙江水库地震监测台网监测到永善务基乡 M_S5.3 地震的余震 1485 次，其中 M_L0.0～0.9 地震 1228 次，M_L1.0～1.9 地震 232 次，M_L2.0～2.9 地震 22 次，M_L3.0～3.9 地震 3 次，4 月 9 日 M_L3.6 为最大余震，震中位于主震附近，即云南省永善县务基乡白二坪子到白马槽之间。余震分布区域呈 NW 向条带分布。密集地震活动沿 NW 走向展布 8km，沿横向(NE 向)展布 3km；震源深度 1～6km。

在永善 M_S5.0 地震发生区形成 NW 向务基—中咀—谢家寨—粉房湾小震带，平行分布于永善 M_S5.3 地震小震带的西南部。永善 M_S5.0 地震距离水库江心 2km，距离大坝 23km。

密集地震活动沿 NW 向展布 10km，沿横向(NE 向)展布 4km；震源深度 1～8km。

根据成丛小震发生在断层面及其附近的原则(万永革等，2008)，提出利用小震密集程度求解主震断层面走向、倾角、位置及其误差的稳健估计方法。由于确定断层段断层参数的小震已分别确定，因此采用 90% 的小震所在区域作为断层面的位置似乎是合理的。这样只有 10% 的小震落在断层面外的区域。因此，将最上面的 2.5% 小震的底边界作为该断层面的上边界，将最深部发生的 2.5% 的小震的上边界作为该地震断层面的下边界，将地震丛集最左端的 2.5% 小震的右边界作为大震断层面的左边界，将地震丛集右端的 2.5% 小震的左边界作为地震断层面的右边界。按照前面分析，将石板滩—白胜—二坪子小震带的地震活动划分 3 个阶段，分别拟合震源面。

(1)拟合时段(20130501—20140404)，永善 $M_S5.3$ 地震前石板滩—二坪子—窑子沟小震带震源面拟合结果：石板滩—二坪子—窑子沟小震带震源面，走向 328°，标准差 1.35°；倾角 88°，标准差 1.82°；震源面深度 1～6km(图略)。

(2)拟合时段(20140405—20140816)，永善 $M_S5.3$ 地震后余震区震源面拟合结果：走向 328°，标准差 0.94°；倾角 79°，标准差 1.04°，图略。永善 $M_S5.3$ 地震余震序列的震级频次分布图见图 11.16。震级 $M_L0.5$ 以上地震记录完整。据此数据计算的余震序列拟合 b 值为 0.99，相关系数为 1.00。

与蓄水前 2008 年 1 月—2012 年 10 月溪洛渡库段Ⅱ地震活动重复率曲线(图 11.17)比较，b 值为 0.82，相关系数为 0.99。显然永善 $M_S5.3$ 地震余震活动，属于蓄水后发生的地震活动，其 b 值略高于之前区域地震活动 b 值。

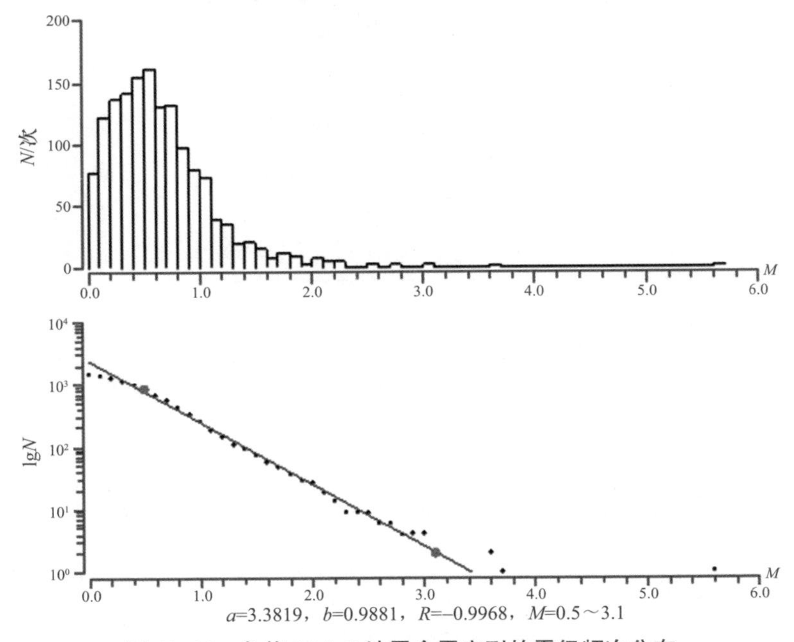

图 11.16 永善 $M_S5.3$ 地震余震序列的震级频次分布

Figure 11.16 Magnitude frequency distribution of aftershocks sequence of Yongshan $M_S5.3$ earthquake

取 2014 年 4 月 5 日—6 月 30 日永善 $M_S5.3$ 地震余震活动时间序列，取 $M_L0.5$ 以上余震，计算日地震频次随时间的衰减曲线见图 11.18，计算得到余震序列日频次拟合衰减系数 P 值为 0.95。

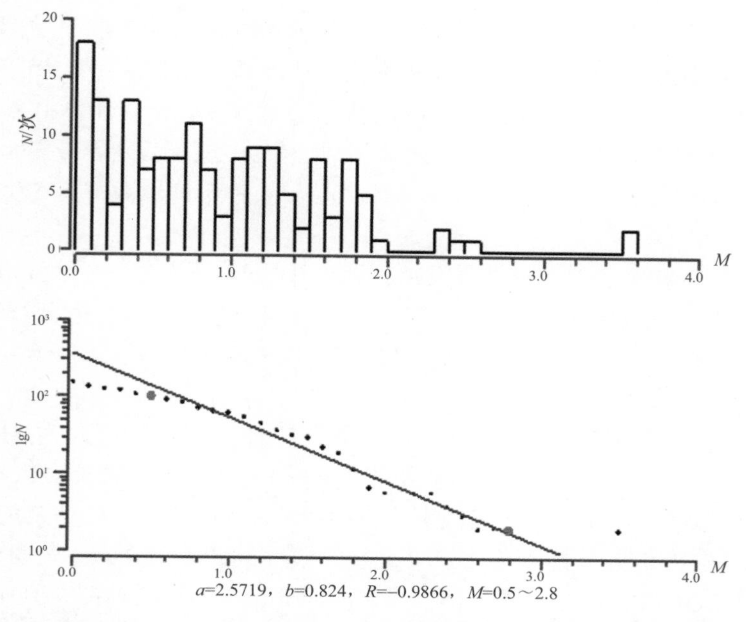

图 11.17　2008 年 1 月—2012 年 10 月蓄水前溪洛渡库段Ⅱ地震活动重复率曲线

Figure 11.17　Seismic activity repetition rate curve of Xiluodu reservoir section Ⅱ from January 2008 to October 2012

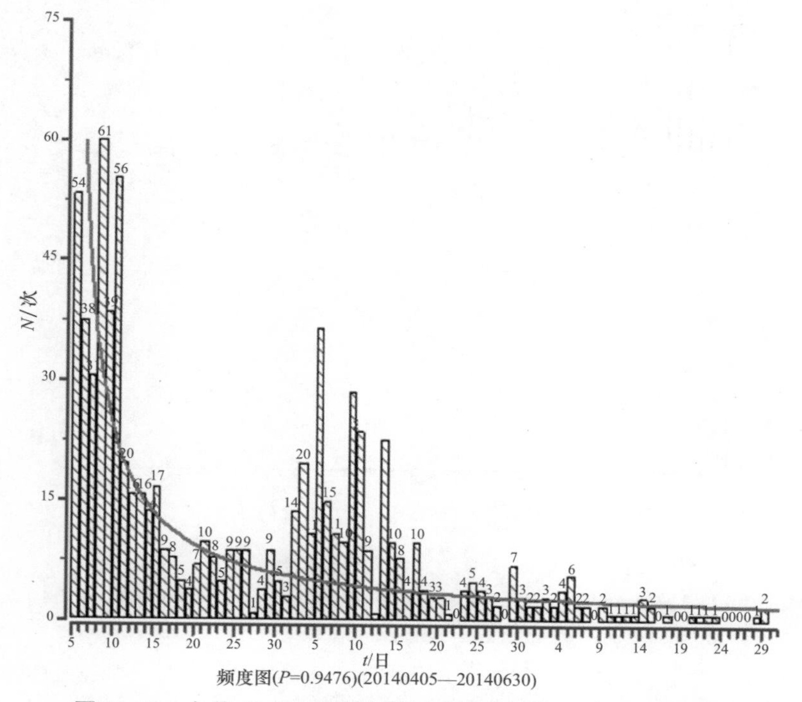

图 11.18　永善 M_S5.3 地震余震活动随时间的日频次衰减曲线

Figure 11.18　Daily frequency attenuation curve of aftershock activity with time of Yongshan M_S5.3 earthquake

11.5.2 永善 M_S5.0 地震余震序列分析

余震分布在永善务基乡，沿务基—中咀—谢家寨—粉房湾一带展布，余震带呈北西向展布(图 11.15)。务基—中咀—谢家寨—粉房湾北西向地震条带沿 NW 走向展布 10km，沿横向北东展布 4km；震源深度 1～10km。该小震带震源深度比永善 M_S5.0 地震所在的石板滩—白胜—二坪子小震带略深。大于 4 月 5 日永善 M_S5.3 地震后余震带震源面的深度，表明此余震带断层面埋深较前一阶段加深。其原因是受 4 月 5 日永善 M_S5.3 地震的触动后深度有所加深。

2014 年 8 月 17 日永善 M_S5.0 地震发生，到 9 月月 13 日 6 时，金沙江水库地震监测网络中心系统监测到永善 M_S5.0 地震的余震 972 次，其中 M_L0.0～0.9 地震 435 次，M_L1.0～1.9 地震 428 次，M_L2.0～2.9 地震 89 次，M_L3.0～3.9 地震 14 次，M_L4.0～4.9 地震 6 次，最大余震 M_L4.5。

取永善 M_S5.0 地震序列前 4 天 M_L2 以上余震拟合震源面：走向为 319°，标准差为 2.58°；倾角为 84°，标准差为 2.22°；余震序列形成 1～9km 深的震源面，图略。

永善 M_S5.0 地震余震序列的震级频次分布曲线见图 11.19。计算的余震序列拟合 b 值为 0.66，相关系数为 0.99。即永善 M_S5.0 地震余震序列的 b 值 0.66，小于永善 M_S5.3 地震余震序列的 b 值 0.82，也小于蓄水前溪洛渡库段Ⅱ区域地震活动的 b 值 0.82。

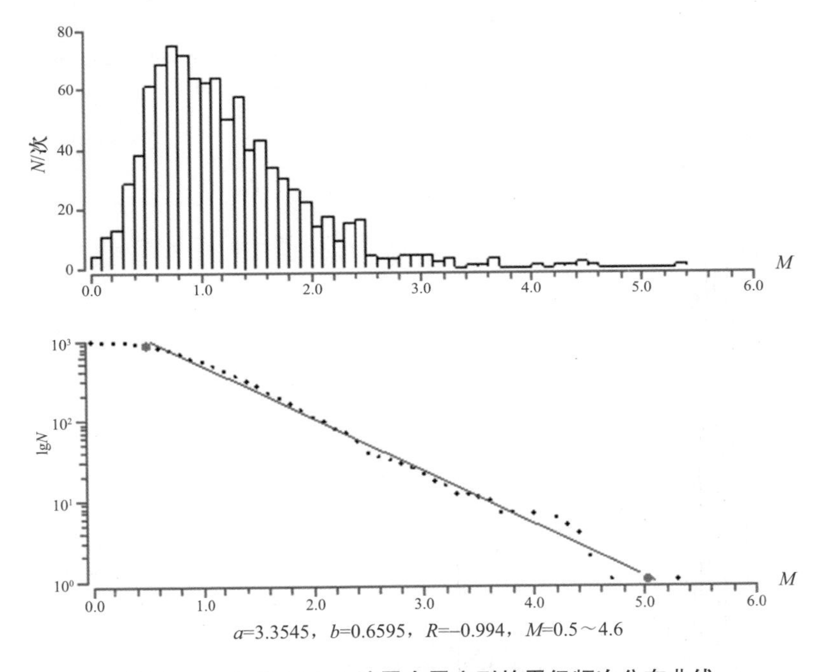

图 11.19 永善 M_S5.0 地震余震序列的震级频次分布曲线

Figure 11.19 Magnitude frequency distribution curve of aftershock sequence of Yongshan M_S5.0 earthquake

永善 M_S5.0 地震余震活动随时间的变化曲线。主震后第 2 天余震活动逐渐衰减，8 月 20 日、9 月 12 日出现较强起伏，发生 4 级以上余震。

永善 M_S5.0 地震余震活动随时间的日频次衰减曲线图 11.20，取 2014 年 8 月 17 日—9 月13 日 M_S0.5 以上余震序列，计算得到余震序列日频次拟合衰减系数 P 值为 1.32。永善 M_S5.0 地震余震序列衰减快于永善 M_S5.3 余震序列，余震强度亦高一些，预示短期偏安全。

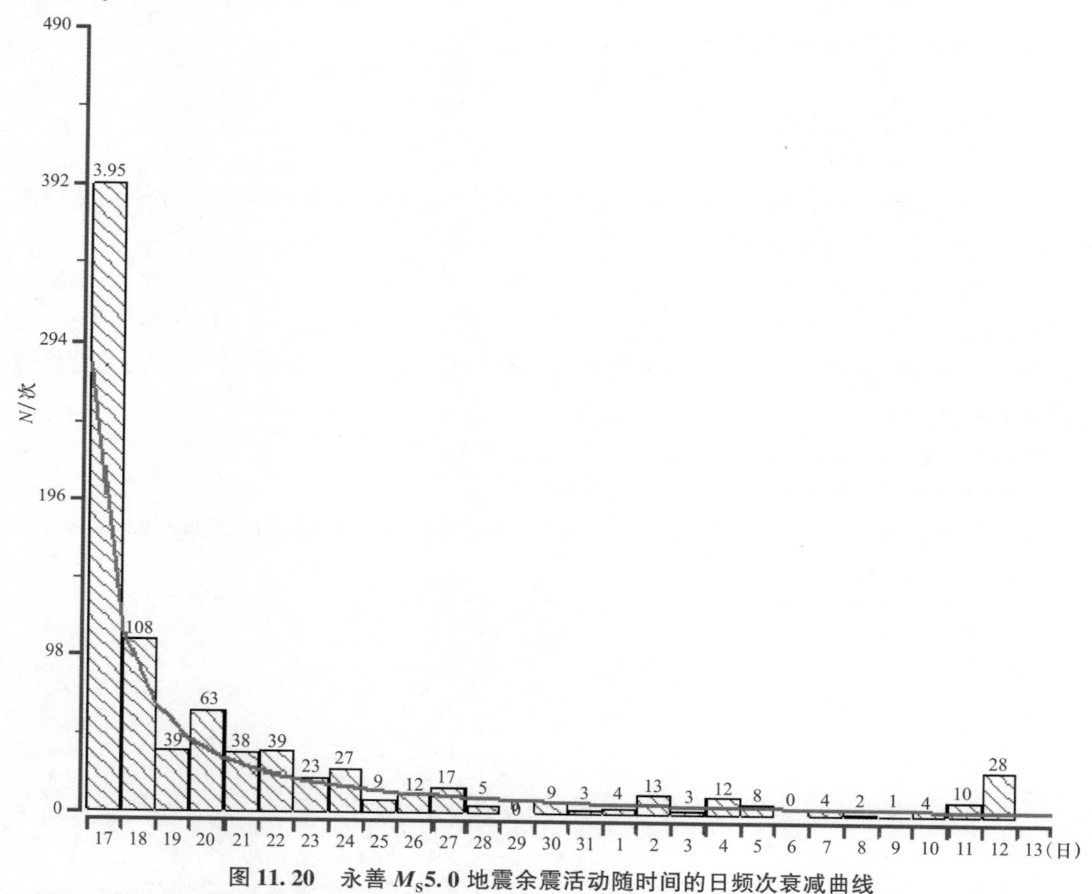

图 11.20　永善 M_S5.0 地震余震活动随时间的日频次衰减曲线

Figure 11.20　Daily frequency attenuation curve of aftershock activity with time of Yongshan M_S5.0 earthquake

11.6　诱发地震波形记录特征

地震波是地震发生时从震源辐射的弹性波，是无数震相的聚合。一般分为两大类：一类能在地球内传播，称为体波；另一类只能沿着地表(界面)传播，称为面波。体波包括纵波、横波以及各类反射、折射波。面波主要包括瑞利波(Rg)和勒夫波(Lg)。纵波在传播过程中，质点振动方向与波的传播方向一致，在地震分析中用字母 P 表示。横波在传播过程中，质点振动方向与波的传播方向相互垂直，在地震分析中用 S 表示。近震地震波是指震源在地壳内且波的传播路径也在地壳内的地震波。

库区地震波形记录的一般特征：

地震波动的持续时间短，(M_L 在 2.0 上下时，振动持续时间约为 1 ~ 2min)。震相简单，主要震相有 Pg、Sg 及 P_{11}、S_{11}。震中距在 70km < Δ < 120km 时，P_{11} 和 S_{11} 达到全反射，因而极强。随着 Δ 的加大，由于几何扩散及它们与 Pg、Sg 的走时差的减小，P_{11} 和 S_{11} 逐渐变得不很明显。Pg、Sg 的走时差小于 13s（Sg − Pg < 13s）。震相周期短，Pg 的周期小于 0.3s，Sg 周期小于 0.6s，分不出面波。

水库诱发地震波形记录的特征：

(1) 震源浅，通常在 5km 左右，个别甚至小于 1km。

(2) 周期较大，短周期面波发育。

(3) 记录持续时间短。

(4) 诱发地震多数断层尺度小，断层比较脆弱，而今地表由于处在水侵蚀中，断层面活动往往有蠕动、滑动过程。

永善 2 次地震波形记录特征：

(1) 虽然 2014 年 4 月 5 日永善 $M_S5.3$ 地震和 8 月 17 日永善 $M_S5.0$ 地震的近台记录已限幅，但记录到完整地震波形以及地震波衰减特性和其余震波形记录图 51、52，符合构造地震基本特征。

(2) 地震波形未出现短周期面波和蠕动、滑动现象。

(3) 初动呈向限分布，且周期小。

2014 年 4 月 5 日永善 $M_S5.3$、$M_S5.0$ 地震波形记录符合构造地震波形基本特征，见附图 11.21。

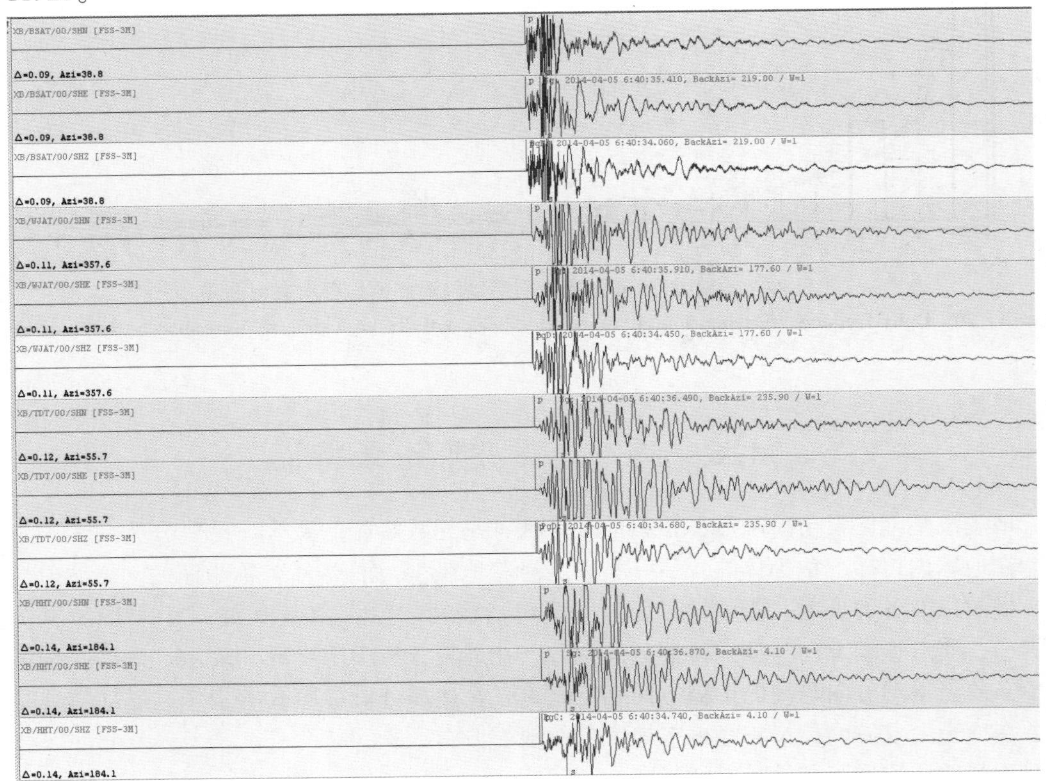

图 11.21　2014 年 4 月 5 日永善 $M_S5.3$ 诱发地震近台波形记录

Figure 11.21　Waveform records of Yongshan $M_S5.3$ induced earthquake on April 5, 2014

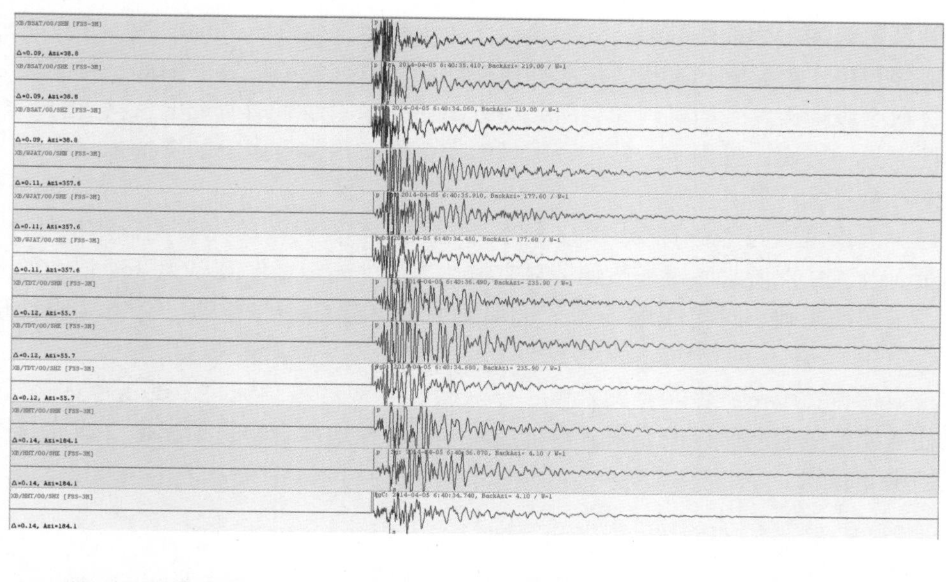

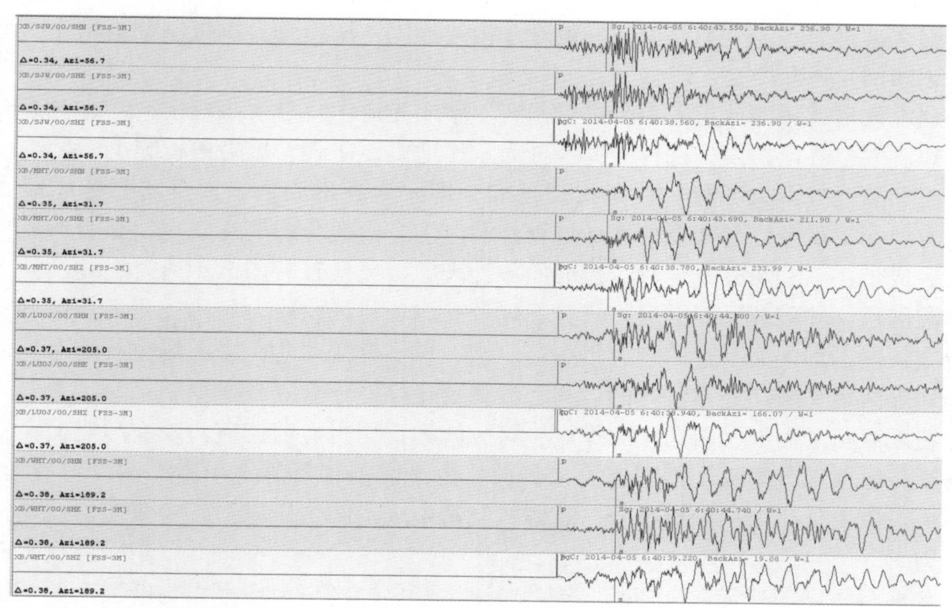

图 11.21　2014 年 4 月 5 日永善 M_S5.3 诱发地震近台波形记录(续)

Figure 11.21　Waveform records of Yongshan M_S5.3 induced earthquake on April 5, 2014

11.7　水库诱发地震类型分析

2014 年 4 月 5 日和 8 月 17 日溪洛渡水库库段Ⅱ发生 2 次 5 级地震，震中距离库岸不到 3km，对这一带自然山坡体和人工旧有建筑物造成一定程度的破坏。震中距离大坝 20km 左右，没有产生工程安全问题。

金沙江下游的水库都是高坝、大库容，又处于高烈度区划区范围之内，库区附近发生强地震必然产生广泛影响，直接引猜测和舆情的是什么类型的地震。因此，科学地分析和判别此 2 次 5 级地震发生的机理和类型，一方面，在水库地震的研究上，具有科学探索的前瞻属性；另一方面，可为水电站工程建设的安全保障提供技术上的支撑依据，同时，具有重大的社会意义。

以往，无论是国内还是国外，大多数水库地震监测资料缺乏完整性，测定精度不高，分析困难。金沙江下游水库地震监测资料完整，连续，测定精度高，为开展精细的分析研究奠定了坚实的基础，对水库地震的分析和研究可以起到一些新的、引领性的科学认识作用。

本报告依据连续密集台网观测资料；强震台、流动台观测资料，现场考察翔实资料，结合以往水库地震监测研究的成果，尝试性地、经验性地综合分析给出此 2 次永善 5 级地震研究结果和认识。

11.7.1 水库触发地震的判识

地震学家对地震的分类认识，一般对于构造地震，从震源力学机制分析出发，分为走滑型、正断型、逆断类型。

从地震波形或频谱分析入手，进行研究，参照光谱学，分为蓝地震、红地震等。

从地震发生环境出发，进行研究，分为水库地震、矿震、塌陷地震等。

对于天然地震，大部分为浅源构造地震，即发生在地壳内，一是需要考虑地壳形变能，即力源；二是考虑形变能的累计过程，即应力、应变场的潜在变化，是否形成构造地震震源区或带；三是地震发生时，造成的各种现象，包括破裂图像，通过震波反演可能得到的震源信息，如破裂尺度、应力降等，以及震源场与区域应力场，震源场是区域场中因局部地方物性不均匀而引起的应力集中场。当区域场有变动时，震源场也相应有变动，如震区小地震活动一次，地下流体的运移、升降变化等。

一般震源断层面上受斜向压力作用，可分解为正压力、剪切应力。在地震时，只有剪应力得到释放或部分释放，而正应力未释放。由于震前维持静力平衡，所以剪应力成对，相当于一对压力、张力的垂直组合。震源机制解中求出的主压应力、主张应力就是这个压力、张力。

在水平力作用下是否发生逆断层错动，以逆断层的倾角、水平力与断层面间的夹角而定。根据郭增建等(1991)的研究，断面倾角为 θ，若 $\sigma \leqslant 2\times10^{8}$ Pa，地下 0～8km 深度范围的水平挤压力造成逆断层错动的判别，$\theta=37°$ 为水平力引起纯逆断层的极限角，超过则说明有垂直力源参与作用，其垂直力源的大小随 θ 角的增加而增大。

地壳块体的水平推挤力相对较强，一般是水平力和垂直力对震源共同作用的方式，但是以水平力作用为主。这样，可从不同断层面倾角 θ 时垂直力与水平力之比 G/P 的关系了解。

永善 2 次 5 级地震，地处在川滇交界一带地区，而此区域潜在震源区之外的与地质构造关系不明确的中小地震活动，其发生条件具有较强的随机性，称本底地震或背景地震，震级上限一般是 5.5 级，即背景天然地震活动的水平较高。

2014 年 4 月 5 日永善 M_S5.3 地震，震源断层面(节面 2)，走向北东，倾角 73°；震源力学机制为逆倾滑动类型。2014年8月17日永善$M_S5.0$地震，震源力学机制为走向滑动类型，震源断层(节面1)，走向北西，倾角62°，节面2走向北东，倾角直立90°。永善2次5级地震显示强的垂向力作用，垂直力与水平力之比大于1。

2014年永善2次5级地震，震中区到目前未发现活动断裂，换言之，发震构造是未知断裂或者新断裂。由于在2014年永善2次5级地震序列的空间分布图像是重要的分析依据，所形成的两条平行的、北西走向的小震和微震密集展布带，与金沙江流域斜交，几乎垂直相交，见图11.22。永善$M_S5.3$地震余震带北西向，展布长度为8km，永善$M_S5.0$地震余震带北西向，展布长度为10km，尽管震区前人以前未发现活断层，本着地震破裂带即为新生的断层带认识，震区存在构造带或构造裂隙带。

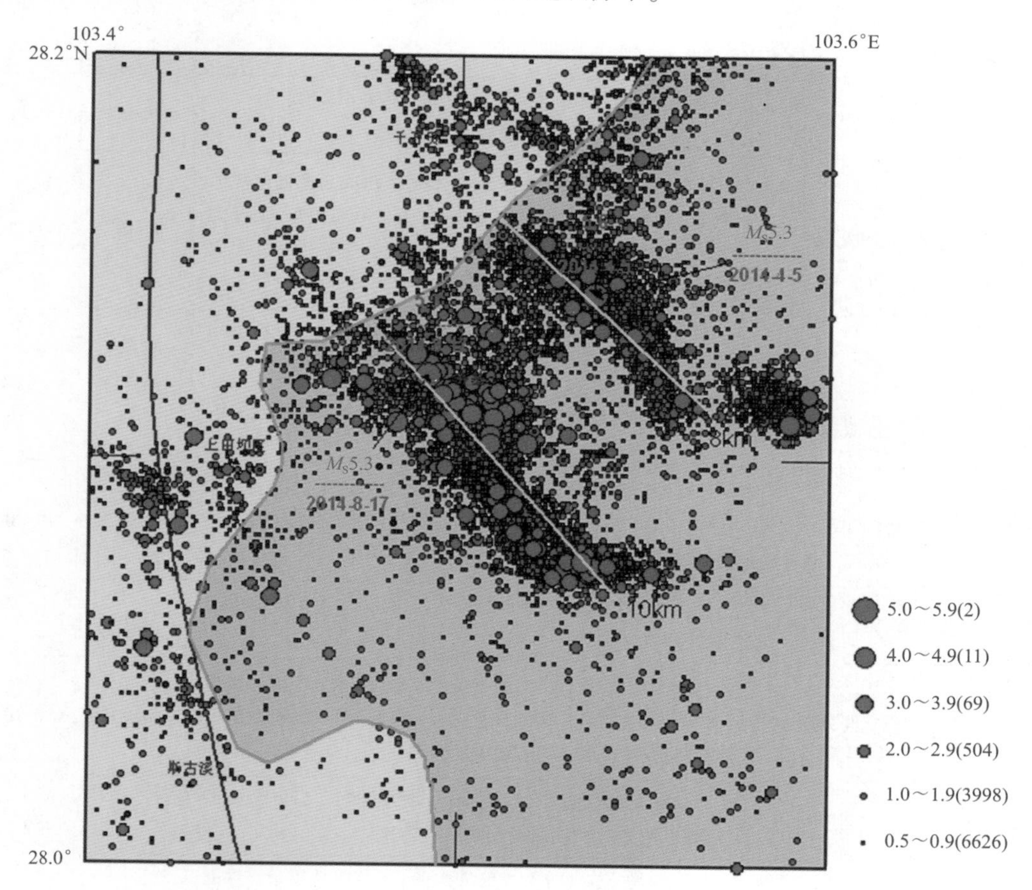

图11.22　永善$M_S5.3$、$M_S5.0$地震余震及震区地震分布

Figure 11.22　Distribution of Yongshan $M_S5.3$ and $M_S5.0$ aftershocks and earthquakes in the earthquake area

根据上述各节的一些定量分析结果和部分宏观定性分析认识，给出表11.3中25项判别指标。其主要包括地震深度、波形记录、震源机制、仪器烈度、余震空间展布、区域微震活动、层析成像、剪切波分裂、结合震区地质和库水位变化等因素，以进行综合经验性判定。表中，P_1为构造地震权重；P_2为诱发地震权重，仅为经验性认识。

表 11.3　水库构造与诱发地震类型经验性判别指标

Table 11.3　Empirical discrimination index of reservoir structure and induced earthquake types

序号	指标	特点	权重 P_1	权重 P_2
1	主震位置	库区 10km 内，离金沙江岸边 2km、3km，震中位于硝滩断层东侧；2 次地震震中相距 5km	0.30	0.70
2	主震深度	2 次地震震源深度分别为 5.5km、6.0km	0.45	0.55
3	地震波形	记录特征符合构造地震波形及衰减特征；初动呈向限分布，且周期小；未出现短周期面波和蠕动及滑动现象	0.80	0.20
4	震源机制	反演给出此 2 次地震的主要应力方位为 NWW 向，与区域应力场方位大体一致；5.3 级地震为逆倾滑动型，5.0 级地震为走滑型	0.65	0.35
5	主震烈度	极震区烈度分别为Ⅶ度、Ⅵ度，均为 NE 向，Ⅵ度以上区域分布范围宽，个别烈度点值偏高	0.65	0.35
6	强震动记录	5.3 级地震：距震中 1.3km 白胜台 PGA，垂直向峰值加速度为 166.6Gal，南北向为 166.4Gal，东西向为 209.1Gal。5.0 级地震，距震中 2.1km 处的务基台 PGA 为 234Gal。值相对于同震级值偏高	0.45	0.55
7	震源波谱参数	5.3 级、5.0 级地震应力降、视应力值接近，破裂面积分别为 5.2km 和 3.3km，与区域构造地震相当	0.80	0.20
8	余震震源机制	5.3 级地震强余震为逆倾型；5.0 级地震强余震为走滑型，均与主震一致	0.85	0.15
9	余震深度	5.3 级地震的余震深度为 6km 内，5.0 级地震的余震深度为 8km 内。平均深度后者略深于前者。尤其余震深度出现短暂陡降加深的扩展现象	0.80	0.20
10	主震与最大余震	5.3 级地震与其最大余震震级差为 1.1；5.0 级地震的衰减系数为 0.50	0.50	0.50
11	余震空间分布	余震形成两条 NW 向展布带。5.3 地震余震在务基乡形成 NW 向余震带，震源深度为 0～6km。5.0 级地震的余震带呈 NW 向展布，震源深度为 8km	0.90	0.10
12	余震时间序列	5.3 级地震余震序列的衰减系数为 0.95，后者余震的衰减系数为 1.32，后者衰减快于前者	0.55	0.45
13	余震序列 b 值	5.3 级地震余震序列 b 值为 0.99；5.0 级地震余震序列 b 值为 0.66	0.55	0.45
14	库区地震 b 值	溪洛渡库区蓄水前 b 值(0.83)，蓄水前期(0.89)，蓄水中期(0.86)表明蓄水以后 b 值略有增加，实际反映微震活动大量增加	0.45	0.55
15	震前地震分布	5.3 级地震发生前在务基乡西南形成 NW 向微震带，深度浅，为 3～4km，频次增加不明显；均呈 NW 向展布	0.90	0.10
16	库区微震频次	溪洛渡库区微震频次，蓄水前为 6.8 次；蓄水后为 177 次，为蓄水前 26.0 倍	0.20	0.80

续表

序号	指标	特点	权重 P_1	权重 P_2
17	库区微震深度	库区微震活动深度，蓄水前深度 0～5km 内地震占 37.42%；蓄水前期占 76.31%，增加 38.89%；蓄水中期占 73.2%，与蓄水前期类似	0.20	0.80
18	地震层析成像	蓄水后库区介质的低速变化发生在库区地下浅部。低速区的小震震源深度主要集中分布在 5km 以内	0.25	0.75
19	地震剪切波分裂	蓄水后微震破裂构成的库区裂隙系位于震区，有助于形成渗流通道	0.30	0.70
20	强地面运动衰减	5.3 级地震的 PGA 随距离的衰减系数为 -1.60，5.0 级地震为 PGA 随距离的衰减系数 -1.57。衰减曲线趋势与场地安评给出的结果也大体一致	0.85	0.15
21	震区地质构造	2 次 5 级地震区未发现地震断裂带。在震区的西侧展布有近 SN 向的硝滩断层，与库水斜切	0.65	0.35
23	震区工程地质	岩体中普遍发育有层间错动带，岩体结构复杂，存在导水的水文地质结构面。岩体岩性，主要有碳酸盐岩；基岩地层主要有玄武岩、碳酸盐、碎屑岩	0.45	0.55
24	微震与库水位	库区蓄水，水位急剧抬升阶段，微小地震大量发生。库区高水位波动阶段，微小地震的活动平稳	0.20	0.80
25	5 级地震与库水位	在库水位高位波动下降、回升阶段发生	0.20	0.80

注：P_1 为构造地震权重；P_2 为诱发地震权重。

依据主震位置、深度、震源机制和强地面运动特征，蓄水前后地震活动分布及参数与库水位变化关系，结合库区地质条件和地震波层析和剪切波分裂图像，综合判识，溪洛渡库区 2014 年永善务基乡发生的 M_S5.3、M_S5.0 地震，倾向于由水库蓄水引起，属水库构造地震或水库触发地震。

11.7.2　水库诱发地震的判识

水库诱发地震与天然地震或构造地震有一定区别。例如，小震空间分布、频次、较强地震或与水库蓄水形成的水域区有关，与库区蓄水，水位上升，放水，再蓄水过程相关。根据一些文献的归纳，从地震学角度，对水库地震的基本特征认识(郭增建等，1991；夏其发等，2012；徐礼华等，2012)，其可归纳为以下 5 个方面：

(1)水库地震空间分布特点。水库地震活动分布在水库及附近，大坝附近的深水库区(徐礼华等，2012)。水库诱发地震震源浅，一般在 1～5km，很少超过 10km。(徐礼华等，2012)。水库地震震源浅，地下几千米内，水库地震的烈度偏高。(郭增建等，2012；夏其发等，2012；徐礼华等，2012)。

(2)水库地震活动性特点。水库地震往往为前震—主—余震型，持续时间较长，余震频繁，衰减缓慢，强度亦高(夏其发等，2012)。水库地震的前震活动相当发育，小震多。水库地震主震震级与最大余震震级之差在 0.8 以下(郭增建等，1991)。水库诱发地震的前震和余震 b 值高于本区构造地震(郭增建等，1991；夏其发等，2012；徐礼华等，2012)。

(3)水库地震与库水位的相关性。水库地震与水库蓄水相关(郭增建等，1991)。水库地震的发震时间，一般均有滞后现象。震中区随水位的升高向上游迁移。当库水位达到一定高程或达到特定部位时就诱发一次地震序列。水库蓄水时无震放水后发震。满库时地震活动减弱，库水位下降后则地震活动相对增强。水库地震的发震时间，一般均有滞后现象(夏其发等，2012)。水库地震与水位关系密切，水位的快速上升或下降易诱发地震。65%的水库在蓄水后1年后诱发地震(徐礼华等，2012)。

(4)震源力学机制。水库地震中的较大地震的震源机制解，倾向滑动为主，也有走滑型(郭增建等，1991)。

(5)库区地质岩性条件。水库地震与岩体结构强度有关。存在通往深部的水文地质结构面。岩溶岩体、碳酸盐岩裂隙或洞穴岩体易发生(郭增建等，1991；夏其发等，2012；徐礼华等，2012)。

依据微震活动空间分布的麇集图像，随蓄水后溪洛渡水库库水位的升高微震活动大量增加，结合库区地质岩性条件、地震波层析图像和剪切波分裂图像、地震活动参数各阶段结果比较，`综合判识，溪洛渡库区Ⅰ~Ⅱ段浅部发生的大量麇集微震活动属水库诱发地震活动。

11.8 可深入研讨的地学问题

1. 等烈度线与余震带走向不一致

永善2次5级地震，其等烈度线与余震带走向不一致，这样的分析结果对震源机制解的分析却相左，为此，需进一步探讨震源力学机制中地震主破裂面的判定问题。编者认为永善2次5级地震的等烈度线勾绘，由于震区地形、居民点分布，房屋结构差异等及其他因素，其对地震机制的判定，参考意义不大。

2. 震源断层面走向的确定

震源断层面走向是北东还是北西？若是北西向，则与小震条带的走向一致，更容易理解该条带小地震展布，以及小震带内震源深度的变化。

3. 2个5级震区小震带震源深度的差异

永善2个5级震区北西向小震带震源深度有差异。永善$M_S5.3$地震震区地震稍浅，多数地震震源深度在5km内，永善$M_S5.0$地震震区地震深一些，多数地震震源深度8m内。一种理解是后者发生的时间晚，渗透在时间上比较长的因素使得震源深度逐渐加深。

4. 2次5级地震强地面运动的差异

2次5级地震引起的强地面运动有差异：永善$M_S5.3$地震引起近场弱，永善$M_S5.0$地震引起的近场却更强。但在实际震害调查中，前者震区破损1000多户，震中烈度为Ⅶ度，后者震区破损80多户，震中烈度为Ⅵ度。前者强，后者弱。当然近场震中附近强地面运动的记录仅依据个别强震监测站的记录。

5. 2次5级地震余震序列衰减与强度的差异

永善$M_S5.3$、$M_S5.0$地震余震序列的衰减，后者余震强度高于前者；余震序列的衰减，也是快于前者。

6. 震区隐伏断层与潜源估计

永善 M_S5.3、M_S5.0 地震的震区，若按以往此区工程勘察的结果，则没有发现断层，更无大断裂或活动断裂。因此，发震断层的确定是个问题。不过，一般中等强度的构造地震，多数情况下无法确定发震断裂。

根据现场勘察工作，库区Ⅱ段，仅存在规模较小的马颈子断层、硝滩断层。2 次 5 级地震位于断层东侧附近。

夏其发(2000)对其诱震地质环境的分析，提出 4.5 级以上水库构造断裂型地震的判别标志：①区域性断裂或地区性断裂通过库坝区；②该断裂带有可靠的历史地震记载或仪器记录的地震活动；③断裂带有现今活动(Qp_3 以来)的直接地质证据；④断裂带和破碎带有一定的规模和导水能力，有可能成为通往地质体深处并能形成深与超深水文地质结构面；⑤断裂带与库水直接接触，或通过次级旁侧断层、横断层等与库水保持一定的水力联系(可按主断裂带至库边距离的 3～5km(最大不超过 10km)考虑)；⑥库盆由坚硬块状岩体组成。并认为，前 3 条是诱发断裂型水库地震的地质构造基础；第④条指必要的水文地质环境；第⑤条指库水作用的途径和方式。若以此作为分析依据，那么前三条在永善地震区均无发现，据此，难以确定永善 M_S5.3、M_S5.0 地震是构造断裂型还是其他型，因为其诱震地质环境的的判识，实在是庞大而定性的条件边界。

另一种可能，即两个震区均存在潜源。在地壳应力作用下，永善务基一带地下岩石发生膨胀强化现象，产生微破裂现象，从而发生较大地震。

7. 库区Ⅱ段震源机制的多样性

库区Ⅱ段震源机制解的多样性，震源错动类型非单一型，应力轴取向差异，即反映库区局部地体环境的差异，受力状态的差异；同时也具有一定水库诱发地震特征。

8. 渗流与微破裂演化过程

Simpson 等(1988)在题为“两类水库诱发地震”的论文中，将大型水库蓄水后的地震活动时间分布分为快速响应型和延迟响应型。响应型水库地震以水库载荷使弹性应力的迅速增加有关，或通过孔隙空间的弹性压缩引起孔压的增加。后者以压力从水库向震源深处的扩散为主。但是，Simpson 等(1988)给出的快速响应型是在初次蓄水后几乎立即发生地震活动。2013 年 5 月，溪洛渡水库随库水位上升速率显著加大，地震活动大量发生。推测是随蓄水速率增加，渗流导致地下岩体微裂隙或裂纹弱化，引发大量微破裂而产生的水库诱发地震。库水渗透导致断层弱化、裂隙贯通，存在渐进的时间过程。当然，地下库水的渗透，与地下结构、裂隙分布有关，无法得到详细的地下结构图和渗流分布图及演化过程，自然地下微破裂的演化图像和过程也难得到。

再是蓄水后滞后至 2014 年 4 月 5 日永善 M_S5.3 地震发生，2014 年 8 月 17 日永善 M_S5.0 地震发生。这是与水库的水位幅度波动变化有着某种的契合，还是地震能量的集聚后突然释放而正好与水库蓄、放水时间上发生的偶然巧合？都值得进一步研讨。

仅从壳内地震波的传播去思考诱发地震的判识难以入手，或本身没有区别。

水库诱发地震的判识，从地震波，或从波速的介质传播差异去探索，既有数理问题，也有区域小实际分析检测的技术困难。因此，本章从多角度视角去分析综合判识，不失一种探索或判识参考。

第12章　高烈度区水库诱发地震特点及机理探讨

水库诱发地震活动与水库蓄水、抬升，之后高水位季节性放水、卸载过程有关。高烈度区高坝大库的地质构造环境、岩性，地震本底活动强度，积累地应力水平不同，甚至千差万别，本章就目前已知的资料和分析研究程度，试图简要给出水库诱发地震活动的一些特点。

12.1　高烈度区高坝大库水库地震的基本特点

水库地震活动的特点，可以从水库地震活动的环境、时间，构造、岩性，深、浅，麇集、平静，波形、机制等去分析研究和总结。若仅从时间过程分析，有初次水库地震活动、水库延续地震活动的总结(Talwani，1997)。或定义为水库蓄水后地震活动迅速响应型、延迟响应型、混合响应型(Simpson，1988)。

本节根据前述各章分析，简要归纳高烈度区高坝大库水库地震的基本特点：

(1)由于大坝选址在无大型活动断裂的少地震地段，蓄水前坝址及库区地震活动强度和频次低，蓄水后地震活动仅在局部地段可能发生诱发地震活动。

(2)诱发地震的局部区构造裂隙发育，或发育一些次级断裂和微断层，渗透性好，地质岩性存在岩溶地层等地质条件，属于大江和水系流向拐折距江不远，或有温泉、暗河出露、岩溶地层，构造裂隙发育的局部库段。

(3)蓄水前期库水位持续增加的时间段，次年和第3年为诱发地震活动容易发生时段。诱发地震活动呈现短时间丛集发生、密集分布，此期间微震活动频次比蓄水前增加数十倍。

(4)水库诱发地震活动分布在库区10km范围内的局部库段。诱发地震震源深度多数分布在地下10km内，多数分布在地下深度0~6km，蓄水后浅部微震大量增加。

(5) 诱发地震多数为微破裂型，受局部构造条件影响，震源力学机制走滑型、正倾型占比相对较多。

(6)蓄水前后地震活动性参数b值略有增加，反映诱发微震活动大量增加。

(7) 根据地震波形传播特征分析，部分典型诱发地震波形与天然地震、爆破、滑坡、塌陷地震动记录的波形存在细微差异。

(8)地震层析成像技术揭示，蓄水后库区介质的低速变化发生在库区地下浅部。

(9)地震剪切波分裂技术揭示，蓄水后微震破裂构成的库区裂隙系在局部地段有显示，有助于对库区渗流通道的分析。

(10)水库诱发地震一般震源浅，强地面运动强烈，破坏偏大，烈度偏高。

(11) 库区中等诱发地震活动发生，表明库区周围地壳动态应力场增强的征兆，预示周围更大区域中强地震可能出现活跃，是可能发生强震的因素之一。大量小震的快速发生和能量释放也有可能延缓区域中强震发生时间。

12.2　库区地质岩性与诱发地震

岩石在地质作用下形成沉积岩、岩浆岩、变质岩三大类。在地壳表面 75% 的面积被沉积岩所覆盖，在地下 16km 深度的地壳范围内，岩浆岩和变质岩约占 95%。

在地壳形成时期，地表形成了河谷高山。现今水库区不太深的地下，将其他岩石的风化产物和一些上涌岩脉物，经过水流或冰川的搬运、沉积、固结成岩，由沉积作用形成的这类岩石为沉积岩(Sedimentary Rock)，主要包括石灰岩、砂岩、页岩等。浅表地壳，页岩最多，其次是砂岩，石灰岩数量最少。例如，沉积碎屑岩类包括砾岩及角砾岩，砂岩类。

岩石组分：页岩类泥质岩以黏土矿物为主，铝－硅酸盐类矿物 SiO_2 和 Al_2O_3 的总含量常达 70% 以上。砂岩中，砂含量通常大于 50%，其余是基质和胶结物。碎屑成分以石英、长石为主，一般以石英居多，SiO_2 和 Al_2O_3 的总含量可达 80% 以上，其中 SiO_2 可达 60% ~95%，其次为各种岩屑。石灰岩、白云岩等硫酸盐岩，以方解石和白云石为造岩矿物，CaO 或 CaO + MgO 含量大，SiO_2 和 Al_2O_3 的总含量一般不足 10%。花岗岩是由长石、石英、云母等矿物组成。

不同的岩石具有特定的比重、孔隙度、抗压强度和抗拉强度等物理性质。

图 12.1 所示为三峡水库(12.1(a))与向家坝(12.1(b))库坝江心石照片，可见其属花岗岩、砂岩类沉积岩，致密、比重大、孔隙度极小、抗压或抗拉强度强。多年监测结果显示，库首区及周围区域水库诱发地震活动强度与频次低。一些中国的水库诱发地震震例表明，水库诱发地震主要发生在花岗岩和岩溶地体内(Chen，1998)。

(a)

(b)

图 12.1　三峡水库和向家坝水库坝基江心石照片

(a)山峡水库；(b)向家坝水库

Figure 12.1　Photos of river core stones of the Sanxia reservoir and the Xiangjiaba reservoir

(a)Sanxia reservoir；(b)Xiangjiaba reservoir

图 12.2 所示为溪洛渡水库库坝江心石照片，可见属于页岩类泥质岩类，具有薄页状或薄片层状的节理，主要是由黏土沉积经压力和温度形成的岩石，但其中混杂有石英、长石的碎屑物。由黏土物质经压实作用、脱水、重结晶作用后形成。页岩本身不易渗水，但是存在薄片层裂隙和空隙，抗压或抗拉强度弱。溪洛渡库区多年地震监测结果显示，库首区及周围区域发生中小诱发地震活动，强度中等与微震频次高。

显然，水库诱发地震与库区地质岩性有关，但是不同的水库区除岩性外受更多其他因素，地质构造与积累地应力水平有关。

图 12.2　溪洛渡水库库坝的江心石照片

Figure 12.2　Photos of river core stones of the Xiluodu reservoir dam

12.3　库区地下介质孔隙压变化与诱发地震

古普塔(1975)认为，由于水库水位变化引起表层压力波动，在一定时间滞后可以影响到深部的孔隙压力。多孔介质的储水能力可以造成这种情况。有效观测实例，确实观测到随着峰值水位在一定的时滞以后，出现地震活动峰值。当库水位降低时，有效应力减小和条件变得不稳定也是观测事实。Scholz(1990)认为，水库蓄水等价于水深的载荷和孔隙压力的静态增加。载荷的影响将增加或减少莫尔圆的半径，这取决于构造环境内，增加孔隙压力影响是使莫尔圆向原点移动。引起深度孔隙压力的迅速增加，有利于诱发地震活动。弹性介质中法向应力 σ 和剪切应力 τ 与最大、最小主应力 σ_1、σ_3 关系由莫尔圆示出。图 12.3中，τ_0 为岩石初始强度。

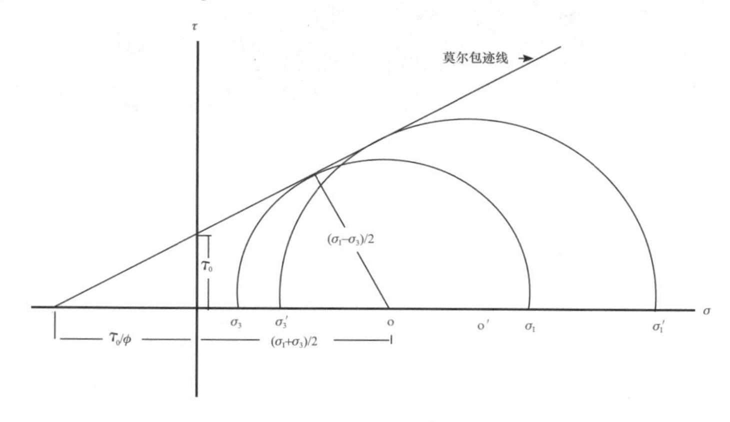

图 12.3　库伦破坏定律给出莫尔圆包迹线

Figure 12.3　Coulomb law gives the trace of Mohr′s circle envelope

快速响应诱发地震活动主要是弹性–耦合影响的结果。由于载荷弹性地压实了孔隙的空间，孔隙压力有一个迅速的增加。

岩石受压进入高应力状态后其内部产生大量张性微裂隙，且裂隙张开占据岩石空间而导致岩石体积膨胀，这一过程称为扩容或体积膨胀。应用岩石力学实验探索结果，岩石的受压变形过程：①弹性变形阶段；②非弹性变形阶段，即应力强度超过大约二分之一破坏强度之后，体积膨胀变形出现，随应力增加，体积膨胀较稳定。当应力强度接近破坏应力强度的临震阶段，体膨胀加速，直至主破裂发生。这就是地震发生的扩容模型。

根据雷兴林等(2008)对紫坪铺水库计算，2006年11月—2007年5月，水库放水段，水位从875m下降到817m高程，卸载量约7.4亿m^3。计算库区地下10km中央断层处的库仑应力变化在0.5bar以上，地下4~5km达几个bar的量级。

程惠红等(2013)认为，每个单元水体产生的压力值为蓄水水位减去单元地形高程值乘以水体密度($1\times10^3kg/m^3$)和重力加速度($g=10.0m/s^2$)。计算卡里巴水库水位增加29m的弹性应力场变化，引起垂直方向上应力值为压应力，在水库下方处可达到0.1MPa。并给出卡里巴水库蓄水引起震源处孔隙压变化为0.015~0.229MPa，库仑应力变化为0.03~0.17MPa。

Gough等(1970)认为，卡里巴水库弹性载荷使得库区剪切应力增加了1~2bar(1bar=0.1MPa)。1958年12月卡里巴水库开始蓄水，地震活动不断增加，分布于库区范围，1963年9月23日在峡谷区域发生*M*6.1地震，距离大坝13km，处于水库最深处，震源深度10km，反演给出的震源断层为正断层。

周斌(2014)研究了紫坪铺水库流–固耦合条件下水库诱发地震活动及动态响应机制。研究结果认为，紫坪铺水库蓄水接近历史最高水位时的弹性附加应力场(此时水位约874.5m，相对基准水位面升高了120m)，由库底向远处，弹性附加应力逐渐衰减，垂向分量向深部的传播明显受陡立断层结构面的限制，集中分布在库底正下方的区域。

水库蓄、放水过程中，与水库有直接水力联系的断裂带的浅部，孔隙压响应迅速、变化幅度高；在有水力联系的断裂带的深部或水力联系弱的断裂带上，孔隙压响应并不明显，经过长时间以后，基本维持在0.2~0.3MPa的水平上不再升高；在与水库无明显水力联系的断裂带上，孔隙压几乎没有变化。各观察点孔隙压变化滞后于附加水头的变化，距离库底越远，滞后现象表现得越为突出。从坝前水位开始抬升起，60天、570天、990天和1140天后，有效附加应力水平分量和垂直分量的变化，随着水库蓄水时间的延长，孔隙压扩散对有效附加应力场的影响将逐渐扩大到地下10km以上的范围。

对于含流体的多孔介质，在应力作用下，如果其内部空隙连通性极好，空隙流体可以自由地从岩体中流入或流出，那么此时空隙压力不会很高；若岩体中空隙不连通，那么这时空隙压力可以达到很高的值。而库区地下介质的空隙连通性不会全连通，部分空隙相继连通则形成渗流。

12.4　库区地下介质渗透率变化与诱发地震

水库大量蓄、放水会造成局部岩体应力积累与释放，涉及流体-固体的耦合问题，特别是流体饱和的多孔介质中的传播与扩散。水库蓄水以后，受压流体自行向孔隙扩散或扩压，使岩石中的孔隙压力增大。

因孔隙中注入流体而诱发的地震通常有某些特定的典型时空特征。当孔隙压扩散是主要的触发机制时，这些特征在某种程度上被认为是地震前的信号。

孔隙弹性扩散方程，在时间上相互依靠的流动和岩石形变由孔隙弹性理论描述。对于一个无旋位移场，若含时间 t，介质应力 $\sigma = \sigma_{11} + \sigma_{22} + \sigma_{33}$，流体粘滞系数 μ，孔隙压力 p，渗透性 k 的复杂非均一扩散方程，仅与孔隙压力 p 和水压扩散率 η 有关，渗流的扩散方程(Parotidis et al.，2005)为

$$\frac{\partial p}{\partial t} = \eta \cdot \nabla^2 p \tag{12.1}$$

式中，p 为孔隙压力；水压扩散率为

$$\eta = \frac{k}{\varphi\mu C} \tag{12.2}$$

式中，φ 为围孔隙度；η 为岩石的水压扩散率，一般为 $10^{-4} \sim 10\text{m}^2$；$\mu$ 为流体的黏滞系数，用 $P_a \cdot s$($1P = 1\text{dyne} \cdot s/\text{cm}^2 = 10^{-1} P_a \cdot s$)表示，量纲是 $M L^{-1} T^{-1}$；水在20℃时，μ 约为 $10^3 \text{Pa} \cdot s$(1 厘泊)，空气的 μ 为 $10^{-5}\text{Pa} \cdot s$ 的量级。k 是岩石的渗透率，是反映岩层渗透性能的重要参数，与岩石的骨架性质有关，单位是 Darcy。1Darcy 记为 1D，即黏度 $\mu = 10^{-2}$P 的流体，在压力梯度 1 atm/cm 的作用下，通过多孔岩石的流量 1cm/s 时，岩石的渗透率是 1D。在 IS 单位制中，$1\text{Darcy} = 0.97 \times 10^{-12}\text{m}^2$，即渗透率单位是 m^2。渗透系数 k 从多孔介质角度描述水的流动情况，成为水力学的基础。多孔介质中的流量 q 与流体的黏度成反比，即 $q \propto 1/\mu$，即黏度小的流体容易在多孔岩石中流动。

岩石的渗透率随岩石的孔隙度 φ 的增加而增加，一般存在幂指数关系，如 Bourbie (1987)对 Fontainebleau 砂岩给出的结果，见图 12.4。

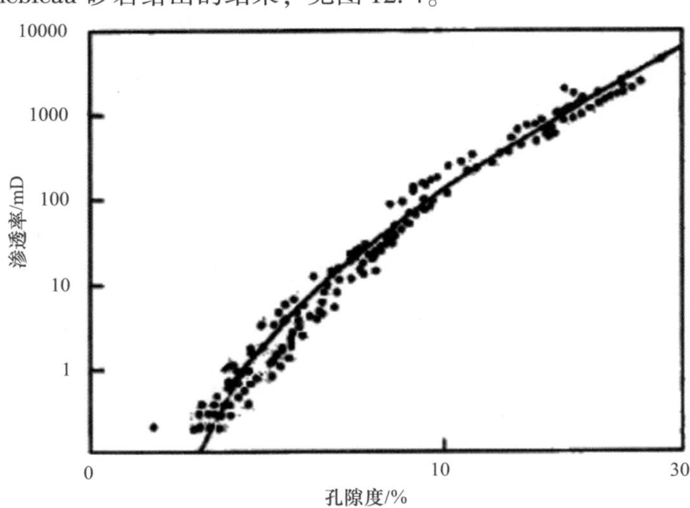

图 12.4 砂岩(Fontainebleau 砂岩)渗透率和孔隙度的关系(Bourbie，1987)

Figure 12.4 Relationship between permeability and porosity of sandstone (Fontainebleau sandstone) (Bourbie，1987)

不同岩石的渗透率有很大的差别。砾石和砂砾石的渗透率差别达 $10^{-12}m^2$(1D)。深成岩的孔隙岩很少，渗透率极低($<10^{-18}m^2$)；火山岩具有大量孔隙，渗透率多大于 $10^{-18}m^2$；沉积岩的情况复杂，砂岩约 $10^{-12}m^2$，而泥质沉积岩 $<10^{-18}m^2$。

岩石的渗透率 k 与“地震”水力扩散率 α 有关(Bodvarsson，1970)。α 亦为物质扩散率。

$$k = \alpha(\mu[\varphi\beta_f + (1-\varphi)\beta_r] \tag{12.3}$$

式中，μ、φ、β_f、β_r 分别是流体黏度、岩石孔隙率、流体压缩率与岩石压缩率。若扩散发生在充满流体的破碎带中，则

$$k = \alpha(\mu\varphi\beta_r) \tag{12.4}$$

认为自然界中岩石的渗透率 k 从毫微达西变化到达西($10^{-17} \sim 10^{-8}cm^2$) Brace，1984)，而水库诱发地震一般与渗透率 k 在毫达西范围(0.1 ~ 10md 或 $10^{-12} \sim 10^{-10}cm^2$)的岩石有关。

图 12.5 给出砂岩、页岩、火山岩、灰岩、花岗岩、变质岩、玄武岩等岩石的渗透率范围。可见，即使对于同一类岩石，由于生成环境和内部结构不同，渗透率的变化也可以达几个数量级；至于不同的岩石，其渗透率的变化范围更大，可达近 10 个数量级(陈颙和，黄庭芳，2001)。压缩系数为 C，当 k 用 m^2、μ 用 $P_a \cdot s$ 时，C 的单位为($m^2 \cdot P_a$)/($P_a \cdot s$)。

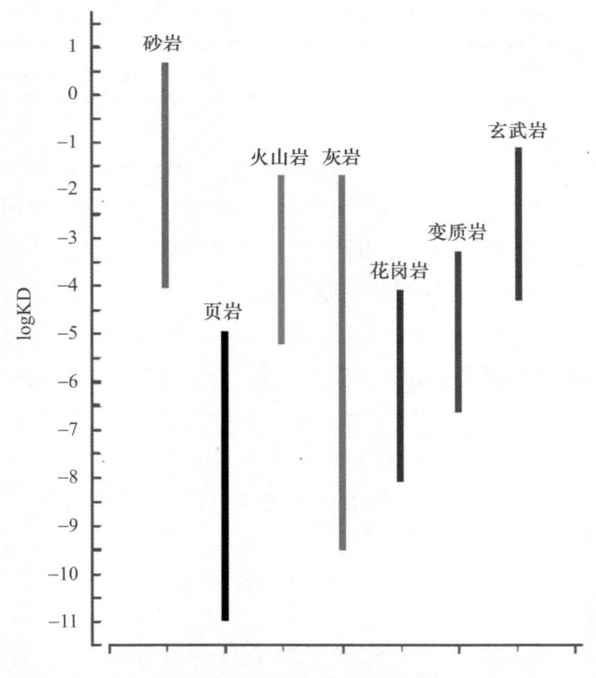

图 12.5 不同岩石的渗透率的范围(陈颙等，2001)

Figure 12.5 Permeability ranges of different rocks(Chen Rong et al.，2001)

另外，据 Freeze 和 Cherry(1979)13 种不同岩石的渗透率的试验结果改绘成图 12.6。不同岩石的渗透率的范围在 $10^{-5} \sim 10^3$D。非固结沉积物的渗透率的范围在 $10^{-8} \sim 10^5$D。

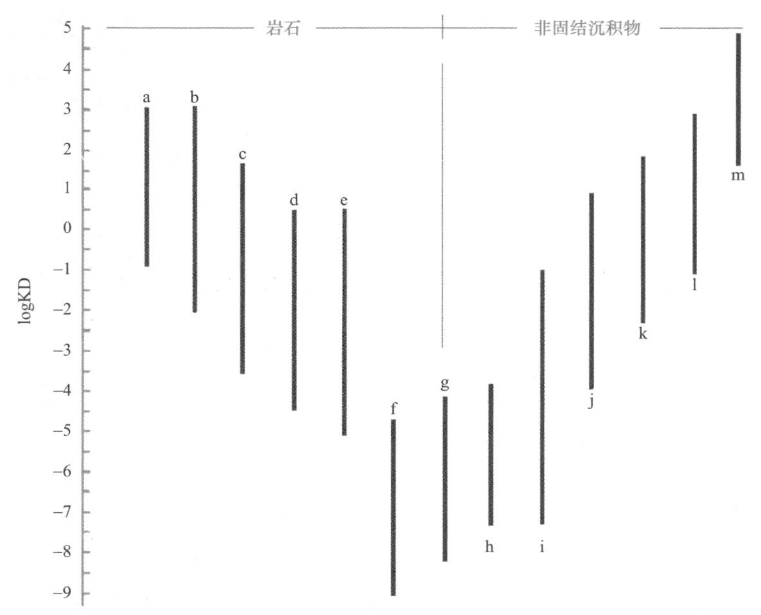

图 12.6 不同岩石的渗透率的范围(Freeze & Cherry, 1979)

(说明：a—喀斯特石灰岩；b—渗透性玄武岩；c—裂隙火成岩和变质岩；d—石灰岩和白云岩；e—砂岩；f—非裂隙的变质岩和火成岩；g—页岩；h—未风化海相黏土；i—冰川黏土；j—粉砂、黄土；k—淤泥质砂；l—干净砂；m—砾石)

Figure 12.6 Permeability ranges of different rocks(Freeze and Cherry, 1979)

(Note: a—karst limestone; b—permeable basalt; c—fractured igneous rock and metamorphic rock; d—limestone and dolomite; e—sandstone; f—non fractured metamorphic and igneous rock; g—shale; h—un-weathered marine clay; i—glacier clay; j—silt, loess; k—muddy sand; l—clean sand; m—gravel)

薛世峰和周斌(2000, 2014, 2016)分析了断层渗透率与断层稳定性的关系，认为在库水渗流过程中，断层渗透率是控制库水扩散的主要因素，直接影响断层库伦应力 CFS 变化和库水扩散深度。断层渗透率的增加，断层内形成较高库水空隙压力，对断层的挤压应力的改造较大，因此，断层库伦应力 CFS 下降较快。

岩石实验结果表明，当差应力达到岩石强度的 1/3 ~ 2/3 时，声发射测量结果急剧增多。因此，岩石内部微裂隙的产生，一方面将辐射弹性波，另一方面形成了新的裂纹或者扩展了原有的裂纹，这将增加岩石的体积。岩石在差应力作用下内部产生微破裂，体积发生膨胀，改变了孔隙体积，使得由基质和孔隙组成的二相体的岩石的一些物理、力学性质发生变化。差应力增加过程中岩石的膨胀、渗透率和波速的变化情况见图 12.7。

渗透率与传导系数之间的关系式为

$$k = \frac{\mu}{\rho g d} T \tag{12.5}$$

式中，k、μ、ρ、g、d、T 分别为渗透率、动力黏度、介质密度、重力加速度、含水层厚度、传导系数。因为地震时或地震波穿过时，其他参数并没有变化，所以传导系数的变化可认为是渗透率的变化。Elkhoury(2006)以地震地面运动 0.5Hz 低通滤波，分析渗透率与地面运动之间在 0.2 ~2.1cm/s 的地面峰值速度范围存在线性相关，见图 12.8，无地面运动时渗透率不发生变化。裂纹岩石系统中的渗透率由于区域地震小的地震波应力而显著增大。当 PGV 在 0.2 ~2.1cm/s 时，给出的数值范围为 0.02 ~0.21MPa。这说明，应力达到

100MPa 才能引起观测到的渗透率很大的变化。这个结果的意义在于，小的动态应力变化可以造成含水系统介质渗透率呈 2 倍或 3 倍的变化。

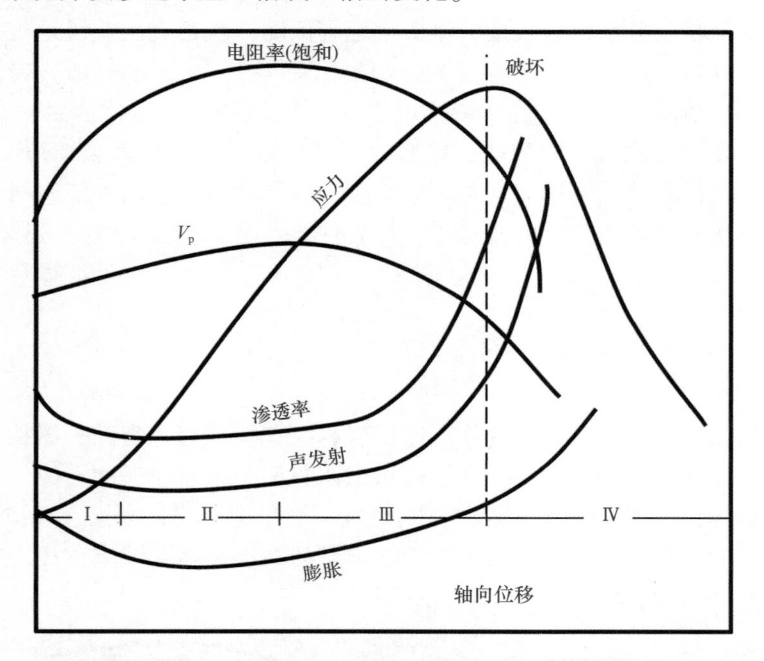

图 12.7　岩石的膨胀、声发射、渗透率和波速随差应力的变化(陈颙，2001)
Figure 12.7　Variation of rock expansion, acoustic emission, permeability and wave velocity with differential stress(Chen Yong, 2001)

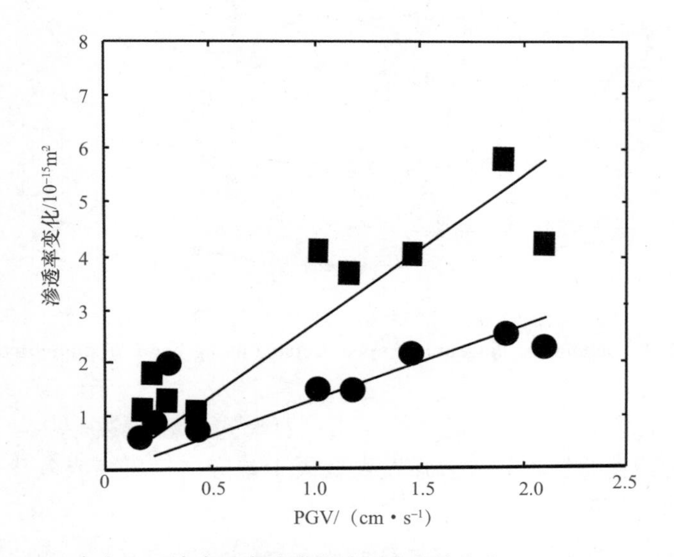

图 12.8　含水层系统渗透率随峰值地面速度的变化(Elkhoury，2006)
Figure 12.8　Variation of aquifer system permeability with peak ground velocity (Elkhoury, 2006)

陈翰林等(2011)对广西龙滩水库地震研究，认为载荷作用所引起的剪应力增大不是蓄水诱发地震的主要因素，而蓄水所产生的孔隙压力作用和库水渗透的润滑弱化作用的耦合作用可能是主要的成因。

溪洛渡库区Ⅱ段，蓄水以后发生大量中小地震活动，包括2次5级地震，在震区未发现地震断裂带，在震区的西侧展布有近SN向的硝滩断层，与库水斜切。岩体中普遍发育有层间错动带，岩体结构复杂，存在导水的水文地质结构面。岩体岩性：分布有碳酸盐岩；基岩地层主要有玄武岩、碳酸盐、碎屑岩。蓄水以后，水进入裂隙后，孔隙压增加，岩石强度弱化，在微裂隙前沿应力集中并造成应力及化学腐蚀作用，使岩石强度进一步削弱而产生大量小震密集区或带。尤其对于脆性岩性体，易于裂隙系的连通和加速扩张。

12.5 库水渗流 - 扩容 - 扩散与诱发地震

地壳上部的脆性部分几乎布满流体。库区岩石中存在节理、裂隙、微构造裂纹。流体通过多孔介质的流动称为渗流。多孔介质时指土体骨架和相互连通的孔隙、裂缝或各类毛细管所组成的岩体，见图12.9。若流体渗入延性剪切带上的脆性断层，且被近地表低渗透率的断层带物质封闭在那里，则提供局限于断层带的高水头高孔隙流体压力源。高流体压则通过高渗透率的破裂岩排出。

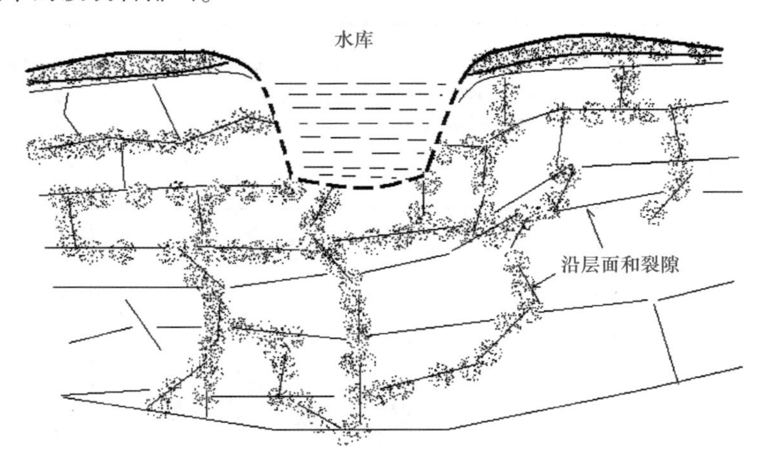

图12.9 沿层面和裂隙的开口渗流示意图

Figure 12.9 Schematic diagram of open seepage along bedding plane and fracture

Brace 和 Martin(1968)基于实验结果阐述扩容模式。对于含压力为P的流体的裂纹，此压力与外加应力线性叠加，其应力强度仅取决于差应力。疏松或多孔介质岩体遵循“有效应力定律”。岩体剪切破坏强度

$$\tau = \tau_0 + \mu(\sigma_n - P) \tag{12.6}$$

扩容使孔隙增多，孔隙压减小。如果扩容产生的孔隙体积的增加率大于受岩石渗透率控制的流体流入扩容区的速率，孔隙压力就会减小，从而产生“扩容硬化”。图12.10给出：

(1)围压 $P_c = P_2$，孔隙压 $P = P_1$。

(2) $P_c = P_2 - P_1$，饱和，$P = 0$。

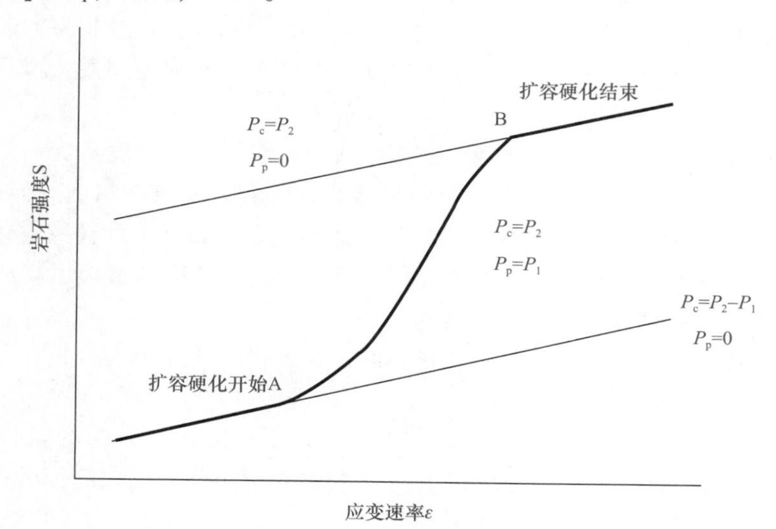

图 12.10　岩石的扩容硬化图示(Brace & Martin，1968)

Figure 12.10　Schematic diagram of expansion and hardening of rocks (Brace and Martin，1968)

在低应变率下，孔隙压保持常数，则岩石强度相等。当应变率超过某个临界值，由于应变硬化而使得(1)条件下测的强度比在(2)条件下测得的高。若应变速率持续升高，则应变硬化结束，测得的强度趋向于 $P_c = P_2$，$P_p = 0$ 条件下的强度。

Nur(1972)提出扩容 - 扩散(dilatancy-diffusion)模型，在即将破裂的断层带周围承受应力的体积中，观察到扩容加速发展的现象。

Whitcomb 等(1973)考虑地壳的岩石孔隙中饱和着水的情况，提出在地壳岩石受力进入高应力阶段产生裂隙并导致体积膨胀的同时，孔隙体积的增加使岩体变成不饱和状态，并形成孔隙压力下降，且导致岩石强度的增高，造成震源区扩容硬化。与此同时，由于膨胀区孔隙压力降低，扩容区外围岩石中的水就要向扩容区渗流，亦称扩容区外部岩石中的水向膨胀区扩散。当流入扩容区的水使那里的孔隙再度饱和并恢复高孔隙压力后，P 波速度恢复到原值，同时孔隙压力增高引起岩石有效强度(或断层构造强度)下降进而导致地震的发生。

对于裂隙岩体，库水沿各种裂隙深入岩体内部，结果会对微构造和摩擦产生某种润滑的影响，同时造成局部应力积累，导致水库诱发地震发生。

Scholz 等(1973)提出扩容 - 扩散前兆模式，预期破裂前的前兆现象和过程。强调孕育过程进入高应力阶段后，裂隙发育和发展导致了体积膨胀及膨胀过程中水的扩散现象。

假定扩容出现于未来破裂带周围的受力岩体之中，随着应力增加，扩容速率也上升(阶段 1)。扩容速率足够高，膨胀裂隙形成阶段，原有裂隙中的流体向新裂隙中流动，致使震源区介质处于不饱和的状态(阶段 2)。由此引起孔隙压力下降、介质硬化等变化(阶段 3)。由于流体扩散，流体进入扩容区域，扩散到裂隙中，其孔隙压力重新上升，导致岩石破裂强度逐渐下降，在该阶段的后期将有可能出现前震活动，当扩容区应力达到岩石的剪切破裂强度时，便发生体破裂(主震)(阶段4)，扩容回复，其时间常数取决于系统的水力扩散系数(阶段5)。其扩容过程佐证的依据，一是实验室观测现象，再是地震前震区显著的波速异常现象。

震源断裂带往往是由微裂纹的串通、连接形成，一般微破裂密度达到一定临界程度便可能失稳。除考虑荷载引起库区介质微形变，导致有效应力的减小和抗剪强度的降低外，也有从库水渗透对岩体的物理化学作用(如应力腐蚀)逐渐导致断层和裂隙弱化。尤其对于处于临界状态的闭锁段或部位由于库水的作用，可能引起岩体中构造应力释放而发生大量微震活动，进而触发区域构造中强地震活动。

滞后诱发地震活动主要是继续渗流或扩散的延迟影响。诱发地震，是指与水的注入和渗流因素所引起的地震活动。

对于均匀各向同性的饱和孔隙弹性介质，在一阶点孔隙压力源的条件下，对方程(12.1)式进行求解，并估计了从势源到孔隙压力扰动扩散传播的前包络面的距离 r 与扩散时间，在 $r\sim t$ 坐标系中一般呈现为一抛物线(Parotidis et al.，2005)。

$$r=(4\pi\eta t)^{1/2} \tag{12.7}$$

这显示孔隙压力扩散触发机制的两种特征：抛物包络线特征和延迟特征。在蓄水时间 $t\leqslant t_0$ 时间段，得到三维解，即在以流量 q 的能量 Q 的情况下，孔隙压力 $P_a(r, t)$ 分布。对于 $t>t_0$，依据时间和距离，地震活动性结束应该与孔隙压力达到最大值时方程的解相对应，因此方程在 t_0 时间后对时间 t 的偏导数等于零。

$$\frac{\partial p_a}{\partial t}=\frac{Q}{8(\pi\eta)^{3/2}}\left[\frac{\exp\left(-\frac{1}{4}\frac{r^2}{\eta t}\right)}{t^{3/2}}-\frac{\exp\left(-\frac{1}{4}\frac{r^2}{\eta(t-t_0)}\right)}{(t-t_0)^{3/2}}\right]=0 \tag{12.8}$$

得到延迟方程，给出最大空隙压力到达任意距离 r 所需的时间 $t_1(r)$，求解可得 $r(t)$。

$$r(t)=\left[6\eta t\left(\frac{t}{t_0}-1\right)\ln\left(\frac{t}{t-t_0}\right)\right]^{1/2} \tag{12.9}$$

表示蓄水后扩散距离及延迟时间特征，呈现为抛物包络面特征。

溪洛渡库区Ⅱ段永善5级地震余震活动，曾出现短暂陡降向深部扩展的现象，说明水库渗流造成断层或裂隙系的润滑、失稳，是造成密集地震活动的因素之一。

针对2013年5月—2014年12月溪洛渡水库蓄水期间库区Ⅰ段、Ⅱ段一带形成的北东向地震活动带的地震活动，将地震与坝址的距离 D(km)，相当于式(12.6)～式(12.8)中的 r，得到地震活动相对溪洛渡坝址距离的宏观展布图像。图12.11中，纵轴为单次地震震中距溪洛渡坝址的距离；横轴为地震序号。可见，溪洛渡库区Ⅰ段、Ⅱ段地震相对溪洛渡坝址距离的滑动均值 $\hat{D}$ 展布趋势线，蓄水后地震活动在7km内出现密集分布现象，外围区域显得分散。

蓄水初，发生地震，从近到远均有分布。之后至地震序号4400次，离库坝区近(10km内)的地震活动密集分布，距离均值线低，之后逐渐减少。距离库坝10～40km地震活动，蓄水前期阶段，地震活动相对少一些，之后逐渐向外围扩散，地震序号2500次后，距离均值线逐渐远离。即实际地震相对溪洛渡坝址距离的展布及100个地震滑动均值线拟合，由几千米延伸至15～25km，距离均值线逐渐上移。

将溪洛渡库区Ⅰ段、Ⅱ段地震相对溪洛渡坝址距离的展布采用 2 次函数拟合，给出图 12.12 中拟合线，显示地震活动逐渐扩散的过程，地震事件从距离坝址几千米逐渐展布至 30km 的散步图像。

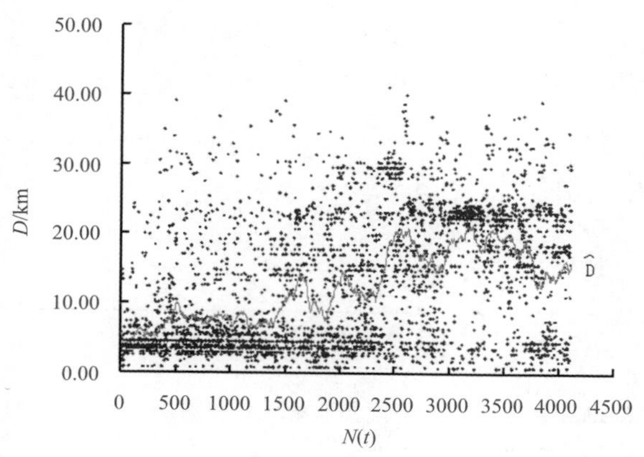

图 12.11　溪洛渡库区Ⅰ、Ⅱ段地震相对溪洛渡坝址距离的展布

（地震事件时间：2013. 5. 4—2014. 12. 31；取 100 个地震滑动均值连线）

Figure 12.11　Distribution of the distances from Xiluodu dam site to Ⅰ and Ⅱ section earthquakes in Xiluodu reservoir area

（Time of earthquake events：2013. 5. 4—2014. 12. 31；Taking 100 seismic moving average lines）

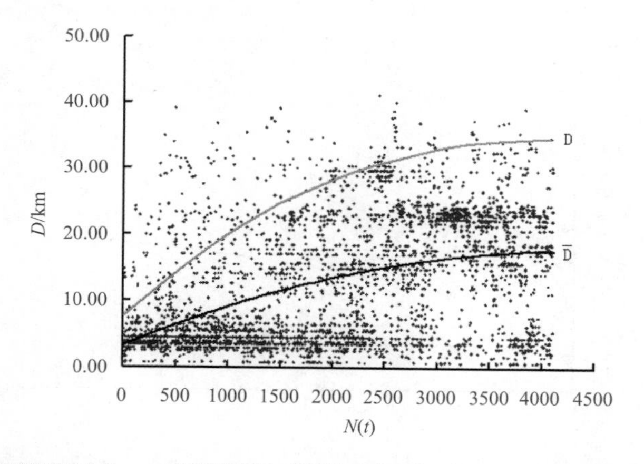

图 12.12　溪洛渡库区Ⅰ、Ⅱ段地震相对溪洛渡坝址距离 *D* 展布的 2 次多项式拟合线

（地震事件时间：2013. 5. 4—2014. 12. 31；均值距离 $\bar{D}$）

Figure 12.12　Quadratic polynomial fitting lines of the distances *D* from Xiluodu dam site to Ⅰ and Ⅱ section earthquakes in Xiluodu reservoir area

（Time of earthquake events：2013. 5. 4—2014. 12. 31；The mean distance is $\bar{D}$ ）

根据计算的同一序号点的多个地震事件距离坝址均值距离 $\bar{D}$ 与放大的 1 倍值 D 的拟合线，抽出其数据给出时间天，求得距离与时间（天）的 2 次多项式函数拟合线见图 12.13。$\bar{D}$ 为地震扩散距离均值的拟合；$\hat{D}$ 则相当于地震扩散距离的外包络线数据拟合。

从曲线形态看，2 次多项式拟合，150 天前拟合数据吻合，之后相对平稳变化。

$$\hat{D}=0.0009t^2+0.3346t+6.8272,\ R=0.985 \tag{12.10}$$

$$\bar{D}=0.0005t^2+0.1669t+2.7427,\ R=0.986 \tag{12.11}$$

式中，t 的单位为天。

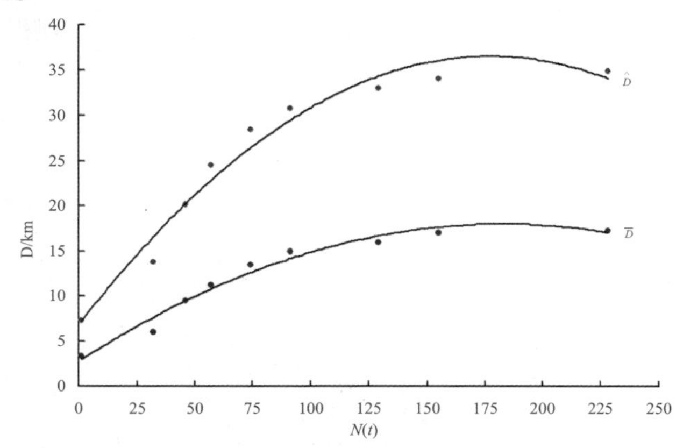

图 12.13　溪洛渡库区 Ⅰ 段和 Ⅱ 段地震扩散的 2 次函数拟合线

（地震事件时间：2013.5.4—2014.12.3）

Figure 12.13　Fitting line of quadratic function for seismic diffusion of Ⅰ and Ⅱ section in Xiluodu reservoir area

（Time of earthquake events：2013.5.4—2014.12.31）

也可用幂指数函数拟合，以分析扩散状态。对溪洛渡库区 Ⅰ 段、Ⅱ 段地震扩散的采用幂指数函数拟合结果，见图 12.14。

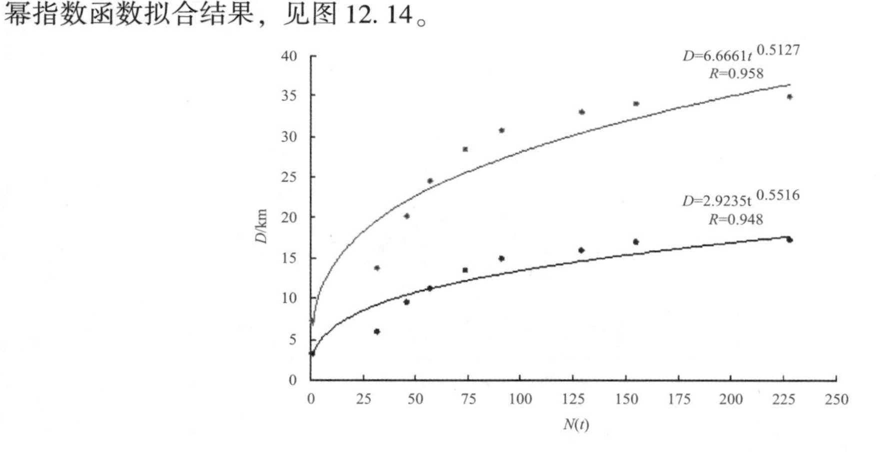

图 12.14　溪洛渡库区 Ⅰ 段和 Ⅱ 段地震扩散采用幂指数函数拟合

（地震事件时间：2013.5.4—2014.12.31）

Figure 12.14　Fitting line of power exponent function for seismic diffusion of Ⅰ and Ⅱ section in Xiluodu reservoir area

（Time of earthquake events：2013.5.4—2014.12.31）

其拟合式为

$$\hat{D}=6.6661t^{0.3127},\quad R=0.958 \tag{12.12}$$

$$\overline{D}=2.9235t^{0.3116},\quad R=0.948 \tag{12.13}$$

若仅考虑 150 天前数据拟合，结果是

$$\hat{D}=1.7855t^{0.6247},\quad R=0.956 \tag{12.14}$$

$$\overline{D}=0.6111t^{0.6996},\quad R=0.956 \tag{12.15}$$

对此类拟合线的认识应注意到这点：以幂指数函数拟合，曲线形态呈喇叭状扩散，距离始终逐步放大，呈不转平现象。

从更长时间段细致观察地震的扩散情况，见图 12.15。从地震事件序号 4500 ~ 10000 个地震事件距坝址距离维持在 25km 范围内，未一直成形向四周扩散现象。也就是说，溪洛渡水库地震活动向外扩散仅存在于蓄水前期时间段。

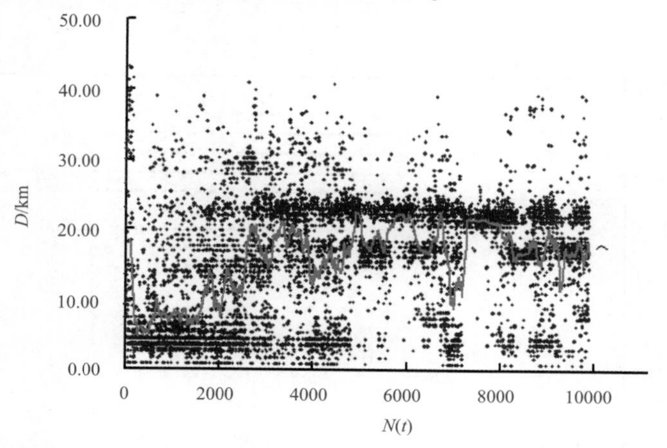

图 12.15　溪洛渡库区 Ⅰ 段和 Ⅱ 段地震相对溪洛渡坝址距离 D 的展布
（地震事件时间：2012. 1. 1—2015. 1. 31；取 100 个地震滑动均值 $\hat{D}$）

Figure 12.15　Distribution of the distances D from Xiluodu dam site to Ⅰ and Ⅱ section earthquakes in Xiluodu reservoir area
（Time of earthquake events：2012. 1. 1—2015. 1. 31；Taking 100 seismic moving average lines）

另外，同时给出这些地震震源深度与扩散距离的关系，见溪洛渡库区 Ⅰ 段、Ⅱ 段地震震源深度 h 与相对溪洛渡坝址距离 D 的分布见图 12.16。相对溪洛渡坝址距离近和远的地震的震源深度在地下 1 ~ 11km 均有分布；仅距离 25km 外地震活动浅部地震活动略有减少。

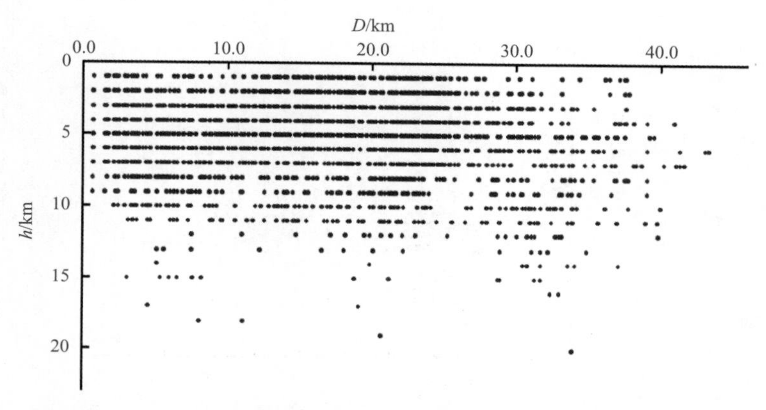

图 12.16　溪洛渡库区 Ⅰ 段和 Ⅱ 段地震震源深度 h 与相对溪洛渡坝址距离 D 的分布
（地震时间：2012. 1. 1—2015. 1. 31）

Figure 12.16　Distribution of the distances *D* from Xiluodu dam site to Ⅰ and Ⅱ section earthquake depths *h* in Xiluodu reservoir area
（Time of earthquake events：2012. 1. 1—2015. 1. 31）

高烈度区高坝梯级大库的水库地震活动是有相互影响的，会影响大坝下游水库尾段微震活动的增加。向家坝库区 C 段北西向小震条带地震震源深度 h 与相对溪洛渡坝址距离 D 的分布见图 12. 17。相对溪洛渡坝址距离近和远的地震的震源深度在地下 1 ~ 11km均有分布；仅距离 25 ~ 55km，即尾段(C 段)地震活动，主要分层分布在地下 0 ~ 9km。

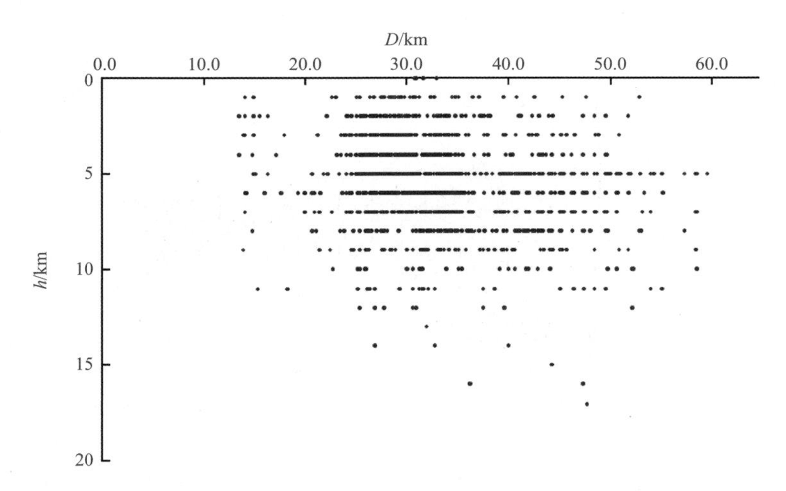

图 12. 17　向家坝库区 C 段北西向条带地震震源深度 h 与相对溪洛渡坝址距离 D 分布

（地震时间：2012. 1 – 2015. 1）

Figure 12. 17　Distribution of the distances D from Xiangjiaba dam site to C section northwestward stripe earthquake depths h in Xiangjiaba reservoir area

（Time of earthquake events：2012. 1—2015. 1）

分析向家坝库区 C 段地震的扩散情况，见图 12. 18。从地震事件序号 0 ~ 200 个地震事件扩散至距坝址距离 55km，之后地震事件序号 200 ~ 2000 个，多数维持在距 25 ~ 35km 范围内，未成向四周密集扩散现象。也就是说，溪洛渡水库蓄水后，对向家坝库尾段的影响，造成诱发地震活动向外扩散仅存在于蓄水初期。

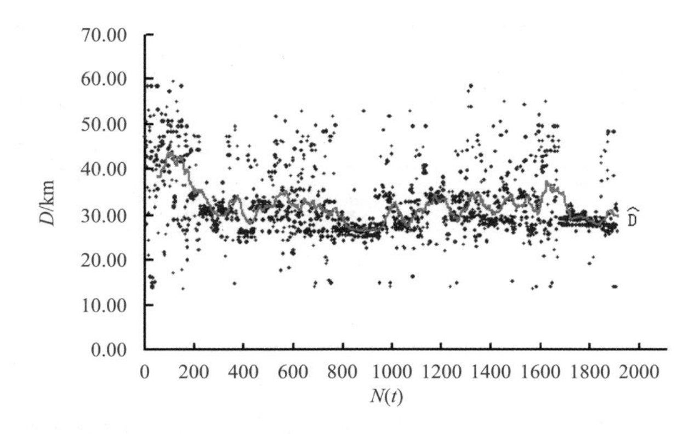

图 12. 18　向家坝库区 C 段北西向条带地震距溪洛渡坝址展布

（地震时间：2012. 1—2015. 1；取 50 个地震滑动均值 $\hat{D}$）

Figure 12. 18　Distribution of the distances from Xiangjiaba dam site to C section northwestward stripe earthquakes in Xiangjiaba reservoir area

（Time of earthquake events：2012. 1—2015. 1；Take 50 earthquake slip mean values）

高烈度区高坝梯级大库的水库地震活动时间若是在枯水期(如冬季开始下闸蓄水)，那么等到次年夏季，随库水位快速抬升出现诱发地震活动，这是常遇见的情况。水库蓄水后，库水位保持在高位波动，经历几个季节性蓄水、防水过程波动后，在库水位下降段或回升段，才发生中等地震活动，部分水库出现这种情况。

第 13 章　水库泄洪激发的振动特征分析

高坝水库泄洪往往具有高水头、高流速、大流量的特点。当泄洪孔开启，库水带着巨大动能从高处泄下，持续倾入坝下池内产生振动，强烈翻滚奔袭而出。显然，这种因高水头坠入，其势能、动能会通过池底基岩对围岩激发产生地动。这种地动信号也可以通过测震仪，或宽频带的测振仪能记录到，本章基于地脉动观测理论给出分析研究结果。

13.1　地脉动记录信号

地脉动是由地球自振和随机振源激发的一种稳定的非重复性波动，具有不同的频幅变化和作用时程。地脉动可以通过测震仪，或宽频带的测振仪能记录到。许建聪等(2005)探讨地脉动产生机理和传播特性。一些文献给出地脉动在工程场地评价中的具体应用(彭远黔等，2000；许建聪等，2004；郭明珠等，2005；胡仲有等，2011)。朱长春等(1999)利用地脉动试验识别楼房结构的模态参数，探讨运用于结构抗震性能评估。

高坝泄洪的振动问题的研究：一是涉及高坝及工程结构的振动问题；二是探讨对周围地面运动影响。显然，势能与泄洪孔与消力池的高差有关，而动能与水的流速、流量有关。

水库泄洪激发的振动影响不同于瞬间震动、爆破，而是持续作用过程。前者较之后者量级低，但持续时间长，因此，水库泄洪产生的振动持续，尤其夏天泄洪量大、时间长，有时影响也是严重的。

2012 年 10 月 10 日金沙江下游向家坝水库开始蓄水，之后泄洪。平时或泄洪之前周围的测震台记录到地脉动信号，泄洪后又记录到因泄洪激发的地动信号，可以进行比较分析。泄洪后我们又在近场的坝区增上流动测震仪、宽频带强震仪器，都记录到泄洪引起的振动信号。本章试图分析这些记录资料，给出库首区地脉动与水库泄洪激发的振动特征。

13.1.1　监测仪器和台站分布

1. 数字测震台的分布

向家坝水库大坝位于金沙江下游位置。自 2012 年 10 月 11 日 19：15 开始，金沙江下游测震台网监测到向家坝库首区有异常地脉动信号。马鞍山、润坝村、大金号、石城山、岩峰寺、天仙村 6 个台站地脉动背景波形振幅升高。为此，首先对库首区的 6 个测震台站蓄水前、后的记录数据进行分析。这 6 个台距水库大坝近的 5km，远的 27. 25km。

2. 使用仪器及特性

固定测震站观测采用的传感器为 FSS-3M 微震仪，改型微震仪为速度平坦型，通频带范围 1 ~20Hz。数据采集器为 EDAS-24IP，模数转换器(A/D)位数为 24 位，系统动态范围平均不小于 90dB，数据采样率为 100Hz。所观测的信号时程曲线记录的是速度记录，经处理也可给出地脉动位移曲线。

13.1.2　常时地脉动

选择一段地脉动记录，通过计算功率谱密度评估台基的地脉动水平是广泛采用的方法。功率谱密度(PSD)定义为

$$P_k = \frac{2\Delta t}{N} | G_k |^2 \tag{13.1}$$

式中，

$$G_k = \frac{G(f_k,\ t_r)}{\Delta t} \tag{13.2}$$

$$G(f,t_r) = \int_0^{t_r} g(t)\mathrm{e}^{-\mathrm{i}2\pi ft}\mathrm{d}t \qquad f_k = k/(N\Delta t), k = 1,2,\cdots,N \tag{13.3}$$

在频率域中，地震观测功率谱与观测记录、仪器传递函数的关系为

$$G(\omega) = Y(\omega)/H(\omega) \tag{13.4}$$

则以分贝(dB)表示地震记录速度功率谱密度时(吴建平等，2012)有

$$P_v | \mathrm{d}B | = 10\lg(P_k) = 10\lg\left(\frac{2\Delta t}{N} | Y_k |^2 - 20\lg(|H_k|)\right) \tag{13.5}$$

如果加速度、速度和位移的功率谱分别为 P_a、P_v 和 P_d，则关系是(Jens Havskov & Gerardo Alguacil，2007)

$$P_a(\omega) = P_v(\omega) \cdot \omega^2 = P_d(\omega) \cdot \omega^4 \tag{13.6}$$

根据马鞍山(MAS)、润坝村(RBC)、大金号(DJH)、石城山(SCS)、岩峰寺(YFS)、天仙村(TXC)台地脉动观测资料，即挑选2012 年10 月8 日2：00 连续速度记录波形数据。通过数据处理，给出功率谱密度曲线，见图 13.1。各幅图中给出的粗线为计算给出的高、低地脉动模型上、下控制线。Peterson(1993)通过对全球台网 75 个台站常时地脉动观测资料的研究，给出高脉动模型(High Noise Model)、低脉动模型(Low Noise Model)来作为评估台站观测地脉动水平的重要依据。这也是测震正常观测台基选择的基本条件。即无干扰的情况下，平常地脉动观测资料的频谱分布区间。

按照《地震台站观测环境技术要求》(GB/T 19531.1—2004)，台基背景噪声在 1 ~20Hz 频带范围内速度 RMS 值作为评估台站台基类型的标准，金沙江下游水库地震监测台网一期 35 个地震台站台基噪声水平大体在 $7.18\times10^{-9}\sim4.54\times10^{-7}$m/s 范围内。

如图 13.1(a)所示，左侧 6 幅图为常时，即在水库蓄水泄洪之前，地脉动观测值分析的功率谱密度的分布曲线。分析结果均在两根高、低地脉动模型控制线之内变化。从常时地脉动信号的频谱曲线可见，主要是高频成分，出现在高频段 1.9 ~ 12.0Hz；相对应的卓越周期 0.08 ~0.52s。因为，固定台站的台基都选择在基岩或坚硬地基，记录的地震波的卓越周期都短。

水库大坝周围的 6 个固定测震台地脉动背景值升高前后的功率谱密度对比曲线见图 13.1(b)，即图中右侧的曲线，超出正常控制线外的频段部分的谱幅值，分析认为出现异常。其中，马鞍山、润坝村、大金号、石城山、岩峰寺 5 个台计算的功率谱密度曲线出现异常，距离为 5 ~21km。而天仙村台距离大坝 27.3km，计算结果谱密度幅度未超出控制线，出现异常振动信号相对要小，这里不再列出。

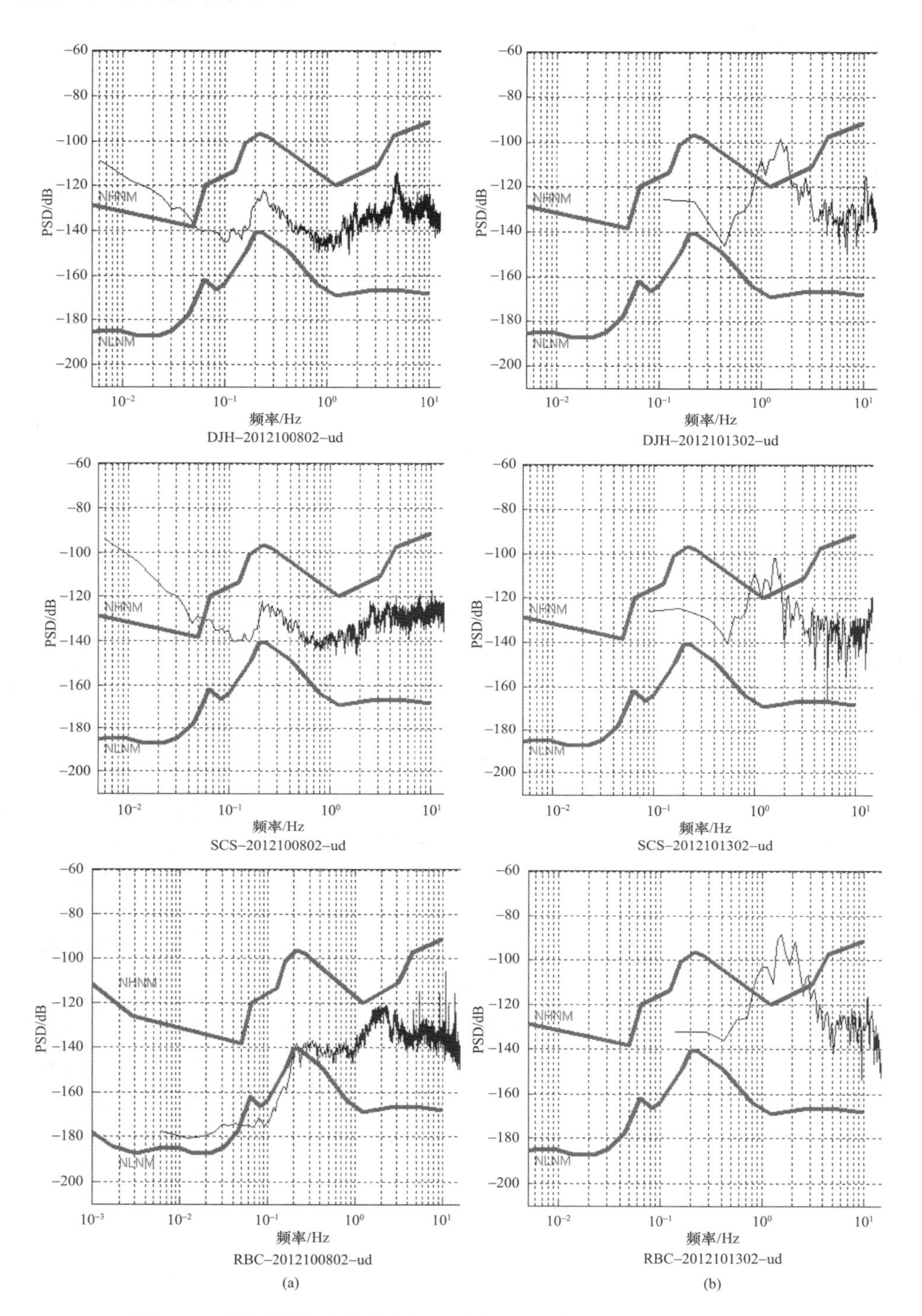

图 13.1 据测震台地脉动速度观测记录分析得到的功率谱密度曲线

(a)取 2012.10.08.02 观测记录；(b)取 2012.10.13.02 观测记录

(说明：马鞍山台—mas；润坝村台—rbc；大金号台—djh；石城山台—scs；岩峰寺台—yfs；天仙村台—txc)

Figure 13.1 Power spectral density curves of earth pulsation velocity records recorded by seismograph

(a) According to the 2012.10.08.02 record; (b) According to the 2012.10.13.02 record

(Note: Maan station—mas; Runba village station: rbc; Dajinhao station—djh; Shicheng mountain station: scs; Yanfeng temple station—yfs; Tianxian village station—txc)

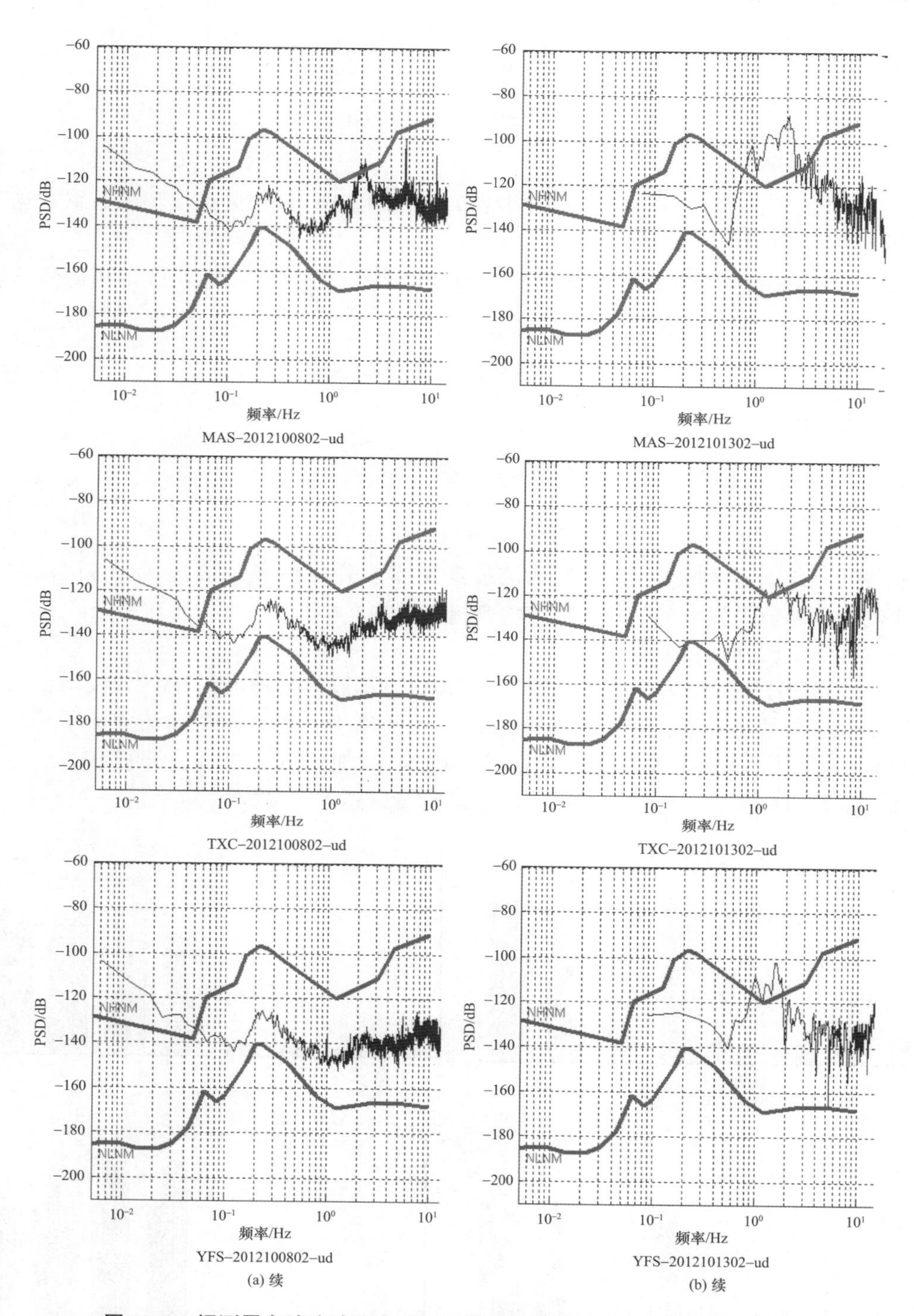

图 13.1　据测震台地脉动速度观测记录分析得到的功率谱密度曲线(续)

(a)取 2012. 10. 08. 02 观测记录；(b)取 2012. 10. 13. 02 观测记录

(说明：马鞍山台—mas；润坝村台—rbc；大金号台—djh；石城山台—scs；岩峰寺台—yfs；天仙村台—txc)

Figure 13.1　Power spectral density curves of earth pulsation velocity records recorded by seismograph

(a) According to the 2012. 10. 08. 02 record；(b) According to the 2012. 10. 13. 02 record

(Note：Maan station—mas；Runba village station：rbc；Dajinhao station—djh；Shicheng mountain station：scs；Yanfeng temple station—yfs；Tianxian village station—txc)

13.2 水库泄洪激发的振动

挑选 2012 年 10 月 8 日—15 日每天 02:00、09:00、16:00 时间连续记录波形数据，计算各台地脉动速度振幅，即 RMS 值。

根据 Jens Havskov 和 Gerardo Alguacil(2007)的表述，在 0 ~ T 的速度记录信号的均方根振幅定义为

$$v_{\mathrm{RMS}}^2 = \frac{1}{T}\int_0^T v(t)^2 \mathrm{d}t \tag{13.7}$$

在频率范围 f_1 ~ f_2 内，功率谱密度为

$$v^2{}_{\mathrm{RMS}} = \int_{f_1}^{f_2} P_v(\omega)^2 \mathrm{d}f \approx P_v \cdot (f_2 - f_1) \tag{13.8}$$

$$v_{\mathrm{RMS}} = \sqrt{P_v \cdot (f_2 - f_1)} \tag{13.9}$$

则得到各台地脉动速度振幅，即简写为测震观测技术中 RMS 值的表述。这将记录的时间域的平均速度峰值振幅与频率域的平均功率相联系。

各台测值随时间变化见图 13.2。

可见，从 2012 年 10 月 12 日以后从 5 ~ 20km 的测震记录均出现 RMS 值陡增，之后持续维持在较高的地动幅值。各台地脉动速度值升高的幅度：与大坝处水流方向平行的台站润坝村台(距大坝 8.6km)增加 1 个量级，即由 10^{-8} 增加到 10^{-7} 量级，见表 13.1。与大坝处水流方向垂直的马鞍山台(距大坝 5km)，增加量未达 1 个量级。

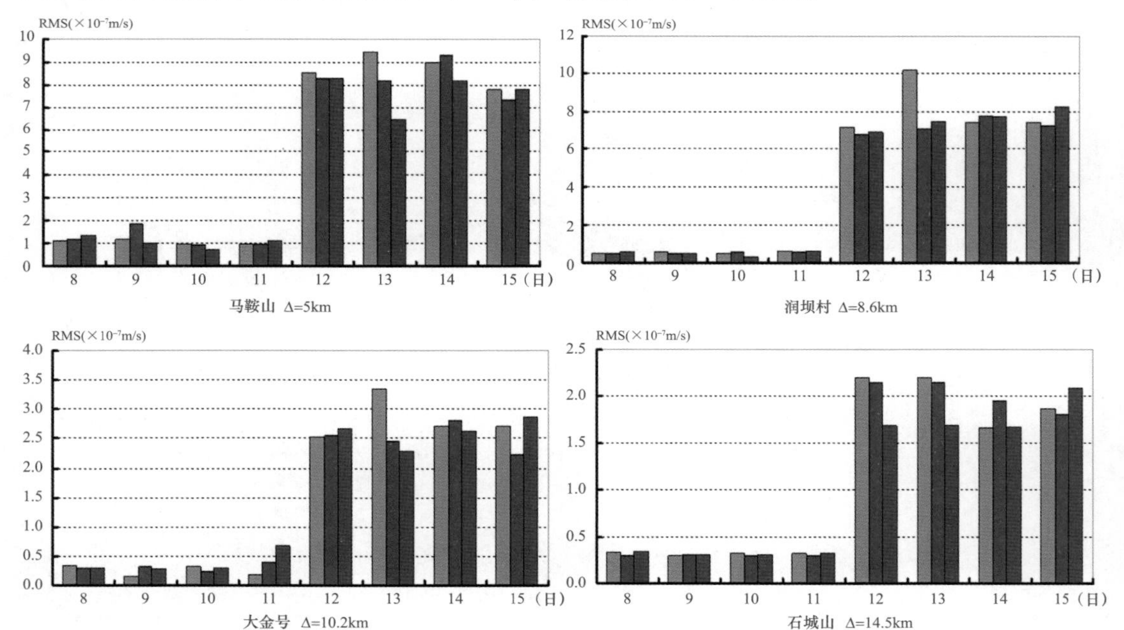

图 13.2 水库泄洪前、后各台测得的地动 RMS 值随时间变化

Figure 13.2 RMS values of earth pulsation are varying with time before and after the flood discharge

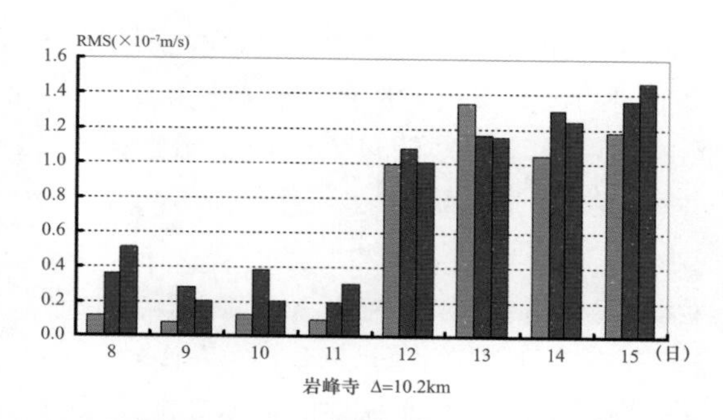

图 13.2　水库泄洪前、后各台测得的地动 RMS 值随时间变化(续)

Figure 13.2　RMS values of earth pulsation are varying with time before and after the flood discharge

表 13.1　测震台水库泄洪前后地脉动值的变化

Table 13.1　RMS values of earth pulsation before and after the flood discharge

台站名称	台站与大坝的距离/km	背景升高前 RMS 均值/$(m \cdot s^{-1})$	背景升高后 RMS 均值/$(m \cdot s^{-1})$
马鞍山	5.0	1.11×10^{-7}	8.22×10^{-7}
润坝村	8.6	5.00×10^{-8}	7.63×10^{-7}
大金号	10.2	3.18×10^{-8}	2.65×10^{-7}
石城山	14.5	3.14×10^{-8}	1.93×10^{-7}
岩峰寺	20.9	2.39×10^{-8}	1.20×10^{-7}

从观测记录的计算分析结果可知，异常地动出现的时间在 10 月 12 日，这与此时库水泄洪方式改变、水头高度升高、增加水位势有关。根据金沙江新滩水文站观测资料，水库水位蓄水前的水位高程在 280m，2012 年 10 月 10 日蓄水后库水位逐渐上升至 310m，见图 13.3。此时水库改变泄洪孔，由底孔泄洪改为中孔泄洪。此时水库出库流量并未增加，之后反而减少较多。水库泄洪流量每日每时起伏较大，10 月 11 日，其在 2740 ~ 3610m^3/s 波动；10 月 12 日，在 2620 ~ 3220m^3/s 波动；10 月 13 日，在 2170 ~ 2600m^3/s 波动。底孔低线位置在 262m，中孔底线位置在 298m，两者差 36m，实际是陡增水位势。

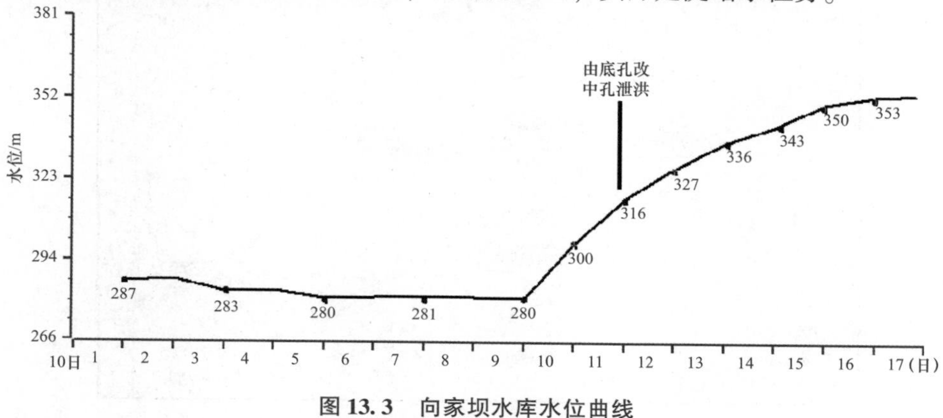

图 13.3　向家坝水库水位曲线

Figure 13.3　Curve of water level of Xiangjiaba reservoir

将计算的功率谱密度曲线超出正常控制线外的频段宽度量出，称为优势频带，列在表13.2，同时给出优势频带内的最大幅值对应的频率(称为卓越频率)也列出，以及相应的卓越周期。另外，取实测的速度地动信号的最大幅值也给在表13.2。可见由5km外固定测震台记录分析得到的水库泄洪激发地动的最大速度幅值，几千米处在10^{-6}量级；在10~20km范围在10^{-7}量级水平。

水库泄洪激发的地动信号的优势频带在0.70~2.2Hz，主频为1.6~2.0Hz；卓越周期在0.45~1.43s。这些结果与常时地脉动信号分析结果比较，水库泄洪激发地动的信号出现在低频段，呈现更长的周期；而常时地脉动信号出现在高频段；呈现短的周期。

表13.2 根据5km外测震台记录资料分析给出的水库泄洪激发地动的结果

Tab. 13.2 Analysis results according to the 5km away seismograph records

序号	观测点名称	距坝址/km	优势频带/Hz	卓越频率/Hz	卓越周期/s	最大幅值/($m \cdot s^{-1}$)
1	马鞍山	5.0	0.70~2.2	2.0	0.45~1.43	1.70×10^{-6}
2	润坝村	8.6	0.75~2.2	1.6	0.45~1.33	1.90×10^{-6}
3	大金号	10.2	0.80~2.0	1.6	0.50~1.25	6.64×10^{-7}
4	石城山	14.5	0.85~1.9	1.7	0.52~1.18	5.24×10^{-7}
5	岩峰寺	20.9	0.85~1.9	1.7	0.52~1.18	3.30×10^{-7}

13.3 近场观测的泄洪振动

13.3.1 流动数字测震台观测结果

由于固定测震台都在大坝5km外，于是，2012年10月12日、16日、19日在坝区附近布设了5个流动测震台进行观测，测点分布见图13.4。其中，水库大坝上2个，分别分布位于大坝中控室、大坝右肩位置；坝下3个流动测点位于坝下水流方向的右侧，距离大坝分别为0.72km、1.2km、1.3km。

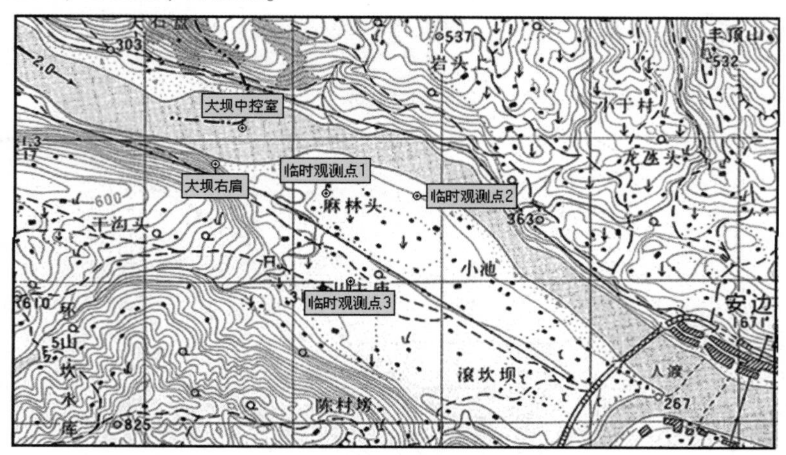

图13.4 流动测震观测点的位置分布

Figure 13.4 Location distribution of mobile seismic observation stations

对近场流动测震台记录的地动记录，进行分析得到的功率谱密度曲线见图 13.5。可见，近场记录分析得到的频谱曲线，超出控制粗线的高值部分高频段十分显著。

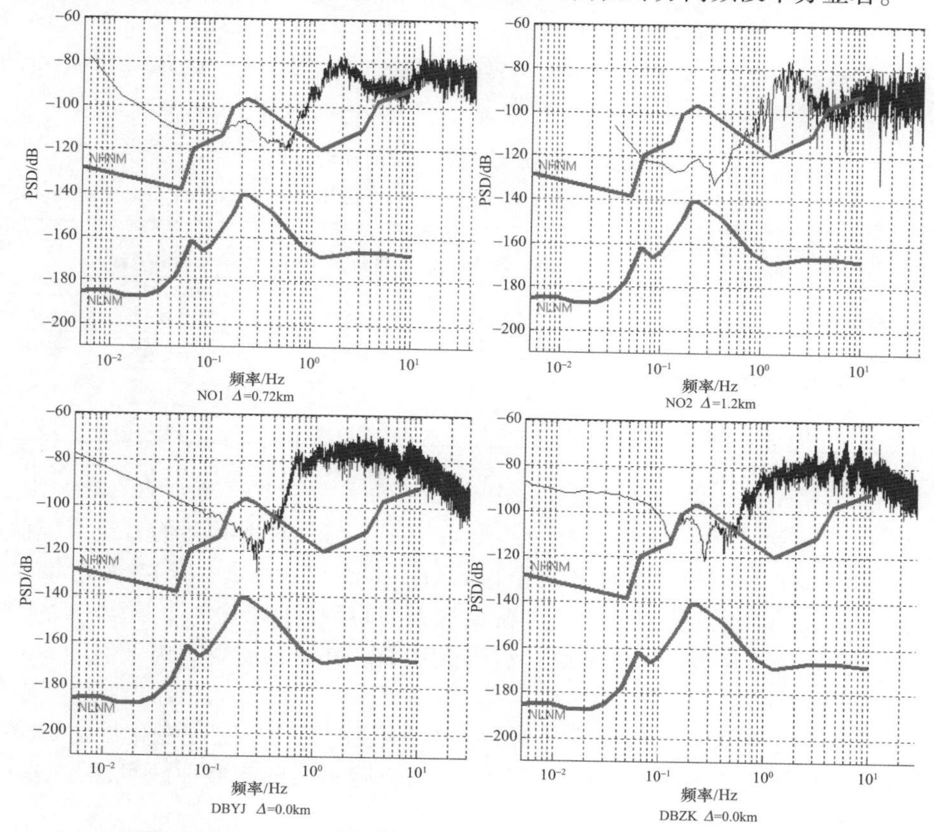

图 13.5 近场 4 个流动测震台观测记录分析给出的地动功率谱密度曲线
（说明：观测点 1—NO_1；观测点 2—NO_2；大坝右肩—DBYJ；大坝中孔室—DBZK）

Figure 13.5 Power spectral density curves of near fiel 4 dmobile seismic observation stations
（Note：station 1—NO_1；station 2—NO_2；right dam shoulder—DBYJ；center dam hole room—DBZK）

大坝右肩测站、大坝中孔室测站记录分析后给出的地动优势频带为 0.6～10Hz，卓越频率在 3.6Hz 和 4.2Hz，分析包含多种振动和噪声成分。对顺泄洪水流方向的流动测站 1 记录分析后给出的地动优势频带为 0.7～8.0Hz；流动测站 2 得到的为 0.8～4.0Hz；卓越频率均在 2.0Hz 左右。分析结果均在高频段显示强的幅值水平，这里略去甚高频段噪声，因为其振动幅度或影响相对小。

分析认为，高坝泄洪水流冲击荷载造成的地动信号是多种成分构成，包括高水头冲击泄洪池底部基岩向外扩散的地动信号、流水翻滚紊动信号、水流对坝体下游江岸的脉动信号、泄洪时坝体工程结构的响应信号等。这些信号的叠加是持续冲击型的随机信号，含有各种频率成分。

根据连继建等(1999)对二滩大坝泄洪振动的分析结果，在时程曲线中，看到波的包络线突然增大及减小的现象。这是因为激励的水流作用是随机的，拱坝坝基地面振动也是随机的，随机振动源含有各种频率分量，某一瞬时地面振动频率正好与拱坝结构固有频率相同时，(即激起拱坝瞬时)共振，使波曲线中某些瞬时波形较大而光滑。时程曲线和频谱图中，常能明显地反映出某种频率特性的成分，特别是与拱坝第一阶固有频率相应的振动。拱坝前几阶频率分别为1.074Hz、1.66Hz、2.344Hz、2.93Hz、3.418Hz、4.395Hz、4.883Hz。

另外，近场流动测震台观测结果，大坝处中孔和大坝右肩所测速度RMS值最高为0.02mm/s；距大坝1km左右所测速度RMS值为0.006mm/s，低一个量级，见表13.3。

表13.3 近场流动测震台观测地动结果

Table 13.3 Analysis results according to near fiel dmobile seismic observation stations

序号	观测点	测站与大坝的距离/km	优势频带/Hz	卓越频率/Hz	卓越周期/s	RMS均值/($m \cdot s^{-1}$)
1	观测点1	0.72	0.7~8.0	2.0	0.13~1.43	6.71×10^{-6}
2	观测点2	1.2	0.8~4.0	1.9	0.25~1.25	6.36×10^{-6}
4	大坝右肩	0.0	0.6~10.0	3.6	0.10~1.67	1.88×10^{-5}
5	大坝中孔室	0.0	0.6~10.0	4.2	0.10~1.67	1.91×10^{-5}

根据观测分析结果，固定测震台记录分析得到的水库泄洪激发地动的最大速度幅值，几千米处在10^{-6}量级；10~20km处在10^{-7}量级水平。与常时地脉动信号速度幅值比约升高1个量级。例如，与大坝处水流方向平行的台站润坝村台(距大坝8.6km)增加1个量级；与大坝处水流方向垂直的马鞍山台(距大坝5km)增加量未达1个量级；距大坝20~30km的速度值为10^{-8}量级，为正常地脉动测值水平，可见地动观测幅度值随离开坝址距离的增大而衰减。

泄洪期间距坝址不同距离的测震台所测RMS均值随距离的衰减变化见图13.6。距坝址0~5km距离的测震台观测分析得到的RMS均值随距离的衰减曲线见图13.6中L_1曲线，其拟合式为

$$\mathrm{RMS}=(287.58e^{-0.56\Delta})\times10^{-7} \tag{13.10}$$

拟合相关系数为0.97。

距坝址5~21km距离的测震台观测分析得到的衰减曲线L_2，其拟合式为

$$\mathrm{RMS}=(92.66e^{-0.19\Delta})\times10^{-7} \tag{13.11}$$

拟合相关系数为0.91。向家坝水库泄洪引起的近场振动衰减系数为0.56，大于远场的0.19，说明水库泄洪引起的振动强度随距离的衰减很快。

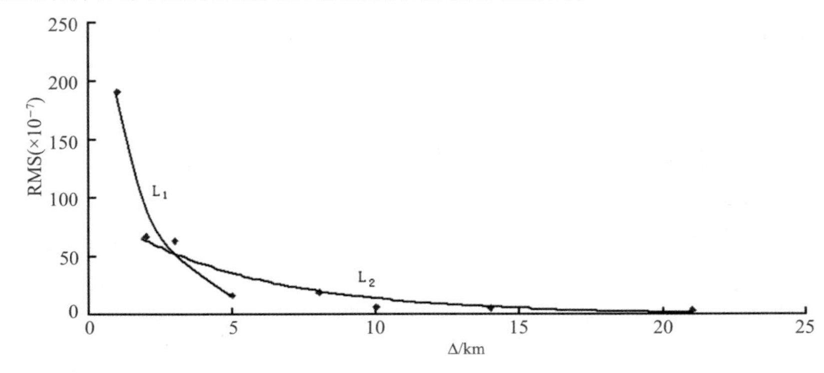

图13.6 水库泄洪振动RMS值随距离的衰减变化

Figure 13.6 Attenuation changes of RMS values of reservoir flood discharge vibration with distance

13.3.2　数字宽频带强震仪观测结果

使用数字宽频带强震仪（SLJ-100 地震计，GDQJ-Ⅱ数采）可以观测场地背景振动的加速度信号，即台址场地常时微振动产生的加速度脉动。

观测地点：大坝右肩；观测时间：2012 年 10 月 16 日 18 时 19 分，即水库泄洪开始后第 5 天。

使用仪器。数字强震动记录器，其技术指标：动态范围为≥90dB；频率响应为 0～50Hz；采样率为 50、100、200。多通道强震动数据采集器，其技术指标：动态范围为≥90dB；频率响应：0～50Hz；平坦，零点漂移为＜100μV/℃。加速度计，其技术指标：传感器类型为力平衡式加速度计；传感器灵敏度为 1250；传感器阻尼比为 0.70；测量范围为±2g；频率响应为 0～80Hz；相位为线性；动态范围为≥120dB；噪声均方根值为≤10^{-6}g；零位漂移为≤500μg/℃。选择 50 s 时间长度资料，采样率为 200。

向家坝水库大坝右肩台的数字宽频带强震仪观测，分析给出水库泄洪时段结果，EX 向记录给出的地动峰值加速度为 1.78mm/s^2，峰值速度为 0.07mm/s，最大位移值 80μm；NS 向记录得到的地动峰值加速度为 2.0mm/s^2，峰值速度为 0.09mm/s，最大位移值 110μm。

根据这些记录计算得到的仪器测定烈度值是小于Ⅳ度。中国地震烈度表对Ⅳ度的描述是：室内多数人、室外少数人有感觉，少数人梦中惊醒，门、窗作响，悬挂物明显摆动，器皿作响。现场实际调查结果造成的影响是：水库泄洪由底孔改为中孔后，水富县（今水富市）育才路几条街区的商铺卷帘门哗哗有响声，楼内坐着感觉轻微晃动，厚度薄的铝合金玻璃窗也作响，挨江边大坝近的高层居民住户吊灯向一个方向晃动。悬挂物明显摆动，但器皿不作响；窗作响，但门不作响；室内外是部分人有感觉；影响少数人睡眠。这也大致符合中国地震烈度表中Ⅳ度的描述。

13.4　分析结果

利用宽频带数字测震仪监测的金沙江下游水库区常时地脉动和水库泄洪激发的振动记录，分析研究给出水库泄洪激发地动的信号包含多种振动和噪声成分，与常时地脉动信号比较，出现在低频段，呈现更长的周期。

据向家坝水库附近微震和强震监测仪记录，分析了库区附近常时地脉动信号的频谱成分和幅度，也分析了水库高坝泄洪引起的振动。

常时地脉动信号出现在高频段 1.9～12.0Hz；相对应的卓越周期为 0.08～0.52s；信号速度幅值在 10^{-8}量级。

2012 年 10 月 10 日蓄水后库水位逐渐上升，10 月 11 日 19：15 水库周围 6 个台站的地动背景值同时升高，10 月 12 日之后台站地动背景值维持在较高水平。这与水库改变泄洪孔，由底孔泄洪改为中孔泄洪，陡增水位势时间相关。

水库泄洪引起的振动的观测强度或振动幅度 RMS 值随离开坝址距离的增大而衰减。其衰减拟合式中的衰减系数，近场为 0.56，大于远场的 0.19，说明水库泄洪引起的振动强度随距离的衰减很快。

较远场地的激发振动频谱，水库泄洪激发的地动信号的优势频带在0.70～2.2Hz，主频为1.6～2.0Hz；卓越周期为0.45～1.43s。这些结果与常时地脉动信号分析结果比较，水库泄洪激发地动的信号出现在低频段，呈现更长的周期；而常时地脉动信号出现在高频段，呈现短的周期。

近场观测结果：大坝右肩测站、大坝中孔室测站记录分析后给出的地动优势频带为0.6～10Hz，卓越频率在3.6Hz和4.2Hz，分析包含多种振动和噪声成分。

使用数字宽频带强震仪观测的激发振动的加速度信号，其EX向、NS向记录得到的峰值加速度均值为1.9mm/s^2；峰值速度均值为0.08mm/s；最大位移均值为95μm；仪器测定的烈度值为Ⅳ度。

另外，清华大学水利水电工程系采用CD7速度型测振仪在此时段此街区观测分析报告的结果为：水富县城(今水富市)右岸防波堤马道场地的峰值速度为0.07 mm/s；云天化幼儿园场地的峰值速度为0.05 mm/s，右岸江边水池场地的峰值速度为0.09 mm/s，残疾人联合会房屋地基的峰值速度0.13 mm/s。南京水利科学研究院采用891－4型测振仪观测分析报告的结果为：水富路育才路6幢、5幢砖混结构民房的振动速度峰值约为0.15mm/s，振幅峰值位移约58μm，5幢的振动速度峰值约为0.26 mm/s、振动峰值位移约为80μm；云天化幼儿园2号教学楼地基振动速度峰值约为0.03mm/s、振动位移峰值约为11μm。不同场地不同仪器观测值略有差异，这是正常的。

总体来讲，坝址处强，而离开坝址几百米到一千米距离测点的值下降；顺金沙江河道右侧水富县(今水富市)老城区振动稍强。这与这一地块坐落在金沙江的Ⅰ级、Ⅱ级阶地上，覆盖层厚度40～80m，泄洪引起振动波的放大作用有关。

据连继建等(1999)二滩水弹性模型和水工模型实验结果进行估算：中孔联合泄洪时上游水位为1200m、泄量为16500m^3/s，进行拱坝泄洪振动响应的数值计算，得到顶拱拱冠处振动位移均方根值为145μm。其他几个水库泄洪的最大位移值，小湾、构皮滩、溪洛渡水电站分别给出为127μm、107μm、178μm。与这些水库泄洪振动激发位移值的估算结果比较，向家坝水库泄洪激发振动的分析计算值是不高的。但是，水库泄洪激发的振动影响不同于瞬间震动、爆破，而是持续作用过程。前者较之后者量级低，但持续时间长，因此工程结构、材料的疲劳破坏、各种隐患的恶化，附近居民的感受会更突出。

说明：本章参阅了清华大学水利水电工程系的《向家坝蓄水期水富县城建筑物微振检测研究报告》，以及南京水利科学研究院水文水资源与水利工程科学国家重点实验室的《向家坝水电站坝区振动观测研究报告》。

第14章 水库诱发地震与区域强震探讨

部分水库蓄水后发生比蓄水前引人注目的地震活动，之后水库周围区域发生中强地震，两者的关系往往一时成为社会舆情的热点问题或争议问题。本章就水库地震活动与区域强地震的一些重要的水库案例进行探讨，给出初步认识和思考。

14.1 水库触发地震与区域强震

水库诱发地震(Reservoir-induced Earthquake)是指由于水库蓄水或水位变化而引发的地震。当前有使用水库诱发地震和水库触发地震(Reservoir-triggered Earthquake)的称谓以区别引发地震成因机制上的不同。前者认为水库周围的原始地壳应力不一定处于破坏的临界状态，水库蓄水或水位变化后使原来处于稳定状态的结构面失稳而发生地震；而后者认为水库周围的地壳应力已处于破坏的临界状态，水库蓄水或水位变化后使原来处于破坏临界状态的结构面失稳而发生地震(《水库诱发地震危险性评价》(GB 21075—2007))。

水库诱发地震和水库触发地震都是和水库蓄水或水位变化后发生直接关系，且都发生在蓄水影响的库区范围，而不是跨构造区域很远发生的强震。

部分高烈度水库处于中强震多发区，蓄水岩体结构面或裂隙系的渗流导致库区弱化现象发生大量中小地震，这可作为区域地震活动的一部分，也是研究前兆性地震活的资料之一。

研究中小地震以及微震破裂是地震学方法研究区域强震蕴震过程的重要途径。常见的有强震的中短期或短期前兆性地震活动的研究，或称震兆研究。物理上临近主断裂前，在断裂前缘会出现前兆性的预破裂事件。临近强震前，有时也会在震源区发生前兆性中小地震事件。震源区或余震区的震前地震活动理解为直接前震。近几十年来，地震学家从不同的研究角度做了艰苦细致的探索。从强震前源区地震活动分析，寻找强震前空间和时间临近时间段出现的突出的中等地震。但是，由于识别直接前震的困难已从原来较狭义的范畴(直接前震)扩展到较宽的时间—空间范围地震活动的研究，一些地震学家相继提出了逼近地震(陆远忠，1982)、前兆地震活动窗口(程万正，1984)、诱发前震(赵根模，1989)、前震序列(刘正荣，1979，1986；林邦慧，1994)的概念。

高烈度区的水库区域地下积累应力水平较高，在区域强地震之前，库区的渗流弱化部分的库段附近发生显著地震活动，呈现地震活动密集增强的现象，作为区域构造强震的广义前兆性地震活动，不失一种探讨。以下就这类问题结合案例给出分析认识。

14.2 溪洛渡水库 M_S 5.3 地震与鲁甸 M_S 6.5 地震

2014 年 4 月 5 日永善 M_S5.3 地震和 2014 年 8 月 17 日永善 M_S5.0 地震及震区范围的大量小震及微震活动发生在蓄水影响的库区范围，是水库蓄水前期或水位抬升变化后发生的水库诱发地震，两次 5 级地震是水库触发地震，详见第 11 章。简要理由：地震发生在库区 10km 内，离金沙江岸边 2～3km；震源深度分别为 5.5km、6.0km；余震深度出现短暂陡降加深的扩展现象；前余震活动形成 NW 向展布带；发生在库水位高位波动下降、回升阶段；是水库蓄水或水位变化后使原来处于稳定状态的结构面失稳而发生的地震。

注意，2014 年 4 月 5 日永善 M_S5.3 地震和 2014 年 8 月 17 日永善 M_S5.0 地震发生时间。2014 年 8 月 3 日在云南省昭通市鲁甸县(27.1°N，103.3°E)发生 M_S6.5 地震，震源深度为 12km。震中位置距向家坝坝址 196km，距溪洛渡坝址 132km。震中位于与金沙江下游流向大致平行展布的昭通—鲁甸断裂带，或与通过库区的莲峰断裂带走向大致平行展布。昭通市鲁甸 M_S6.5 地震震源力学机制为走滑型；节面 1：走向 74°，倾角 84°，滑动角 177°；节面 2：走向 165°、倾角 87°、滑动角 6°；矩心深度 11km。地震震源破裂方向呈北东方向。根据金沙江下游强震台网获取强震动三分量加速度记录有 32 个台 93 条记录，峰值加速度 2～61Gal。因此，昭通鲁甸 M_S6.5 地震发生后部分人士认为，是水库诱发的地震显然是不合适的，至少不应理解为水库诱发地震活动触发的地震。如图 14.1 所示，2014 年 4 月 5 日永善 M_S5.3 地震发生，2014 年 8 月 3 日发生昭通鲁甸 M_S6.5 地震，之后再次在库区发生 2014 年 8 月 17 日永善 M_S5.0 地震。

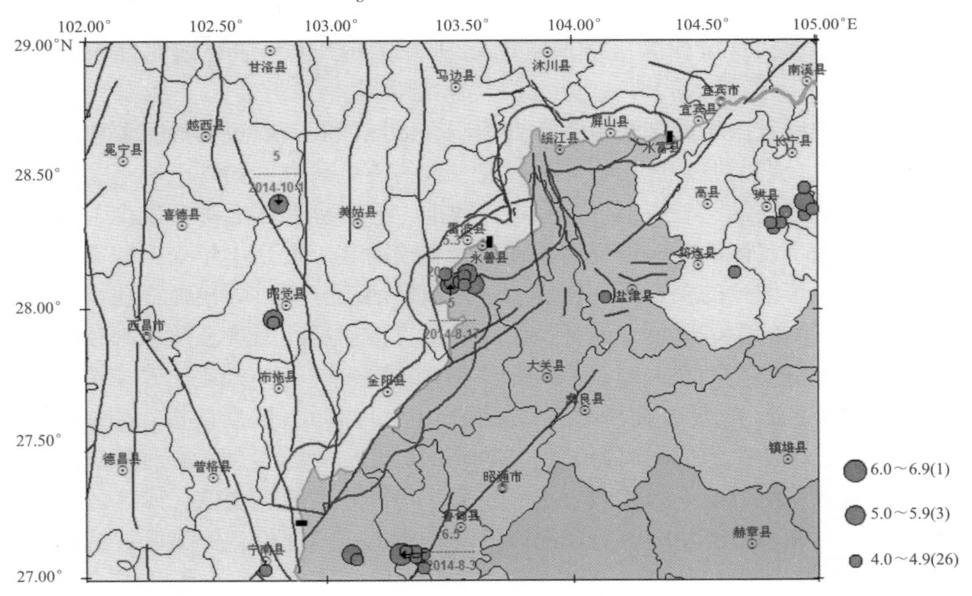

图 14.1 蓄水前期向家坝—溪洛渡库区及周围区域发生的中强地震活动

Figure 14.1 Activity of moderate and strong earthquakes occurred in Xiangjiaba-Xiluodu reservoir area in the early stage of impoundment

基于区域构造与历史中强地震活动特点的分析认识，对 2014 年 4 月 5 日永善 $M_S5.3$ 地震、8 月 3 日昭通市鲁甸 $M_S6.5$ 地震、8 月 17 日永善 $M_S5.0$ 地震这一过程，笔者在库区地震分析月报、年报中对 2014 年 4 月 5 日 5.3 级地震事前给出预测。之后给出震情分析报告指出：马边—大关地震构造带，北北西向玛瑙断裂、南北向猰子坝断裂、北东向雷波断裂均为活动断裂。历史上中强地震多发生在构造带交会部位，历史强震复发时间接近。近 100 年来马边—盐津地震带发生 4 次强震：1917 年 7 月 31 日大关 M_S6；1936 年 4 月 27 日马边 M_S6；1936 年 5 月 16 日雷波西宁 M_S6；1974 年 5 月 11 日永善大关北 $M_S7.1$；复发间隔时间为 29 ~ 38 年（截取时间为 1975—2013 年）。若以后地震复发周期与前 2 次类似，认为上述地震构造带已进入区域强震的复发时段。2014 年 8 月 3 日 16 时昭通鲁甸 $M_S6.5$ 地震发生，与之前复发间隔震级强度的估计虽然仅差 0.25 级，时间临近的估计接近。

基于区域构造与中强地震分布特点认识，水库永善 5 级地震与昭通鲁甸 $M_S6.5$ 地震存在一定时间关联。2014 年 8 月 17 日昭通鲁甸 $M_S6.5$ 地震发生后，提出区域中强地震活动向外围地区，包括库区的扩散。结果，2014 年 8 月 17 日永善 $M_S5.0$ 地震发生，表明扩散发生，库区地震活动活跃，微震活动频次剧增。

显然永善 5 级地震是水库地震，而昭通鲁甸 $M_S6.5$ 地震是区域构造地震，前者在水库影响区和水库诱发地震空间麇集区域，后者在水库影响区之外，与库区大断裂平行的 NE 向鲁甸断裂带，属另一昭通—鲁甸—彝良地震活动带区域。

现阶段对水库地震机理、成因的认识，存在争议，专家们依据不同的学科或专业知识，侧重点不同，或了解的具体资料不全面，故认识有差异是正常的。鲁甸地震发生 25 天后，即 2014 年 8 月 28 日，范晓《鲁甸地震再次提示川滇地区水库诱发地震的巨大风险》的报告出现在加拿大环保组织“探索国际”（Probe International）的下属网站。范晓认为鲁甸 $M_S6.5$ 地震有可能是在原来天然地震的背景下，地震断裂带受到溪洛渡水库蓄水的影响而发生“活化”所致。Jane（2014）基于范晓报告认为昭通鲁甸 $M_S6.5$ 地震是溪洛渡水库蓄水引起的（财新网，阳明：2014.10.8. 英国《自然》杂志称鲁甸地震与巨型水库蓄水有关）。徐锡伟研究员不同意这一看法，在接受《自然》采访时表示，毕竟震中距离水库 40km，且震源在地下 12km，水库的水很难到达这个深度。

依据水库诱发地震危险性评价（GB 21075—2007）国家标准所定义的框架，2014 年 8 月 3 日昭通鲁甸 $M_S6.5$ 地震不属于水库诱发地震的理由：

（1）不在水库蓄水影响区 10km 内，监测的鲁甸地震活动在 40 ~ 50km。

（2）溪洛渡水库诱发地震与鲁甸地震活动空间分布，不属于库区断裂构造系，是与库区构造平行的北东向断裂系，空间展布并不斜交。

（3）鲁甸地震活动与库区蓄水引起的孔隙压变化与裂隙渗流无关。

（4）昭通鲁甸 $M_S6.5$ 地震是川滇交界东部地区间隔 40 年后复发的强地震，属区域构造强地震。

14.3　锦屏水库诱发 $M_L4.0$ 震群活动

锦屏水电站位于四川省盐源县和木里县境内雅砻江干流下游河段，混凝土双曲拱坝坝高

305m，为世界第一高拱坝。库区干流回水至木里县卡拉乡，回水长度为58km，库面宽500～700m；一级支流小金河回水至木里县后所乡嘎姑村嘎姑水文站附近，长度约90km；二级支流卧罗河回水至盐源县壁基乡卧罗村，长约21km。库区控制流域面积10.26万km^2，总库容77.6亿m^3，调节库容49.1亿m^3。

图14.2(a)给出锦屏水库蓄水以来(2012—2017年)的M_L2.0以上地震活动分布。地震主要分布雅砻江干流下游水域木里附近的3个局部区域。图中局部A区地震集中分布于下游干流附近；B区地震呈北西向条带展布于支流附近。另外C区地震活动也呈北西条带与B区地震带平行展布。

在图14.2(b)中，冕宁—西昌—德昌一带展布安宁河东、西支断裂带(F4)。锦屏水库流域的地震活动主要展布于近南北向理塘—德巫—木里断裂带(F1)南端，北东向小金河断裂(F2)南西端，北东向李子坪、卧罗河、麦嘉坪平行断裂系与盐源弧形构造带(F3)交会区域。该区域中等地震活动频发，麇集在盐源、宁蒗、木里之间局部区域，见图14.2(b)，历史上发生的最大地震为1976年盐源M_S6.7、M_S6.4地震。

挑出图14.2(a)中A、B、C区域的地震，给出其随时间变化的曲线，见图14.3。结合锦屏水库蓄水后库水位分析，2012年库水位在高程1650m波动，2013年9月前在1700m波动，2013年10月—2017年在1800～1900m波动，每年7月到次年2月为库水位峰值阶段。

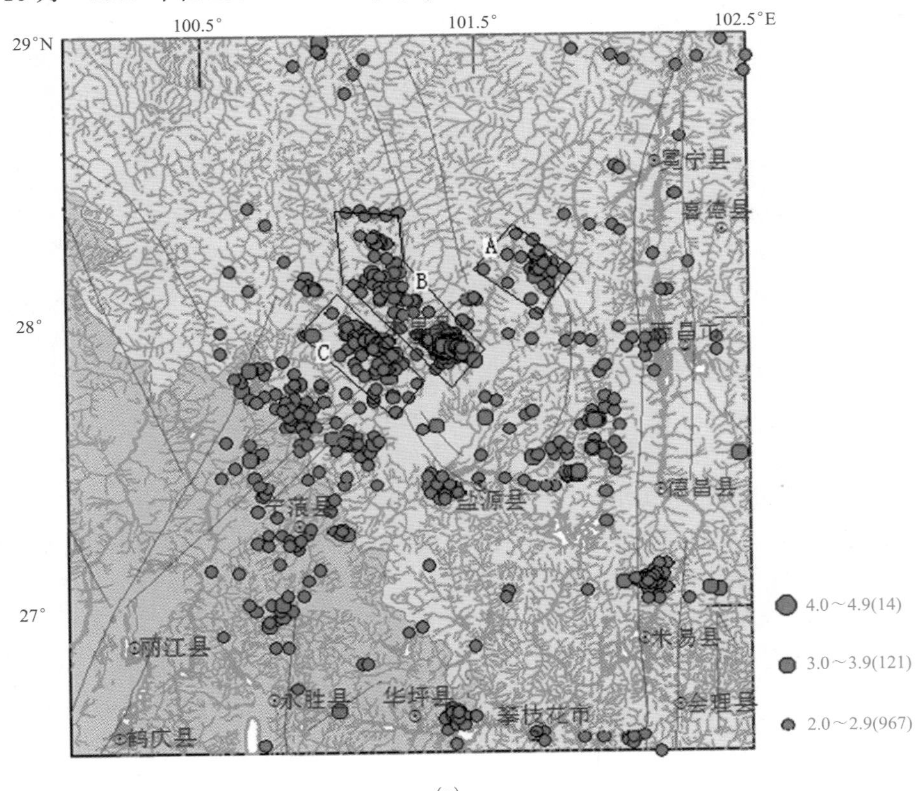

(a)

图14.2 锦屏水库及周围地震活动分布

(a)地震活动(2012—2017)

Figure 14.2 Distribution of seismicity around Jinping reservoir

(a) seismicity(2012—2017)

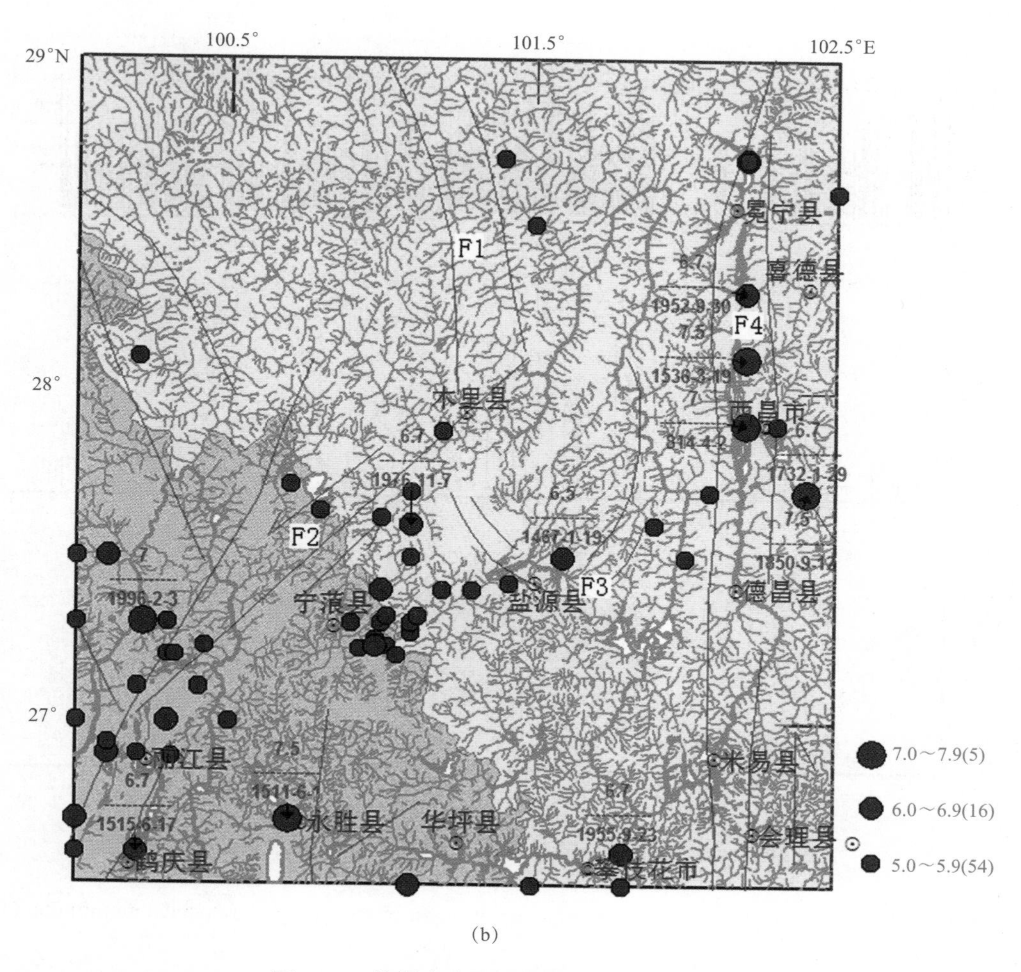

(b)

图 14.2 锦屏水库及周围地震活动分布(续)

(b)历史中强地震活动

Figure 14.2 Distribution of seismicity around Jinping reservoir

(b) Moderate and strong earthquake activity in history

密集水库诱发地震活动从 2013 年 10 月始，至 2015 年 3 月。在库水位高位波动过程中发生 4 级左右的中等地震活动。锦屏水库蓄水后至 2013 年 5 月未发生显著地震活动，地震活动相对稀少，频次低。之后地震活动密集，强度 4 级左右，尤其 2014 年 6 月 25 日、7 月 4 日、7 月 14 日、11 月 6 日相继发生 4.0 级地震及震群活动，2014 年 11 月—2015 年 3 月 2.0 级以上地震月频次从几次到 50 ~ 150 次变化，增加十分明显。在库水位高位波动的 4 个年份均相继发生 4 级左右的地震。2015 年 4 月至 2017 年 9 月地震活动强度维持，当月频次降至 10 ~ 40 次，趋于平稳。但是地震活动强度仍较高，2016 年 3 月 11 日发生 M_L4.0 地震，5 月 2 日发生 M_L4.4 地震、6 月 19 日发生 M_L4.2 地震、12 月 25 日发生 M_L4.4 地震、2017 年 9 月 12 日发生 M_L4.9 地震。

地震深度分布。在库水位高位波动阶段，地震深度 0 ~ 10km 内地震明显增加。库区地震的震源机制解，多呈现为逆冲型、正倾型、走滑型。

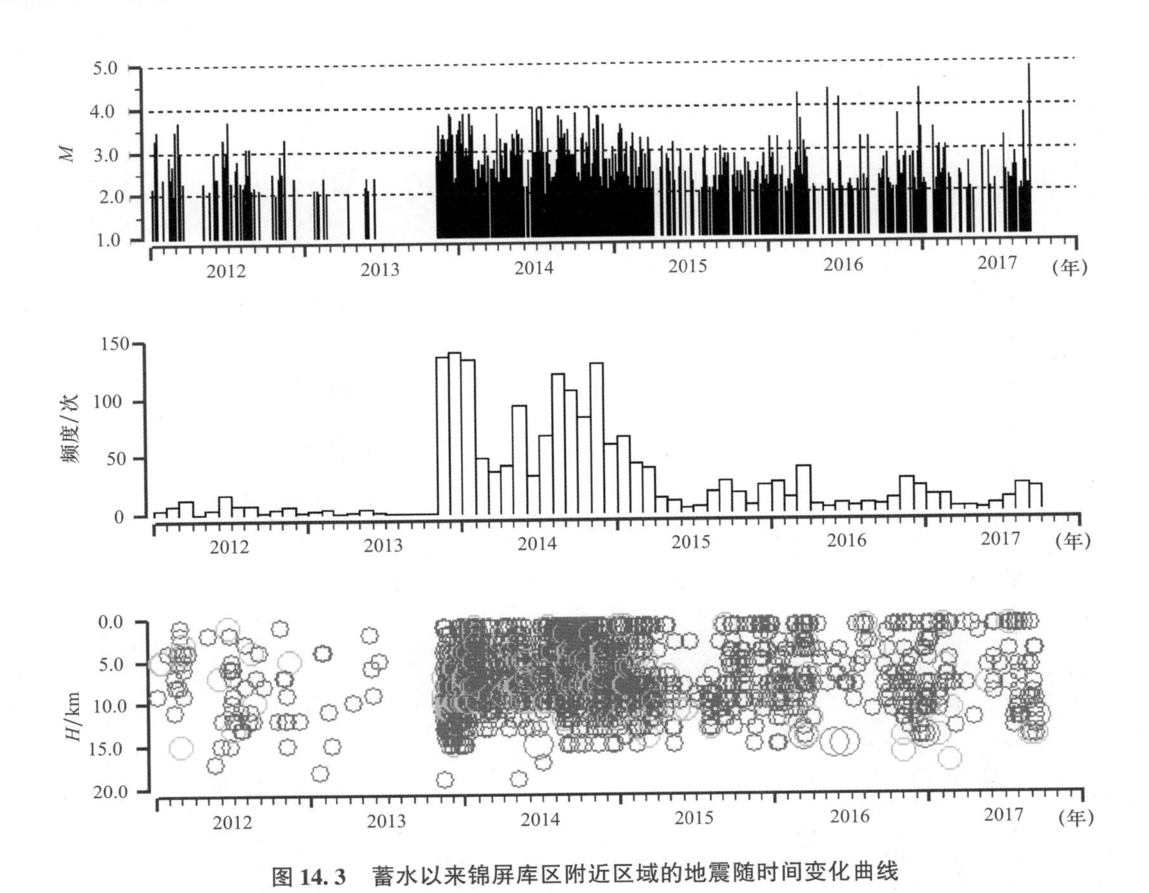

图 14.3 蓄水以来锦屏库区附近区域的地震随时间变化曲线

（说明：图 14.2(a)中 A、B、C 区域的地震）

Figure 14.3 Time varying curves of earthquakes near Jinping reservoir area since impoundment

(Note: Earthquakes in A, B and C areas in Figure 14.2(a))

计算了图 14.2 中蓄水以来锦屏库区附近 A、B、C 区域地震的重复率曲线(图略)，计算地震活动性参数 $b = 1.21$，曲线拟合相关系数 $R = 0.993$，小震活动频繁。

锦屏水库地震活跃，中等强度地震 $M_L 4.0 \sim 4.9$ 地震共发生 9 次。但是并没有在库区和库区周围触发更高震级的强震活动。分析认为，这与区域地块应力积累水平有关，库区与 1976 年盐源 6.7 级地震区邻近，目前呈现区域强震活动相对平静期段有关。

14.4 巨震前紫坪铺水库 $M_L 3.7$ 地震

紫坪铺水库区域位于龙门山地震带中段，水库坝址位于岷江上游的麻溪乡，距都江堰市约 9km，大坝下游 6km 为著名的都江堰。紫坪铺水库坝高 165m，蓄水位海拔高度为 877m。

汶川 8.0 级地震前龙门山断裂带及周围历史地震分布见图 14.4，在龙门山断裂带南西段，即北川—康定段(F5)，仅记载 1 次 5 级地震、1 次 6 级以上地震，即 1970 年 2 月 24 日大邑 6.2 级地震，也是最大震级地震，呈现为空段现象。在龙门山断裂带北东段，记载

1958年2月8日北川6.2级地震，周围散布8次5级地震。而历史强震活动主要分布在相邻的断裂带，如虎牙断裂带(F2)，发生1976年8月16日、8月23日松潘2次7.2级地震。岷江断裂带(F3)发生1657年4月21日汶川6.5级地震，1713年9月4日茂县7.0级地震和1933年8月25日7.5级地震。另外，图中武都断裂(F1)、鲜水河断裂带(F6)历史强震、大震密集，与龙门山断裂带斜交。其中1654年7月21日天水南8.0级地震和1879年7月1日武都南8.0级地震发生在天水、武都断裂(F1)，三维速度成像反映105°附近西侧为低速异常，东侧为高速异常，地震构造指示礼县以北至武都推测为NS向第四纪活动断裂位置(赖晓玲等，2009)。

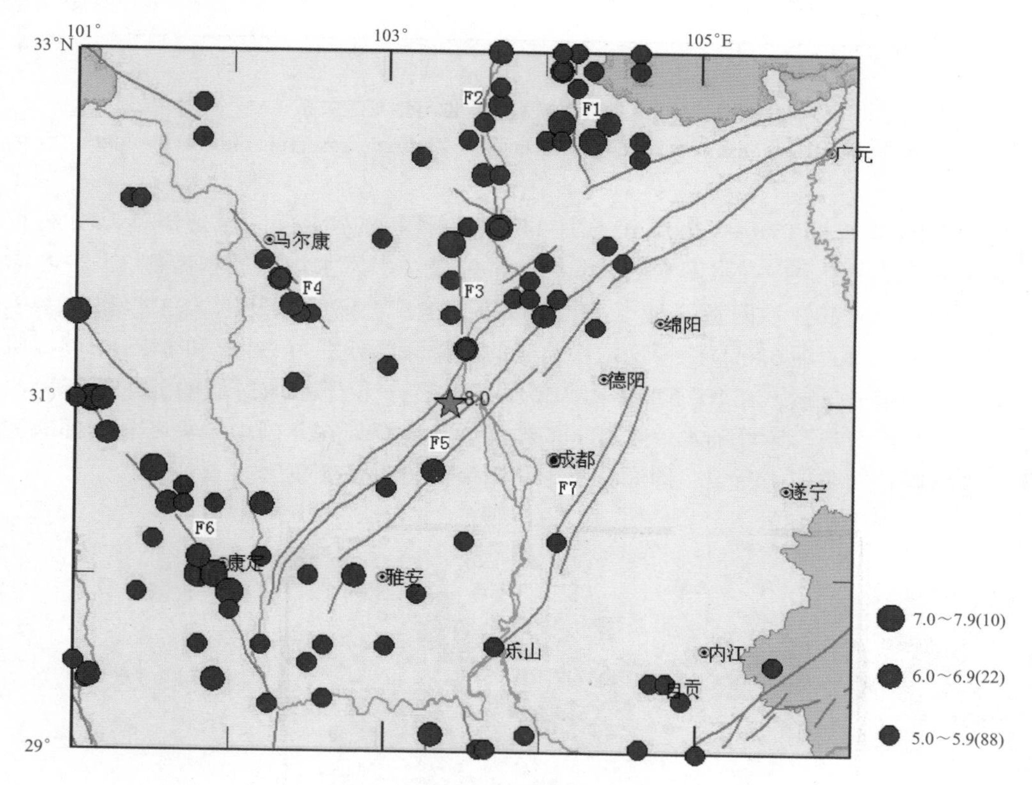

图14.4 紫坪铺水库及周围区域历史地震分布

(说明：2008年5月12日汶川8.0级地震前的地震；F1—武都断裂；F2—虎牙断裂；F3—岷江断裂；F4—松岗断裂；F5—龙门山断裂；F6—鲜水河断裂；F7—龙泉山断裂)

Figure 14.4 Distribution of historical earthquakes in Zipingpu reservoir and surrounding areas

(The earthquakes before Wenchuan M8.0 earthquake on May 12, 2008; F1—Wudou fault; F2—Huya fault; F3—Minjiang fault; F4—Songgangfault; F5—Longmenshan fault; F6—Xianshuihe fault; F7—Longquanshan Fault)

2004年紫坪铺水库库水位在海拔750～780m波动，2005年9月30日后库水位升至高程820～877m，在相对高位波动变化，水库蓄水后2年多发生2008年5月12日汶川8.0级地震。

2008年2月14日库区坝址南附近发生都江堰M_L3.7和M_L3.3地震；5月12日的M_S8.0地震发生在库水卸载阶段，见图14.5。2008年2月28日都江堰M_L3.8地震发生在水库北东侧，距2008年2月14日都江堰M_L3.7地震直线距离约35km。

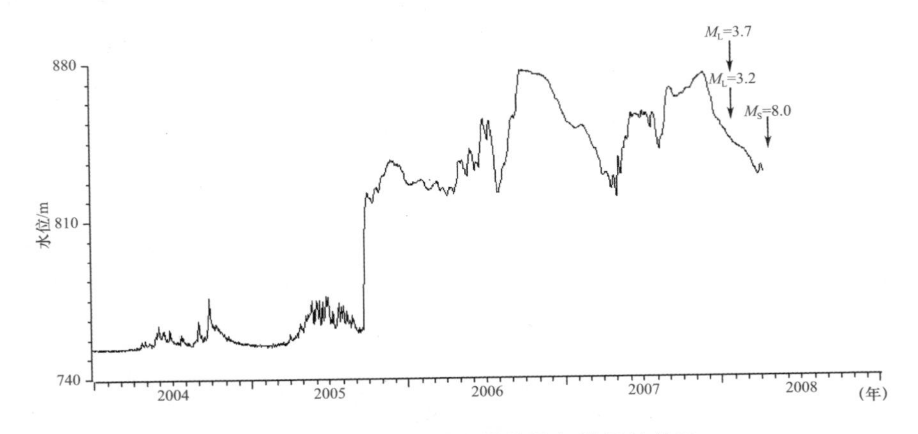

图 14.5 四川紫坪铺水库水位与地震的关系

Figure 14.5 Relationship between water level of Zipingpu reservoir and earthquakes

蓄水 2004 年 8 月 15 日—2008 年 5 月 11 日紫坪铺水库附近区域地震活动分布见图 14.6，地震活动主要集中在水库水域区域的 3 个地域：水库水域区的东南侧，即 NE 向龙门山前山断裂带的都江堰附近区域。2008 年 2 月 14 日，该区域发生 M_L3.7 和 M_L3.3 地震，距紫坪铺水库大坝 6km，测得这两次地震的震源深度分别为 12km 和 14km，震源机制为逆冲兼右旋走滑分量；在 NE 向龙门山中央断裂带上，位于水域区域的北东侧和南西侧地震分布也相对密集。紫坪铺水库水域下的地震活动多麇集在龙门山中央断裂，即映秀—北川断裂两侧；同时前山断裂，即灌县—彭县断裂两侧也是麇集区。

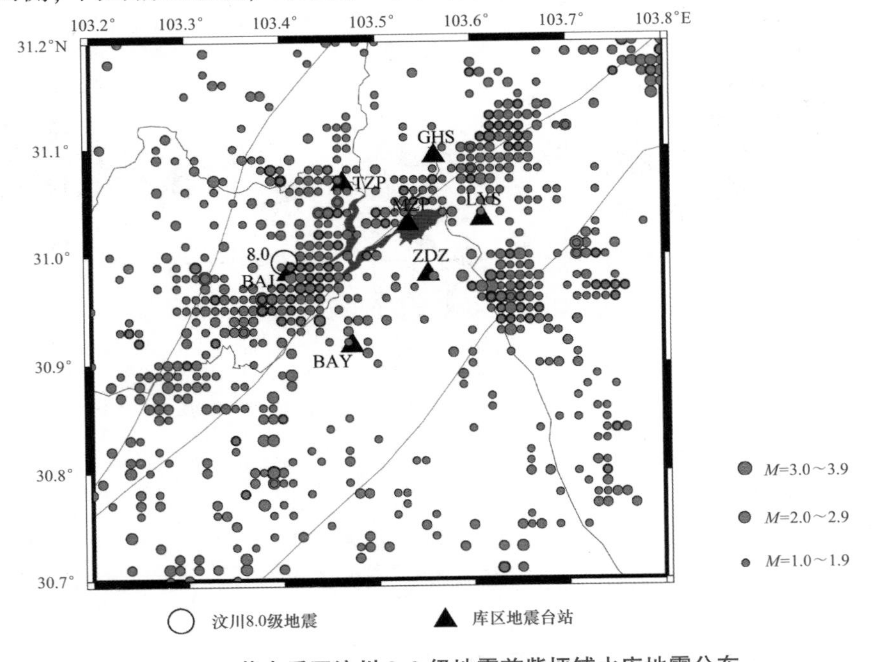

图 14.6 蓄水后至汶川 8.0 级地震前紫坪铺水库地震分布

Figure 14.6 Distribution of earthquakes in Zipingpu reservoir from impoundment to Wenchuan *M*8.0 earthquake

水库蓄水后的第三个高峰年发生都江堰 M_L3.7。小震深度显示绝大多数地震分布地下 2～10km，其序列呈现震源深度加深的现象。水域区域的南西侧为 2008 年 5 月 12 日 M_S8.0 地震的起始破裂位置，震源深度 14km。

表面上紫坪铺水库水域附近增加的小震活动与水库蓄、放水的加卸载过程有关，实际全面分析长期龙门山地震带的地震监测资料得不出地震活动增强的结论。有测震台网监测资料以来，1970 年 6 月 2008 年 4 月龙门山断裂带及附近地区地震活动一直 M_L4.0 以上地震活动，再是月度 M_L2.0 以上地震频次 20～90 次，汶川 8.0 级地震前龙门山断裂带及附近地区未出现明显地震活动增强或平静。

因此，都江堰 M_L3.7 地震和 M_L3.3 地震属于正常的地震本底地震活动。

从现象学和力学分析上，认为汶川地震与一般水库地震有很大的不同，汶川地震不是蓄水引起的水库地震(陈颙，2009)。从震后库区地震分布的角度分析，紫坪铺水库诱发汶川 8.0 级地震的可能性不大(李海鸥等，2010)。

14.5　瀑布沟水库地震活动

高烈度区域部分水库蓄水后不发生显著地震活动，如瀑布沟水库。

瀑布沟位于大渡河干流上，工程场址的地震基本烈度为Ⅶ度，距汉源公路里程 28km。水电站工程，砾石土心墙堆石坝最大坝高为 186m，水库正常蓄水位 850m，总库容 53.90 亿 m^3，调节库容 38.8 亿 m^3，是典型的高山峡谷型高坝大水库，由干流大渡河和支流流沙河组成，干流回水至石棉县城，库长 72km。

瀑布沟水库位于汉源附近，见图 14.7，区域附近主要展布北西向断裂构造系。库区周围历史强地震主要分布在鲜水河断裂南段，如 1786 年 6 月 1 日磨西 7.7 级地震；库区东面 1935 年 12 月 19 日马边 6.0 级地震，另沿大渡河流域有 4 次 5 级地震。

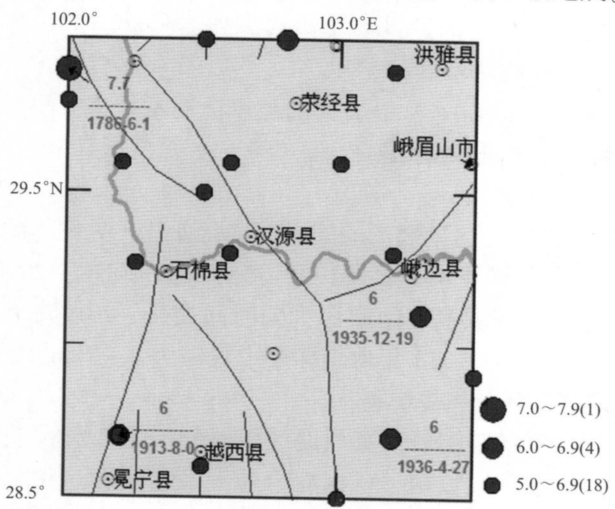

图 14.7　瀑布沟水库及周围地区历史地震

Figure 14.7　Historical earthquakes in Pubugou reservoir and surrounding areas

2009 年 11 月 1 日水库蓄水。蓄水后瀑布沟水库及附近地区地震活动分布见图 14. 8。

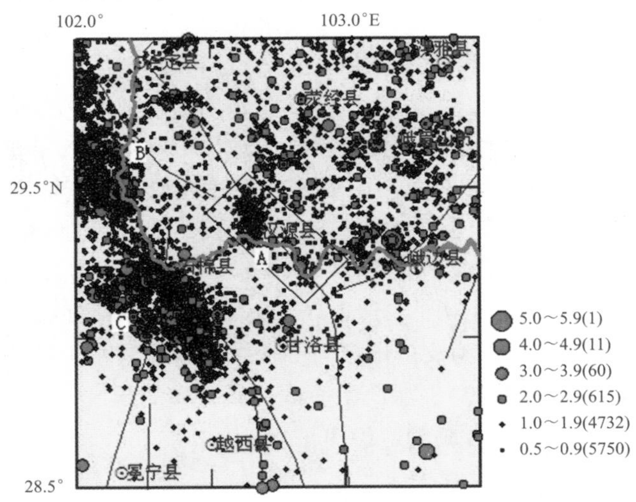

图 14. 8　2019 年以来瀑布沟水库及周围地区地震活动

Figure 14. 8　Seismicity of Pubugou reservoir and surrounding areas since 2019

蓄水后瀑布沟水库区地震分布在汉源附近的图 14. 8 中 A 区，地震强度低，频次低。密集微震活动带展布在汉源西侧，呈南北向展布。

最为显著密集地震活动发生在库尾以西局部地区，即图 14. 8 中 B、C 区，发生 3 ~ 4 级地震。其中，B 区分布在大河流域西侧的泸定—磨西局部区域，小震密集区处于鲜水河断裂南端。C 区分布在大河流域南侧的石棉附近区域，小震麇集分布现象明显，处于安宁河北段、越西断裂北段的交会区。另外在库区东侧的峨边附近也发生一些中小地震活动。

也就是说，瀑布沟水库蓄水后，库区诱发地震活动的强度和频次极低，麇集小震活动区位于库尾部的构造交会部位。因此，瀑布沟水库地震活动与库区地震本底活动水平一致，密集地震活动区与活动构造带展布有关。

分析了蓄水以来瀑布沟水库 14. 8 中 A 区的地震活动重复率曲线(图略)，得到地震活动性参数 $b = 1.53$、曲线拟合相关系数 $R = 0.989$，主要反映库区蓄水后微震活动比例较大。

给出瀑布沟水库 14. 8 中 A 区地震活动随时间变化曲线，见图 14. 9，库区地震活动强度在 2 ~ 3 级；地震月频次总体不高，2019 年相对较高 20 次，2010—2013 年仅几次，2014—2019 年 5 ~ 25 次，相对较高。地震深度随时间变化，2019 年出现一些浅微震，部分与库区工业爆破有关。2010—2013 年地震深度也浅，为 3 ~ 7km；2014—2019 年多数分布在地下 20km 内，浅部也分布一些地震。

仅从目前水库地震活动的监测看，高烈度区域部分水库蓄水后不发生显著地震活动，或触发地震，其原因是：水库区域地下积累应力处于稳定阶段，分段构造活动的间歇期，或已破裂后安全期，或相邻重大地震事件已释放区域积累能量。瀑布沟水库邻近北西向鲜水河断裂南段，曾发生磨西 7. 7 级地震。

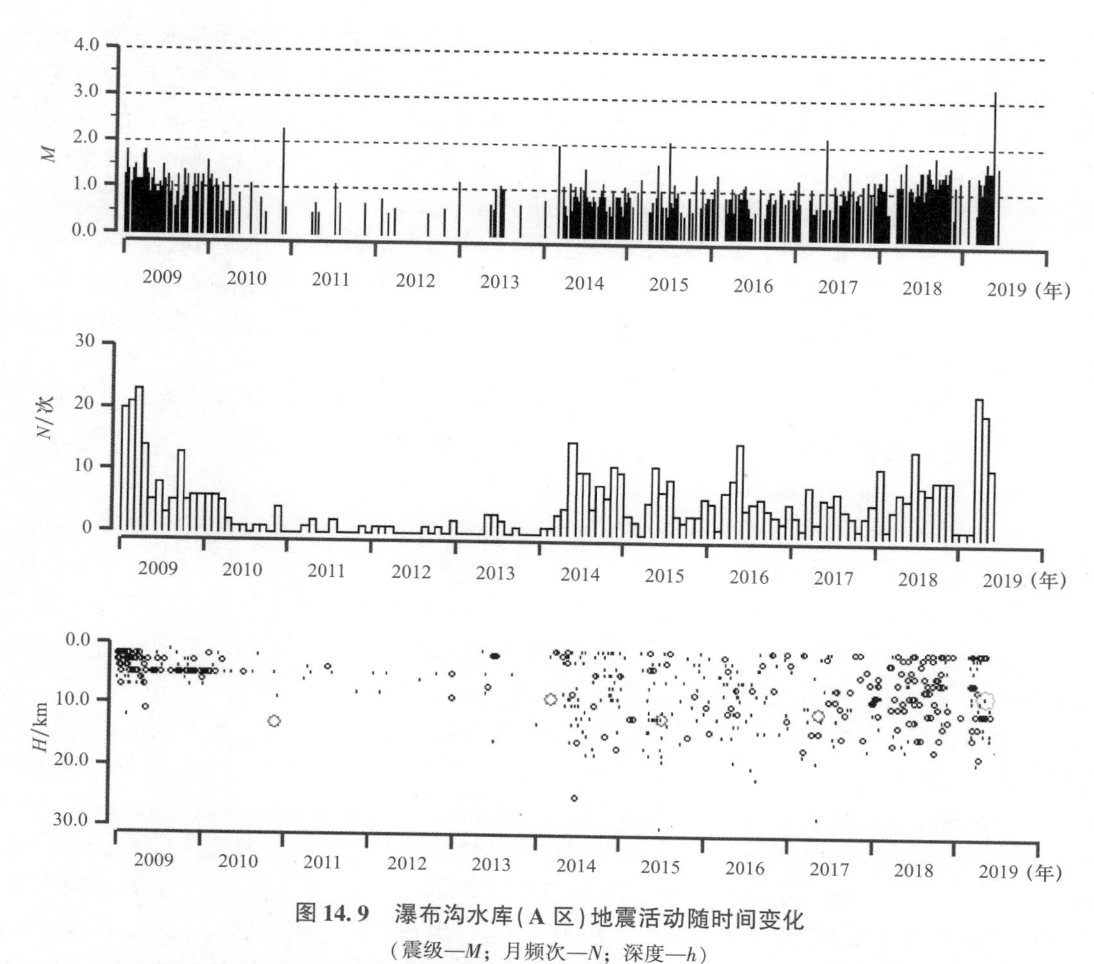

图 14.9　瀑布沟水库（A 区）地震活动随时间变化

（震级—M；月频次—N；深度—h）

Figure 14.9　Variation of earthquake activity with time in the reservoir area (A area)

(Magnitude—M; Monthly frequency—N; Depth—h)

14.6　渗流弱化区与区域强震

中国水库地震很著名的是广东新丰江水库地震。新丰江水库坝高 105m，坝顶长 440m，库容为 $115 \times 10^3 m^3$；1959 年 10 月库蓄水，1960 年 7 月 18 日水库 M_S4.3 地震。其震源深度为；1962 年 2 月 3 日发生 M_S4.1 地震，震源深度为 3km。2 月 5 日发生 M_S4.2 地震，震源深度为 6.3km；2 月 20 日发生 M_S4.4 地震，震源深度为 8.2km；2 月 22 日发生 M_S4.1 地震，震源深度为 7.9km。2 月 26 日发生 M_S4.0 地震，震源深度为 3.2km；3 月 19 日发生 M_S6.1 地震，震源深度为 5km，呈走滑型。

新丰江水库蓄水后的最初几年，水位高低与地震频度的相关性好。以后相关性消失。库水位猛涨时有时引起小震频度变化。M_S6.1 地震及较强的余震发生在高水位阶段。1965 年以后较强余震的发生与库水位无明显地对应关系（丁原章，1989）。

中国辽宁参窝水库坝高50.3m，库容0.54km^3。水库于1972年11月开始蓄水，1973年2月出现微震活动。1974年12月22日在库坝上游10km外发生M_S4.8地震，震源深度为6km，发生在库区NE断层上，距离M_S4.8地震约100km，1975年2月4日海城发生M_S7.3地震。参窝水库地震发生在海城M_S7.3地震前41天，它对海城地震可能产生了触发作用，虽然因参窝地震的震级较小而触发效果较弱(Chen L，1998)。

另外，还有青海龙羊峡水库蓄水与共和地震的形成和发生密切的关联(陈玉华等，1995；孙洪斌等，1996)。前述2008年都江堰M_L3.7地震与龙门山断裂中段汶川8.0级地震，2014年永善M_S5.3地震与昭通市鲁甸M_S6.5地震都为今后进一步研究水库地表与区域强地震提供了难得的案例。

其他一些高烈度区水库，如二滩水库在内的多数高坝水库蓄水后并没有发生显著地震活动，与其库区构造位置、岩性和渗流条件、应力水平有关；重要的是水库周围的原始地壳应力不一定处于破坏的临界状态。

一些水库地震影响区处于地块活动变动轮回时期，如区域地震活动从长期平静，逐渐走向活跃，中等地震活动增强，逐渐接近区域强震复发阶段，地壳应力长期积累后处于破坏的临界状态。在这种背景下，高烈度区的高坝大库的水库地震活动，成为阶段性区域构造活动敏感区的显著地震活动，可从区域地震构造环境中应力场的局部不均匀性的差异变动去理解——库区渗流弱化的前兆性"穴位"效应。

如汶川8.0级地震前，沿鲜水河南东段及延伸区域分布，在泸定附近区域形成相对集中麇集区。2008年2月16日泸定发生M_L4.4地震活动，见图14.10。该区域展布的磨西—擦罗断裂走向NW20°，长约100km，断裂切错磨西盆地第四纪冰水堆积物组成的地貌面(盖面的年龄约距今7500年)，形成连续延伸长5km的断层陡坎，坎高3.5~5.5m，南西盘相对上升，沿断裂地表迹线发育有断塞塘及多期强震形变带，以左旋走滑为主兼明显倾滑，属全新世以来活动断裂(黄圣睦，2000)。由于中小地震震源机制有一定随机性，部分震源机制并非完全与区域应力场一致，拟合结果有一定的离散性，总体来看，该区域最大主应力呈NWW-SEE向，最小主应力呈NNE-SSW向，且都接近水平，中间主应力接近垂直。2008年2月16日泸定M_L4.4地震，震源深度25km，采用CAP方法求得的震源机制解，其A节面走向为346°，倾角85°，滑动角32°，呈现为左旋逆倾滑动类型；主压应力方位115°，为NWW—SEE向，力轴仰角18°，呈现为近水平力作用方式。

需要说明的是，2008年2月16日泸定发生M_L4.4地震活动是水库蓄水后的第三个高峰年发生的地震。瀑布沟水库2009年11月1日蓄水，2008年2月16日泸定发生M_L4.4地震是水库蓄水前发生的地震。

如图14.11所示，汶川8.0级地震前，2008年2月14日紫坪铺库区附近发生M_L3.7和M_L3.3地震，2008年2月16日瀑布沟水库库尾附近泸定发生M_L4.4地震活动，均是水库及附近地区的小震活动。这一现象是局部现象，也呈现蕴震活动图像中的某些局部变化，反映震前应力状态变化，也可理解为是库区及水域周围地区的局部构造地段出现的异常现象，或者称为前兆性"穴位"或地壳应力敏感区出现的广义前兆现象。

分析推测震前库区小震活动或震群活动的震源深度的加深，如溪洛渡库区的永善M_S5.3、M_S5.0地震和泸定发生M_L4.4地震，可见这种"启动"迹象显示在未来区域强震构造带的水库蓄水区域附近，或是主要区域活动断裂带的交会部位(如泸定区域)。这种现象

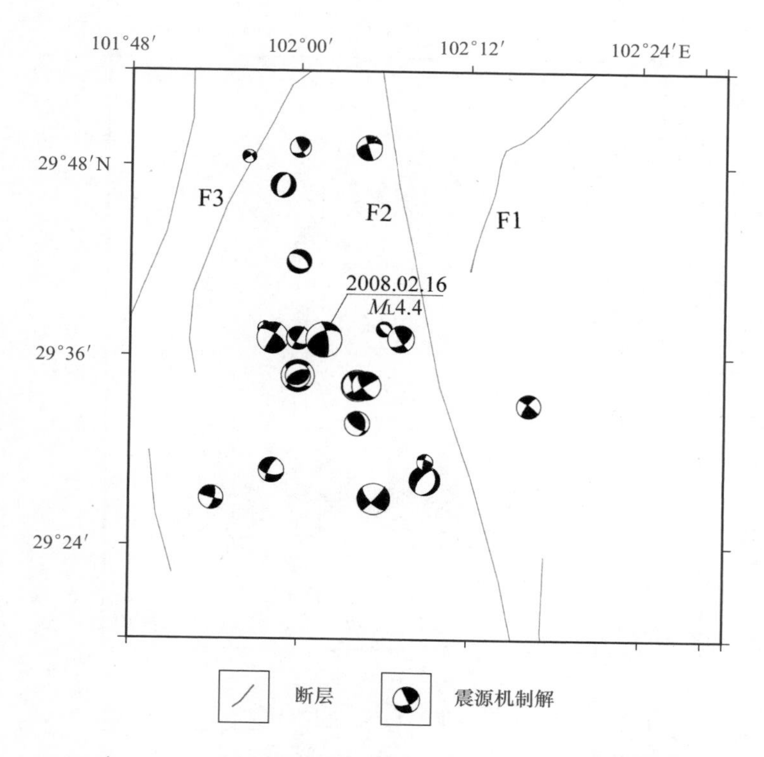

图 14.10　瀑布沟水库西侧区域断裂分布与小震震源机制解

（说明：F1—NE 向龙门山断裂南西段(端)；F2—NW 向磨西—擦罗断裂；F3—NE 向次级断裂）

Figure 14.10　Distribution of faults and focal mechanisms of small earthquakes in the west of Pubugou reservoir

(Note：F1—the southwest segment(end) of the NE trending Longmenshanfault；F2—NW trending Moxi-Caluo fault；F3—NE trending secondary fault)

出现在汶川大震前 2 个多月，即在主震即将发生之前出现的短临现象。汶川大震前在龙门山构造带中段和南西端发生的这两组震源机制呈现一致性，深度加深的小震活动有着一定前兆意义，或可以定义为前兆性地震活动。这自然是巨震后思考的一种可能，是汶川地震后回顾性研究后提出的一种认识。

对此认识可能有不同看法，都江堰、泸定这两组在汶川地震前 3 个月同时段出现的震群活动的强度和频次与周围几十到几百千米的区域地震活动相比并不突出，这点正是本节研讨意义所在。发生的位置，一个在震源区域，一个在龙门山构造带南西端。对于大面积蕴震过程中异常图像中的某些局部变化，陈颙等(1989)实验指出，低应力阶段的特点是大面积均匀变形，表现为各点变化的同步性；如果把高应力阶段变形情况看作是短临前兆的话，其特点是变形局部化区域集中在很窄的范围，表现为各点变化的差异性。

从区域地震成核角度认识，对主震发生前微破裂丛集成核，即指临近主破裂前微破裂有明显的丛集过程。这是较多的一种认识，一般认为在起始震源破裂区。而环境介质在水作用下裂隙缓慢传播，大震前应力腐蚀造成的亚临界扩展过程，扩展部分为应力腐蚀核。这对于紫坪铺水库区附近地震活动，出现在大震起始破裂区域，震源深度明显趋深，为成核作用过程中的异常显示。

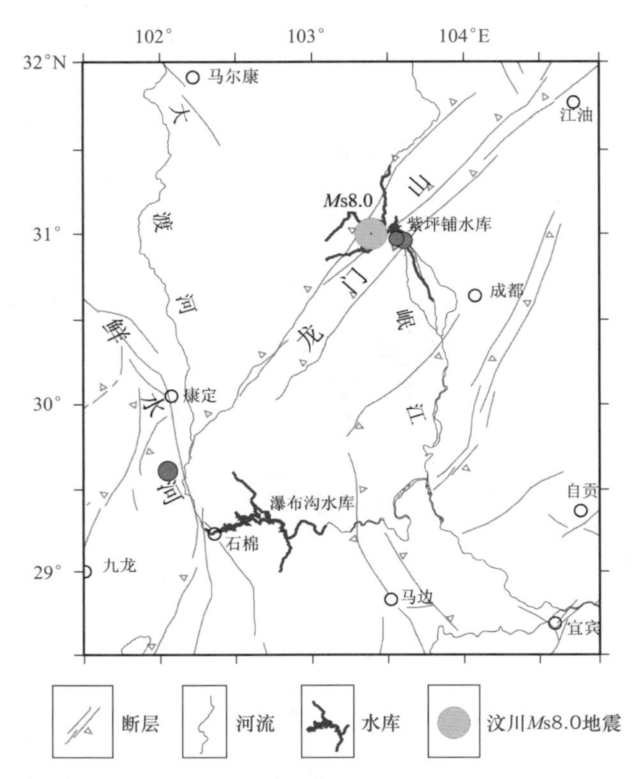

图 14.11　汶川 8.0 级地震前的紫坪铺 M_L3.7 地震和泸定 M_L4.4 地震位置

Figure 14.11　Location of Zipingpu M_L3.7 earthquake and Luding M_L4.4 earthquake before Wenchuan *M*8.0 earthquake

从区域孕震分布图像分析，紫坪铺水库区域地震活动相对溪洛渡水库区域和锦屏水库区域附近蓄水以后的地震活动相对弱得多，前者地震活动强度仅 M_L3.7，后两者，分别 M_S5.3、M_S5.0 地震和 M_L4.9 地震，地震活动频次，前者仅几百次，后两者达几万次。是否是紫坪铺水库区域位于巨大地震的震源区，或成核，或形成孕震坚固体(梅世蓉，1995)，导致震源闭锁区小震活动增加不明显。因为孕震体刚度或杨氏模量、密度比围岩大，形成地震活动空段或相对平静区域。水库蓄水区仅是构造应力作用下的弱化区显示其弱活动，或异常的显著性并不强。

对于瀑布沟库区附近西北侧，2008 年 2 月泸定地震群未出现在大震起始破裂区域，属于龙门山构造带南西端和鲜水河、安宁河断裂交会部位，即磨西—擦罗断裂局部区域，或称敏感部位。局部区域地震麇集，震源深度也明显趋深。这符合另一种断裂不稳定滑动成核的认识，即并不是在应力超过某个阈值时立即发生，而是地块不稳定滑动前在汇聚带底部某些凹凸点上突然呈现的加速预释放或微破裂；这也在一定意义上显示孕震断裂而不是震源的成核过程，推测这是地块不稳定滑动前在汇聚带底部某些凹凸点上突然呈现的加速预释放或微破裂现象。

Reasenberg(1988)根据 1977—1996 年全球地震目录，研究广义前震—主震对，即浅源

主震及 $M \geqslant 5$ 的前震中，逆断层地震的前震活动的比率高于世界范围的平均值，而走滑断层地震的前震比率低于世界范围的平均值。在逆断层地震之中，大多数位于浅源消减带的地震有高的前震活动比率，而少数位于大陆的逆断层带地震有低的比率。

从震源力学机制的错动类型，分析 2008 年 2 月 14 日都江堰 $M_L3.7$ 地震和 $M_L3.3$ 地震属于逆冲型，瀑布沟水库区西侧泸定一带地震，震前逆冲型比例高，震后此类震型减少的事实也说明这一点。溪洛渡水库区域 $M_S5.3$、$M_S5.0$ 地震则不一致，前者逆冲型，后者走滑型，这正说明震源机制解不一致，结果是在库区并未发生更大(如 6 级以上)地震，昭通鲁甸 6.5 级地震这发生在同期区域地震增强的平行断裂带。

诱发地震有分布的广泛性。哪些水库有或无水库地震，或引发区域强震的发生？库水位动态轮回变化背景下，何时逼近临震或破裂条件，存在发生强震的可能？

水库诱发地震与触发地震的机制取决于库区耦合多孔介质的弹性影响，一方面是构造环境，另一方面是地下积累地应力水平。至于水库地震本身，在库水作用下，地下介质因渗流，导致缺陷或裂隙的动态扩展，出现渗流断层弱化扩展区，从而产生大量水库地震的麇集和强度的增强。这成为区域地震活动性分析的重要参考。

参考文献

陈运泰，吴忠良，王培德，等，2000. 数字地震学. 北京：地震出版社. 96－153.

陈颙，黄庭芳，2001. 岩石物理学. 北京大学出版社. 131－137.

陈颙，2009. 汶川地震是由水库蓄水引起的吗？[J]. 中国科学(D 辑：地球科学)，39(3)：257－259.

陈厚群，侯顺载，杨大伟，1989. 地震条件下拱坝库水相互作用的试验研究[J]. 水利学报，7：28－39.

陈厚群，徐泽平，李敏，2009. 关于高坝大库与水库地震的问题[J]. 水力发电学报，28(5)：1－7.

陈学忠，王小平，王林瑛，等，2003. 地震视应力用于震后趋势快速判定的可能性[J]. 国际地震动态，295(7)：1－4.

陈翰林，赵翠萍，修济刚，等，2008. 龙滩水库地震精定位及活动特征研究[J]. 国际地震动态，52(11)：34－34.

陈翰林，赵翠萍，修济刚，等，2009. 龙滩库区水库地震震源机制及应力场特征[J]. 地震地质，31(4)：686－698.

陈敏，戴应洪，王小龙，等，2007. 三峡水库地震孕震机理及蓄水地震活动分析[J]. 防灾科技学院学报，9(4)：42－45.

陈德基，汪雍熙，曾新平，2008. 三峡工程水库诱发地震问题研究[J]. 岩石力学与工程学报，27(8)：1513－1524.

程万正，1984. 前兆地震活动“窗口”或敏感部位的寻觅及有效性估计[J]. 地震研究，7(6)：657－666.

程万正，刁桂苓，吕弋培，等，2003. 川滇地块的震源力学机制、运动速率和活动方式[J]. 地震地质，25(1)：71－87.

程万正，阮祥，张永久，2006. 川滇次级地块震源机制解类型与一致性参数[J]. 地震学报，28(6)：561－573.

程万正，陈学忠，乔慧珍，2006. 四川地震辐射能量和视应力的研究[J]. 地球物理学进展，21(3)：692－699.

程万正，张致伟，阮祥，2010. 紫坪铺水库区不同蓄水阶段的地震活动及成因分析[J]. 地球物理学进展，25(3)：759－767.

程万正，2013. 高烈度区的水库地震问题[J]. 国际地震动态，412(4)：1－9.

程惠红，裴怀，朱伯靖，等，2013. 卡里巴水库蓄水引起库区应力场变化影响分析[J]. 地震，33(4)：32－42.

常晓林，何蕴龙，1998. 地震情况下地基、库水、拱坝的相互作用[J]. 武汉水利电力大学学报，31(4)：1－5.

常利军，丁志峰，王椿镛，2015. 2013 年芦山 M_S7.0 地震震源区横波分裂的变化特征[J]. 中国科学：地球科学，45(2)：161－168.

崔效锋，谢富仁，1999. 利用震源机制解对中国西南及邻区进行应力分区的初步研究[J]. 地震学报，21(5)：513－522.

刁桂苓，于利明，宁杰远，等，1993. 1989 年大同震群的体破裂特征[J]. 地球物理学报，36(3)：360－368.

刁桂苓，徐锡伟，陈于高，等，2011. 汶川 M_W7.9 和集集 M_W7.6 地震前应力场转换现象及其可能的前兆意义[J]. 地球物理学报，54(1)：128－136.

刁桂苓，王曰风，冯向东，等，2014. 溪洛渡库首区蓄水后震源机制分析[J]. 地震地质，36(3)：644－657.

邓起东，冉勇康，杨晓平，等，2007. 中国活动构造图[M]. 北京：地震出版社.

戴苗，姚运生，陈俊华，2010. 三峡库区地震活动与坝前水位关系研究[J]. 人民长江，41(17)：12－15.

丁原章，1989. 水库诱发地震[M]. 北京：地震出版社.

冯向东，岳秀霞，王曰风，等，2015. 由向家坝水库震源机制探讨诱发地震的成因[J]. 地震地质，37(2)：565－575.

Freeze R A，Cherry J A，1987. 地下水[M]. 吴静芳，译. 北京：地震出版社. 10－34.

傅莺，吴朋，2015. 用 HYPO2000 定位法精确测定 2012 年宁蒗－盐源 5.7 级地震序列[J]. 国际地震动态，(9)：25－25. doi：10.3969/j.issn.0253－4975.2015.09.025.

傅证祥，1997. 中国大陆地震活动性力学研究. 北京：地震出版社. 208－238.

傅淑芳，刘宝诚，李文艺，1980. 地震学教程. 北京：地震出版社. 99－133.

胡聿贤，1999. 地震安全性评价技术教程. 北京：地震出版社.

胡毓良，陈献程，1979. 我国的水库地震及有关成因问题的讨论[J]. 地震地质，1(4)：45－57.

胡新亮，刁桂苓，马瑾，等，2004. 利用数字地震记录的 P，S 振幅比资料测定小震震源机制解的可靠性分析[J]. 地震地质，26(2)：347－354.

胡毓良，杨清源，陈献程，1998. 长江三峡工程周边地区的采矿诱发地震[J]. 地震地质，20(4)：349－360.

胡仲有，杨仕升，李航，2011. 地脉动测试及其在场地评价中的应用[J]. 世界地震工程，27(2)：211－218.

黄媛，杨建思，张天中，2006. 2003 年新疆巴楚－伽师地震序列的双差法重新定位研究[J]. 地球物理学报，49(1)：162－169.

国家地震局地球物理研究所，1978. 近震分析. 地震出版社. 10－20.

高原，郑斯华，1994. 唐山地区剪切波分裂研究(Ⅱ)——相关函数分析法[J]. 中国地震，(A00)：22－32.

高原，郑斯华，孙勇，1995. 唐山地区地壳裂隙各向异性[J]. 地震学报，17(3)：283－293.

高原，吴晶，2008. 利用剪切波各向异性推断地壳主压应力场——以首都圈地区为例[J]. 科学通报，53(23)：2933－2939.

郭增建，秦保燕，1991. 地震成因与地震预报[M]. 北京：地震出版社.
郭恩，周锡元，彭凌云，等，2012. 近断层地震动记录中速度大脉冲及其影响范围[J]. 北京工业大学学报，38(2)：243 -249.
郭贵安，冯锐，1992. 新丰江水库三维速度结构和震源参数联合反演[J]. 地球物理学报，35(3)：331 -342.
郭明珠，任风华，2005. 工程场地动力特性分析的地脉动法[J]. 世界地震工程，4(21)：139 -142.
阚荣举，张四昌，晏凤桐，等，1977. 我国西南地区现代构造应力场与现代构造活动特征的探讨. 地球物理学报，20(2)：96 -109.
华卫，陈章立，郑斯华，等，2010. 三峡水库地区震源参数特征研究[J]. 地震地质，32(4)：533 -542.
华卫，陈章立，郑斯华，等，2012. 水库诱发地震与构造地震震源参数特征差异性研究——以龙滩水库为例[J]. 地球物理学进展，27(3)：924 -935.
黄媛，杨建思，张天中，2006. 2003 年新疆巴楚 - 伽师地震序列的双差法重新定位研究[J]. 地球物理学报，2006，49(001)：162 -169.
黄玉龙，郑斯华，刘杰，等，2004. 广东地区地震动衰减和场地响应的研究[J]. 地球物理学报，46(1)：54 -61.
贺为民，秦建增，刘明军，2001. 小浪底水库诱发地震预测研究[J]. 西北地震学报，23(2)：164 -168.
韩竹军，何玉林，安艳芬，等，2009. 新生地震构造带—马边地震构造带最新构造变形样式的初步研究[J]. 地质学报，83(2)：218 -229.
H. K. 古普塔，B. K. 拉斯托吉，1975. 1980. 水坝与地震[M]. 王卓凯，刘锁旺，译. 北京：地震出版社.
Jens H，Gerardo A，2007. 地震观测技术与仪器[R]. 赵仲和等，译. 地震出版社. 59 -65.
姜朝松，彭万里，王绍晋，1990. 乌江渡水库诱发地震诱震条件及成因[J]. 地震学报，12(1)：94 -102.
刘福田，1984. 震源位置和速度结构的联合反演(Ⅰ)——理论和方法[J]. 地球物理学报，27(2)：167 -175.
刘正荣，1979. 前震的一个标志——地震频度的衰减[J]. 地震研究，2(4)：1 -9.
刘正荣，孔昭麟，1986. 地震频度衰减与地震预报[J]. 地震研究，9(1)：1 -12.
刘福田，1984. 震源位置和速度结构的联合反演(Ⅰ)——理论和方法[J]. 地球物理学报，27(2)：167 -175.
刘福田，李强，吴华，等，1989. 用于速度图像重建的层析成像法[J]，地球物理学报，32(1)：46 -61.
刘瑞丰，陈翔，沈道康，等，2014 宽频带数字地震记录郑相分析. 北京：地震出版社
刘莎，吴朋，2015. 紫坪铺水库水位变化对剪切波分裂参数的影响[J]. 地球物理学报，58(11)：4106 -4114.
刘希强，1992. 剪切波分裂中的快、慢波识别方法[J]. 西北地震学报，14

(4)：17－24.

李志海，赵翠萍，王海涛，等，2004. 双差地震定位法在北天山地区地震精确定位中的初步应用[J]. 内陆地震，18(2)：146－153.

李新乐，2004. 考虑场地和震源机制的近断层地震动衰减特性的研究[J]. 工程地质学报. 12(2)：141－147.

李艳娥，陈学忠，2007. 1999 年 11 月 29 日岫岩 5.4 级地震序列震源参数测定及标度关系分析[J]. 地震，27(4)：59－67.

李坪，李愿军，杨关娥，2005. 长江三峡库区水库诱发地震的研究[J]. 中国工程科学,7(6)：14－20。

李海鸥，马文涛，徐锡伟，等，2010. 汶川 8.0 级地震后紫坪铺水库库区地震的分布特征[J]. 地震地质，32(4)：607－613.

林怀存，王保平，刘洪瑞，等，1990. 构造地震与塌陷地震对比研究[J]. 地震学报，11(4)：448－455.

林邦慧，李大鹏，1994. 前震与前震序列的研究[J]. 地震学报. 16(Supp)：24－38..

林松建，连玉平，陈为伟，2007. 水口水库地区地震震源机制解特征分析[J]. 地震，27(1)：114－119.

林怀存，王保平，刘洪瑞，等，1990. 构造地震与塌陷地震对比研究[J]. 地震学报，11(4)：448－455.

梁尚鸿，李幼铭，束沛镒，等，1984. 利用区域地震台网 P、S 振幅比资料测定小震震源参数[J]. 地球物理学报，27(3)：247－257.

龙锋，张永久，闻学泽，等，2010. 2008 年 8 月 30 日攀枝花—会理 6.1 级地震序列 $M_L \geqslant 4.0$ 事件的震源机制解[J]. 地球物理学报，53(12)：2852－2860.

吕坚，郑勇，倪四道，等，2008. 2005 年 11 月 26 日九江－瑞昌 $M_S5.7$、$M_S4.8$ 地震的震源机制解与发震构造研究[J]. 地球物理学报，51(1)：158－164.

卢显，张晓东，周龙泉，等，2010. 紫坪铺水库库区地震精定位研究及分析[J]. 地震，30(2)：10－19.

雷兴林，马胜利，闻学泽，等，2008. 地表水体对断层应力与地震时空分布影响的综合分析[J]. 地震地质，30(4)：1046－1064.

赖晓玲，李松林，宋占龙，等，2009. 南北构造带天水、武都强震区地壳和上地幔顶部结构. 中国地质大学学报(地球科学版)，34(4)：651－657.

聂勋碧，钱宗良，1990. 地震勘探原理和野外工作方法. 北京：地质出版社.

陆远忠，沈建华，宋俊高，1982. 地震空区与逼近地震[J]. 地震学报. 4(4)：327－336.

陆丽娟，黄树生，张帆，等，2015. 广西龙滩库区地震拐角频率时空差异性特征[J]. 地震研究，38(3)：352－358.

梅世蓉，1995. 地震前兆场物理模式与前兆时空分布机制研究(一)：坚固体孕震模式的由来与证据. 地震学报，17(13)：273－282.

马宏生，张国民，闻学泽，等，2008. 川滇地区三维 P 波速度结构反演与构造分析[J]. 地球科学，33(5)：591－602.

彭远黔，路正，李雪英，等，2000. 场地脉动卓越周期在工程抗震中的应用[J]. 华北地震科学，18(4)：61－68.

裴顺平，封彪，陈永顺，2012. 玉树地震震源区 Pg 波方位各向异性及其意义. 国际地震动态，59.

秦嘉政，2006. 云南澜沧江流域水库诱发地震监测与研究. 云南科技出版社.

钱旗伟，吴晶，刘庚，等，2017. 青藏高原东北缘中上地壳介质各向异性及其构造意义. 地球物理学报，60(6)：2338－2349.

乔慧珍，张永久，2014. 瀑布沟水库库区介质衰减、台站响应和震源参数研究[J]. 地震工程学报，36(3)：608－615.

阮祥，程万正，乔惠珍，等，2010. 马边—大关构造带震源参数及应力状态研究[J]. 地震研究，33(4)：294－300.

孙若昧，刘福田，1995. 京津唐地区地壳结构与强震的发生——P 波速度结构[J]. 地球物理学报，38(5)：599－607.

施行觉，徐果明，靳平，等，1995. 岩石的含水饱和度对纵、横波速及衰减影响的实验研究[J]. 地球物理学报，38(增刊)：281－287。

史歌，沈文略，杨东全，2003. 岩石弹性波速度和饱和度、孔隙流体分布的关系[J]. 地球物理学报，46(1)：138－142.

史海霞，赵翠萍，2010. 广西龙滩库区地震剪切波分裂研究[J]. 地震地质，32(4)：595－606.

石玉涛，高原，张永久，等，2013. 松潘－甘孜地块东部、川滇地块北部与四川盆地西部的地壳剪切波分裂. 地球物理学报，56(2)：481－494.

邵玉平，高原，戴仕贵，等，2017. 四川锦屏水库地区地壳剪切波分裂特征及蓄水影响初探[J]. 地球物理学报，60(12)：4557－4568.

苏生瑞，黄润秋，王士天，2002. 断裂构造对地应力场的影响及其工程应用[M]. 北京：科学出版社。

王椿镛，Mooney W D，王溪莉，2002. 川滇地区地壳上地幔三维速度结构研究[J]. 地震学报，24(1)：1－16.

王清云，高士钧，2003. 丹江口水库诱发地震研究[J]. 大地测量与地球动力学，23(1)：103－106.

王京哲，朱晞，2003. 近场地震速度脉冲下的反应谱加速度敏感区[J]. 中国铁道科学，24(6)：27－30

王绍晋，秦嘉政，龙晓帆，2005. 漫湾水库蓄水前后库区地震活动性与构造应力场分析[J]. 地震研究，28(1)：53－57.

王儒述，2006. 三峡水库诱发地震研究综述[J]. 三峡大学学报(自然科学版)，28(2)：97－104.

王亮，周龙泉，黄金水，等，2015. 紫坪铺水库地区震源位置和速度结构的联合反演[J]. 地震地质，37(3)：748－764.

王长在，吴建平，房立华，等，2011. 2009 年姚安地震序列定位及震源区三维 P 波速度结构研究[J]. 地震学报，33(2)：123－133.

王夫运，段永红，杨卓欣，等，2008. 川西盐源－马边地震带上地壳速度结构和活动断裂研究——高分辨率地震折射实验结果[J]. 中国科学(D辑), 38(5): 611-621.

万永革, 沈正康, 刁桂苓, 等, 2008. 利用小震分布和区域应力场确定大震断层面参数方法及其在唐山地震序列中的应用[J]. 地球物理学报, 51(3): 793-804.

武安绪, 吴培稚, 2005. Hilbert-Huang 变换与地震信号的时频分析[J]. 中国地震, 21(2): 207-215.

吴忠良, 陈运泰, MozaffariP, 1999. 应力降的标度性质与震源谱高频衰减常数[J]. 地震学报, 21(5): 460-468。

吴建平, 明跃红, 王椿镛, 2006. 川滇地区速度结构的区域地震波形反演研究[J]. 地球物理学报, 49(5): 1369-1376.

吴晶, 高原, 陈运泰, 等, 2007. 首都圈西北部地区地壳介质地震各向异性特征初步研究. 地球物理学报, 50(1): 209-220.

吴建平, 明跃红, 王椿镛, 2006. 川滇地区速度结构的区域地震波形反演研究. 地球物理学报, 49(5): 13697-1376.

吴建平, 欧阳彪, 王未来, 等, 2012. 华北地区地震环境噪声特征研究[J]. 地震学报, 34(6): 818-829.

吴琛, 周瑞忠, 2006. Hilbert-Huang 变换在提取地震信号动力特性中的应用[J]. 地震工程与工程振动, 26(5): 41-46.

吴朋, 陈天长, 赵翠萍, 等, 2016. 2013 芦山 M_S7.0 地震序列 S 波分裂特征[J]. 地震学报, 38(5): 703-718.

许忠淮, 阎明, 赵仲和. 1983. 由多个小地震推断的华北地区构造应力场的方向. 地震学报, 3: 15-26.

许忠淮, 戈澍谟, 1984. 用滑动方向拟合法反演富蕴地震断裂带应力场[J]. 地震学报, 6(4): 395-404.

许建聪, 简文彬, 尚岳全, 2004. 地脉动在福州市区地基土层场地评价中的应用[J]. 岩石力学与工程学报, 23(17): 3014-3020.

许建聪, 简文彬, 尚岳全, 2005. 地脉动产生机理和传播特性的研究[J]. 浙江大学学报(工学版), 39(1): 33-38.

薛世峰, 2000. 地下流固耦合理论的研究进展及应用. 石油大学学报(2): 109-114.

薛世峰, 2016. 水力压裂中裂纹扩展的数值模拟. 计算力学学报, 33(5): 760-766.

夏其发, 2000. 水库诱发地震评价研究[J]. 中国地质灾害与防治学报, 11(3): 32-35.

夏其发, 李敏, 常廷改, 等, 2012. 水库地震评价与预测[M]. 北京: 中国水利水电出版社.

谢富仁, 崔效锋, 赵建涛, 等, 2004. 中国大陆及邻区现代构造应力场分区[J]. 地球物理学报, 47(4): 654-662.

谢礼立, 周雍年, 胡成祥, 等, 1990. 地震动反应谱的长周期特性[J]. 地震工程与工程振动. 10(1): 1-20.

徐礼华, 刘素梅, 2012. 水库及其环境影响[M]. 中国水利水电出版社.

杨智娴, 陈运泰, 郑月军, 等, 2003. 双差地震定位法在我国中西部地区地震精确定位中的应用[J]. 中国科学(D辑：地球科学)，2003，33(0z1)：129－134.

杨志高，张晓东，2010. 紫坪铺水库地区蓄水前后视应力标度率变化研究[J]. 地球物理学报，53(12)：2861－2868.

杨卓欣，刘宝峰，王勤彩，等，2013. 新丰江库区上地壳三维细结构层析成像[J]. 地球物理学报，56(4)：1177－1189.

叶秀薇，黄元敏，胡秀敏，等，2013. 广东东源 M_S4.8 地震序列震源位置及周边地区 *P* 波三维速度结构[J]. 地震学报，35(6)：809－819.

易桂喜，龙锋，张致伟，2012. 汶川 M_S8.0 地震余震震源机制时空分布特征[J]. 地球物理学报，55(4)：1213－1227.

闫俊岗，宋书克，李守勇，等，2011. 地震波形记录特征分析[J]. 地震地磁观测与研究，32(1)：48－53.

于海英，公茂盛，金波，等，2006. 水库地震的地震动特性[J]. 自然灾害学报.15(5)：188－193.

赵根模，刁桂苓，1989. 诱发前震地震预报方法规范化研究[A]//国家地震局科技监测司：地震预报方法实用化研究文集－地震学专集[C]. 北京：学术书刊出版社.345－357.

赵珠，张润生，1987. 四川地区地壳上地幔速度结构的初步研究[J]. 地震学报，(2)：44－56.

赵珠，龙思胜，罗昭明，1999. 四川二滩水库库区蓄水前地震序列揭示的水库诱震结构[J]. 华南地震，19(1)：78－84.

赵翠萍，陈章立，华卫，等，2011. 中国大陆主要地震活动区中小地震震源参数研究[J]. 地球物理学报，54(6)：1478－1489.

钟继茂，程万正，2006. 由多个地震震源机制解求川滇地区平均应力场方向[J]. 地震学报，28(4)：337－346.

周仕勇，许忠淮，韩京，等，1999. 主地震定位法分析以及1997年新疆伽师强震群高精度定位[J]. 地震学报，21(3)：258－265.

周龙泉，刘福田，陈晓非，2006. 三维介质中速度结构和界面的联合成像[J]. 地球物理学报，49(4)：1062－1067.

周龙泉，刘杰，张晓东，2007. 2003年大姚6.2级、6.1级地震前三维波速结构的演化[J]. 地震学报，29(1)：20－30.

周龙泉，刘杰，马宏生，等，2009. 2003年大姚6.2级、6.1级地震序列震源位置及震源区速度结构的联合反演[J]. 地震，29(2)：12－24.

周龙泉，2009. 紫坪铺水库库区三维速度结构[J]. 国际地震动态(5－6).

张致伟，程万正，梁明剑，等，2012. 四川自贡－隆昌地区注水诱发地震研究[J]. 地球物理学报，55(5)：1635－1645.

张致伟，程万正，吴朋，等，2013. 自贡－隆昌地区地震重新定位及P波速度结构研究[J]. 中国地震 29(1)：37－47.

张致伟，周龙泉，程万正，等，2015. 芦山 M_W6.6 地震序列的震源机制及震源区应力场[J]. 地球科学，40(10)：1710－1722.

张国民，傅征祥，桂燮泰，2001. 地震预报引论[M]. 北京：科学出版社.

张敏，张启胜，2000. 龙羊峡水库区的地震活动[J]. 地震地质，22(3)：216－218.

张丽芬，姚运生，李井冈，等，2013. 三峡库区构造和塌陷地震的拐角频率特征[J]. 大地测量与地球动力学，33(2)：27－30.

张艺，高原，2017. 中国地震科学台阵两期观测资料近场记录揭示的南北地震带地壳剪切波分裂特征. 地球物理学报，60(6)：2181－2199.

张永久，高原，石玉涛，等，2010. 四川紫萍铺水库库区地震剪切波分裂研究. 地球物理学报，53(9)：2091－2101.

赵小艳，孙楠，2014. 2014 年云南鲁甸 6.5 级地震震源位置及震源区速度结构联合反演[J]. 地震研究，37(4)：523－531.

郑建常，王鹏，李冬梅，等，2013. 使用小震震源机制解研究山东地区背景应力场[J]. 地震学报，35(6)：773－784.

钟继茂，程万正，2006. 由多个地震震源机制解求川滇地区平均应力场方向. 地震学报，28(4)：337－346.

钟羽云，张震峰，阚宝祥，2010. 温州珊溪水库地震重新定位与速度结构联合反演[J]. 中国地震，26(3)：265－272.

朱长春，何彩英，张景绘，等，1999. 利用地脉动试验识别楼房结构的模态参数[J]. 实验力学，14(2)：243－250.

邹振轩，李金龙，俞铁宏，等，2010. 温州珊溪水库地震 S 波分裂研究[J]. 地震学报，32(4)：423－432.

中国地震监测预报司，2009. 实用数字地震分析. 北京：地震出版社.

Aki K，Richards，P G，1980. Quantitative seismology. Theory and Methods[M]. 李钦祖，等译. 定量地震学理论和方法(第 1 卷). 北京：地震出版社，116－131.

Parotidis M，Shapiro S A，Rothert E. Journal of geophysical research，Vol. 110，B05S10. doi：10. 1029/2004JB003267. 安张辉，译，孙振凯校. 2006. 孔隙压力扩散触发 2000 年 Vogtland 地震群的证据. 国际地震动态，331(7)：107－119.

Scholz C H. 1990. The Mechanics of Earthquakes and Taulting. 马胜利，曾正文，刘力强，等，译. 1996. 北京：地震出版社.

Aki K，1966. Generation and propagation of G waves from the Niigata earthquake of June 16，1964. Part 2. estimation of earthquake moment，released energy，and stress-strain drop from G wave spectrum[J]. Bulletin Earthq Research Inst，44：23－88.

Aki K ，Lee W H K，1976. Determination of three-dimensional velocity anomalies under a seismic array using P arrival times from local earthquakes(1) A homogeneous initial model[J]. J Geophys Res，81，4381－4399.

Abercrombie R，Leary P，1993. Source parameters of small earthquakes recorded at 2. 5 km depth，Cajon Pass，southern California：Implications for earthquake scaling[J]. Geophys. Res. Lett.，20(14)：1511－1514(4).

Abercrombie R E，1995. Earthquake source scaling relationships from －1 to 5 M_L using seismogram recorded at 2. 5－km depth[J]. J. Geophys. Res.，100，24015－24036.

Atkinson G M，Mereu R F，1992. The Shape of ground motion attenuation curves in

Southeastern Canada[J]. Bull. Seism. Soc. Am., 82(5): 2014 -2031.

Allmann B P, Shearer P M, 2007. Spatial and temporal stress drop variations in small earthquakes near Parkfield, California[J]. J Geophys Res Solid Earth, 112(B4): 1 -10.

Abercrombie R, Leary P, 1993. Source parameters of small earthquakes recorded at 2.5 km depth, Cajon Pass, southern California: implications for earthquake scaling [J]. Geophysical Research Letters, 20(14): 1511 -1514.

Brace W F, Martinr J, 1968. A test of the law of effective stress for crystalline rocks of low porosity[J]. Int. J. Rock Mech. Min. Sci. (5): 415 -426.

Brace W F, 1984. Permeability of crystalline rocks: new in situ measurements[J]. Journal of Geophysical Research Solid Earth, 89(B6): 4327 -4330.

Brune J N, 1970. Tetonic stress and spectra of seismic shear wave from earthquake [J]. J. Geophys. Res., 75(136): 4997 -5009.

Brune J N, Thatcher W, 2002. Strength and energetics of active fault zones[J]. International Geophysics, 81: 569 -588.

Baltay A, Prieto G, BerozaG C, 2010. Radiated seismic energy from coda measurements and no scaling in apparent stress with seismic moment[J]. J. Geophys. Res., 115, B08314. doi: 10.1029/2009JB006736.

Baltay A S, Ide G, Prieto B G, 2011. Variability in earthquake stress drop and apparent stress[J], Geophys. Res. Lett., 38, L06303. doi: 10.1029/2011GL046698

Bodvarsson G, 1970. Confined fluids as strain meters[J]. J Geophys Res., 75(14), 2711 -2718

Carder D S, 1945. Seismic investigations in the Boulder Dam area, 1940—1944 and the influence of reservoir loading on local earthquake activity [J]. Bull. Seismol. Soc. Am. 35 (4): 175 -192.

Carder D S, Small J B, 1948. Level divergengces, seismic activity and reservoir loading in the lake Mead area, Nevada and Arizona, Trans. of the Am[J]. Geophys. Union. 29: 767 -771.

Chen L, Talwani P, 1998. Reservoir-induced seismicity in China [J]. Pure and Applied Geophysics, 153: 133 -149.

Crosson R S, 1976. Crustal structure modeling of earthquake data: 1. Simultaneous least squares estimation of hypocenter and velocity parameters [J]. Journal of Geophysical Research Atmospheres, 81(17): 3036 -3046.

Crampin S, 1978. Seismic-wave propagation through a cracked solid: polarization as a possible dilatancy diagnostic[J]. Geophysical Journal International, 53(3), 467 -496.

Crampin S, AtkinsonBK, 1985. Microcracks in the Earth's crust[J]. First Break, 3(3): 16 -20.

Crampin S, Volti T, Chastin S, et al., 2002. Indication of high pore-fluid pressures in a seismically-active fault zone[J]. Geophysical Journal International, 151(2), 1 -5.

Crampin S, Chastin S, Gao Y, 2003. Shear-wave splitting in a critical crust: Ⅲ. Preliminary report of multi-variable measurements in active tectonics[J]. Journal of Applied Geophysics, 54

(3 -4): 265 -277.

Crampin S. , 2004. The new geophysics: implications for hydrocarbon recovery and possible contamination of time-lapse seismics, First Break, 22: 73 -82.

Crampin S, Peacock S, 2005. A review of shear-wave splitting in the compliant crack-critical anisotropic earth[J]. Wave Motion, 41(1): 59 -77.

Choy G L, Boatwright J L, 1995. Global patterns of radiated seismic energy and apparent stress[J]. J. Geophys. Res. , 100(B9), 18, 205 - 18, 228. doi: 10. 1029/95JB01969.

Dewey J W, 1972. Seismicity and tectonics of western Venezuela[J]. Bull. Seismol. Soc. Am. , 1972, 62(6): 1711 -1751.

Domenico S N, 1974. Effects of water saturation on seismic reflectivity of sand reservoirs encased in shale [J]. Geophysics, 39(6): 759 -769.

Elkhoury J E, Brodsky E E, Agnew D C, 2006. Seismic waves increase permeability[J]. Nature. 441: 1135 -1138.

Frohlich C, 1992. Triangle diagrams ternary graphs to display similarity and diversity of earthquake focal mechanisms[J]. Phy Earth Planet Inter, 75: 193 -198.

Frohlich C, 2001. Display and quantitative assessment of distributions of earthquake focal mechanisms. Geophys J Int, 144(2): 300 -308.

Gao Y, Wu J, Fukao Y, et al. , 2011. Shear-wave splitting in the crust in North China: Stress, faults and tectonic implications. Geophys J. Int. , 187(2): 642 -654.

Geiger L, 1912. Probability method for the determination of earthquake epicenters from the arrival time only (translated from Geiger's 1910 German article). Bull St Louis Univ, 8: 56 -71。

Gough D L, Gough W L, 1970. Load-induced earthquakes at Lake Kariba-Ⅱ [J]. Geophys. J. R. astr, Soc, 21: 79 -101.

Gupta H K, Restogi B K, Narain H, 1972a. Common features of reservoir associated seismic activities[J]. Bull. Seismol. Soc. Am. 62: 4381 -492.

Gupta H K, Restogi B K, Narain H, 1972b. Some discriminatory characteristics of earthquakes near Kariba. Kremasta, Koyna artificial lakes[J]. Bull. Seismol. Soc. Am. 63: 493 -507.

Gregory A R, 1976. Fluid saturation on dynamic elastic properties of sedimentary rocks [J]. Geophysics, 41(5): 895 -921.

Gephart J W, Forsyth D W, 1984. An improved method for determining the regional stress tensor using earthquake focal mechanism data: application to the San Fernando earthquake sequence[J]. J. Geophys. Res. 89 (B11), 9305 -9320.

Gregory A R, 1976. Fluid saturation on dynamic elastic properties of sedimentary rocks. Geophysics, 41(5): 895 -921.

Huang N E, Shen Z, Long S R, et al. , 1998. The *a'*apirical *n*-lode decomposition and the Hilbert spectnrm for nonlinear and non-station time series analysis [J]. Proc R Soc, A454: 903 -995.

Huang N E, Shen Z, Long S R, 1999. A new view of nonlinear water waves—hilbert spectrum[J]. Ann. Rev. Fluid Mech, 31: 417 -457.

Huang N E, et al. , 2001. A new spectral representation of earthquake data: Hilbert spectral analysis of station TCU129, Chi-Chi, Taiwan, 21, September 1999[J]. Bull. Seismol. Soc. Am. Vol. 91: 1310.

Hardebeck J L, Hauksson E, 2001. Stress orientations obtained from earthquake focal mechanisms: what are appropriate uncertainty estimates? [J]. Bull. Seismol. Soc. Am. 91 (2), 250 - 262.

Hardebeck J L, Hauksson E, 2001. Crustal stress field in southern California and its implications for fault mechanics[J]. Journal of Geophysical Research: Solid Earth, 106(B10): 21859 - 21882.

Hardebeck J L, Michael A J, 2006. Damped regional-scale stress inversion: methodology and examples for southern California and the Coalinga aftershock sequence[J]. J. Geophys. Res. , 111 (B11310). doi: 10. 1029/2005JB004144

Hardebeck J L, Aron A, 2009. Earthquake stress drops and inferred fault strength on the hayward fault, east San Francisco Bay, California[J]. Bull. Seismol. Soc. Am. , 99(3): 1801 - 1814.

Huang J L, Zhao D P, Zheng S H, 2002. Lithospheric structure and its relationship to seismic and volcanic activity in southwest China [J]. J Geophys Res. , 107(B10). doi10. 1029/2000JB000137.

Humphreys E, Clayton R W, 1988. Adaptation of back projection tomography to seismic travel time problems[J]. J Geophys Res, 93, 1073 - 1085.

Ide S, Beroza G C, 2001. Does apparent stress vary with earthquake size? [J]. Geophys. Res. Lett. , 28(17), 3349 - 3352, doi: 10. 1029/2001GL013106.

Ide S, Beroza G C, Prejean S G, et al. , 2003. Apparent break in earthquake scaling due to path and site effects on deep borehole recordings[J], J. Geophys. Res. , 108(B5), 2271, doi: 10. 1029/2001JB001617.

Inoue H, Fukao Y, Tanabe K, et al. , 1990. Whole mantle P-wave travel time tomography [J]. Phys Earth Planet Interi, 59: 294 - 328.

Julian B R, Gubbins D, 1997. Three-dimensional seismic ray tracing [J]. J Goephys, 43 (1): 95 - 114.

Jin A, 2005. Seismic energy for shallow earthquakes in southwest Japan [J]. Bull. Seismol. Soc. Am. 95(4): 1314 - 1333.

Klein F W, 1978. Hypocenter location program HYPOINVERSE: Part I. Users guide to Versions 1, 2, 3, and 4. Part II. Source listings and notes[J]. Open-File Report.

Kodaira S, Lidaka T, Kato A, et al. 2004. High pore fluid pressure may cause silent slip in the Nankai Trough [J]. Science, 304(5675): 1295 - 1298.

Kodaira S, Lidaka T, Kato A, et al. , 2004. High pore fluid pressure may cause silent slip in the Nankai Trough. Science, 304(5675): 1295 - 1298.

Kodaira S, Lidaka T, Kato A, et al. , 2004. High pore fluid pressure may cause silent slip in the Nankai Trough. Science, 304(5675): 1295 - 1298.

Kauster G T, Toksoz M N, 1974, Velocity and attenuation of seismic wave in two-phase media[J]. Geophysics, 39(5), 607 -618.

Kanamori H, Heaton T H, 2001a. Microscopic and macroscopic physics of earthquakes[J]. GeoComplexity and the Physics of Earthquakes. 147 - 163.

Kanamori H, 2001b. Chapter 11 Energy budget of earthquakes and seismic efficiency[J]. International Geophysics, 76: 293 -305.

Lee W, Lahr J, Lee W, et al., 1975. HYPO71: a computer program for determining hypocenter, magnitude, and first motion pattern of local earthquakes[R]. Center for Integrated Data Analytics Wisconsin Science Center.

Lienert B R, Berg E, Frazer L N, 1986. HYPOCENTER: An earthquake location method using centered, scaled, and adaptively damped least squares[J]. Bulletin of the Seismological Society of America, 76(3): 771 -783.

Leblanc G, Anglin F, 1978. Induced seismicity at the Manic 3 reservoir, Quebec[J]. Bull. Seismol. Soc. Am. 68(5): 1469 -1485.

Lienert B R, Berg E, Frazer L N, 1986. HYPOCENTER: An earthquake location method using centered, scaled, and adaptively damped least squares[J]. Bull. Seismol. Soc. Am., 76 (3): 771 -783.

Max Wyss, 1970a. Apparent stresses of earthquakes on ridges compared to apparent stresses of earthquakes in trenches[J]. Geophys, J. R. astr. Soc., 19, 479 -484.

Max Wyss, 1970b. Stress estimates for South American shallow and deep earthquakes[J]. J. Geophys. Res., 75(8): 1529 -1544.

Michael A J, 1984. Determination of Stress from Slip Data: Faults and Folds [J]. J. Geophys. Res., 89(B13), 11, 517 -11, 526.

Michael A J, 1987. Use of focal mechanisms to determine stress: acontrol study [J]. J. Geophys. Res., 92(B1), 357 -368.

McGarr A, 1984. Scaling of ground motion parameters, state of stress, and focal depth[J], J. Geophys. Res., 89, 6969 -6979.

Michael A J, 1984. Determination of Stress from Slip Data: Faults and Folds. J. Geophys. Res., 89(B13), 11, 517 -11, 526.

Michael A J, 1987. Use of Focal Mechanisms to Determine Stress: A Control Study. J. Geophys. Res., 92(B1), 357 -368.

Michael A J, 1991. Spatial Variations of stress within the 1987 Whittier Narrows, California, aftershock sequence: new techniques and results[J]. J. Geophys. Res., 96(B4), 6303 -6319.

Mohamed Awad, Megume Mizoue, 1995. Earthquake activity in the Aswan region, Egypt [J]. Pure and Applied Geophysics, 145(1): 69 -86.

Moya A, Aguirre J, Irikura K, et al., 2000. Inversion of source parameters and site effects from strong ground motion records using genetic algorithms[J]. Bull. Seismol. Soc. Am., 90(4): 977 -992.

Mori J, AbercrombieR E, Kanamori H, 2003. Stress drops and radiated energies of aftershocks of the 1994 Northridge, California earthquake[J], J. Geophys. Res. 108, B11, 2545, doi: 10. 1029/2001JB000474

Mayeda K, Gok R, Walter W R, et al., 2005. Evidence for non-constant energy/moment scaling from coda derived source spectra[J], Geophys. Res. Lett., 32, L10306, doi: 10. 1029/2005GL022405

Mayeda K, Walter W R, 2007. A new spectral ratio method using narrow band coda envelopes: evidence for non-selfsimilarity in the hector mine sequence[J], Geophys. Res. Lett., 34, L11303. doi: 10. 1029/2007GL030041

Nur A, 1972. Dilatancy pore fluids and premonitory variations in ts/tp travel times[J], Bull. Seismol. Soc. Am. 62: 1217 – 1222.

Nelson G D, Vidale J E, 1990. Earthquake locations by 3 – D finite-difference travel times [J]. Bull. Seismol. Soc. Am., 80(2): 395 – 410.

Nuttli O W, 1983. Average seismic source-parameter relations for mid-plate earthquakes[J]. Bulletin of the Seismological Society of America, 73(2): 519 – 535.

Pavlis L G, Booker J R, 1980. The mixed discrete-continuous inverse problem: application to the simultaneous determination of earthquake hypocenters and velocity structure[J], J Geophys Res, 85, 4801 – 4810.

Peterson. 1993. Observation and modeling of seismic background noise[R]. US Geol Surv Tech Rept, 93 – 322.

Prejean S, Ellsworth W L, 2001. Observations of earthquake source parameters at 2 km depth in the long valley caldera, eastern California[J], Bull. Seismol. Soc. Am., 91: 165 – 177

Prieto GA, Shearer P M, Vernon F L, et al., 2004. Earthquake source scaling and self-similarity estimation from stacking P and S spectra[J], J. Geophys. Res., 109, B08310. doi: 10. 1029/2004JB003084.

Prieto G A, Parker R L, Vernon F L, et al., 2006. Uncertainties in earthquake source spectrum estimation using empirical green functions[J]. Earthquakes Radiated Energy & the Physics of Faulting, 170: 69 – 74.

Prieto G A, Thomson D J, Vernon F L, et al., 2007. Confidence intervals for earthquake source parameters[J]. Geophysical Journal International, 168(3): 1227 – 1234.

Prejean S G, Ellsworth W L, 2001. Observations of earthquake source parameters at 2 km depth in the Long Valley caldera, eastern California[J]. Bulletin of the Seismological Society of America, 91(2): 165 – 177.

Qiu Jane, 2014. Chinese data hint at trigger fore fatal quake[J]. Nature Vol513 11 september. 154.

Randall M J, 1973. The spectral theory of seismic sources[J]. Bull. Seismol. Soc. Am., 63 (3): 1133 – 1144.

Resenberg P A, Mattews M V, 1988. Precursory seismic quiescence: a preliminary assesment of the hypothesis. PAGEOPH. 126, 2 – 4.

Sarma P R, Srinagesh D, 2007. Improved earthquake locations in the Koyna-Warna seismic zone[J]. Natural Hazards, 40(3): 563 – 571.

Spence W, 1980. Relative epicenter determination using P-wave arrival-time differences[J]. Bulletin of the Seismological Society of America. 70(1): 171 - 183.

Scholz CH, Sykes LR, Aggrawall YR, 1973. Earthquake prediction: a physical basis[J]. Science. 181(4102): 4102.

Sibson R H, 1974. Frictional constraints on thrust, wrench and normal faults[J], Nature, 249, 542 - 544.

Sibson R H, 1982. Fault zone models, heat flow, and the depth distribution of earthquakes in the continental crust of the United States[J], Bull. Seismol. Soc. Am., 72, 151 - 163.

Spencer C, Gubbins D, 1980. Travel time inversion for simultaneous earthquake location and velocity structure determination in laterally varying media[J], Geophys J R Astron Soc, 63(1): 95 - 116.

Simpson D W, Negmatullaev S K, 1981. Induced seismicity at Nurek reservoir, Tadjikistan, USSR[J]. Bull. Seismol. Soc. Am. 71(5): 1561 - 1586.

Simpson D W, Leith W S, Scholz C H, 1988. Two type of reservoir induced seismicity[J]. Bull. Seismol. Soc. Am. 78: 2025 - 2040.

Simpson D W, Gharib A A, Kebeasy R M, 1990. Induced seismicity and changes in water level at Aswan reservoir[J]. Gerlands Beitr. Geophysik, 99(3): 191 - 201.

Schaff D P, Bokelmann G H R, Beroza G C, et al., 2002. High-resolution image of Calaveras Fault seismicity[J]. J Geophys Res Solid Earth, 107(B9): ESE 5 - 1 - ESE 5 - 16.

Shearer P M, Pri eto G A, Hauksson E, 2006. Comprehensive analysis of earthquake source spectra in sourthern California[J]. J. Geophys. Res., 111, B06303. doi: 10. 1029/2005JB003979.

Stankova-Pursley J, Bilek S L, Phillips W S, et al., 2011. Along-strike variations of earthquake apparent stress at the Nicoya Peninsula, Costa Rica, subduction zone [J], Geochem. Geophys. Geosyst., 12, Q08002, doi: 10. 1029/2011GC003558.

Shih X R, Meyer R P, 1990. Observation of shear wave splitting from natural events: South Moat of Long Valley Caldera, California, June 29 to August 12, 1982[J]. Journal of Geophysical Research Atmospheres, 1990, 95(B7): 11179 - 11195.

Tang C H, Rial J A, Lees J M, 2005. Shear-wave splitting: A diagnostic tool to monitor fluid pressure in geothermal fields[J]. Geophysical Research Letters, 32(21): L21317, doi: 10. 1029/2005GL023551.

Tukey J W, 1958. Bias and Confidence in not-quite large samples[J], Ann. Math. Stat, 29, 614.

Thurber C H, 1983, Earthquake locations and three-dimensional crustal structure in the Coyote late area, Central California[J], J Geophys Res, 88, 8226 - 8236.

Thurber C H, Atre S R, 1993. Three-dimensional V_P/V_S variations along the Loma Prieta rupture zone [J]. Bull. Seismol. Soc. Am., 83, 717 - 736.

Talwani P, 1997. On the nature of reservoir_ induced seismicity [J]. Pure and Applied Geophysics, 150: 473 - 492.

Vlahovic G, Elkibbi M, Rial J A, 2003. Shear-wave splitting and reservoir crack characterization: the Coso geothermal field[J]. Journal of Volcanology & Geothermal Research, 120(1): 123-140.

Waldhauser F, Ellsworth W, Waldhauser F, et al., 2000. A double-difference earthquake location algorithm: method and application to the Northern Hayward fault California [J]. Bull. Seismol. Soc. Am., 90(6): 1353-1368.

Wyss M, Brune JN, 1968. Seismic moment, stress, and source dimensions for earthquakes in the California-Nevada region[J]. J. Geophys. Res., 73: 4681-4694.

Whitcomb JH, Gamany JD, Anderson DL, 1973. Earthquake prediction: variation of seismic velocities before the S0m-Femando earthquake[J]. Science. 180(4086): 632-635.

Walck M C, 1988. Three-Dimensional Vp/Vs variations for the Coso region, California [J]. J. Geophys Res., 93: 2047-2052.

Walter W R, Mayeda K M, Gok R, et al., 2006. The scaling of seismic energy with moment: simple models compared with observations, in Earthquakes: Radiated Energy and the Physics of Faulting, Geophys. Monogr[J]//Ser., vol. 170, edited by R. Abercrombie et al., 25-41, AGU, Washington, D. C

Gao Y, Crampin S, 2008. shear-wave splitting and earthquake forecasting [J]. Terra Nova. 20(6): 440-448.

Zhao B, Shi Y T, Gao Y, 2012. Seismic relocation, focal mechanism and crustal seismic anisotropy associated with the M_S7.1 Yushu earthquake and its aftershocks. Earthquake Science, 25(1): 111-119.

Zhao D, Hasegawa A, Horiuchi S, 1992, Tomographic imaging of P and S wave velocity structure beneath northeastern Japan[J]. J. Geophys Res, 97, 19909-19928.

Zhao L S, Helmberger D V, 1994. Source Estimation from Broadband Regional Seismograms [J]. Bull. Seismol. Soc. Amer., 84(1): 91-104.

Zhao D, Mishra O, Sanda R, 2002. Influence of fluids and magma on earthquakes: Seismological evidence [J]. Phys. Earth Planet Int., 102: 249-267.

Zhu L P, Helmberger D V, 1996. Advancement in Source Estimation Techniques Using Broadband Regional Seismograms[J]. Bull. Seismol. Soc. Amer., 86(5): 1634-1641.

Zhang R R, Ma S, Safak E, et al., 2003. HHT Analysis of Earthquake Recordings[J]. J. Engrg. Mech., ASCE, 129 (8): 861-875.